U0363969

过程装置

故障处理及典型实例

刘超锋　孟庆乐　编著

化学工业出版社

·北京·

本书以过程工业已经发生的、典型的90个真实案例探讨了过程装置故障处理的全过程，介绍了过程装置故障排查和处理的方法。主要内容包括：过程装置完好标准、故障分析指标及处理策略；过程装置的典型故障分析与处理技术；过程装置故障处理中的安全技术要求；过程装置故障处理的共性技术及实例；分别详细介绍了压力管道、塔釜罐槽、废热锅炉、列管式换热器、管式加热炉、板式换热器、离心泵、离心机、压缩机组、风机、膨胀机组、汽轮机组、控制装置、仪表装置的故障处理及实例。

本书通俗易懂、实用性强、内容丰富翔实，讲述了过程装置存在问题的检查、发现和处理。

本书可供从事过程装置故障处理技术及应用的企业技术人员使用，可以作为高等学校过程装备与控制工程、安全工程、能源与动力工程、化学工程与工艺、自动化等专业的师生的教材，也可以作为企业职工继续教育和技术培训的参考书。

图书在版编目（CIP）数据

过程装置故障处理及典型实例/刘超锋，孟庆乐编著.
北京：化学工业出版社，2017.8
ISBN 978-7-122-30029-4

Ⅰ.①过… Ⅱ.①刘… ②孟… Ⅲ.①机械设备-故障修复 Ⅳ.①TB4

中国版本图书馆CIP数据核字（2017）第147712号

责任编辑：高 钰　　文字编辑：陈 喆
责任校对：王素芹　　装帧设计：刘丽华

出版发行：化学工业出版社（北京市东城区青年湖南街13号 邮政编码100011）
印　　刷：北京永鑫印刷有限责任公司
装　　订：三河市宇新装订厂
787mm×1092mm 1/16 印张20½ 字数507千字 2017年9月北京第1版第1次印刷

购书咨询：010-64518888（传真：010-64519686） 售后服务：010-64518899
网　　址：http://www.cip.com.cn
凡购买本书，如有缺损质量问题，本社销售中心负责调换。

定　　价：89.00元

前言

过程装置主要由静设备（塔、罐、换热器、加热炉等）、动设备（压缩机组、泵等）以及管道等组成。其故障处理涉及物理学、力学、工程技术基础科学、材料学、电子通信、自动控制、安全科学等技术领域。

合理的故障处理方法有利于消除过程装置存在的问题、延长过程装置的使用寿命，确保过程装置具有最佳效能。对于正在运行的过程装置，维护保养、检维修、定期检验等各个环节与装置长周期平稳运行密切相关。过程装置带病运转，会加速装置的损坏甚至出现人身事故。分析已经发生的过程装置故障、相应的处理措施和处理后的运行效果的典型实例，对于提高过程装置的故障处理水平也有必要。

过程装置涉及过程工业中典型的过程设备、过程流体机械、管道、仪表和阀门等装置设施。具体到一个被维护的过程装备对象，被维护的过程装备本体的边界范围是：过程装备与外部管道或者装备焊接连接的第一道环向接头的坡口面、螺纹连接的第一个螺纹接头端面、法兰连接的第一个法兰密封面、专用连接件或者管件连接的第一个密封面。本书以过程工业故障频率较高的典型过程作为分析对象，有以下特点：

① 本书针对压力管道、塔釜罐槽、废热锅炉、列管式换热器、管式加热炉、板式换热器、离心泵、离心机、压缩机组、风机、膨胀机组、汽轮机组、控制装置、仪表装置等组成的过程装置运行故障处理的实际领域，结合过程装置故障处理人员在排除相关故障时的需求，用文字、表格、照片图形结合的形式详述了90个典型实例。

② 读者可以借助本书的内容和实例体验实际的故障处理环境、处理方法、处理流程和处理效果，学以致用，从而达到举一反三的目的。

本书可作为接触到过程装置故障处理问题的高校相关专业师生和企业技术人员的教材，也可供过程装置操作和维修的技术工人掌握过程装置故障解决方案时查阅，还可为研发、设计和技改人员在实现过程装置零故障的设计意图时参考。

本书由刘超锋、孟庆乐编著。其中，绪论、第1～5章、第9～16章由郑州轻工业学院刘超锋编著，第6～8章由河南省特种设备安全检测研究院新乡分院孟庆乐编著。全书由刘超锋统稿。在成书过程中，还参考了国内外相关的文献资料，特此致谢！

限于笔者的水平，本书难免有不足之处，请读者给予批评指正。

编著者

2017年3月

目录

绪论

过程装置涉及的设备种类极多，细分为静设备、动设备、管道、电仪（电气仪表）等。例如，炼油和化学工业专业设备主要由炉、塔、反应设备、储罐、换热设备、空气冷却器、压缩机、泵、风机、制冷设备、发电设备、变配电设备、自动化控制仪表、锅炉、起重设备、安全环境保护专用设备和炼化、化纤专用机械等组成。

过程装置的全生命周期大致可以细分为：制造、安装、运行、维护、检修、改造直到报废阶段。其中，投入生产前，要经历基础设计、现场土建施工、机械竣工直到投运。运行时，过程装置内流动的工艺介质高温、低温、深冷、超高压、高压、中压、低压、真空，有剧毒、易燃、易爆、强酸、强碱、反应活性，甚至是气固、液固、气液固等多相流。过程装置的技术水平越来越高。但是过程装置的操作和维护具有安全要求高、连续作业、链长面广的特殊性。过程装置在调试和运行方面存在一定的复杂性、不确定性，其至少一个特征参数由可接受的/通常的/标准的状态极易发生不允许的偏移，在安全、环保和经济方面存在较大隐患。发生堵塞、穿孔、破裂、泄漏、控制系统的误操作或突然中断、失控或沿线设备发生机械故障及直接导致运行受阻等，即称之为发生故障，不能满足正常的生产需求。一旦由于发生严重的故障造成的事故，将会造成极其严重的经济和安全后果，甚至造成重大不良影响。设备损坏严重，多系统企业影响日产量25%、单系统企业影响日产量50%，被认为是重大设备事故。有资料表明，美国的石油化工企业每年因生产装置非正常停工造成的损失达20亿美元，我国一套规模为1400kt/a的催化裂化装置开停工一次所需费用高达500万元人民币左右，因此，减少装置非正常停工次数值得密切关注。

故障的定义是指机械设备或系统在使用过程中，由于某种或者多种原因导致该机械设备或系统的正常使用功能部分或者全面丧失的一类事件。设备运行异常是设备处于不正常状态，即性能不能保持、性能范围超过了规定界限，但是并没有达到不能执行规定功能的状态。一旦设备的性能范围使其达到不能执行功能的程度，异常就变成了故障。有毒介质和易燃介质的泄漏、火灾、爆炸，属于造成设备损坏、环境污染和人员伤亡等的危害性故障；误操作引起的保护性动作、超负荷等，会引起危险性故障。过程装置存在因机械结构引起的设备故障和操作不当引起的过程故障（即流动异常）。故障检测是确定故障种类、位置及检测时机；故障隔离是故障检测后进行的。当设备因结垢、腐蚀、振动、超载等原因发生难以预测的机械故障时，就难以对设备的操作状态正常与否作出正确判断。一旦设备出现这些机械和操作故障，采用常规在线测试数据也难以确定“病灶”所在。

过程装置故障判据的依据是：在规定的条件下和规定时间内，不能完成规定的功能；在规定的条件下和规定时间内，某些性能指标不能保持在规定的范围内；在规定的条件下和规定时间内，引起对人员、环境、能源和物资等方面的影响超出了允许范围；技术协议或其他文件规定的故障判据。显然，过程装置严格遵照设计意图进行操作和生产时，出现危险的可能性很小。

原发性故障，即故障源；引发性故障，即这类故障是由其他故障引发的，当原发性故障消失时，这类故障也自然消失。

突发性故障，为突然发生的故障，是由于外界环境因素发生突变或者受到偶然的外力作用影响，且此种影响超出机械设备所能够承受的极限，因此出现故障和事故。突发性故障具有故障前无明显征兆、故障发生规律离散、故障可预测性差等特点。累积性故障是由于设备自身或者外界不利因素影响长期积累，到达一定临界点时，机械设备即出现故障。累积性故障的主要原因是设备自身老化、长期使用导致的磨损以及腐蚀、设备材料疲劳等，具有故障前有明显征兆、事故发生规律明显、故障可预测性强，且与设备使用时间和设备使用环境存在明显的相关性。

从故障概念衍生出来事故概念。事故是造成人员伤亡、职业病、设备损坏、财产损失或环境损害的意外事件。按照造成事故发生的主要原因将事故类别分为设备缺陷、设备材质缺陷、设计选型有误、误操作、电力系统故障、原料质量下降和违规操作事故等。发生事故起数较多的是设备缺陷事故、违规操作和误操作事故，设备事故一般由设备选型有误和设备材质缺陷引起，而操作事故大多是由误操作或是违规操作引发。人为原因，引起责任事故；安装不当和检修不良，造成设备损坏的，属于质量事故；自然灾害等原因使设备损坏的，属于自然事故。过程装置事故大多是由于系统的“变化”所引起的，例如：液位偏高、流量过大、机泵故障等；管道、压力容器因窜气、超压和腐蚀泄漏引发的潜在危险；设备存在噪声危害；高温管道和高温设备存在烫伤危害。有些“变化”可能是自发的，可也能是外部作用（包括人为因素）的结果。事故的类型可分为泄漏、穿孔、破裂。损伤，是指容器在外部机械力、介质环境、热作用等单独或共同作用下，造成的材料性能下降、结构不连续或承载能力下降等的现象。损伤是一个过程。控制系统发生严重瘫痪，或沿线管、泵、站、阀等设备完全报废或发生重大穿孔、破裂、泄漏的意外事件都应当称之为失效，是由于物理、化学和生物等变化作用引发的。失效，是损伤积累到一定程度，容器强度、刚度或者功能不能满足使用要求的状态。发生损伤后不一定失效，而失效发生一定存在损伤。

失效的模式有断裂、失稳、疲劳、腐蚀、屈曲等。尤其是生产所用的原料、催化剂、干燥剂和其他生产辅助剂以及产品和中间产物等大多具有一定磨蚀性，在高温高压及高速搅动中完成反应、分离等过程。此种高温高压状态加上物料的腐蚀性，再经过高速搅动反复冲刷等，会使设备管路腐蚀变薄甚至引起泄漏。此外，生产过程中的黏度较大的原料，容易聚合结垢。过程装置内结垢是值得注意的问题，虽然结垢不至于造成装置的非正常停车，但经过长时间的生产，这些物质会堵塞管路，使管路、塔炉等压差增大，设备运行效率降低，将严重影响装置的长周期运行，增加安全风险，因此应该重视过程装置内的结垢问题的处理。

对运行过程中损伤模式的识别，有助于定期检验方案的制定，利于在设备发生失效前及时进行修复或报废处理等。ISO 16528 对于锅炉和压力容器将失效模式分为三大类，14 种：短期失效模式（脆性断裂、韧性断裂、超量变形引起的接头泄漏、超量局部应变引起的裂纹形成或韧性撕裂、弹性、塑性或者弹塑性失稳）；长期失效模式（蠕变断裂、蠕变失稳、冲蚀或腐蚀、环境助长开裂）；循环失效模式（扩展性塑性变形、交替塑性、弹性应力疲劳或弹-塑性应变疲劳、环境助长疲劳)。

设备故障可以分为：电气设备故障、仪表控制系统故障、机械系统故障、管道故障、机组系统故障、通信故障、公用工程故障和其他故障。其中，控制系统故障包括软件失效、元件失效和控制支持系统失效（如电力系统、仪表风系统）；机械系统故障包括磨损、腐蚀、振动、缺陷和超设计限制使用。其中，缺陷可分为先天缺陷和使用缺陷。先天缺陷有设计缺陷和制造、安装、修理、改造缺陷，例如：介质循环不良、自由膨胀受阻、局部过热和应力集中，钢材缺陷、几何尺寸缺陷、焊接缺陷等。使用缺陷指“裂纹、起槽、变形（如鼓包)、腐蚀、磨损、泄漏、水垢”。水垢造成局部过热（超温)，或造成水循环破坏，鼓包变形是局部过热的结果；裂纹、起槽属于疲劳裂纹，裂纹也可以是长时间高温蠕变裂纹或是苛性脆化应力腐蚀裂纹；腐蚀、磨损造成壁厚减薄，电化学腐蚀、局部磨损可造成泄漏。常见的腐蚀为氧腐蚀、垢下腐蚀、低温腐蚀，尤其是停炉引起的氧腐蚀。操作缺陷指违反操作规程，对压力、水位监视不严，严重缺水后进水等异常操作情况。安全附件缺陷指安全阀、压力表、水位表及高低水位报警和低水位联锁失灵等。安全附件如果错误选用、失灵及超期未校验，则会埋下事故的隐患。著名的海恩法则和实践告诉我们，每一起严重事故背后隐藏着 29 起小事故、300 起未遂事故和 1000 起事故隐患。日本曾经掀起“消灭 300”运动，其目的就在于此。安全管理缺陷主要指使用上的管理缺陷，如无操作上岗证、无管理制度、无操作规程、定期检验超期、安全阀未校验等。

故障、事故的起因往往归纳为：内、外腐蚀，应力腐蚀，第三方破坏，误操作，材料缺陷，施工缺陷，设备故障等。

设备的重大缺陷指的是极有可能发展成紧急缺陷，但是设备还能在短期内进行正常运行。一旦设备存在重大缺陷，必须进行消缺处理。而设备紧急缺陷指的是设备在运行过程中存在会威胁到工作人员生命安全、设备安全，造成严重安全故障事故的重大缺陷。一旦设备发生紧急缺陷，必须立刻停止设备运行，安排专业检修人员进行全面排查故障，直到设备能再次投入正常使用。

影响故障的基本因素中，人为因素最重要。操作规程和方法不合适，也将导致系统或设备故障。疲劳、磨损、蠕变、腐蚀，都与时间有依赖关系，也对故障的产生有影响。故障类别包括：电、化学、机械、热等原因。也可以将故障分为原发、诱发和指令三类故障。发生固有故障时，如果元件仍在其设计参数内工作，则此时的故障为原发故障。如果是环境应力或者工作应力过度，也就是外部故障导致故障，则此时的故障为诱发故障。如果在错误的时间或者错误的地点实施了纠正行为，则此时的故障为指令故障。例如，过早的开车、过晚的停车导致的故障，就是指令故障。被动的故障通常与传输的能量、物料、信号、载荷有关，如管道、轴承、电线等。主动故障与动态事件有关，例如阀门、机械泵、电动机等。故障模式是在一定的工作和环境条件下设备故障时可以观察到的失效后的状态，是随着包括人为因素在内的外因的变化而演变的，也是故障研究中应充分反映的特征。一个故障模式对应的故障原因可能不仅仅是一种，每个原因都应该归结为最底层元件的故障原因。运行中的补偿措施（Compensating Provision in Operation）是：针对某一故障模式，为了预防其发生而采取维修措施，或一旦出现该故障模式后操作人员应采取的最恰当的补救措施。一般可以通过统计、试验、分析、预测等方法获取过程装置的故障模式。可从过程装置在过去的使用中所发生的故障模式为基础，再根据该过程装置使用环境条件的异同进行分析修正，进而得到该过程装置的故障模式。对引进国外的过程装置，应向外商索取其故障模式。故障模式的严重度

（严重程度）类别（或等级）评价时，把导致人员死亡、装置毁坏，重大财产损失和重大环境损害的，定为“灾难性”。显然，对于过程装置，任何一个元件发生故障都可能带来灾难性事故。

GJB/Z 1391—2006《故障模式、影响及危害性分析指南》分析了所有可能出现的故障模式。典型的故障模式（简略的）有：提前工作；在规定的工作时间内不工作；在规定的非工作时间内工作；间歇工作或工作不稳定；工作中输出消失或故障（如性能下降等）。典型的故障模式（较详细的）有44种：结构故障（破损）、超出允差（下限）、滞后运行、折断、捆结或卡死、意外运行、输入过大、动作不到位、共振、间歇性工作、输入过小、动作过位、不能保持正常位置、漂移性工作、输出过大、不匹配、打不开、错误指示、输出过小、晃动、关不上、流动不畅、无输入、松动、误开、错误动作、无输出、脱落、误关、不能关机、（电的）短路、弯曲变形、内部漏泄、不能开机、（电的）开路、扭转变形、外部漏泄、不能切换、（电的）参数漂移、拉伸变形、超出允差（上限）、提前运行、裂纹、压缩变形。

设备常见故障模式：运动设备部件的磨损、声音异常、振动异常、晃动、温升异常、泄漏等；静止设备部件的松动、变形、断裂、龟裂、腐蚀、材质变化等；电气设备的绝缘击穿、温度异常、绝缘裂化或烧损、短路、断线等。

设备一旦发生事故，具有较大的危险性，因此存在着极大的风险隐患。风险是某一特定危险情况发生的可能性和后果的组合。运行装置所面临的风险主要是装置在事故状态下发生爆炸、着火、中毒及设备损坏，生产损失等。隐患是潜在的可能导致人员伤害、设备损坏、生产中断、环境破坏、产品质量不合格、引起法律责任等的状态。典型的损坏模式有：穿透、碎片冲击、剥离、电击穿、裂缝、烧毁（外因攻击起火引起）、断裂、毒气污染、卡住、细菌污染、变形、核污染、起火、局部过热、爆炸等。

老化是由于自然力的作用或者保养不善而导致设备工作能力下降的现象。安全阀等在恶劣的工作环境中长期运行老化加快。此外，一些电气仪表元件也随着生产时间的延长出现老化，故障增加。一些关键元件的故障将会带来严重的安全隐患。

不同的部位存在的故障隐患不同。对过程装置所进行的检测、修理、故障排除、定期检修、技术改造工作（过程装置的制造厂家的保修或因设计制造原因的索赔修理不属于维修范围），是一项专业性、技术性很强的工作。必须能够及时发现设备的异常或故障，采用合理的维修技术；对已经存在的问题必须能够正确分析和处理，及早提出问题的解决方案，避免更大的损失，这就是开展过程装置故障处理技术研究的目的。

过程装置故障处理所期望的目标是：缺陷为零、故障为零、事故为零。故障和事故，都是不希望发生的。其中，故障是过程装备丧失功能后的状态。故障后，一旦造成人员伤亡、职业病、设备损坏、财产损失、环境损害，则故障衍生成事故。

过程装置基于其构造与功能，可分为以下类型：简单系统由若干物理元件组成，元件间的联系是确定的，系统的输出与输入之间存在着由构造所决定的定量的或逻辑的因果关系；复合系统由多个简单系统作为元素组合而成，这种组合可以是多层次的，层次之间的联系都是确定的，因而在功能上，复合系统的特点与简单系统的特点是相同的；复杂系统由多个子系统作为元素组合而成，这种组合是多层次的，在子系统内、层次之间的联系可能是不确定的；在功能上，系统的输出与输入之间存在着由构造所决定的一般并非严格的定量的或逻辑的因果关系。过程装置故障的传播方式：横向传播，例如某一元件的故障引起层内其他元件的功能失常，纵向传播，即元件的故障相继引起部件—子系统—系统的故障。为了达到安全运行的目标，过程装置需要有保持温度稳定、保持压力稳定、保持液位稳定、保持流量稳定等功能。单一设备或工艺过程出现故障或偏差，极易借助生产系统之间的相互依存、相互制约关系，产生联锁效应，由一种故障引发出一系列的故障甚至事故、灾害，同时从一个地域空间扩散到另一个更广阔的地域空间，这种呈链式有序结构的故障（或异常事件）传承效应称为故障链，所造成的危害和影响远比单一故障事件大而深远。过程装置的临近工厂发生重大事故，属于外部事件，也可能对过程装置所在的工厂产生影响。即使同一个工厂，很多过程装置也是高度关联的。这时，仅在一个过程装置内采取适当的减缓措施可能不一定消除其真正的原因，事故仍会发生。很多事故的发生是因为一个过程装置内做小的局部修改时未预见到由此可能引发的另一过程装置的联锁效应。确定初始事件时，宜对后果的原因进行审查，确保该原因为后果的有效初始事件；应将每个原因细分为具体的失效事件，如“冷却失效”可细分为冷却剂泵故障、电力故障或控制回路失效。过程装置中，静设备、动设备及仪表联锁各自构建独立，但又存在着密不可分的相互作用、风险传递关系。静设备与管道是构成系统的框架和主体，动设备是系统的动力来源，仪表联锁是系统的神经网络，任何一个环节偏离正常或失效都将影响其他体系的正常运行，给其他系统带来风险，甚至发生事故。尽管涉及重大失效可能性和失效后果的装置基本上设置了安全联锁系统（SIS）（安装有毒有害气体检测仪、超压泄放装置、温度与压力传感器等），但是系统中静设备、动设备或仪表联锁的非正常运行，如换热器窜流、泵的转速不稳定、机组的不规则振动、仪表的不足或失效都可能导致系统内相关设备的失效。再如：罐区一旦发生事故，将会对上下游的工艺都产生影响，连带着相关装置都需要停产，损失不小。某一部位的故障可能引起其他部件出现异常，例如转子轴系某轴承的故障有时会导致其他轴承的振动增大，而该轴承本身的振动变化反而不明显。

维修可以确保过程装置的可靠性及安全性。维修是使产品保持或恢复到规定状态所进行的全部活动。典型的维修包括准备、诊断（故障隔离和检验）、更换（拆卸和安装）、调整和校准、保养、检验以及原件修复 7 个步骤。其中，修复就是更换已经磨损的零部件，尽可能恢复设备的性能、精度和生产能力，即换件修理，使原件功能恢复。在修理过程中，采用更换新零部件的方法进行修理，具有更换维修时间短，维修质量有保障的优势，但过度使用换件修理时，维修工作受备件供应制约；过剩维修把尚能正常使用的零件也更换了，造成维修成本过高。但是，对于大型过程工业生产的停机损失，往往远高于因定期维修对于某些零部件过早更换所造成的经济损失。定期维修特别适合那些费用低、易更换的零部件。

对于许多类型的设备，制造、组装或检修的不合理，使得安装或检修后的试运转故障概率比以后的有效寿命期内的故障高得多。典型的故障处理活动就是维修。例如，某石化公司化纤厂 PTA 装置，高速泵的机封、高速轴、中速轴、滑动轴承频繁损坏，每年的检修费用都在百万元以上。其中，多次检修完上线试运行 3～5min 即将齿轮箱烧坏。在试车过程中，操作规程和设备技术文件规定是先开辅助油泵且齿轮箱油压达到 0.2～0.3MPa 后，在泵启动后（内置主油泵）主油泵开始工作这时辅助油泵自动停止工作，此时油压显示在 0.18MPa，随着油温的升高油压很快下降到 0.1MPa，而油压的正常范围是 0.12～0.4MPa。正是因为油压偏低滑动轴承就得不到充分的润滑而导致齿轮箱烧坏。故障现象分析时，根据出现的问题列出了可能影响设备油压低的因素并一一排查处理。首先，对于油路系统仔细观察、渗漏检查没有发现漏点；更换新油冷器、油冷却器串联，问题没有解决；逐个检查各润滑点喷油嘴口，符合要求；更换新滑动轴承来排除滑动轴承与传动轴的配合间隙过大这个因素；高速轴的窜量，通过摩擦片底下加减垫片来解决；抢修的时候更换一次旧减压阀，制作一套试压工具，经过试压证明减压阀的承受压力范围是正常的，可以排除这个因素；对主油泵进行解体测量各部位间隙，经过测量发现油泵滑动轴承间隙过大，齿轮端面间隙偏大，传动轴也磨损，所以对它们进行了修复；加工新传动轴，通过磨床达到表面粗糙度要求。对于传动轴两端的滑动轴承，设计如下的方案并且实施：材料选择耐磨性比较好的镍锡青铜合金，使滑动轴承与传动轴的径向间隙控制在0.04mm。对于齿轮啮合间隙过大的问题，选择在磨床上一次加工两个啮合齿的端面的方案，确保齿轮的两个端面的平行度和粗糙度均达到要求。油泵壳内端面也进行车床加工，为了达到表面粗糙度要求，制作研磨工具进行手工研磨内端面。齿轮与壳体配合间隙控制在0.02mm，最后重新组装，通过盘车检查轻松自如；将齿轮箱组装上线安装后在线试验：首先启动辅助油泵油压为0.2MPa，启动高速泵后油压瞬间值为0.35MPa，辅助油泵停止运转后主油泵油压为0.3MPa，当齿轮箱油温达到55℃时油压为0.25MPa，完全满足设备的操作要求。尽管如此，依靠频繁的检修、短运行周期来保证所谓的安全，使得对一部分设备往往过度检验，而对某些设备却缺乏针对失效模式进行深入检验造成检验不足，所以事故率较高；常常头痛医头，脚痛医脚，维护成本高，而效率却很低。确保制造过程中遗留的缺陷和在使用中产生的缺陷与损伤在预定的服役时间内不要影响装置的安全，是过程装置故障分析与处理的目的。检维修的过程是：发现缺陷或损伤的检测过程；针对缺陷判定能否继续使用和使用多久的容限或缺陷合于使用的评定过程；在线监控与保护性措施的实施过程。

过程装置中常见的不利后果主要为：火灾、爆炸、中毒、机器设备破裂、变形、老旧、温度检测和报警失效、压力检测和报警失效、流量检测和报警失效、产品质量不合格等。过程装备细分为过程设备、过程流体机械。其中，过程设备习惯称为过程静设备；过程流体机械习惯称为过程动设备，包括离心式压缩机、往复式压缩机、离心泵、往复泵、汽轮机、主风机等。从检修频率来看，以过程动设备较高。动设备的主要失效模式是密封或轴承等部件损坏。动设备的风险主要是由于设备功能故障而引起的经济损失和由其引发的二次事故。对于建成的设备，设备不可靠性的主要原因可追溯到设计不良、维护不足、操作不当等。设备故障（含缺陷）是造成化学灾害及安全事故的主要原因之一。事故统计分析表明，化工和石油化工行业40%以上的事故是因设备问题所致，因此确保设备的完整性非常重要。设备运行期间发生故障通常是由于维修不足或不能预测故障造成的。随着过程装备的大型化、复杂化、重型化、集成化、原料来源日趋复杂、流程的紧密化、高速化、自动化和智能化，对过程装备检修周期的延长，过程装置故障处理技术的含量越来越高。一些关键设备一旦因故障停机，损失将是十分巨大，值得重视。基于状态监测所获得的信息＋已知的结构特性和参数＋环境条件＋设备的运行历史（包括运行记录和曾发生过的故障及维修记录等），对设备可能要发生的或已经发生的故障进行预报和分析、判断确定故障的性质、类别、程度、原因、部位，指出故障发生和发展的趋势及其后果，提出控制故障继续发展和消除故障的调整、维修、治理的对策措施，并加以实施，最终使设备复原到正常状态。

0.1 过程典型静设备

按照用途和结构特征，过程静设备通常是容器、塔器、换热器、反应釜、固定床反应器、流化床反应器和管式炉等。中华人民共和国《特种设备安全法》将压力管道与锅炉、压力容器等一道列入涉及生命安全、危险性较大的特种设备。压力管道是指利用一定压力输送气体或液体的管状设备。当前，承压类特种设备不断向高参数方向发展，设计边界不断拓展，如出口压力为35MPa，出口温度达到630℃的电站锅炉；内直径达5000mm、壁厚达到340mm，工作压力为20MPa、工作温度为454℃的煤液化加氢反应器；设计温度达－253℃的300m^{3}液氢储罐等。关键的静设备例如：大型塔器、特殊材质压力容器、反应器、换热设备、大型加热炉、大型储存设备、冷箱、特种阀门。某集团22个生产厂仅煤化工设备数量达到几十万台。某石化公司有在用压力容器5125台、在用压力管道17255条(2044.81km)、在用锅炉20台等。某气田主要分为主体、区块两部分，普光主体16座集气站，16条酸气管道共计37.78km，管网截断阀室29座；区块7座集气站，7条酸气管道共计23.84km，管网截断阀室18座。乙烯裂解炉裂解气大阀的最大公称直径1200mm，重约24t。天然气球罐容积已达1万立方米；乙烯球罐容积已达2000m^3。对于一个千万吨炼油厂，液态烃球罐数量一般在30～50台。影响球罐失效的因素涉及设计、制造、组装、使用等各个环节。据不完全统计，我国球罐在使用中爆炸、破裂以及在水压时破裂的事故率达2%左右。液化天然气储罐容积已达20万～25万立方米。大型原油储罐容积已达15万～20万立方米。成品油储罐单台容积为10万～15万立方米。锻环式加氢反应器最大外径6800mm、厚度450mm、最大长度90m、重达2000多吨。煤液化装置中的加氢反应器的最高温度达456℃，最高工作压力达20MPa。反应器催化剂活性大幅下降后，即使不断改变反应温度，反应器运行指标仍难以达到要求时，装置必须停工并更换催化剂，装剂量大，装剂工作耗时长。高效缠绕管式换热器最大换热面积超过2.5万平方米。

芬兰和马来西亚学者对364起静设备事故进行研究后发现，最常引发事故的设备依次为管道（25%）、反应器（14%）、储罐（14%）、压力容器（10%）、传热设备（8%）和分离设备（7%），这6种设备导致的事故占了总数的78%。

压力高的容器容易发生裂纹扩展。过程静设备常常会发生内壁腐蚀、密封失效等故障。静设备可能发生的6种失效模式有：总体塑性变形（Global Plastic Deformation）、渐进塑性变形（Progressive Plastic Deformation）、失稳（Instability/Buckling）、疲劳（Fatigue）、失去平衡（Loss of Equilibrium）、蠕变（Creep）。其中，蠕变失效是指结构长期在高于蠕变温度以上工作，使得发生断裂或过量变形。承受着交变应力作用时，随着操作过程升温升压、降温降压易在缺陷和结构不连续处产生疲劳破坏。事实上应该还有一种失效模式——脆性断裂，但对于这种失效模式，如同在许多其他标准中一样，不是通过设计校核的方法，而是通过采取一定的制造工艺和检验手段，从而保证材料的韧性来加以防止。除此之外，失效模式还有：塑性垮塌（Plastic Collapse）、局部失效（Local Failure）、棘轮（Ratcheting）。

损伤机理可以是：减薄、应力腐蚀开裂，此外设备制造遗留问题、机械疲劳、人因失误、机械损伤以及设备功能性失效（如导轨断裂或倾斜、安全联锁装置失效等）等因素同样会导致设备出现失效。减薄腐蚀速率大于0.254mm/a的设备或管道，值得关注。

根据《质检总局关于2016年全国特种设备安全状况情况的通报》，截至2016年底，全国特种设备总量达1197.02万台中，锅炉53.44万台、压力容器359.97万台；气瓶14235万只、压力管道47.79万千米。按损坏形式划分，承压类设备（锅炉、压力容器、气瓶、压力管道）事故的主要特征是爆炸或泄漏着火等。锅炉事故发生在使用环节16起、安装环节1起、修理环节1起，其中，违章作业或操作不当原因7起，设备缺陷和安全附件失效原因

3 起。压力容器事故 13 起，其中，违章作业或操作不当原因 4 起，设备缺陷或安全附件失效原因 5 起。气瓶事故 2 起。设备缺陷和安全附件失效原因 3 起。压力管道事故 2 起。违章作业或操作不当 4 起。

物理性爆炸事故主要分为以下几种：反应炉超压导致的爆炸；常压条件下，强度变化导致破裂；氮气瓶、氨气瓶等强度变化导致的气瓶爆炸。化学类爆炸，包括炉外安全爆炸，因为高聚过程经常释放氨气，通风系统未及时运行，易导致氨气浓度过高，引起爆炸；另一方面，通风系统的氨气爆炸，通风管道内氨气浓度低于爆炸下限，但是管道破裂导致的安全泄漏，容易引起浓度过高，进而产生爆炸。再者，中毒窒息，通风系统运行故障、抽风风量不足的情况下，容易导致氨气浓度高于标准值，进而引起皮肤、呼吸系统受损，甚至发生中毒窒息的状况。最后，其他事故，如火灾、烫伤、触电及机械撞伤等。

设备需要重点防范的危险源一旦发生，将造成严重的损失，或处理需要花费较长的时间，造成产量和能量的损失。例如，尿素装置重大危险发生的部位主要集中在二氧化碳机组及其出口管线；蒸发系统管线；高压合成圈及管线。对于过程装置的静设备，被维护的典型部位例如：轴封、催化剂、传质填料、塔盘、衬里、轴承、静密封点、强度薄弱处（例如焊接接头处）、转子、换热管、内部结构件、防腐层、保温（保冷）层等。特别是有些细节不注意导致返工，例如装置换热器大型化后的密封垫片选型不合适会导致泄漏。当然，对于运行的静设备，必须要对设备的主要焊缝及连接螺栓进行有效地监测及检测，以保证焊缝的有效性和连接件的可靠性。

后天性的缺陷是指在过程静设备使用过程中产生的缺陷，如变形、表面裂纹、腐蚀等。后天性的缺陷一般为活缺陷，随时都在发展扩大和变化，且不稳定，难以控制。此类缺陷的产生说明该容器已不能满足工况条件，已危及容器自身的安全，故要求从严。过程静设备检验过程中发现的宏观缺陷也应进行打磨处理。机械损伤、工卡具焊迹、电弧灼伤等宏观缺陷，例如容器表面的尖锐伤痕、刻槽、工卡具焊迹、电弧灼伤等，造成应力分布的不连续，使用中容易诱发后天性的缺陷（表面裂纹），因此应进行表面打磨处理，并通过表面无损探伤确认表面无裂纹。容器表面的工卡具焊迹、电弧损伤、接管角焊缝、丁字口及其他应力集中部位的表面裂纹，一般采用打磨消除的方法处理。咬边是宏观缺陷，容易诱发裂纹，危害性较大，因此也应当进行打磨处理。对深度较大的裂纹特别是穿透性裂纹，如果使用碳弧气刨等热源，必须在裂纹的两端开止裂孔或止裂槽，以防止裂纹受热后继续扩展。缺陷处理后要根据不同情况重新进行检验、无损检测、压力试验等。

0.2　过程典型动设备

按照所处理的流体种类（气体和流体）不同，又有气体机械和液体机械（或水力机械）之分。气体机械包括气体压缩机和风机；水力机械包括汽轮机和泵。压缩机细分为：往复式压缩机、轴流式压缩机、离心式压缩机等。汽轮机细分为：蒸汽轮机、烟气轮机等。

关键的动设备例如：极端参数、特殊介质的离心泵、压缩机、汽轮机、炉用引鼓风机、搅拌设备、大型电动机等。化肥、化工、炼油厂使用较广的有气体压缩机（包括风机）、汽轮机、离心机和泵（简称三机一泵）。例如：炼油厂催化工段的三机组或四机组，大化肥装置中的四大机组或五大机组，乙烯装置中的三大机组，电力行业的汽轮发电机组、泵，钢铁部门的高炉风机。其中，电站风机、水泵及电动机故障引起的非计划停运时间约处于大型火电机组的第5位至第25位，说明电站风机、水泵是大型火电机组可靠性的薄弱环节。

过程动设备一旦出现故障，则直接影响到整个生产线。动设备作为旋转机械，齿轮、滚动轴承常常发生故障。动设备的转子的主要故障有：转子不平衡、转子不对中、油膜振荡、转子裂纹等。由于转子与静子间的安装间隙太小、轴承间隙不合适、轴的挠曲变形、轴的位移量过大、轴有窜动、转子与静子间的热膨胀量不一致、润滑系统故障、过大的不平衡、不对中、油膜振荡、流体激振、转子和轴承系统的共振等原因，转子与静子发生的干摩擦故障常见的有：高速转子与迷宫密封件间的摩擦、叶轮口环与密封环间的摩擦、叶轮与隔板间的摩擦、轴颈与轴承间的摩擦、轴与浮动环间的摩擦。摩擦故障会造成转子振动、部件的损伤甚至引发重大的破坏性事故。

对于动设备，目前用振动信号进行动设备的振动故障诊断的方法很广泛。其中，由于质量不平衡、联轴器不对中以及安装不正确引起的轴弯曲等因素，引起动设备的转子发生强迫振动；动设备转子的自激振动是由于油膜半速涡动、油膜振荡、流体激振、内阻尼或干摩擦而引起的。动设备发生振动、磨损、变形、断裂等故障后，必须采取多种措施才能解决故障问题。对于需要引入高温、高压气体的汽轮机、高压气体透平机，上缸的温度高于下缸的温度时，转子的上半侧的热传导大、下半侧的热传导小，如果转子在启动前没有按照规定充分盘车，转子在热态下静止不动，则启动后很快会发生弯曲变形造成转子发生过大的振动。动设备的转子如果是由轴上的叶轮、轴套、平衡盘、止推盘和密封组件所构成的装配式转子，转子先于转轴受热膨胀，一旦转子组件的接触端面不平行，热膨胀后则迫使轴发生弯曲变形。作为备件的转子搁置很长时间后在自重作用下发生临时性弯曲变形，不通过长时间慢转转子也会引起振动。汽轮发电机组、汽轮机驱动的离心压缩机组，开车前和停机后不按操作规程进行一定时间的盘车也会出现温度突变或负荷突变引起转子的临时性弯曲而引起的振动。

过程动设备故障的来源及主要原因见表0-1。其中，转子质量偏心故障、转子部件缺损故障、转子弓形弯曲故障、转子临时性弯曲故障、转子不对中故障、油膜轴承故障、油膜涡动故障、油膜振荡故障、旋转失速故障、喘振故障、转子与静止件径向摩擦、转子过盈配合件过盈不足、转子支承系统连接松动、密封和间隙动力失稳、转轴具有横向裂纹的原因见表0-2～表0-16。区别旋转失速与油膜振荡的主要方法见表0-17。

表0-1 过程动设备故障的来源及原因

故障来源	主要原因
设计、制造	①设计不当，动态特性不良，运行时发生强迫振动或自励振动 ②结构不合理，有应力集中 ③工作转速接近或落入临界转速区 ④运行点接近或落入运行非稳定区 ⑤零部件加工制造不良，精度不够 ⑥零件材质不良，强度不够，有制造缺陷 ⑦转子动平衡不符合技术要求

续表

故障来源	主　要　原　因
安装、维修	①机器安装不当,零部件错位,预负荷大 ②轴系对中不良(对轴系热态对中考虑不够) ③机器几何参数(如配合间隙、过盈量及相对位置)调整位置不当 ④管道压力大,机器在工作状态下改变了动态特性和安装精度 ⑤转子长期放置不当,破坏了动平衡精度 ⑥安装或维修工程破坏了机器原有的配合性质和精度
机器劣化	①长期运行,转子挠度增大 ②旋转体局部损坏、脱落或产生裂纹 ③零、部件磨损、点蚀或腐蚀等 ④配合面受力劣化,产生过盈不足或松动等 ⑤破坏了配合性质和精度 ⑥机器基础沉降不均匀,机器壳体变形

表 0-2　转子质量偏心故障的原因

故障来源	主　要　原　因
设计、制造	结构不合理,制造误差大,材质不均匀,动平衡精度低
安装、维修	转子上零件安装错位
运行、操作	转子回转体结垢(例如压缩机流道内结垢)
机器劣化	转子上零件配合松动

表 0-3　转子部件缺损故障的原因

故障来源	主　要　原　因
设计、制造	结构不合理,制造误差大,材质不均匀
安装、维修	转子有较大预负荷
运行、操作	超速、超负荷运行,零件局部损坏脱落
机器劣化	转子受腐蚀疲劳,应力集中

表 0-4　转子弓形弯曲故障的原因

故障来源	主　要　原　因
设计、制造	结构不合理,制造误差大,材质不均匀
安装、维修	转子长期存放不当,发生永久弯曲变形,轴承安装错位,转子有较大预负荷
运行、操作	高速、高温机器,停车后未及时盘车
机器劣化	转子热稳定性差,长期运行后自然弯曲

表 0-5　转子临时性弯曲故障的原因

故障来源	主　要　原　因
设计、制造	结构不合理,制造误差大,材质不均匀
安装、维修	转子有较大预负荷
运行、操作	升速过快,加载太大
机器劣化	转子稳定性差

表 0-6 转子不对中故障的原因

故障来源	主 要 原 因
设计、制造	对机器热膨胀量考虑不够，给定的安装对中技术要求不准
安装、维修	安装精度未达到技术要求；对热态时转子不对中变化量考虑不够
运行、操作	超负荷运行；机组保温不良，轴系各转子热变形不同
机器劣化	机器基础或机座沉降不均匀时不对中超差；环境温度变化大，机器热变形不同

表 0-7 油膜轴承故障的原因

故障来源	主 要 原 因
巴氏合金松脱	轴瓦表面巴氏合金与基体金属结合不牢
轴瓦磨损	转子对中不良；轴承安装缺陷，两半轴瓦错位，单边接触；润滑不良，供油不足；油膜振荡或转子失稳时，由于异常振动的大振幅造成严重磨损
疲劳损坏(疲劳裂纹)	轴承过载，轴瓦局部应力集中；润滑不良，承载区油膜破裂；轴承间隙不适当；轴承配合松动，过盈不足；转子异常振动，在轴承上产生交变载荷
腐蚀	润滑剂的化学作用
汽蚀	转子涡动速度高，发生异常振动；润滑油黏度下降或油中混有空气和水分等，使轴承内的油液在低压区产生微小气泡，在高压区被挤破而形成压力冲击波冲击轴承表面，产生疲劳裂纹或金属剥落

表 0-8 油膜涡动故障的原因

故障来源	主 要 原 因
设计、制造	轴承设计或制造不符合技术要求
安装、维修	轴承间隙不当；轴承壳体配合过盈不足；轴瓦参数不当
运行、操作	润滑油不良；油温或油压不当
机器劣化	轴承磨损，疲劳损坏，腐蚀及气蚀等

表 0-9 油膜振荡故障的原因

故障来源	主 要 原 因
设计、制造	轴承设计或制造不符合技术要求
安装、维修	轴承间隙不当；轴承壳体配合过盈不足；轴瓦参数不当
运行、操作	润滑油不良；油温或油压不当
机器劣化	轴承磨损，疲劳损坏，腐蚀及汽蚀等

表 0-10 旋转失速故障的原因

故障来源	主 要 原 因
设计、制造	机器的各级流道设计不匹配
安装、维修	入口滤清器堵塞；叶轮流道或气流流道堵塞
运行、操作	机器的工作介质流量调整不当，工艺参数不匹配
机器劣化	机器气体入口或流道有异物堵塞

表 0-11 喘振故障的原因

故障来源	主要原因
设计、制造	设计制造不当，实际流量小于喘振流量，压缩机工作点离防喘线太近
安装、维修	入口滤清器堵塞；叶轮流道或气流流道堵塞
运行、操作	压缩机的实际运行流量小于喘振流量；压缩机出口压力低于管网压力；气源不足，进气压力太低，进气温度或气体相对分子质量变化大，转速变化太快及升压速度过快、过猛
机器劣化	管道阻力增大；管网阻力增加；管路逆止阀失灵等

表 0-12 转子与静止件径向摩擦的原因

故障来源	主要原因
设计、制造	转子与静止件(如为轴承、密封、隔板等)的间隙不当
安装、维修	转子与定子偏心；转子对中不良；转子动挠度大
运行、操作	机器运行时热膨胀严重不均匀；转子位移
机器劣化	基础或壳体变形大

表 0-13 转子过盈配合件过盈不足的原因

故障来源	主要原因
设计、制造	转轴与旋转体配合面过盈不足
安装、维修	转子多次拆卸，破坏了转轴与旋转体原有的配合性质；组装方法不当
运行、操作	超转速、超负荷运行
机械劣化	配合件蠕变

表 0-14 转子支承系统连接松动的原因

故障来源	主要原因
设计、制造	配合尺寸加工误差大，改变了设计所要求的配合性质
安装、维修	支承系统配合间隙过大或紧固不良、防松动措施不当
运行、操作	超负荷运行
机械劣化	支承系统配合性质改变，机壳或基础变形，螺栓松动

表 0-15 密封和间隙动力失稳的原因

故障来源	主要原因
设计、制造	制造误差造成密封或叶轮在内腔的间隙不均匀
安装、维修	转子或密封安装不当，造成密封或叶轮在内腔的间隙不均匀
运行、操作	操作不当，转子升降速过快，升降压过猛，超负荷运行
机械劣化	转轴弯曲或轴承磨损产生偏隙

表 0-16 转轴具有横向裂纹的原因

故障来源	主要原因
设计、制造	材质不良、应力集中
安装、维修	检修时未能发现潜在裂纹
运行、操作	极其频繁启动，升速、升压过猛，转子长期受交变力
机器劣化	轴产生疲劳裂纹

表 0-17 区别旋转失速与油膜振荡的主要方法

区别内容	旋转失速	油膜振荡
振动特征频率与工作转速的关系	振动特征频率随转子工作转速而变	油膜振荡发生后，振荡特征频率不随工作转速变化
振动特征频率与机器进口流量的关系	振动强烈程度随流量改变而变化	振动强烈程度不随流量变化
压力脉动频率的特点	压力脉动频率与工作流速频率相等	压力脉动频率与转子固有频率接近

0.2.1 典型的压缩机组

大型压缩机组是石化过程装置压缩并输送工艺介质的关键设备。2010 年我国炼油能力 5.1 亿吨/年，千万吨级炼厂已达到 20 多家。中国石油、中国石化是我国石油化工领域的支柱企业，有在役各类压缩机 9000 多台套。中国石油在线监测机组 422 台（离心机组 322 台，往复机组 100 台），2007 年至 2012 年 6 月发现机组报警计 654 台次，故障报警率 31%。2007 年至 2010 年，中国石化加氢裂化、乙烯裂解、合成氨、聚丙烯、重整、催化裂化等重要装置因设备故障造成的非计划停工为 156 次，其中因压缩机故障导致的非计划停工为 21 次，占 13.46%，是造成装置非计划停工的第二大原因。由此可见，应重视压缩机组的故障问题的处理。

压缩机可分为容积式和速度式（或称透平式）两种基本类型。

容积式压缩机可分为在通用机械中应用广泛的往复活塞式（简称往复式或活塞式）压缩机和回转式压缩机。有人对往复式压缩机的故障的统计表明，由于设计缺陷、制造质量低劣、不遵守操作规程、安装检修质量不符合要求所造成的故障分别占 6%、46%、40%、8%。故障时，热力参数异常、机器振动、不正常声音，往复式压缩机还容易发生管道振动的故障。压缩机吸、排气温度过高时，气缸、阀门处积炭、磨耗、部件变形甚至损坏。气缸、轴承、活塞杆、机体等处过热时，使摩擦副磨损加快、烧毁摩擦表面，因此通常用埋入式的热电阻测量压缩机主轴瓦的温度。往复式压缩机的主要故障模式包括柱塞/活塞杆断裂、曲轴断裂、气缸开裂/磨损、十字头失效/轴瓦磨损、填料密封失效、螺栓断裂/松动、气阀失效等。往复式压缩机关键部件故障原因包括设计缺陷（结构不合理、应力集中）、制造/材料缺陷、腐蚀、疲劳/冲击载荷等。

透平式压缩机按照流体方向的不同，又有离心式、轴流式和混流式三种结构形式。其中，压缩机压缩的气体中含有催化剂的粉料，很可能与转子的不平衡振动故障有很大的关系。由于叶道中流向与叶片安装角的不一致而使叶片产生冲击最终导致流体压力脉动，即离心式、轴流式压缩机本身的旋转失速。而旋涡堵塞流道后，造成系统喘振，严重的会造成转子或叶片零部件的损坏。旋转失速时的气体流动是非轴对称的，喘振时的气体流动是轴对称的。旋转失速时通过压缩机的平均流量不变，而喘振时的平均流量是随时间变化的。旋转失速的频率要高出喘振频率很多。旋转失速和喘振都是机器流量下降时的不稳定流动。对于容易发生旋转失速的机器，采用部分气体打回流、提高进气温度的办法，增大机器内的体积流量，有利于减少叶道内气流旋涡。对于多级轴流压缩机，在启动时，采用中间抽气的方法，增大抽气点前面几级的气量，防止前几级发生旋转失速。但是，一旦发生旋转失速，在工作转速下很难通过气量调节来消除，此时只能先将机器的转速降低到某个数值后，再配合上述工艺参数调整才能消除旋转失速。在压缩机的启停过程中，要遵守“升压先升速、降速先降压”的原则，升速升压或降速降压要交替进行，力求缓慢、均匀。当离心式和轴流式压缩机的流量减小到喘振工况时，防喘振装置的原理是用放空或回流的方法来增加通过机器的流量或降低背压，来防止机器喘振。

(1) 活塞式压缩机组

活塞式压缩机是容积式压缩机的典型代表。活塞式压缩机包括主机和辅机两部分。主机部分主要由机身、气缸、曲轴、连杆、十字头、活塞杆、活塞组件、填料和吸排气阀组成。其中曲轴、连杆、十字头构成曲柄连杆运动机构。单机流量最大为 $36000m^3/h$（标准状态）、最大活塞力为 800kN 的加氢压缩机机型已经不能满足炼油化工装置大型化发展的需要。对于石化装置中的大型往复式压缩机，该类设备的零部件体积、重量都比较庞大（例如 4 列 1500kN 活塞力机型的曲轴长 5～6m，重约 15t），在故障分析与处理技术水平和检维修设备等方面同样提出了新的、更高的要求。

气缸和活塞是实现气体压缩的主要零部件。由于气阀、活塞/活塞杆、填料、活塞环/支撑环等故障引起的往复压缩机非计划性停车占 80%。活塞环、气阀阀片与弹簧和填料是易损件，而它们的寿命长短与可靠性将直接影响压缩机运行的稳定性和运行周期。气缸发热、异常振动、开裂和活塞断裂事故，在活塞式压缩机工作中是屡见不鲜的。

曲轴、连杆、连杆螺栓、活塞杆断裂是活塞式压缩机常见的事故。其中，由于压缩机地基与电动机基础的不均匀沉降、超载或紧急停机时产生的剧烈冲击、气缸轴线与曲轴轴线不垂直等原因造成的曲轴断裂，将使曲轴箱、连杆、十字头或活塞发生连锁性破坏。其机理是：由于疲劳、腐蚀、应力集中、应力突变等原因，裂纹的扩展引起的断裂。因此，作为其检查技术来说，应该特别注意裂纹的形成和扩展，以免造成灾难性后果。活塞杆的断裂的因素，除了疲劳载荷以外，还有加工缺陷和安装精度、介质腐蚀、结构不合理等。

根据统计，往复式压缩机停机事故概率是：气阀故障、压力填料环、工艺问题、活塞环、支撑环、卸荷器、气缸注油系统、仪表控制系统、其他分别占 36%、17.8%、8.8%、7.1%、6.8%、6.8%、5.1%、5.1%、6.5%。尤其是炼油厂的循环氢压缩机的气阀故障引起的停机次数占总停机次数的 85%以上。气阀故障后，压缩机效率降低，能源浪费。气阀破碎后的碎块落入气缸，引起气缸拉毛、活塞和活塞环损坏，带来的问题更严重。因此，应该及时诊断出气阀故障的原因。往复式压缩机的阀片破裂、弹簧折断，很可能是管道振动引发的。管道振动特别发生在往复式压缩机出口的气体的压力脉动的激励频率与管道的气柱固有频率接近时。阀片损坏，会导致气阀漏气；弹簧折断使阀片对阀挡和阀座的冲击速度和撞击力增大，导致阀片碎裂。某级的排气阀漏气时，该级的排气温度或者该级的阀盖上的温度均升高、排气压力下降，而且该级的排出气量不足，使前级的排气压力上升；某级的吸气阀漏气时，该级的吸气部位温度升高，本级的排气压力下降，前级排气压力升高。

除主机外，活塞式压缩机组的辅机部分包括滤清器、缓冲器、气液分离器、中间冷却器、注油器、油泵和管路系统。其中，缓冲器、中间冷却器、气液分离器的燃烧爆炸事故多为常见。

(2) 螺杆压缩机组

螺杆压缩机可分为单螺杆和双螺杆压缩机，还可分为喷油（湿式）和无油（干式）螺杆压缩机。

双螺杆压缩机的结构主要由一对转子、机体（或称气缸）、轴承、同步齿轮及轴封等零部件组成。两个互相啮合的阴阳转子（或称螺杆）平行配置在成∞形的机壳内，两个转子在机壳的两端用轴承支持，在转子的轴端有同步齿轮。当两个转子同步反向旋转时，阳转子（即主转子）的凸齿连续不断地向阴转子（即从动转子）的齿槽中填塞即逐渐啮合，使各自两个齿间与气缸内壁所形成的工作容积逐渐变化来实现气体的吸入、压缩和排气三个过程。

螺杆压缩机无磨损件，可实现无油润滑，故适用于中、低压及中、小排量（$<10m^3/min$）动力用空气压缩、工业气体压缩、制冷工业或允许气体带有液体以及粉尘微粒的使用场合。抱轴、阴阳转子烧结咬死、烧瓦、轴承损坏是螺杆压缩机常见的事故。螺杆式压缩机组需经常更换油过滤器滤芯、气过滤器滤芯、油水分离器芯子等。

(3) 离心式压缩机组

大型化肥、化工、炼油生产用的离心式压缩机一般分为几段进行压缩，段与段之间设置冷却器。每一个段一般又由一个或几个压缩级组成。而每一个级是离心式压缩机升压的基本单元，它主要由一个叶轮及与其相配合的固定元件构成。固定元件包括扩压器、弯道和回流器。其中叶轮是离心式压缩机中唯一做功部件，大部分压力（65%～70%）是在叶轮中形成的，所以单级压缩所能产生的压力是有限的。一般对于较高压力，要靠采用多级压缩的方法得到。由于气体在压缩机中流动方向与主轴线垂直，故称离心式压缩机，它和轴流式（气体在压缩机中流动方向与主轴线平行）压缩机统称为透平式压缩机。

离心式压缩机按其结构特点分为水平剖分型和垂直剖分型两种。

石化生产中普遍采用离心式压缩机做动力，以适应大流量、长期连续运转等生产要求，2008 年中国国内需求增长量达到 800 台，仅在镇海炼化中就有离心式压缩机组 60 余台。离心式压缩机的要求不仅是效率高、性能好，还要求在运行过程中故障少、可靠性高，否则一旦发生故障停机，可能会导致全面停产，有时停产一天的损失可达数百万元。统计分析表明，离心式压缩机的主要故障模式包括叶轮/叶片断裂、密封失效、振动大、轴瓦磨损、轴弯曲等。离心式压缩机关键部件的主要故障原因有制造/材料缺陷、结垢/结焦与腐蚀、气流激振/旋转失速、疲劳、设计/安装/操作问题等。叶轮（叶片）和密封失效占离心式压缩机失效故障的 61%，应引起特别关注。

离心式压缩机的转速很高，一般是每分钟几千或上万转，对动平衡要求极高。由于种种原因，转子不平衡就会引起叶轮飞裂、叶片断裂、转子损坏、轴承与轴瓦烧坏以及异常振动。针对导致转子不平衡的原因，要采取不同的防治措施。针对旋转体几何形状的重心设计没有在旋转体几何轴线上这项导致转子不平衡的原因，可以通过动平衡方法去重或者增重，依据振型曲线校直的原则平衡挠性转子；对于转子上未加工的表面要进行加工并且要平衡一下；对于零件配合面与旋转轴的衔接不吻合，导致零件配合面过松，也要整体加工一下；对于内孔过大的零件在高速下旋转逐渐偏心等原因，要精细的加工配合面，对于高速转子要进行转速计算，确保其在高速运转下不脱落；对于配合零件在转轴上的配合不一致，造成各个部件在转轴上不对称，需保证附加在轴上的每一个零件质量呈轴对称位置。

对于离心式压缩机，当振动的激励频率低于基本频率时可称为低频振动，油膜振荡、半速涡动、气流激振和裂纹转子等是主要分类。转子轴径在轴承内作高速旋转的同时，还可能环绕某一平衡中心进行与转速同向或者反向的回转运动——涡动。涡动角速度可以是同步，也可以是异步。如果转子轴径主要是由油膜力的激励作用引起涡动，则轴径的涡动角速度近似于转速的 1/2，称为半速涡动。由于轴承漏油和进出油楔速度分布的变化，使涡动频率低于转速频率的一半。气流激振是自励振动的一种表现形式，它是一种突然产生的力，并且可以加剧其本身的运动力。它的突然性与危害性具有不可分离的联系。因此，需要做好对转子低频振动的分析，是确保转子平衡的重中之重。增大系统阻尼和减小气流激励力是消除或减小转子气流激振的最为常用的实施途径。增大系统阻尼可以是改换为阻尼更好的可倾瓦轴承；适当增大叶顶间隙、减小轴向间隙是减小气流激振力的可实现方式。

某公司的3级离心式压缩机进气端测点的振动波形为图0-1的正弦波，波峰平齐无畸变。同样，排气端波形也是正弦波。图0-2的频谱图中进气端测点1×占主导，为52.2μm，占通频的95%；排气端通频值为44.9μm，1×振幅为44.2μm，占98%。两测点1×振幅均超过同频80%以上，说明转子可能存在不平衡故障、轴弯曲或者基础松动。图0-3的进气端轴心轨迹图呈现椭圆形，转子进动方向为正进动。排气端轴心轨迹同样为椭圆形，说明转子很可能存在动不平衡故障。停机后解体检查，可以断定转子振动大的主要原因为转子存在原始不平衡。

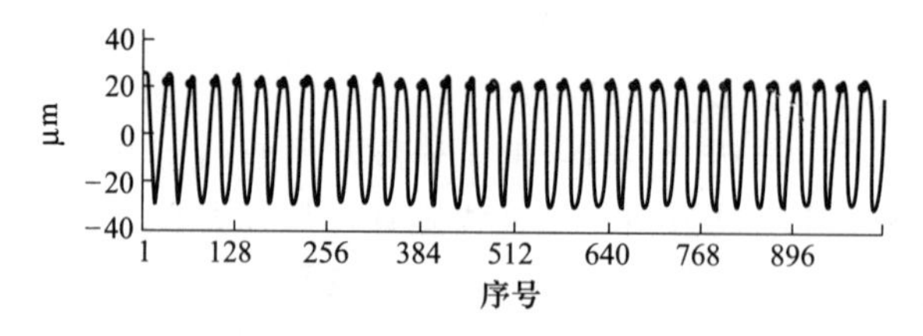

图0-1　离心式压缩机振动波形图

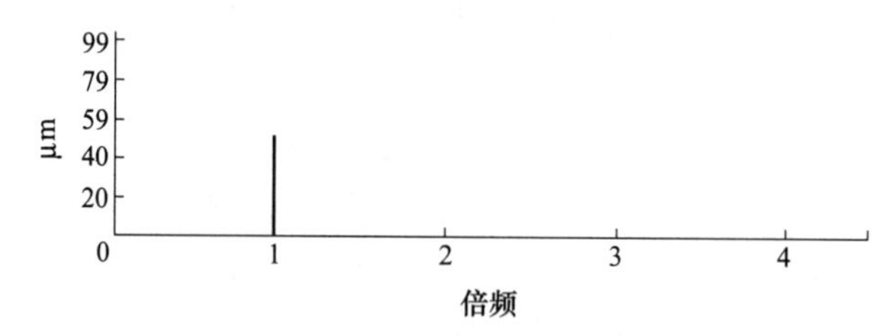

图0-2　离心式压缩机频谱图

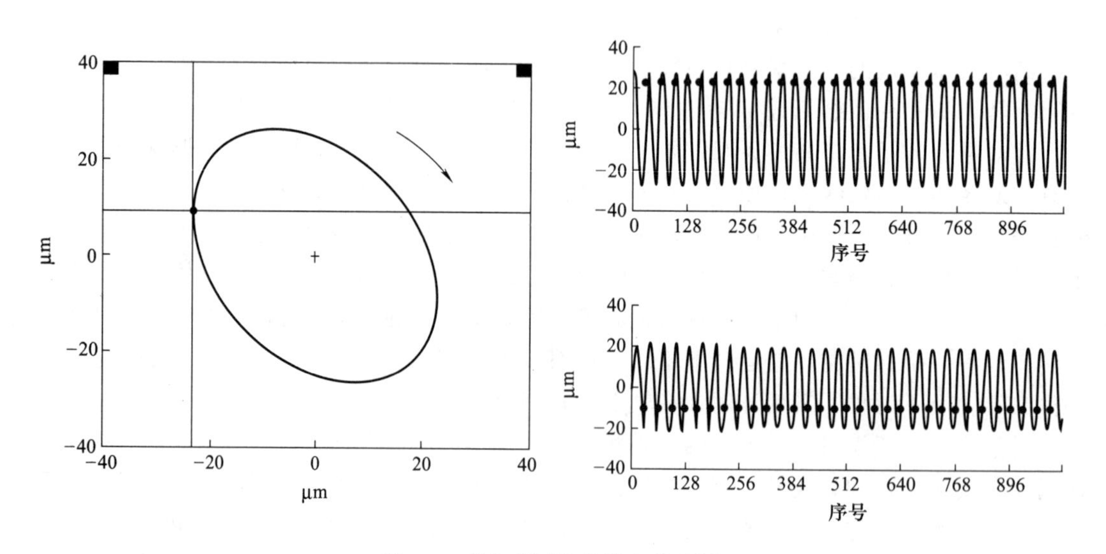

图0-3　离心式压缩机轴心轨迹图

(4) 轴流式压缩机组

轴流式压缩机，没有像离心式压缩机那样从轴向到径向的急转弯，而是气体轴向地进入高速旋转的叶片，然后被叶片推到导叶中扩压，最后沿轴向排出。因此，轴流式压缩机的最高效率可达到90%。依据它的工作原理，单级压力比不可能像离心式机械那么高，故一般都采用多级形式。对于总压力比较大的轴流式压缩机而言，有不少是十级以上的。除第一级之外，所有的中间级都是内高速回转的工作轮和静止的导向器（静叶片构成的环形叶栅）组成，在末级中，有时因一列导向叶片不能使气流流动方向变成轴向，因而需再加上一排静叶片，它称为整流器，最后气流通过排气管排出压缩机。由此可知，级是多级轴流式压缩机的基本组成单元。

轴流式压缩机，单机效率一般为0.84～0.89，最高可达0.90；单位面积通流能力大，径向尺寸小，尤其适用于大流量的场合；单级压力比较低，亚声速级压力比1.05～1.28，目前单级压力比已达到17。为了减少轴流式压缩机的级数，希望单级压力尽可能地提高，通常采取提高压缩机叶片圆周速度的方法，可是这样做的结果，动叶片的相对速度和静叶片的绝对速度的马赫数都要增大，从而导致能量损失的增加，致使效率降低，因此，单级压力比不能高。

轴流式压缩机在小于设计点的流量区运行时，叶片将处于正冲角失速状态，从而发生边界层分离和喘振现象；而在大于设计点流量区运行时，叶片则处于负冲角失速状态，效率要降低，而且流量在达到一个限度后就不会再增加。所以，轴流式压缩机在设计点的效率最高，而从喘振区到最大流量之间的稳定工作范围很窄。此外，即使在稳定工况区内，压力随流量的变化也要比离心式压缩机的大，即等转速线较陡，在转速为常数时，流量调节范围很小；结构简单，运行维护方便，但工艺要求高，叶片型线复杂。

轴流式压缩机的转速一般宜采用高转速的驱动机直接驱动压缩机，避免使用高速、大负荷的齿轮箱传动。

轴流式压缩机运行中出现的故障有旋转失速，即在小流量区运行时，气流流入叶栅时正冲角增大，使叶片背面气流产生脱离，从而相继影响相邻的叶片，使脱流现象逐渐向叶片背弧方向传播，形成旋转失速，导致叶片在交变应力下发生疲劳破坏。其次是喘振，即旋转失速进一步发展，使叶片背弧气流严重脱离，气流通道堵塞，机组发生喘振。发生喘振时，机组产生剧烈振动，如不及时采取有效措施可导致某些零件损坏。

0.2.2 风机

风机可分为通风机（9.8～14.7kPa）和鼓风机（<0.294MPa）两种类型。作为吸气用的通风机又有引风机、抽风机和吸风机之称；作为送风用的又有送风机、通风机、排风机或吹风机之称。按照介质在风机内部流动的方向不同，风机可分为离心式风机、轴流式风机和混流式风机。按照工作原理不同，风机可分为回转式（罗茨鼓风机）、速度式（离心式、轴流式、混流式风机）和其他类型风机，如再生式鼓风机（或称旋涡风机）。

对于火电机组，重要辅机中的送风机、引风机与一次风机没有备用，一旦发生故障会造成机组出力降低或非计划停运，后果严重，应引起运行人员注意并及时处理。

(1) 离心式风机

离心式风机主要由叶片、叶轮前后盘、机壳、截流板、支架和吸入口等部件构成。机壳内的叶轮固装在原动机拖动的转轴上，叶片与叶轮前后盘连接成一体。

离心式风机常见故障是煤气倒流入风机内引起爆炸；叶轮、轴承、轴瓦烧坏；压力偏高或偏低；风机不规则振动和风机与电机一起振动等。

(2) 旋涡风机

随着工业现代化自动化的发展，使用低压气源的场合越来越多。目前，国内外普遍采用的气源发生装置有刮片泵、空气压缩机、罗茨鼓风机和旋涡风机等。旋涡风机是一种既可用来抽吸气体又可用来压送气体的叶片式流体机械。它的工作部分主要是旋转的多叶片叶轮与静止的环形流道（即壳体），其叶轮与蒸汽透平的叶轮结构相似，且无易损件。因此，它与容积式压缩机相比，最大的特点是结构简单，其电机可直接与旋涡风机相连接，所有的构件均可横向或纵向装配，体积小，占地面积小。此外，其流量、压力稳定，设备在运行中无非稳定的压力范围；除主轴两端轴承和传动皮带外，旋涡风机内各部件与其转动部分没有机械摩擦，泵体内不需注油润滑，因此输送的气体无油无水，比较纯净；而且维修时只要清洗或更换两端轴承、皮带即可，因此，操作维修简单，维护保养不苛求，或者说基本上可不需维护保养。噪声低，因旋涡风机设有消音装置，一般噪声小于 80dB（A）。由于旋涡风机工作原理独特，它可实现以单级压缩完成一般需多级压缩的工作，在相同转速、相同叶轮直径下可获得较高的压力。因此，在要求中等压力、输送较大空气流量的使用场合，它具有一定的经济性，从而可取代原高压低用的空气压缩机、水环泵、叶片泵等，从而可节能和降低设备投资，这是旋涡风机的另一大特点。

旋涡风机与离心式压缩机相比，设备投资降低较大，在要求中等压力、输送空气流量为 $40 \sim 2000 m^3/h$ 范围内的使用场合尤为适宜，这样可弥补离心式压缩机在上述流量使用范围的空白，而且十分经济。

旋涡风机的最大缺点是效率低，一般低于 50%。这与其本身的结构和制造、安装的精度有关，尤其是其结构本身导致的流动损失较大，这是效率低的主要原因。其次，旋涡风机的轴承易损坏，这样旋涡风机的运行周期较短。旋涡风机运行中常见的故障有噪声增大、流量和压力减小等。

(3) 罗茨鼓风机

罗茨鼓风机是最早制造的两转子回转式压缩机之一。它由一截面呈 8 字形、外形近似椭圆形的气缸和缸内配置的一对相同截面（也呈 8 字形）彼此啮合的叶轮（又称转子）组成。在转子之间以及转子与气缸之间都留有 0.15～0.35mm 的微小的啮合间隙，以避免相互接触。两个转子的轴由原动机轴通过齿轮驱动，且相互以相反的方向旋转。气缸的两侧面分别设置与吸、排气管道相连通的吸、排气口。当一对彼此啮合的转子在一对同步齿轮带动下作相反方向的旋转时，借助于两个转子的啮合，使吸、排气口相互隔绝。因为气缸和转子之间的空腔容积在旋转中不发生变化，所以气体无内压缩地由吸气口推到排气口，气体的压力是在该空腔与排出侧沟通的瞬间，由于气体倒流压缩而使压力提高，从而达到鼓风的目的。这种罗茨鼓风机的出口阀不能完全关死，否则过载会烧坏电机或断轴。因此，在出口处常装设回路管用以调节气体的流量和压力。

在罗茨鼓风机中，气体压力并非由于容积缩小而提高，而是借排气孔口较高压力的气体回流以提高气缸容腔中的气体压力，即所谓等容压缩（即无内压缩过程），它比有内压缩时要多耗压缩功，故罗茨鼓风机的效率通常比有内压缩的容积式和速度式的各种鼓风机要低。如果不考虑气体通过间隙的泄漏，可以说罗茨鼓风机是不像活塞式压缩机那样有余隙容积的，它不存在由于余隙容积的膨胀而造成气缸几何尺寸利用率的降低问题。由于叶轮之间以及叶轮与缸体之间实际上是有一定间隙的，所以除了轴承和同步齿轮外，罗茨鼓风机不存在其他的摩擦运动，这就使这种机型具有转速高、基础小、无振动、寿命长和机械效率高等优点。同时，也不需对气缸进行润滑，避免使所输送的介质被油污染。但是，也正是由于叶轮之间及叶轮和缸体之间存在间隙，故造成气体泄漏，这也正是阻碍罗茨鼓风机向高压力、高效率方向发展的关键原因。

转子每旋转一周，依次有四个腔室与吸、排气口相通，因此，吸、排气过程是间断地、周期地进行的，因而造成吸、排气管道中气体压力的脉动，其程度介于活塞式压缩机与螺杆式压缩机之间。由于周期性地吸、排气以及瞬时等容积压缩而形成气流速度和压力的脉动，将产生较大的气体动力噪声，从而污染环境，它是罗茨鼓风机的一大缺点，罗茨鼓风机最大的缺点是因无内压缩过程，其效率较低。

罗茨鼓风机适应于中排气量及低压力比的场合，例如合成氨生产（造气工段和脱硫工段）常用其输送半水煤气。一般排气量为 1～250m^3/min，最大可达 800m^3/min；单级压力比通常小于 1.7，最高可达 2.1。

罗茨鼓风机在运行中常见的故障有：因抽负压，空气进入系统，形成爆炸性混合气体而发生爆炸；鼓风机内带水，转子损坏，盘车盘不动，机壳发烫、振动、噪声大；电机电流超高或跳闸；出口压力波动大和泄漏中毒等。

0.2.3 泵

泵是把原动机的机械能转变成被抽送液体的压力能和动能的机械。泵的种类极多，分类方法也多种多样。按泵的作用原理不同可分为三种类型：动力式泵、容积式泵、其他类型泵。

动力式泵如离心泵、旋涡泵、混流泵和轴流泵等。由于它们都具有叶片，又称叶片泵。

容积式泵如活塞泵、柱塞泵、齿轮泵、螺杆泵和水环泵等。

其他类型泵利用液体的能量（位能、动能等）来输送液体，如射流泵。

化肥、化工、炼油厂中大量使用的是离心泵、容积式泵。以水泵的生命周期费用为例，水泵一生的能源消耗占 95%，维修费占 4%，购置费仅仅有 1%。如果水泵的效率下降 1%，则泵的能耗会提高 10%，浪费的费用是维修费的 2 倍还多，是水泵本身的价值的 10 倍。对于化纤行业 PTA 装置中的进料用的 3 台高速离心泵，即使 2 开 1 备，随着装置运行时间的延长，机封、高速轴、中速轴、滑动轴承发生频繁损坏，每年的检修费用都在百万元以上，浪费人力、物力、备件费用，而且严重影响 PTA 装置的正常生产。流程泵的密封件经常发生由于汽蚀和热量不能散发的与役龄无关的纯随机故障。由此看出：有必要通过选择合适的故障处理方法确保泵的性能。

(1) 离心泵

离心泵的结构主要由包括叶轮与轴在内的运转部件（即转子）和由壳体、填料函和轴承等组成的静止部件两大部分构成。在泵体内的叶轮入口处有吸液室，叶轮出口有压液室。为保证离心泵的正常运行，还需具有必要的附属设备，如进水过滤器、底座、闸阀、排出阀、压力表和真空表等。叶轮是传递原动机能量对液体做功的唯一部件。由于叶轮旋转时将能量施加给液体，所以在离心泵中形成了高、低压区。为了减小液体由高压区流入低压区，在泵体和叶轮互相摩擦的地方装有密封环；由于泵轴伸出泵体，为减少有压力的液体流出泵外和防止空气进入泵内，在旋转的泵轴和固定的泵体之间装有轴封结构；泵在运行中由于作用在转子上的力不对称，会产生轴向力，此力得不到平衡时，会造成振动和轴承发热，因此，泵装置中还设有轴向力平衡机构。

离心泵的结构形式甚多，按泵轴的位置可分卧式和立式两大类；按叶轮的数目不同可分为单级泵和多级泵；按叶轮吸入方式不同又有单吸泵和双吸泵之分；按泵的用途和输送液体的性质，可分为水泵、酸泵、碱泵、油泵、低温泵、高温泵、液氨泵和屏蔽泵等。据资料统计，离心泵的产量占泵总产量的75%，由于它具有流量范围广（5～20000m^3/h）、扬程范围宽（8～2800m）、适应性强、结构简单、体积小、质量轻、操作维修简单和运转平稳等特点，化肥、乙烯及三大合成材料工业和石油炼制工业所需要的各种油泵、耐腐泵、计量泵等多采用离心泵。此泵启动前必须灌泵，输送高黏度液体时效率较低，甚至无法工作。

离心泵叶轮、泵壳和泵轴这三大核心部件容易失效。汽蚀时，金属叶片很快损坏，还引起泵的振动。泵轴烧坏断裂，轴承、轴瓦严重磨损，轴封严重泄漏及其他零部件损坏，泵电机烧坏而停产及由此而引起的燃烧爆炸、灼伤事故等是离心泵常见的事故。泵密封件的损坏常常是由于生产流程中的其他环节操作或设计不当引起的汽蚀和热量不能散发所造成的。

如图0-4所示，当离心泵在流量低于额定流量下运行时，泵内发生二次回流、流动颤抖和压力脉动，同时在低流量时，叶轮周围压力分布不均匀，叶轮受到径向力的作用使泵轴产生交变应力，最后引起轴的疲劳损坏，值得故障处理人员重视并且及时采取措施。

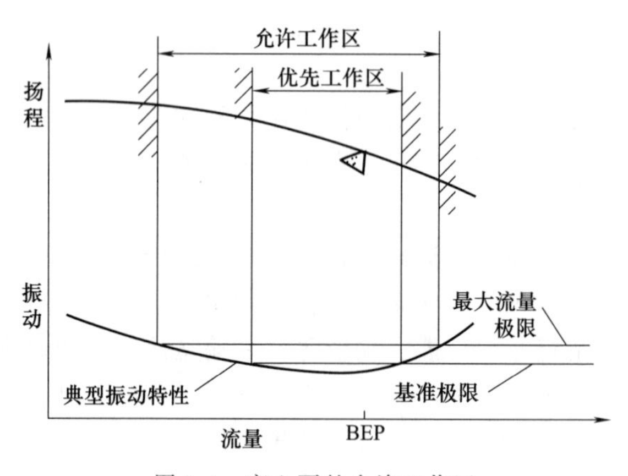

图0-4　离心泵的允许工作区

典型的离心泵例如化肥厂的熔融尿素泵。其20种零部件的39种故障模式、原因见表0-18。

表0-18　化肥厂的熔融尿素泵20种零部件的39种故障模式、原因

部件	故障模式	故障原因
叶轮	扬程不足	长期使用后严重磨损
	汽蚀	结构、安装不当
	腐蚀	腐蚀介质
	磨损	杂质、颗粒磨损
	振动噪声大	动、静平衡被破坏
	断裂	设计材料缺陷
泵出口阀门	开关不到位	定位销松动，使阀芯、阀体、内套的流通孔错位
轴	磨损或弯曲	安装不当、储存运输不当

部件	故障模式	故障原因
轴	泵轴断裂	疲劳断裂
填料	密封泄漏	填料压盖变形、损坏，没有压紧
	磨损过快	填料变质硬化
	振动	填料黏滑作用
密封环	磨损	泵轴或密封环磨损
键	断裂	材料疲劳
轴承防松螺母	松动	机体振动
轴承	润滑油变质	转子偏心
	温度过高	摩擦，转动不平衡

续表

部件	故障模式	故障原因
滚动轴承	振动过大	润滑不良、长期磨损
轴套	磨损严重	变形
原动机	转速降低	泵轴的弯曲变形
	不能启动	设备接线错误
	振动	动平衡被破坏
主叶轮O形圈	扭伤、变形、磨损	老化，过热
机械密封	泄漏过大	安装不当
	泄漏过小	安装不当
油封	硬化开裂	老化
轴承箱	冷却水管排放出润滑油	冷却水管路接头漏
	润滑油过少	油路堵塞，漏油
	润滑油过多	加入过多润滑油

部件	故障模式	故障原因
轴头螺母	松动	机体振动
	脱落	机体振动
叶轮螺母	脱落	机体振动
泵体	温度过高	泵内摩擦
	振动噪声大	泵抽真空
	磨蚀	流体中有颗粒
	泵体与泵盖之间泄漏	表面粗糙度高，垫片不合适
填料压盖	松动	螺栓损坏，轴承磨损严重
地脚螺栓	松动	机体振动，地基不实
	断裂	疲劳断裂，设计材料因素

(2) 容积式泵

容积式泵包括往复泵、柱塞泵、齿轮泵、隔膜泵和水环泵等。其中柱塞泵在化肥、化工、炼油厂中应用较多。

容积式泵由于不论排出压力高低，其排液量大致都相同，因此，关闭出口阀时，泵的流量并不减小，反而使压力剧烈上升，致使驱动机和不耐压部件损坏，为此，在靠近泵体处设置安全泄压装置（一般采用安全阀）。

输送介质易结晶时，柱塞泵柱塞密封容易失效。

0.2.4 离心机

离心机是利用离心力来分离液-固相（悬浮液）、液-液相（乳浊液）非均一系混合物的一种典型的过程机器。离心机的结构形式可分为过滤式和沉降式两类。

过滤式是指分离过程是在有孔的转鼓上进行的。转鼓高速运转时，液体在离心力作用下，穿过转鼓鼓壁上的网孔而滤出，固体颗粒沉积在转鼓内壁上形成滤渣层，从而完成固-液两相的分离。过滤式离心机主要用于分离固体含量较多、固体颗粒较大的悬浮液。

沉降式是指分离过程是在无孔的转鼓上进行的。转鼓高速回转时，悬浮液受离心力的作用，按密度差进行分层沉淀，密度大、颗粒粗的物料沉积在转鼓的最外层；密度小、颗粒细的物料聚集在转鼓的内层。澄清液从离心机的上部溢出。当悬浮液中的固体含量较大时，沉降的颗粒大量积聚，在离心力的作用下越压越紧，形成滤渣层，而且很快增厚，因此必须考虑连续排渣问题。沉降式离心机主要用于分离含固体量少、固体颗粒较细的悬浮液。

按照操作方式不同，离心机又可分为间歇操作和连续操作两类；按照操作目的分为固体回收和液体澄清两类。除此之外，还有按其他特征分类的，如轴的位置卧式；传动设备的位置——上传动或下传动；卸料方式——上部卸料或下部卸料，人工、重力、刮刀、活塞、螺旋和离心卸料之分等；除渣方式——人工、半自动等。在化肥、化工、炼油企业中使用最多的刮刀卸料离心机和活塞推料式离心机，处理硫酸铜、尿素、聚氯乙烯、硝酸盐和焦油副产品等物料。

由于物料、操作、维修等原因，造成一些离心机故障的频繁发生：分离介质进入离心机后不分离，直接由固相出口排出，轻相出口无液体排出；固体颗粒出口不排料，介质直接由轻液出口排出；振动值过高或振动联锁跳车。转鼓振动、机身振动和分离易燃易爆液体时发生的燃烧爆炸事故是离心机常见的事故。

0.2.5 汽轮机组

汽轮机又称“蒸汽透平”，是通过喷嘴或静叶片的膨胀过程，使压力蒸汽的热能转化为动能，从而推动动叶片做机械功的一种原动机。按汽轮机的工作原理不同，可分为冲动式和反动式两类。冲动式是指蒸汽压力降出现在喷嘴中，利用喷出蒸汽的冲动力的汽轮机。反动式是指蒸汽压力降不仅出现在喷嘴中，而且也出现在转子叶片中，利用蒸汽对叶片的反动力的汽轮机。在从国外引进的大型氨厂使用的工业汽轮机中，引自美国的机组全部是冲动式汽轮机；引自法国、日本的机组为反动式汽轮机。按热力过程分类，可分为凝汽式、抽汽式和背压式三种。

凝汽式汽轮机是指蒸汽在汽轮机中做功以后，排至冷凝器中并全部冷凝为冷凝水的汽轮机。炼油厂的大型汽轮机大多采用这种形式。

抽汽式汽轮机是指在汽轮机工作中，从它的某一中间级或几个中间级后抽出一定量的蒸汽供其他设备（如供暖和工艺加热）用，其余蒸汽在机内做功后仍排至冷凝器中冷凝的汽轮机。

背压式汽轮机是指排汽压力大于一个大气压，排汽既提供低压蒸汽又产生动力用于供暖或工业加热等用汽装置的汽轮机。大型合成氨厂使用的汽轮机中就有不少是背压式汽轮机，炼油厂的小型汽轮机几乎全部采用这种形式。

按蒸汽的初参数分类，又可分为低压、中压、高压、超高压和超临界压力汽轮机。大型合成氨厂的工业汽轮机属高压汽轮机。

冲动式汽轮机的结构主要由轴、叶轮、叶片、喷嘴、气缸和排汽管组成。蒸汽在喷嘴内膨胀，此时蒸汽的压力降低，速度增加，将蒸汽的热能转变成动能，并以高速进入动叶片通道，冲击叶片。在冲击力作用下，汽流对叶片做功。动叶片安装在轮盘的轮缘上，冲击力将推动叶轮从而带动轴旋转。在动叶片中实际发生的是将蒸汽的热能转变成叶轮的机械能的过程。动叶片及叶轮构成汽轮机的做功单元，只有一个叶轮级的汽轮机称为单级冲动式汽轮机。冲动式汽轮机的级数一般较少，动叶片内无压强，轴向推力较小，故适用于大、中、小型汽轮机的使用场合，比如用于驱动辅助设备。

反动式汽轮机的结构主要由转鼓、动叶片、静叶片、气缸、进汽的环形室、平衡活塞和蒸汽联络管等部件构成。通常将动叶片通道做成合适的形状，蒸汽在动叶通道中继续膨胀，压力逐渐降低，而汽流速度不断增高。所以除了气流在动叶通道中改变方向对动叶片产生冲击力之外，还有动静叶片两侧静压力所产生的反作用力（又称反动力）的作用。这样，动叶片在冲击力和反动力联合作用下做功，此种结构形式称为反动式汽轮机。反动式汽轮机一般为多级。动叶片直接安装在转鼓上，在两列动叶片之间有静叶片（相当于冲动式汽轮机的喷嘴）安装在气缸内壁上。动静叶片的截面形状完全相同。

汽轮机的做功原理主要是经过两次能量转换过程。一次是热能转变成为动能，它是在喷管中实现的，喷管做成静止的零件，并采用各种不同的方法将其固定在气缸内，构成汽轮机的静止部件（简称静子）；另一次是气流对动叶做功，将气流的动能转换成机械能，它是在动叶栅内进行的。动叶栅以不同的方式安装在转子上，构成汽轮机的转动部件（简称转子）。

转子与静子是汽轮机的主要组成部件。此外，还有支撑转子的轴承与供油润滑系统。为了调节转速与功率，还配有调节系统和防止超速的保安装置（如危急遮断装置、报警装置），还有其他特殊装置，如盘车机构等。

汽轮机转子由主轴、叶轮、叶片等零件构成，并通过联轴器或减速器与被驱动机械（如离心式压缩机、风机和泵等）的轴相连。转子安装在气缸内，并支撑在前后两个轴承上。按转子制造和安装的方式不同，可分为整锻式转子、套装式转子、组合式转子、焊接转子、转鼓形转子和与动叶片制成一体的转子。

整锻转子的叶轮和主轴锻成一体，经加工后制成所要求的形状和尺寸，且此种转子受力情况良好、刚性比较大，工作条件下不会出现叶轮松脱的现象，故特别适用于高速的工业汽轮机。如进口的 30 万吨/年大型氨厂所使用的汽轮机，全部采用整锻转子。由法国赫尔蒂公司引进的大型化肥装置中的合成气压缩机的蒸汽透平 KT-1501 机组也使用整锻转子。

套装式转子的主轴与叶轮分别制造，然后采用适当的过盈量用热套方法套装在一起，因其尺寸相对较大，适用于中压凝汽式汽轮机。如法国进口的 KT-1503 机组就是采用套装式转子。

叶轮用来安装工作叶片，将叶片上所受的力矩传递到轴上，拖动被驱动机械运行。工业汽轮机转速一般很高（$n=12000 \sim 20000\mathrm{r/min}$）。在高转速下，除动叶片外，叶轮在汽轮机中是承受负荷最大的零件，而叶轮飞裂、叶片折断是汽轮机多发事故。

汽轮机中常见的叶轮形式有等厚度叶轮、锥形和双曲线叶轮、整锻转子叶轮及等强度叶轮等。通常叶轮由轮缘、轮体和轮载三部分组成。轮缘上装有动叶片，轮载部分热套在主轴上。叶轮在运行中主要承受叶片与叶轮本身的离心力所引起的应力和叶轮内孔与主轴过盈配合所引起的应力。其中等厚度叶轮一般在高压级整锻转子上采用。锥形和双曲线形叶轮，由于各处应力比较均匀，适用于圆周速度 $u<300\mathrm{m/s}$ 的场合，如 101-JT、103-JT、105-JT 都用锥形叶轮。

动叶片是汽轮机唯一做功零件，它又是汽轮机中最薄弱的环节。动叶片通常与围带或拉筋连接在一起。

围带是防止流经叶片的气流由于离心力的作用而飞离叶片的通道。拉筋是为了减少离心力对长叶片的影响。长叶片一般不采用围带而用比较细的拉筋来增加叶片的刚性，从而改善抗弯性能。在生产中，叶片断裂、围带破裂经常发生，甚至自法国进口的蒸汽透平高压气缸也多次发生叶轮叶片折断、围带破裂和铆钉折断等事故。

冷凝式汽轮机内，末级的湿蒸汽含量很高，当微小的水滴、水雾喷射到转子叶片上时，由于液滴与喷嘴的摩擦而起电，带电液滴又把电荷带到转子动叶片上，造成转子带电。另外，液滴喷射到叶片上产生再分裂，分裂过程又可释放出额外电荷，使液滴表面带有极性的电荷，而在叶片表面带有另一种反极性的电荷。此外，汽轮机的供油系统内，油泵出口处油分子与滤网的碰撞和摩擦使油分子带电。带电后的油分子通过管线把电荷携带到转子轴颈表面，积累的电荷使电压升高，一旦电荷击穿油膜就会在轴承上放电，造成轴承电流损伤。因此，应改用高导电性能的润滑油或者在油中加入添加剂，使润滑油变成良导体，避免轴承电流带来的故障。

0.3 实例分析

由于生产过程的连续性和复杂性，过程装备需要按工艺流程依次相连，其操作条件从高温到低温，从高压到高真空，工作范围很广，所处理的物料又多具有易燃、易爆、有毒等特点，因而过程装备一旦发生故障，不仅会造成整个生产系统停产，而且会引起着火、爆炸、中毒、灼伤等事故。近年来，随着生产规模不断扩大，过程装备也日趋大型化和复杂化，显然，装置事故会给生产带来重大经济损失。根据统计，石化企业设备故障维修和停机损失费用已占到生产成本的30%～40%。做好过程装备的故障处理工作，提高过程装备使用时的可靠性，在经济上和安全上都具有重要意义。

重要生产设备一旦失效将引起严重的安全事故、环境污染和经济损失，同时也会造成恶劣的社会和政治影响。防公害装置发生导致过程装置停车的故障后，常见的环境公害有：燃烧排出或剩余排出的含硫的氧化物、氨的氧化物和硫化氢等有害气体；装置产生的废油、废酸、废碱、废氰、废纸浆废液、含重金属的废液、温度较高的冷却水；泵、空气压缩机、鼓风机、空冷式换热器、加热炉等产生的噪声；产生的硫醇类、氨等臭物质；地基下沉；光、热污染；产生的污泥等废渣。

20世纪70年代，原化工部由于化肥产品任务完不成，便经常组织全国范围化肥企业间装置检查，才使化肥产品产量逐年有所上升。

有的阀门处于高温、高压、强腐蚀的工况条件下，损坏周期短，阀门造价高。这些阀门若采用合理的技术成功修复，则比购买这些阀门所用资金肯定要少。

某厂过去不重视现场维护，一些国外订户看到企业现场混乱就放弃了订货，因此不得不重视现场维护。

由于使用条件和环境不同，维护维修保养滞后会影响装置的可靠性，甚至会由于维护维修不及时导致装置发生事故。

故障分析与处理技术实施时的方法，也与其实施效果有关。例如，设备开盖检验时，不得不置换、吹扫、清洗、打保温与恢复保温、搭架、打磨等，这些都要消耗人力、物力的。即使打开个人孔，也至少要换个垫圈。而管道的外保温的价值就几乎相当于金属管道本身的价值。采取适当的故障处理技术，降低设备开盖率，可以缩短装置停车时间，增加装置的有效运行时间；节约检验、检修费用。石油化工系统中的80%风险是由20%的关键设备带来的，集中维修资源对关键设备进行维修并提高其可靠性，既能有效地降低系统的风险，又能节省维修费用。根据利宝国际保险公司对石油天然气化工（OGPC）企业和工厂的损失统计分析，在2000～2010年期间，因设备完整性管理不善造成的损失占总损失量的54%，在设备完整性的损失中静设备的损失约占设备完整性损失的69%。显而易见，锅炉压力容器和管道系统等承压类特种设备的完整性对石油天然气化工（OGPC）企业十分重要。国外实施基于风险的检验技术（RBI），在历年检验检修数据基础上，根据装置的风险分布制定的检验策略，能使停机检修日数减少10%，使检修成本降低15%。日本COSMO公司通过实施风险管理，应用RBI、RCM等方法，检修时设备开盖率由2000年的70%降至2004年的40%，修理费用由2000年的再造装置费用5%降至2004年的2%。采用基于风险的检维修方法，无损探伤比例由原来的20%左右降到10%～15%，平均减少检测数量约30%。优化的检修费用投入，实现将80%的检修费用用于20%的不可接受风险设备。中国特检院自2003年在全国推广RBI技术以来，已完成500余套典型炼油、石油化工、煤化工、化肥、冶金等大型装置的RBI检验，通过缩短工期、排除隐患等，累计为企业节约成本数十亿元。

实例一

一名操作工在巡检时发现挤出现场二楼振动异常，经仔细观察，发现是两根皮带中的一根断裂。经设备维修人员及时更换了皮带，从而避免了后处理挤出机的联锁停车，也避免了整个装置的被迫降压停车。

实例二

2007年3月25日，某石化公司热电厂锅炉车间在巡检到4号炉乙侧17m层时，发现保温层上有一丝水汽飘出的异常现象，经检查，发现水汽是从水冷壁的保温上出来的，判断此处水冷壁泄漏，便立即汇报给班长和调度。车间技术人员迅速赶到现场，拆开保温进行检查，确认为水冷壁泄漏，车间立即组织带压堵漏。由于这起重大隐患发现及时，为带压堵漏抢修赢得了宝贵的时间，保证了4号炉的安稳运行，避免了4号炉因泄漏造成非计划停炉事故。

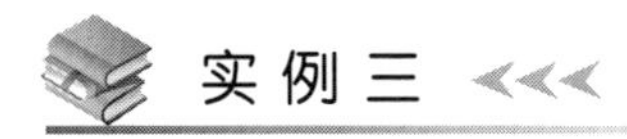

实例三

2010年6月3日10时21分，某化工公司双氧水装置循环冷却水泵断电停运后，循环冷却水断供，在进行处理的过程中，12时氧化液储槽发生爆炸、着火，随后不得不急停车并报警，向氢化塔内充氮气、关闭相关阀门、切断电源等紧急措施，阻止火势的蔓延，避免事故的进一步扩大。事故造成氧化液储槽上盖被掀翻，放空管管道及冷却器弯瘪，氧化液储槽底部鼓起。该公司的双氧水装置采用蒽醌法生产工艺，以2-乙基蒽醌（EAQ）为载体，重芳烃及磷酸三辛酯（TOP）为混合溶剂，配制成溶液（称工作液）。该溶液与氢气一起通入装有催化剂的氢化塔内进行氢化反应，得到氢蒽醌溶液（称氢化液）；氢化液与压缩空气一起通入氧化塔进行氧化反应，被氧化了的氢化液经氧化液气液分离器（V1202A/B）除去气体。被完全氧化了的氢化液为含有双氧水的溶液（称氧化液），经自控仪表控制氧化液气液分离器（V1202A/B）内一定液位后，进入氧化液储槽。由于氧化工序的特点，在操作控制过程中易出现氧化液第二分离器（V1202B）流空现象，造成高温空气夹带芳烃气进入氧化液储槽，形成可爆气体，给安全生产带来隐患。在双氧水生产过程中，氧化液储槽是蒽醌法双氧水生产中的主要中间储槽之一，常压，内部盛有氧化液、芳烃蒸汽、双氧水等物料，氧化液主要由蒽醌、磷酸三辛酯、重芳烃、双氧水等组成，双氧水含量为6.3g/L。与之相连的氧化液第二分离器（V1202B）压力为0.35MPa。

双氧水属于过氧化物产品，很不稳定，易分解放出大量热，具有较大的潜能，特别是分解时易分解出游离氧。生产用的氧化液主要由蒽醌、磷酸三辛酯、重芳烃和少量的双氧水组成，均为易燃、易爆物质（如：芳烃主要为C9馏分，即甲苯异构物，另外还含有少量的二甲苯、四甲苯、萘及胶质物），闪点54.6℃，混合气爆炸下限为5%，爆炸上限为6%，因此应禁止明火和静电的产生。由于没有安全监测设施，无法对易燃气体自动监测。氧化液储槽没有设计氮气补入管道，因此无法及时稀释爆炸性气体浓度。循环冷却水泵断电、循环冷却水断供后，由于操作停车不及时，氧化塔内氧化液温度迅速上升至60.7℃，氧化液温度超指标，造成双氧水分解，在氧化液储槽内形成芳烃爆炸性饱和蒸汽，氧化液储槽内的双氧水大量分解，形成憋压；系统异常时处理不及时，未能及时停车，氧化液储槽没有充氮条件，无法稀释爆炸性气体；操作过程中工艺指标执行不到位，氧化液气液分离器（V1202B）液位波动较大，出现流空现象，造成大量高温空气夹带芳烃气进入氧化液储槽，形成可爆气体。

工作液、氢气、双氧水在管道中急速流动容易产生静电，但是事故设备和管线没有采取以下措施：用铜线或铜板静电接地，法兰与法兰之间保证用铜线连通。氧化液储槽放空冷却器（直径273mm，长1500mm，换热面积5.6m^2）为列管冷却器，内有ϕ25mm管47根。气体在通过ϕ25mm管时，气体流速过大，导致静电火花产生，引起氧化液储槽内可燃可爆气发生爆炸。

氧化液储槽受放空冷却器影响，放空口偏小，紧急情况下，气体不能及时放出。氢化液过滤器滤袋质量差，氢化塔内部分粉碎的催化剂粉被带入氧化系统，系统停氢投氮后，由于尾气中氧含量高以及氧化液储槽内有双氧水分解产生的氧气的存在，氧化液储槽液位波动大，导致氧化液夹带的催化剂粉粘在氧化液储槽上部壁上，在高氧气含量的情况下，催化剂发生自燃。

实例四

1991年9月25日，某化肥厂低压泵房热水循环泵泵体爆裂，大量过热水喷出并汽化，致使2名作业工人烫伤致死，3名环卫工人轻度灼伤，经济损失达50.8万元。事故发生后，对泵体进行了宏观检查，发现泵体断口组织特别粗糙，判断泵体材料有问题。经专家分析鉴定，该泵体材料为灰口铸铁，其硬度与强度是所有牌号灰口铸铁中最低的。该厂2号热水循环泵是1990年8月进行节能技术改造时安装的。产品说明书标明，输送介质温度为230℃，进口压力为3.0MPa，泵体材料为高强度铸铁或球墨铸铁。该泵累计运行约2600h，实际使用温度190℃，进口压力2.0～2.1MPa，出口压力2.5～2.7MPa，泵的使用工况均符合产品说明书的要求。由此说明，采用灰口铸铁做泵体是不合适的。事故发生的直接原因是泵体材料不合格。

实例五

1989年12月5日，某化肥厂冷凝塔爆炸，造成2人死亡，1人受伤，设备室上部墙、框坍塌，设备报废，部分装置的管道毁坏，操作室内的部分电气设备损坏。事后根据调度和变换电位计记录及当时现场操作工证实，当时进入变换系统的压力是0.75MPa，系统压差0.08MPa，冷凝塔的压力是0.67MPa，电子电位差计自动记录都在指标范围内，并无其他异常现象。经检查分析，发生事故的直接原因是制造厂与使用单位没按设备设计要求进行防腐处理，由于冷凝塔壁严重腐蚀减薄，致使装置承受不了正常操作压力，而使使用不到三年的设备因腐蚀严重而发生物理爆炸。

实例六

某化工公司尿素厂 280kt/a 尿素装置结束封塔后准备开 3# 4M22C CO_2 压缩机组。当班操作人员对机组进行开车前确认及准备工作，各段导淋均见气，盘车归位，电器仪表检查合格，联系调度送电，启动压缩机；压缩机平稳运转 8min 后开始带脱硫系统运行，此时压缩机突然发出异响，操作人员立即紧急停车。停车后发现压缩机三段中体断裂，压缩机三段分离器有大量水排出。经检查确认为脱硫冷却器泄漏。

此段工艺流程为：压缩机二段出口→脱硫系统→压缩机三段入口。尿素装置封塔后，由于脱硫冷却器泄漏，脱硫系统内的压力很快经脱硫冷却器泄掉，由于此次封塔时间长达 12h，导致大量冷却水漏入工艺侧，压缩机带脱硫系统运转后，将水带入压缩机三段缸，造成撞缸事故，最终导致：最薄弱的三段中体断裂，中体基础二次灌浆层开裂脱落；三段活塞杆在十字头处折断；三段十字头连接器损坏，十字头滑板脱落；三段连杆大头脱开；曲轴箱基础二次灌浆层部分开裂；其他段中体基础二次灌浆层均有松动；三段气缸支撑板开裂弯曲；三段密封损坏，冷却水管线开裂；盘不动车。

0.4 过程装置完好标准、故障分析的指标及处理策略

过程装置不但维修工作量大，而且维修类型多。维护是为保持设备良好的技术状态和运行情况所需采取的措施，如润滑、加油、紧固、调整和清洁等，其目的是抑制故障的发生。修理分为预防性维修和修复性维修，是为消除故障征兆或消除故障进行的一系列的维修工作，是在设备技术状态劣化或产生缺陷或导致故障时，采取措施来恢复设备的正常状态的维修工作。其中预防性维修包括性能检测、备件更换、简单的耗损件修理等。检查是对设备的有关部分的状态进行检查，以发现其存在的缺陷。

0.4.1 完好标准

过程装置故障处理技术实施时，要杜绝事故的发生，要确保其安全、环保、优质、准点、稳定、高效、长周期运行、满负荷、装置达标达产、降低原材料消耗、降低能耗，使其处于最佳运行状态、减少非计划停车的概率、缩短维护时间、节约维护费用。

对于一套生产装置，所有设备都应制订出相应的检查标准，使每台设备都有标准可依，以方便检查与维护。过程装备达到要求的完好标准后，必须签字确认。

对于整个生产装置中全部有数量可以查的设备，完好率达到规定的百分比。有的企业要求设备完好率平均值达到 99.73%以上。对于全部有距离长度的管道，有数量可以查的静密封点，泄漏率控制在规定的千分比。通过单体设备争创完好活动，争创完好泵房、完好罐区、完好控制室、完好配电间。其中，泵房是指独立封闭厂房内含 10 台及以上泵的输转单元；罐区是指具备输转、存储功能的独立储存单元；变配电室是指承担独立生产装置动力供电单元；控制室是指承担装置运行控制功能的仪表操作室，含操作站、工程师站和机柜间；机组是指包装板块主要生产线或关键机组。

常见设备检测和预防维修的周期见表 0-19。

表 0-19 常见设备检测和预防维修的周期

序号	设备类别	小修周期/月	中检或检测周期/月	大修周期/月
1	机泵	3	6～12	24～36
2	离心式压缩机	3	6～12	24～36
3	电机、发电机	3	6～12	24～36
4	压力容器		12	24～36
5	加热炉		12	24～36
6	管线		12	24～36

“五想五不干”即“风险未想清楚不干，对付风险的措施未完善不干，安全防护工具未配备不干，安全环境未具备不干，安全技能未具备不干”。

检修管理模式设计时，树立“三线原则”（遵循安全生产的绿线，坚守安全生产的底线，不触犯安全生产的红线）；落实“四个到位”（安全意识到位、安全知识到位、安全措施到位、安全行为到位）；着重抓好“五个控制”：计划控制、成本控制、质量控制、健康（Health）、安全（Safety）和环境（Environment）三位一体（HSE控制）、进度控制，计划是前提、质量是核心、安全是保障、进度是效益，相辅相成、相互制约。

日本推行的“整理、整顿、清洁、清扫、文明礼貌”作为一个简明的现场检查标准是：一看放在现场的机器、机具及其物件是否都是有用的，无用的东西是否都清理出去了；二看放在现场的有用的东西是否按规定位置摆放整齐；三看放置好的东西是否都很清洁干净；四看放置东西清洁状况是否有标准，是否按标准执行了；五看现场工作人员对待工作是否有热情和责任心。对于小件螺栓，专门制作检修螺栓存放槽，提前放到现场，做到拆下螺栓不落地，不丢失，并实现即用可取；对预制管线，要求按类摆放整齐，并对打磨后的管口统一用胶带封堵保护；清理出的焦块，做到不落地，随时装车，立即运离现场。

对装置现场维护要求做到“三勤一定”即勤检查、勤擦扫、勤保养、定时准确记录。要求严格执行“清洁、润滑、紧固、调整、防腐”设备维护十字操作法。设备运行必须做到“四不准”（不准超温、不准超压、不准超速、不准超负荷）和“四不漏”（不漏水、不漏气、不漏油、不漏液）。确保设备现场“一平、二净、三见、四无、五不缺”，即场地平整，门窗玻璃净、四周墙壁净，也就是说竖向卫生必须“窗明、地净、场地清”；“沟见底、轴见光、设备见本色”，无垃圾、无杂草、无废料、无闲散器材，保温油漆不缺、螺栓手轮不缺、门窗玻璃不缺、灯泡灯罩不缺、地沟盖板不缺。隐患排查时，“纵向到底、横向到边、不留死角”，以实现安全无事故、无障碍、无异常。

运行要求严格的甚至认为：“泄漏就是事故”。泄漏不仅污染设备本体和环境，影响设备外观，增加设备损坏的概率，难以使设备达到完好标准。动、静态密封点的泄漏率取无泄漏装置的标准值0.5‰，而动态密封点的泄漏率按其2倍，即1‰计算。要求严格的，静密封点泄漏率为0.04‰。对于机泵的机械密封泄漏要求，完好标准是每分钟不超过5～10滴。

对待设备问题按“无事当有事，小事当大事”的原则来做，保证设备运行万无一失。对维修人员而言，市场就在生产车间，设备维修质量就是产品的活力，设备运行效果就是效益，优良的维修服务意识和服务质量就是其价值的体现。

检修的动机是：消除安全环保隐患；消除生产瓶颈和设计缺陷，实现“停得下、修得好、开得起、稳得住、长周期”的停工检修改造目标。通过故障分析与处理技术解决制约装置的“安、稳、长、满、优”的瓶颈问题。根据设备的大检修与小检修计划，贯彻预防为主的方针，做到“到期必修，修必修好”。检修时的基本要求是：“无事故”“无伤害”“零排放”“零污染”，在“统筹计划”的时间范围内甚至提前完成检修。“统筹计划”的时间单位一般按照“小时”。对违章行为实行“零容忍”，实现现场作业“零违章”“零事故”。还通过“利废”“利旧”“利库”“改代利用”等技术，节约检修费用。“零余料措施”，确保减少库存积压和大修废料。一年一度的大修时，“应修必修、修必修好、修必节约、不失修、不过修、逐步改善”。大修时，通过“大修作业证”“施工机具的准入合格证”，做到“噪声不扰民、臭气不乱排、零伤亡、施工质量合格率100%、重要设备和关键机组的检修合格率100%、一次焊接合格率优秀”，确保大修质量。不同的企业分别提出：“三年一大修”“四到五年一大修”；“炼油装置四年一修、乙烯装置六年一修”。这涉及过程装备长周期运行配套的维护质量标准体系。

绿色维修要求：维修工作现场的声、热、废油液、有害气体等指标在标准之内，或在人体能承受的安全范围之内，噪声“静悄悄”排放，固体废物分类处理，停工过程无发生扰民事件和环境污染事件，做到污染物“先监测后排放”。

0.4.2 故障的分析指标

过程装置故障的形成、传播、演化等故障行为具有多样性、随机性、涌现性等特点。用“安全偏离度”来描述参数实际值与设计值（或正常值）之间偏离的程度，以反映故障的严重程度。其中，基准数值的选取使用如下的方法：过程装置在设计阶段已规定工艺流程参数的操作范围。对于在役装置，若这些参数在设计阶段已确定并在设备运行过程中可准确获取，则在计算中将这些数值作为基准数值。若在没有或者无法获取某些参数对应的基准数值的情况下，可以将报警阈值的上下限取一个平均值，将该平均值作为基准数值进行计算。其中报警值的选取使用如下的方法：当过程参数值低于基准值时，报警值选择阈值下限；当过程参数值高于基准值时，报警值选择阈值上限。该计算过程虽带有一些主观不确定性，但在工程应用中已能满足其要求和精度。后续的研究仍然会进一步提升该环节的客观性和智能化。当安全偏离度为0时，即过程参数稳定，没有发生故障的可能性；当安全偏离度为100%及以上时，即过程参数发生较大变化，系统严重故障；数值落在此区间内，系统具有一定程度的危险隐患，需开展下一步骤的计算，从而对系统安全状态进行细化评价。

根据安全偏离度，定义设备安全状态的模糊集合：设备状态={正常，轻微故障，故障}。当偏离度在0～50%时，认为设备处于正常状态；当偏离度在20%～100%时，认为设备处于轻微故障状态；当偏离度在70%以上时，认为设备处于故障状态。设定转移概率的实际含义为系统在10min内从某状态转移到另一状态的概率。

设备运转率是设备在一定时间内的实际运行的小时数与日历小时数的比值。装置开工率是装置在一定时间内的实际开工的小时数与日历小时数的比值。设备出力率（装置负荷力）是设备（装置）在一定时间内的实际生产能力与设计（或核定）生产能力的比值。

石油、天然气、化工和炼油等工业设备可靠性数据和维修性数据是设备量化风险分析、故障预测、故障预防、维修任务优化、绩效管理指标量化的基础。设备可靠性数据主要有故障模式、故障原因、故障部位、故障后果（安全、环境、经济）等。维修性数据主要有缺陷发现时间、故障开始时间、停机开始时间、检修开始时间、检修结束时间、开机时间、故障结束时间等数据。

可靠性是设备在规定的时间和特定运转条件下无故障完成规定功能的概率。可靠性是设备无故障运行的概率度量，通过减少故障频率可以提高设备可靠性。设备长周期无故障运行能够增加产量、降低备件储备并能减少人工维修费用，从而降低维修成本。增加设备可用性、减少停车生产中断时间、减少维修成本和次生故障能够带来巨大效益。

一般认为：维修性是在规定条件下和规定时间内，按照规定程序和方法对系统或装置进行维修时，保持或恢复系统或装置达到规定状态的能力。维修性不但要考虑设备本身的维修性，同时还要考虑与相邻设备的关联性，要尽量做到各自独立，不产生“牵连”，不可避免时要尽可能少“牵连”，从而达到快速维修的目的。维修性属产品设计特性，对于大型过程装置尤为重要，它必须在产品设计时注入；其工作内容主要包括从产品设计阶段开始的维修性设计分析和验证评估，研制后期的维修技术手册编写，以及交付前开展的维修训练等。

维修事件是由于故障、虚警或按预定的维修计划进行的一种或多种维修活动，而维修活动是维修事件的一个局部，包括使产品保持或恢复到规定状态所必需的一种或多种基本维修作业，如故障定位、隔离、修理和功能检查等。因此，针对故障可能存在多个维修事件，如发生故障后的修复性维修活动或为了预防故障而采取的预防性维修活动等，每一维修事件存在多种维修活动，如典型的修复性维修活动包括故障定位、故障隔离、拆卸、换件（简单修复）、调试等，预防性维修包括保养、定时拆修、定时更换等内容，而每项内容都会涉及拆卸、换件、调试等维修活动。因此针对故障模式要明确维修事件，并要将每一维修事件根据实际操作步骤进行有效分解，为维修障碍的分析提供条件。维修障碍是指妨碍完成维修活动的因素，如在简化性、可达性、可更换性、标准化、调整性、维修安全性等方面表现出的不能完成既定活动的因素。维修障碍分析，要针对每一维修活动展开具体分析，确定是否会发生视觉不可达、工具不可达、操作空间不够、不可更换、容易错装、装不上、与别的设备发生“牵连”、影响人员或设备安全等维修障碍，从而影响维修活动的完成。维修障碍的获取方式，一方面通过对相似产品已经产生的维修障碍进行“回想”；另一方面依据产品的结构原理图等资料进行“预想”获得，应尽可能地分析全面，从而为补偿措施的制定奠定基础。例如，载人航天器在轨维修是实现载人航天器长寿命、高可靠性、高安全性的必要手段。俄罗斯“和平号”空间站设计寿命 5 年，通过维修延寿到 15 年。国际空间站设计寿命 15 年，经维修可延寿至 20 年。国际空间站从 2000～2005 年，航天员共进行了 4000 多小时的维修，平均每天进行约 2h 的维修活动。

评价过程装备维护效果时，可以选择的定量指标有：装置的生命周期费用是否最低；装置的完好率是否最佳；装置的运转期限是否延长；装置的操作成本是否降低；装置的停车时间是否降低；装置的停车检修工作是否迅速；装置的使用寿命是否延长；装置的非计划停车次数是否减少。

根据维修效果，维修活动通常分为理想维修、最小维修和非理想维修。理想维修可以发现和修理设备所有的隐患或缺陷，修后的设备如同新的一样，即达到“好如新”状态。理想维修等同于更换。最小维修仅使设备恢复运行，几乎不对部件缺陷进行修理，修理前后设备的故障率不发生变化，修后的设备和修前的设备一样，即达到“坏如旧”状态。非理想维修的效果介于最小维修和理想维修之间。经过非理想维修后，设备消除了部分缺陷，能重新运行，但比全新设备更容易发生故障。产生非理想维修的原因包括：维修方法或技术手段的限制；维修资源的限制；维修质量的限制。根据维修效果的定义，日常维护可以认为是最小维修。在定期维修中，小修如果是更换垫片、校正、更换油封等工作，也可以认为是最小维修。装置停车小修一般是指借用其他装置停车期间、本装置公用工程暂时断供的机会来处理一些小的设备故障的检修，一般时间比较短，没有大的检修任务是其主要特征。在装置停车大检修初期涉及最主要的是：设备故障判断、工艺动改和设备的更新、报废及废旧管线拆除等工作。常规项目是每次大检修必修的项目，即检修周期等于大检修的间隔期的项目。大修是最彻底、最全面的维修，大修会对设备进行全面的检测，尽量消除潜在隐患和缺陷，大修后的设备基本等同于新设备，因此其效果可以认为是理想的。装置停车中修时间相对较短，与大检修相比，前者一般是更换催化剂，而后者只是常规检修，不涉及更换催化剂的项目。从内容上看，中修一般包括小修内容，中修的效果一般会比小修的好，但中修仅对关键部件进行检测和预防维修，其维修效果比大修的效果差，因此可认为是非理想维修。在定期故障处理中，如果在检测时发现缺陷，则立即进行维修，此时的维修称为检测维修。由于生产的要求，检测维修要在尽可能短的时间内完成，另外如果缺陷能拖到大修时再修理，则尽量不对设备进行修理，以减少停工时间。检测维修不一定能完全修理设备所有的缺陷，故其效果可以认为是非理想的。如果设备在预防维修或检测维修的间隔内发生故障，则进行事后维修（故障维修），此时设备一般会进行停机修理，多数情况下设备需要从流程中切换出来，如有备用设备则将其投入工作。故障维修中清扫环境、准备零件、修理等环节的平均耗时会比预防维修（检测维修）长，因此可以进行更多的检测，维修也比较充分。另外，设备发生故障时，其可靠性会受到更多的关注，此时除了修理受损部件外，还要尽量检测和修理其他缺陷部件，防止设备在短时间内再次发生故障。因此，两种模式中的故障维修可认为是理想维修。

过程装置故障处理技术实施时，通过较少的追加投资使设备的经济效益达到理想值。过程装置的寿命周期费用大体上可以包括装备设置费和装备维持费。其中，装备设置费是由装备价格决定的。实践经验表明，有的装备的设置费很高，但是维持费却很低；另外一些装备的设置费很低，但是维持费却很高，甚至是设置费的几十倍。因此，在过程装置故障处理技术实践中，应该以装备寿命周期费用最经济为目标。

过程装置的维修和停车费包括开车费用、维修更换部件费用、清洗维护费用。过程装置开车费用包括开车前的准备和开车期间的直接损失。过程装置开车前的准备主要是系统预热、升温、气密等工作。过程装置开车期间，在原料正常导入过程装置下游装置之前，由于来不及处理，多余的燃料送去火炬燃烧，此阶段消耗的原料、动力是开车的直接损失。过程装置的清洗包括开、停车的盲板隔离，管道和设备清洗，地面清扫等。

设备故障的经济损失后果包括生产中断时间引起的生产损失和设备维修费用损失两部分。设备故障的经济后果可以由故障平均维修费用、平均停工时间以及单位时间停机损失估算得出。随着装备工作时间的延长，其可靠度会越来越低。描述可靠性的关键指标有平均故障间隔时间、平均无故障运行时间、部件平均寿命、故障率和特定时间间隔内最大故障次数等。设备可靠性和维修性数据见图 0-5。风险评价中，确定设备的故障率，并通过单台设备

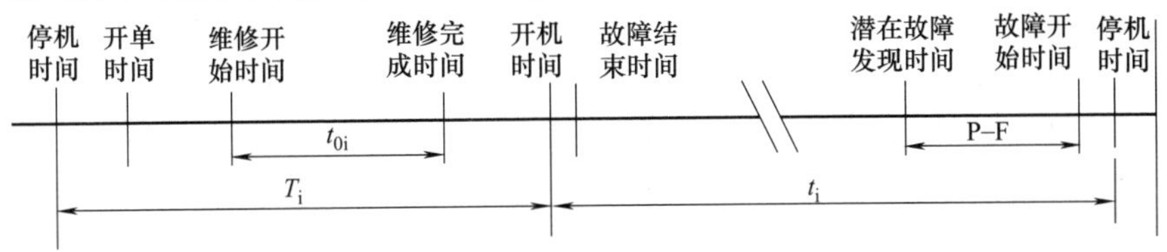

图 0-5 设备可靠性和维修性数据

的故障率计算整个装置运行的故障率，是评价装置安全风险的关键。设备失效率的确定，是计算装置失效率的基础。其主要来源于：设备生产厂作出的试验数据；用户的实际运行数据；通过已知部件可靠性数据计算出的设备失效率；某些标准和研究资料。

过程装备事故和故障率是：总故障数除以总试验小时数。例如，设备故障中，腐蚀故障占设备故障的一半以上。

通常把生产中断的时间损失称为作业时间损失。其中，检修停机造成的时间损失称为维修时间损失。所以，要尽量减少时间损失，才能获得较好的经济效益。

过程装备的平均故障前时间（MTTF）：总故障时间除以总故障数。

过程装备的平均总修复时间（MTTR）：等待备件和维修人员的时间、故障定位所需要的时间与修理时间的总和。

过程装备的稳态可用度（A）：平均故障间隔时间（MTBF）/[平均故障间隔时间（MTBF）+平均总修复时间（MTTR）]。

过程装备事故和故障概率：在某时刻，已经发生故障的过程装备占的百分比。

过程装备的幸存概率：在某时刻，仍完好的过程装备占的百分比。

根据设备的维修记录对其可靠性参数进行估计，计算设备的可靠性。根据设备故障的平均维修费用、平均停工时间以及单位时间停机损失估算故障后果。维修时间密度函数即单位时间内修复数与送修总数之比。修复率是一种修复速率，可用规定条件下和规定时间内完成维修的总次数与维修总时间之比表示。在工程实践中，通常用平均修复率或常数修复率表示单位时间内完成维修的次数。

可用性是设备在规定的时间或超过规定的时间内完成规定功能的能力，它是操作可用时间的指标；高的设备可靠性和易于维修性意味着高使用效率。增加无故障运行时间、减少修理停机时间或计划检修能够提高设备的可用性。

可维修性是设备在规定的时间或超过规定的时间后能够恢复其功能的能力；可维修性是在特定的时间内设备保持或恢复特定状态的概率，它和设备的设计、安装水平相关。可维修性分析用来评估、设计和说明维修程序和维修资源需求。可维修性和维修项目、维修人员的技能、维修组织、资源准备和维修程序等有关。设计的维修程序和维修时间是可维修性指标的基准。维修时间越短，设备的可用性越高。维修时间、物流时间和管理时间三个参数和停机时间有关，其中维修时间和维修人员的培训和技能有关；物流时间和备件准备时间有关；管理时间和组织结构功能、维修管理标准作业程序、维修质量保证文件有关。高可用性、高可靠性和优异的可维修性（可预测的和比较短的维修时间间隔）和保持高水平的设备性能是设备管理高效的特征，也是降低设备运行安全风险、环境风险和经济损失风险的主要控制指标。

设备的重要度用设备的风险等级来表示。流程工业设备的风险主要从安全风险、环境风险、经济损失风险三个方面来考虑。设备的风险等级由该设备所有故障模式的最高风险等级决定，也就是说，若设备的某种故障模式风险等级是高风险，则该设备的风险等级为高风险；若设备的所有故障模式风险等级是低风险，则该设备的风险等级为低风险；其余情况定义为中风险。在风险分析基础上，对高风险设备进行重点检验。通过风险分析，把主要精力的资金用于高风险设备和管线，一方面可提高设备的可靠性，科学地延长设备检修周期；另一方面又可避免对低风险设备过度检验，从而降低设备检修费用，最终实现在保证设备安全性的基础上降低操作成本、提高设备安全性能的效果。

0.4.3 故障处理的策略

据不完全统计，炼油企业中有超过30%的人员从事各种维修活动，系统运行维修费用占总运行预算的20%～50%。当一个大型石化公司全线停车时，上百套装置均停车检修，需要上万人的检修队伍，施工任务特别繁重，加之对环境、对项目不够熟悉，如果没有一个指导性的文件极有可能在检修过程中出现问题，如损坏探头、干气密封安装不到位等常见的检修故障，所以在化工行业，装置年度大检修就必须引入“检修规程”来保证检修的万无一失。

所谓点检定修制，即对主要设备选取关键点，由点检员跟踪监测，发现关键点有劣化趋势时，有针对性地进行检修，有利于解决设备“过维修”“欠维修”的问题。设备的点检定修必须坚持八原则，即定点、定标准、定人、定周期、定方法、定区域、定线路、定考核（如图0-6所示），八项原则相辅相成，缺一不可。点检定修全过程控制是生产人员的日常检查到专业人员的定期检测，技术人员根据实时点检数据诊断设备异常情况，及时处理修正相关设备关键点问题根源等去达到精度检测及精准控制。点检人员按日常点检卡开展点检工作，并及时提出点检定修工作报告。

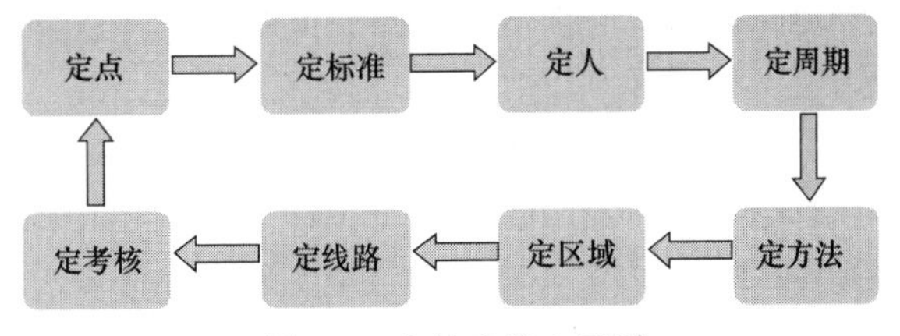

图0-6 点检定修八原则

过程装置故障处理信息是积累企业操作、维护和维修实践经验的载体。若忽视文件和文档的作用，只把注意力放在具体的现场生产活动上，工作任务完成后不愿意再花更多的时间总结和记录，则结果导致装置投入运行多年，技术资料的积累仍然非常有限。其中的原因并不复杂，当一名技术人员进入一套装置工作，依靠刻苦学习、研究，包括测试各种条件来优化此套装置；若干年后，当他离开这套工艺装置时，如果没有留下相关的信息资料，新接替他的工程师可能又要重复他的老路，重复同样的测试，重复同样的失败或成功的经验，难以实现信息和经验的继承/创新。因此，应重视过程装置故障处理技术信息的总结、记录和存档。装置的生命周期系统主要负责当前装置的状态、元件生命周期、维护保养、备件准备指导。当前装置的状态主要包含装置的详细信息，如保养周期、寿命、名称等。如果装置出现问题，只要通过系统查询，就可以轻松了解到装置的状况；当前装置各部件的生命周期主要是通过装置记录下装置处于哪个寿命阶段、装置的安装时间、装置的某部分需要何时更换等等；当前装置的维护保养指导对保养维护的时间和内容进行记录；备件准备指导是根据前两者的记录来确定哪些部分需要更换，何时更换，可以据此提前做好准备。系统记录设备详细记录故障的现象、导致故障出现的可能原因以及根据故障情况做出的处理建议。在设备发生故障之后，系统会以文字的形式显示故障所在；故障原因：当某一故障发生之后，该系统会将导致故障的可能原因列举出来，以供维修人员参考；故障处理：该系统会根据故障发生的原因，逐个给出可能的解决方案。

在日常生产中，任何异常事件的自动检测及故障根源的准确辨识可有效避免严重事故的发生、改善产品质量及减少维修成本。当过程装置处于常规（正常）运行状态时，现场操作人员依靠监控系统使过程装置处于平稳和安全状态。然而，除了正常状态以外，过程装置的运行状态还包括过渡状态、异常状态、事故状态、灾难状态等。一旦出现非正常状态，甚至是事故状态，常规的监控系统往往无能为力，需要现场操作人员根据对过程的了解和生产经验做出及时判断，采取合理的措施使过程装置的运行状态重回正常状态。但对于复杂的过程，面对海量杂乱无章的数据，加之故障链式效应的逐级扩大，操作人员根本无法及时做出判断和维修决策，甚至有可能产生误导，做出错误的决策。据统计，在发生的事故中，其中约有70%是由于操作失误引起的。

过程装置运行时，测量系统受到人、机、法、环、测等方面的综合影响。人主要是操作技能、责任心、规范遵守等；机包括数据采集系统的软硬件系统，如装置、各种传感器等；法包括数据获得的各种方法及各种噪声过滤算法；环主要是灰尘、温度、湿度等条件；测主要是指测量系统的不确定度、重复性和再现性等测量系统分析方法。如果该过程没有得到评估和监控，那么好的结果可能被测为坏的结果，坏的结果也可能被测为好的结果，此时便不能得到高质量的设备状态数据，进而就无法获得真正的设备状态特性，也就不能有效进行设备状态监测或故障诊断了。

俗语说“二分实施、八分准备”。所谓检验方案，即是在检验工作开始以前，预先拟定的具体检验内容、检验方法和检验步骤。一个完整的压力容器定期检验方案，应至少包括下列内容：被检容器的概况；检验方案的编制依据；检验检测项目；检验需配备的仪器设备及测量工具；检验程序及时间安排；各项安全措施；检验项目负责人及有关检验、检测人员名单。一般对普通的Ⅰ、Ⅱ类压力容器，可以不同的类型制定通用的检验方案，但对Ⅲ类压力容器及大型或生产工艺上关键的Ⅰ、Ⅱ类压力容器，则须逐台制定检验方案。

基于时间的检验技术因其成本投入不科学，资源没有实现最优化配置，而逐步被其他技术所取代。风险检验技术被广泛应用于各类设备的检验维修中。在保障设备可靠的运行的同时，进而实施经济的维修检验以减少设备运营成本。对于高风险设备，采取状态监测和定期维护相结合的方式；对于低风险设备采取事后维修或简单定期维护保养的方式；对于中风险设备，介于二者之间。国外炼油、石化等过程工业执行可靠性计划使维修预算最大降低了50%。以可靠性为中心的维修（RCM）是：对设备进行功能与故障分析，明确设备故障后果；用规范化的逻辑决断方法，确定各故障的预防性维修对策；通过现场故障数据统计、专家评估、定量化建模等手段，在保证设备安全和完好的前提下，以最少的资源消耗保持装备固有可靠性和安全性的原则为目标对设备的维修策略进行优化。以可靠性为中心的维修（RCM）是一种优化的维修方法，通过分析设备的维修需求，确定系统的最佳维修策略，是当今核电领域最基本、最重要的维修优化方法之一。目前，美国、法国的核电厂都利用RCM来优化主要系统的维修大纲。其中法国电力公司分析发现RCM可为法国核电节省约20%的维修费用。

马尔可夫过程是一种重要的随机过程。马尔可夫过程具有这样的特性“在已知目前状态（现在）的条件下，它未来的演变（将来）不依赖于它以往的演变（过去）”。即马尔可夫过程在当前时刻的状态与t_{n-1}时刻前的状态没有关系，只与t_{n-1}时刻的状态有关系。上述性质称为马尔可夫过程的无后效性。在炼化装置中，多数异常事件、故障的传播关系可以用马尔可夫过程来描述，如控制截断阀门、紧急放空阀故障，将导致工艺过程窜压、憋压，进而使物料的化学物理反应发生偏差，轻者影响物料的净化处理质量，严重的将导致反应失控、装置发生泄漏或爆炸。时间、状态均离散的马尔可夫过程也被称为马尔可夫链。对于过程装置故障链式关系，由于其安全监测、检测获取的数据是按照一定的时间间隔存储的，故其马尔可夫模型属于马尔可夫链。基于马尔可夫过程的故障链式传播后果预测。即预测故障发生以后系统的运行情况，揭示故障发生之后会产生哪些后果，并给出这些后果的发生概率，为现场操作人员进行事故应急准备提供依据。对于可维修系统，要提高系统的可利用率，就要尽量缩短维修时间，即提高修复率。

对于过程装备，对照完好标准，设计出长周期装置完好标准检查考核表，有针对性分析存在的问题及解决措施，事先设计好调整方案和事故预案，岗检时随机抽取完好单元数量在一定百分比的单体设备进行抽检，对达到完好标准的单体设备挂牌并奖励，对维护不到位的完好设备进行摘牌备案消除处理并进行绩效考核，以保障过程装备安全长周期运行。

意大利开发了一套用于岗位工进行操作以及应急演练、故障排除的增强现实系统。在该培训系统中，受训者漫游在沉浸感极强的虚拟工厂环境中，练习开启、关闭阀门，保持适当操作距离读取流量表、压力表等数据，岗位巡检以及其他岗位操作。该系统的一大特色是引入了动态事故仿真技术，可以有效模拟各种突发情况，可训练受训者快速识别并排除故障的能力，尤其是当该故障可能引发事故时。以管道破裂，易燃化工原料泄漏并引发池火事故的排险为例，事故发生后，受训者在系统中穿上个人防护装备并快速关闭起火管道的相关物料泵及两端的阀门，以隔绝受损管路。在操作的同时还必须注意尽量避免被池火辐射的热流灼伤。处置事故的操作顺序、操作时间、事故损失、人员受伤与否及受伤程度这些因素都是系统考核评定受训人员的标准。虚拟故障排除系统，提供一种无污染无浪费的试验平台并保证操作人员的安全。

维修性分析主要是通过收集维修过程中的障碍数据（如工具的更换频率、维修平均时间等），了解维修状况，纠正维修过程中暴露的缺陷，优化维修过程。维修性分析主要包括维修障碍分析和维修性评价。维修障碍分析通过对距离检测、碰撞检测、工具类型、可达性分析等信息的统计获取维修障碍数据，分析维修困难的原因以及对产品的影响等，给出适当的解决方案。维修性评价主要是通过获取维修动作时间、维修操作步骤、工具更换次数等信息定量分析维修过程的优劣。维修障碍分析的本质是模拟如果出现维修困难或不方便的情况，维修人员如何根据自身体验分析维修不便的原因和对产品的影响，以便通过改进设计或采取其他补救措施尽早消除或减轻因维修障碍导致的维修事件失败而带来的严重后果，通过改进设计，实现维修的方便、快捷。维修难度反映产品维修中操作的难易程度，是对维修障碍分析的进一步量化评价。维修难度是按每一个维修事件完成过程中发生的维修障碍的妨碍度类别及该障碍对应因素的影响权重，从技术可行性上全面评价产品的维修性。维修中的人机工效分析主要考虑维修人员的安全和操作方便，多以确保维修安全、减轻维修人员负担、改善维修和检测的可达性为指导思想。

维修性分析的主要步骤如下：根据包括维修过程的状态描述信息，维修仿真时间，操作活动空间，操作工具的更换频率、操作可达性等初始障碍信息，以进行数据获取；维修障碍需要制定相应的判断准则，分析获取的障碍数据，找出设计中存在的维修障碍。维修障碍主要从三个方面判定：一是可达性判定，主要包括维修人员能否接近零部件，操作空间是否满足，如操作工具是否有足够的活动空间；二是维修安全判定，主要检测维修过程中是否存在不安全因素，例如维修过程中发生漏油、爆炸等因素；三是人素判定，主要进行维修人员的体力分析和疲劳分析，例如维修过程中人员的姿势是否舒适、持续时间是否合理、维修人员能否移动零部件等。主要进行障碍原因、障碍影响分析，给出障碍等级评价及补救措施建议；依据维修障碍分析得到的数据，实现对维修难度和维修时间的评价。维修难度考虑可达性障碍、可视性障碍、所需工具类型以及紧固件类型等影响因素，维修时间考虑维修作业数、完成每项维修作业单元的时间、工具更换频率等影响因素。

过程装置自身的开车、维修、检修费用中，主要以过程装置更换部件费用为主。更换何种部件是有策略的。例如，对于粉煤废热锅炉，陶瓷过滤器更换为烧结金属过滤器后，由每年一修、更换或清洗变为2年仅进行滤芯清洗，故障率和维修更换费用大幅降低。

检修时，设备紧固都是凭经验手动完成，因为受力不均匀，经常出现垫片损坏等情况，回装法兰口时，密封不严，容易引发火灾爆炸事故。“四联动”液压扳手紧固的检修方法：它要求一线作业人员紧固设备螺栓，必须同时使用四套液压扳手。“四套液压扳手呈矩形分布，输入同样的力矩，对四套螺栓同步紧固。”可以使螺栓紧固力保持均匀，保证施工质量。

虚拟维修（Virtual Maintenance）是虚拟现实技术（Virtual Reality，VR）在维修领域的应用，是虚拟现实技术的重要分支。与传统维修工作主要依靠设计人员在实物样机或原型机上模拟真实产品的维修过程相比，虚拟维修技术能够有效地为维修操作训练提供先进的实验环境和模拟手段，对于改进维修训练效果、提高维修决策能力具有极大的促进作用，因此被广泛应用。美国空军研究实验室与GE公司共同发起的SMG项目采用VR技术，改进了维修性分析过程，实现了维修性分析自动同步生成维修手册的目标，显著减少维修手册的开发时间与费用。

对于连续型生产企业，对故障设备的维护应该力求在最短的时间内完成，以避免设备故障引起停车或最大程度减少停车造成的生产损失。过程装置的不可用时间包括计划停运时间和非计划停运时间两部分。计划停运属于预防维修是按行业标准安排的。非计划停运属于事故检修，是由于过程装置可靠性问题造成的。过程装置的某个子系统或某个部件损坏后引起整台设备非计划停运时间比较长（或非计划停运次数比较多）的子系统或部件称为过程装置可靠性的薄弱环节。

过程装置中大量设备和部件是“量体裁衣式”设计，属于小批量，甚至是单件化生产的装备，因而不可能进行大量的寿命试验。设备在运行初期会因为处于磨合期而导致故障率偏高，这时的数据须进行异常考虑，而磨合期过后其运行相对平稳，运行数据是可信赖的。在对设备的失效数据进行统计时，常出现：同种试样失效数据、多种试样失效数据。如果所收集的试样数据量较大，且各设备的运行工况不尽相同，则属于多试样情形。

统计单台设备的平均故障间隔时间存在一定难度时，可以将一类设备作为一个整体进行故障统计。设某类设备数量为 m，某年该类设备故障次数为 x，则该类设备该年份的平均故障频率为 $f=x/m$，平均故障间隔时间为 $T=1/f$。T 作为该类设备维护周期的推荐值。由于维修资源的局限或维修质量不高，设备会在短时间（半个月）再次进行维修，此时认为是同一次维修。故障发生时间为维修开始时间，再投入运行时刻为最后一次维修结束时间。冗余配置设备或相似设备（尺寸、结构、运行条件类似）当作一类设备，参数估计时将同类设备的故障数据合并以增大样本空间。冗余设备按时间轮换运行（周期1个月），但如果在运行期间内发生故障，则立即将备用设备投入运行。假设在备用期间设备的可靠性不发生变化，设备的真实故障时间长度为运行时间与总备用时间段的差，近似做法是将设备发生故障的一半时间作为实际故障时间。工厂定期地对系统进行大修，大修期间会对设备进行详细的检测和维修，可认为维修效果是理想的，大修结束时间作为观察周期的开始。维修管理数据，取设备的运行时间（即大修间隔时间）作为随机变量，采集样本观测值。

在确定过程装置的维修策略时，不能不考虑寿命周期费用因素。各类企业在维修中的投入占到生产总成本的15%～70%。武器装备的故障处理可以被过程装置碰到类似问题时借鉴。武器装备全寿命周期一般包括方案设计、研制阶段（即研究、研制、试验与评估）、采购阶段、使用与维修阶段、退役/处理等阶段。根据雷锡恩公司的研究结果，通常方案设计、研制开发、生产、使用维修阶段所需费用占整个武器装备全寿命周期费用的3%、12%、35%、50%，但相应各阶段对整个武器装备全寿命周期费用的影响分别为70%、15%、10%、5%。装备研制早期的设计工作决定了装备全寿命周期费用，在最终设计结果确定约90%的全寿命周期费用。典型武器装备系统全寿命周期成本分布、武器装备全寿命周期成本分布分别见表0-20、图0-7。美国将武器装备维修保障作为每年国防投入的重点内容之一。根据2012财年数据，美国国防部拥有约64.5万维修保障人员（包括军职人员和国防部文职人员），负责约1.48万架飞机、896枚战略导弹、38.66万辆地面车辆、256艘舰船及其他装备的维修保障。这些维修保障人员中约7%为基地级维修联邦文职雇员，约90%的人员为现场级维修保障人员。此外，有数千家企业参与美国国防部的装备维修保障工作，主要参与的是基地级维修保障。其中，飞机维修保障占美军整个基地级维修保障工作量的1/2以上，而舰船维修保障约占1/3，其他为导弹、战车、战术车辆和其他地面设备的维修保障，约占1/6。以2012财年为例，国防部基地级维修保障费用约为320亿美元，其中军方占53.2%，商业公司占46.8%。美军价值约为3000亿美元的坦克、导弹、舰船、飞机、车辆等武器装备，就需要高达800亿美元的年度维修保障费用，达到装备总价值的27%。

表0-20 典型武器装备系统全寿命周期成本分布

装备类型	主要阶段费用分布/%		
	研制阶段	生产/采购	使用与维修
舰船(平均)	3	37	60
飞机(F-16)	2	20	78
地面车辆(M-2)	2	14	84

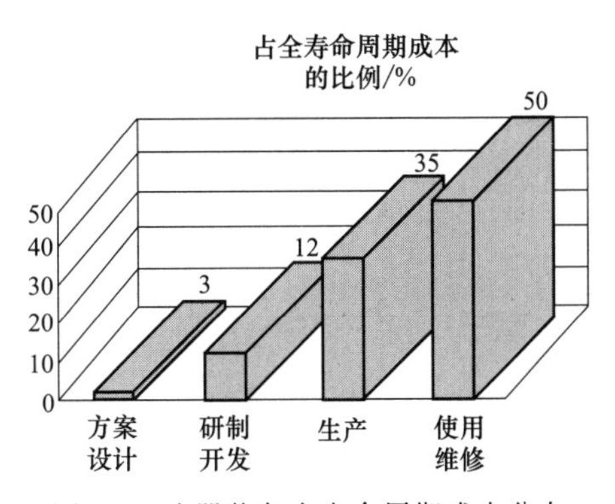

图0-7 武器装备全寿命周期成本分布

总之，设计过程装置故障处理策略时，不仅要关心故障模式、故障造成的损失，还要考虑：故障发生的时间、地点和经过；故障发生前和发生时，观测到或检测到的主要故障现象，可以是定性征兆，也可以是定量的征兆；引发故障的设计、安装、维护和运行等环节的根本原因；处理故障采取的具体措施；采取相应的故障处理措施后，装置的运行效果。

第1章

过程装置故障处理中的安全技术

装置的管道相互连接，介质具有流动性、高温、高压、低温、真空、易燃易爆、有毒有害、腐蚀性强的特点。故障处理过程中，常常需要检维修作业。过程装置具有内部残留易燃、易爆及有毒介质，部分位置存在弹性变形和其他不可预见的内部应力等特点，一些设备较大、较高，故障处理时需进入设备内部或登高作业。设备故障处理过程中，需要进行安设刀形电器、安设非防爆型灯具、使用电烙铁、焊接、修补等动火作业。在故障处理作业中发生事故并不少见。故障处理过程中发生的安全事故占企业事故总数的40%以上。其中，在化工行业发生的重大事故中，检维修期间的事故占55%以上。故障处理作业难免直接、间接地接触设备内的介质和物理化学因素，易造成爆炸、起火、中毒、冻害、物体打击等伤害。火灾爆炸、泄漏等极易给事故周边的生命财产及环境造成严重伤害。一些发达国家的统计资料表明，在工业企业发生的爆炸事故中，石油化工企业占了三分之一。例如，1988年，英国帕玻尔·阿尔法（Piper Alpha）平台发生爆炸，造成165人死亡，经济损失达30亿美元。该事故的原因是：压缩机凝析油注入泵A的安全阀出现了异常，检修工人在将该泵停止之后，用一盲板法兰代替了该安全阀，但是相关联锁并未旁路。当凝析油注入泵B异常时，操作工习惯性的开启A泵，造成大量凝析油冲破盲板法兰大量外溢，遇火花起火爆炸。2010年南京一拆除工地发生地下丙烯管道泄漏重大爆燃事故，造成22人死亡，14人重伤，120人住院治疗，直接经济损失4784万元。2016年12月26日上午，位于扬州市江都区的扬州泰富特种材料有限公司2#生产线链箅机车间停产检维修过程中突发爆炸，爆炸共造成1人死亡，1人失踪，18人受伤。其中两人被送往ICU，一人被送往烧伤科。三名伤者完成气管切开手术，不过其中一人有生命危险。事故的直接原因是可燃性气体泄漏，检维修人员动火作业引发爆炸。2017年2月17日8时50分，松原石油化工股份有限公司加氢车间在为酸性水汽提装置原料水罐顶部安装仪表，实施焊工作业时，罐体发生闪爆，正在现场作业的3名检修人员死亡。伤害事故是许多互相关联的事件顺序发展的结果，这些事件概括起来不外乎人和“物”2个发展系列。当人的不安全行为和“物”的不安全状态在各自发展过程（轨迹）中，在一定时间、空间发生了接触（交叉），能量“逆流”于人体时，伤害事故就会发生。

人因失误及作业者的弱点是引起事故的第2位原因：当今世界工业企业事故中，有85%以上直接或间接源于人的因素。例如，在腈纶生产中，聚合反应的原料丙烯腈为易燃易爆、高毒物质，能量储存集中的聚合区域，潜伏着极大的火灾爆炸危险性；纺丝操作系统由于直接接触外露转动设备，同样潜伏着极大的人身伤害危险性。某公司腈纶部生产装置总计

13年的与腈纶操作岗位直接相关的40起事故中，其中包括装置违章导致的机械伤害事故10起、操作失误事故5起、检修事故7起、安全意识缺乏事故18起。其中，2003年腈纶部发生过一起职工被卷入打包机产生挤压死亡事故，2011年腈纶部还发生过一起因聚合釜停车检修动火判断失误产生闪爆事故，造成3人受伤。

生产过程中的危险成为威胁人类安全和健康的主要因素之一，据报道，仅因工伤及职业病所造成的损失就相当于全球GDP的4%左右。因此，在过程装置故障处理过程中，应遵循“安全第一、以人为本”的原则；进行故障处理时必须牢固树立“安全第一，预防为主”的思想，牢固树立“我的安全我做主”“自己的生命自己掌握”的安全意识。重视生命，爱护环境，全员参与，全程控制。只有在实际工作中认真地进行风险识别和提升自身的安全技能，落实防范措施，才能保障安全生产、安全检修。凡易燃、易爆、易中毒、易灼伤的情况下对装置进行故障处理，要严格遵守有关的安全规定。

在过程装置中，设备故障引起系统停机的概率比引起人员伤亡、环境污染的概率高得多，而且系统停机的单日经济损失比较大，因此将系统产生高额经济损失作为主要的危害。故障处理时，人员身体伤害、健康损害、财产损失或环境破坏，统称为危害（Harm）。危害后果包括：人员伤害、财产损失、环境和声誉影响等，见表1-1。潜在的危害称为危险（Hazard）。危害发生的可能性和严重性的结合称为风险（Risk）。风险评估矩阵见表1-2。可能造成故障处理人员伤亡的危险和有害因素，如粉尘、窒息、腐蚀、噪声、高温、低温、振动、坠落、机械伤害、放射性辐射等。这些特点决定了进行故障处理必须有更高的安全要求。

表1-1　危害后果种类

等级	严重程度	分类			
		人员	财产	环境	声誉
1	低后果	医疗处理，不需住院；短时间身体不适	损失极小	事件影响未超过界区	企业内部关注；形象没有受损
2	较低后果	工作受限；轻伤	损失较小	事件不会受到管理部门的通报或违反允许条件	社区、邻居、合作伙伴影响
3	中后果	严重伤害；职业相关疾病	损失较大	事件受到管理部门的通报或违反允许条件	本地区内影响；政府管制，公众关注负面后果
4	高后果	1～2人死亡或丧失劳动能力；3～9人重伤	损失很大	重大泄漏，给工作场所外带来严重影响	国内影响；政府管制，媒体和公众关注负面后果
5	很高后果	3人以上死亡；10人以上重伤	损失极大	重大泄漏，给工作场所外带来严重的环境影响，且会导致直接或潜在的健康危害	国际影响

表 1-2 风险评估矩阵

后果等级							
5	低	中	中	高	高	很高	很高
4	低	低	中	中	高	高	很高
3	低	低	低	中	中	中	高
2	低	低	低	低	中	中	中
1	低	低	低	低	低	中	中
频率等级/a^{-1}	$10^{-6}\sim10^{-7}$	$10^{-5}\sim10^{-6}$	$10^{-4}\sim10^{-5}$	$10^{-3}\sim10^{-4}$	$10^{-2}\sim10^{-3}$	$10^{-1}\sim10^{-2}$	$1\sim10^{-1}$

注：风险等级说明：低—不需采取行动；中—可选择性的采取行动；高—选择合适的时机采取行动；很高—立即采取行动。

1.1 一般安全技术要求

装置停工时，可燃液体物料要退出装置区或送到装置的罐区存放；可燃固体物料要运出装置区；非可燃物料且开工后要继续使用的应包装好，存放在不妨碍检修作业的区域；“三废”的排放应严格执行环保管理规定，不允许任意排放可燃、易爆、有毒、有害、有腐蚀性的介质。停工期间，装置按计划储存物料的设备、管道、容器的出入口必须加盲板与外界隔离，并挂上警示牌，必要时划出警戒区并拦上警戒绳。同时应安排操作工，定期巡检、记录，防止发生跑料、冒料、超温、超压等事故。装置停工时，厂房通风设施，有毒、有害物质及“三废”的处理设施、火炬系统等应最后停运，防止有毒、有害物质处理不及时，酿成事故。

在检修时，若检修工不够用，个别单位的指挥人员就会指定一些非专业的人员去操作，这样做，一方面在作业时，非专业人员处理不当，会引发一些事故；另一方面，很难保证作业质量，在被检修设备生产时可能引发其他事故。因此，对检修的任务及安全技术措施进行交底，让检修人员全面彻底地了解检修作业内容及安全工作重点。检维修人员在进入装置前，必须知道：装置的概况、装置存在哪些易燃易爆有毒有害物质及应急处理方法、检维修作业过程中存在风险及风险管控措施、直接作业环节安全管理规定和应急疏散方法等内容。为此，所有作业人进行 2min 交底作业，了解风险所在。所有作业人员签字确认该项工作可以实施。如果出现不能进行作业的情况，需要采取相应的补救措施，然后再进行作业前交底，确保所有作业人员了解风险所在，安全措施落实到位。落实检修作业的申报、审批制度等检维修方面的安全制度，提高作业人员的安全意识和自我保护意识。检修作业人员应熟悉所在岗位动静设备的操作条件（尤其是压力、温度）、操作介质的性质（尤其是介质的火灾爆炸性、毒性、腐蚀性），熟悉设备的用途、材质、使用年限，熟悉岗位易发生事故的种类和部位。

检修前，为了防火、防爆、防毒，安全分析分为三大类：动火分析、氧含量分析、有毒气体分析。凡在易燃易爆装置、管道、储罐、阴井等部位及其他认为有可能形成爆炸混合物的场所，以及存在易燃、可燃物的场所，动火作业前必须进行动火分析。在受限空间内取样只作动火分析；在受限空间内工作，不动火，做氧含量分析及有毒气体分析；在受限空间内动火，需做氧含量分析及动火分析。检维修作业时，气体检测预警预报系统，使检维修作业环境变更状态信息首先送达作业人员，满足危险区域全天候监测、环境变更状态信息及时送达周围工作人员的要求，为抢险人员的自身防护、防止事故扩大提供及时的警示。动火作业与取样间隔不得超过30min，如超过此间隔或动火作业中断时间超过30min，必须重新取样分析，分析样品就保留到动火作业结束。

在进行停车、检修、开车过程中的每项工作前都要进行安全风险分析，如停车过程中的停气、热循环、冷循环、溶液回收、系统降温、蒸汽吹扫、水洗、氮气置换、氮气吹扫、盲板抽堵；检修过程中受限空间作业、高处作业、吊装作业、临时用电、动火作业、动土作业、设备打开作业、清洗作业、切割打磨作业、射线探伤作业、以及交叉作业；开车过程中的吹扫置换、气密性试验、水洗、冷循环、热循环、系统升温、进气生产等，尤其是注意设备的置换与清洗。针对性分析出风险，采取可行、有效的控制措施，防止事故的发生。

串压是指由于某种原因导致高压容器中的物料串入低压容器，而低压容器上安全泄放装置（安全阀、爆破片等）的排放能力小于安全泄放量，从而导致低压容器损坏，易燃易爆物泄漏，串压会使高低压系统发生灾难性事故。在停车的时候，要严格按照规程操作，在压力没有进行全部释放之前，不可以对设备进行检修。在管道、阀门检修前应卸压、清洗、降温至60℃以下、置换、通风等的处理，情况不明的管道严禁检修。设备及管道的泄压操作应缓慢进行，设备检修前应保证设备泄压操作已完成。用盲板从被检设备的第一道法兰处有效隔断易燃易爆介质的来源。由于存在危险介质，因此对与设备相连的管道也要采取相对应的措施，比如阀后（近塔端）加盲板等，严格控制在安全范围之内。尤其是对输送易燃易爆、有毒、有害介质的管道时，必须在卸压后加装隔绝盲板，再经过置换、清洗并经分析合格，方可进行检修。抽堵盲板应办许可证，并做好相应的安全措施；制定盲板登记台账，防止可燃物料的窜入或火源窜到其他部位。

重点抓好受限空间、高空作业、起重作业、防腐高温作业等高风险检修项目的跟踪监控，严防死守，必要时采用人盯人的方法确保安全。

监督故障处理中产生的“三废”的排放、储存、运输过程。抽检各排水沟污染物的变化情况，及时找出可能的污染苗头。

现场使用的高噪声设备、拆破地面、打磨、喷砂等产生的噪声及粉尘尽量采取围挡隔离。对装填催化剂、拆装保温材料项目，除要求检修人员穿戴合格的劳保用品外，还要尽可能利用催化剂无尘故障分析与处理技术、新型保温材料，从根源上消除粉尘。对射线探伤作业，严格执行申报制度，并严格控制在11点后施工。

设备检修一般应在停车的情况下进行，应将介质排尽。对易燃易爆、有毒有害介质需进行吹除置换、清洗消毒；进入设备内部检修需从设备内部有代表性的部位取样分析，办理相关进塔入罐作业证方可进行检修。登高作业需带安全带，办理登高作业证；在一些有易燃易爆介质的生产现场或设备内部检修时，需对环境空气取样分析，办理动火作业证。生产中对系统的某台设备检修时，必须将其与系统断开，防止相连设备管道中的介质喷出伤人或造成燃爆、中毒事件。

较为封闭的空间即为“受限空间”，指下水道、沟、井、池、涵洞、炉、塔、釜、罐、仓、槽车、管道、烟道等出入口受限，通风不良，存在有毒有害风险，可能对进入人员身体健康和生命安全构成危害的封闭、半封闭设施及场所。受限空间可能存在的危害主要包含：氧浓度不足容易导致人员窒息伤害；有毒物质包括有毒气体、蒸气、烟气的残留可能导致人员中毒伤害；若隔离措施不到位，导致固体、液体或气体突然进入受限空间，可能引发人员砸伤、淹溺、窒息、中毒等伤害；可燃物质的残留或存在可能引发火灾或爆炸，导致人员伤害；作业空间内粉尘含量过高，可能导致人员伤害；过热/过冷的温度、噪声、振动等可能导致人员伤害。受限空间作业过程中可能出现的危害如下：作业工具带来的伤害，如作业空间狭窄或照明光线不足，作业工具在使用过程中可能导致人员伤害；作业空间狭窄或潮湿，作业过程中用电接地不良等导致电伤害；焊接作业过程中产生的烟气，或使用挥发性、可燃性溶剂或黏合剂产生的烟雾等可能导致人员伤害；作业空间进出通道狭窄，如容器人孔等，进出过程中容易引发跌落等伤害。

发生泄漏时，严禁带压修理。因此，对运行中的压力设备，一般不得强行上紧其各部连接螺栓，以防拧断螺栓、喷出介质，尤其是管道、阀门运行时法兰密封发生泄漏后，严禁带压拧紧螺栓。采用在线密封时，必须办理许可证并做好相应的安全措施。对于特殊的生产工艺过程，需要带温带压紧固螺栓或者出现紧急泄漏需进行带压堵漏时，使用单位必须按设计规定制定有效的操作要求和防护措施，作业人员应经专业培训并持证操作，并经使用单位技术负责人批准。在实际操作时使用单位的安全部门应派人进行现场监督。

高处作业是指在坠落高度基准面大于等于 2m，所进行的检验检测及辅助作业。化工装置多数为多层布局，高处作业的机会比较多。高处作业事故发生率高，伤亡率也高。在高处进行维护检查要符合高空作业安全要求，在高空管架上进行维护管道、阀门时，应采取保护措施，防止坠落。高空作业下方严禁进行垂直交叉作业。必须为高空作业人员提供合格的操作平台及生命防护措施（如生命绳、安全网、防坠器等），搭设规范的脚手架操作平台，同时高空作业人员必须正确系挂安全带。内外脚手架均采用钢制脚手架（钢管材料必须符合 Q235 的性能。规格为 ϕ48mm×3.5mm），层高为 1.5～1.8m，每层宽度约 1.0m，铺设三块跳板（300mm×2500mm），高于 2m 要搭设防护栏，并将环焊缝布置于每层脚手架的中间位置，跳板离焊缝的距离约为 0.2m，层与层之间应搭设便于上下的层梯。跳板两端必须用铁丝固定，防止滑移跌落。顶层应铺设满堂架，距离上极板人孔高度为 1.5m 左右，利于上极板拼缝的检测。与下极板接触的立杆均应铺垫橡胶板防止损伤设备体母材。设备内部立杆与横杆的交错均要避开仪表套管及热电偶管等。外部脚手架搭设立杆之间纵距以支腿间距为基准，立杆纵距为 1.2～1.8m，横距为 0.9～1.5m，其余横、纵距要求同内部一致。设备顶部要搭设利于检测的平台，防止焊缝漏检。

高处作业人员应系好安全带、戴好安全帽，安全带必须系挂在作业面上方的牢固构件上，下方有足够的空间。安全带应高挂（系）低用，不得采用低于腰部水平的系挂方法，严禁用绳子捆在腰部代替安全带，安全带未挂时，应将挂绳系牢，不得拖挂。凡患高血压、心脏病、贫血病、癫痫病、高度近视以及其他不适于高处作业的人员，不得从事高处作业。不规范的脚手架，主要有：一是将横杆与立杆作用在内部的仪表护管或温度计套管上造成护管或套管的破坏；二是将架子固定在罐外的液位计、喷淋水管上等造成的外部附件的损坏；三是将架子搭设在阀门及盘梯的通道上，影响阀门开关和施工人员上下的方便；四是内部脚手架的立杆直接作用在罐壁上未采取任何保护措施，造成罐壁的损伤；五是搭设的脚手架无法满足检测的要求。

用有毒涂料时要防止中毒，发生有毒有害介质泄漏时，应做好防范措施，然后进行故障处理并向上级汇报。

使用放射性物质要严格遵守有关安全规定，用放射线检查时必须做好劳动保护。在现场进行射线检查时应用明显标志划出安全区域。

荧光磁粉检测过程中存在黑光灯直射对眼睛的伤害。采用荧光磁粉检测时，应按规定戴好防护眼镜，避免黑光灯直接照射人的眼镜。渗透检测存在有毒易燃的危险。采用渗透检测时，穿戴好防护用品，采取适宜方法清洗检测后遗留的渗透剂。

进入设备内对焊缝清理打磨的作业人员应戴防护眼镜、口罩、手套，角向磨光机应注意检查砂轮片的完好性，打磨时不可用力过大，严禁在通电的时候更换砂轮片。

检修前必须按规定办理动火证、登高证、动土证、进塔入罐证，并对管内介质进行取样分析，分析合格后再进行检修。任何检修项目都要办理检修工作票，它是下达检修任务，明确修理内容和安全措施，记录修理情况及检查验收的凭证，是保证检修质量和安全的责任措施。设备解除危险后，经设备交出者在任务书上签字，表明设备检修的安全措施已落实，施工人员方可进行检修施工。如需进入塔、罐及管道内部施工，必须办理“进塔入罐证”。设备经安全处理和分析，有害气体在允许浓度范围内，经安全管理人员签字后方可进入设备内施工。

在检修过程中可能产生有害介质（加残存物料挥发出有毒物质等）时，应按有关规定定期进行气体分析；故障处理中不间断地向管道内通风换气；检修时应设有专人监护，并准备好急救用器。

在进入大直径管道内检修时所用灯具和工具的电源电压，应符合规定。凡是电气设施的接线等工作，须由电工操作，其他工种不得私自乱接。电气设备检修时，应先切断电源，并挂上" 有人工作，严禁合闸" 的警告牌。停送电作业应履行停送电票证手续。停用电源时，应在开关箱上加锁或取下熔断器。检修现场使用临时照明灯具宜为防爆型，严禁使用无防护罩的行灯，不得使用 220V 电源。

强度和严密性试验时，无关人员必须离开试验现场；不得使用工艺介质气体进行试验；试验压力的上升应严格按规定逐步升压。

检修前对所有安全护具、防护器材进行彻底、全面检查包括对空气呼吸器压力的检查，压力低的立即更换；对各种滤毒罐进行称重，不合格的要更换。同时检查工人用的安全带等护具，进行电气绝缘工具打压试验等。另外，对事故状态的洗眼装置、紧急送风、给水装置和应急灯等做详细的检查，使所有的防护器材及事故紧急装置保持完好状态，能起到安全防护作用。

停车方案设计时，做好检修停车的安全处理。编制安全检修施工方案，制定详细的安全检修规程和事故处理预案。让检修人员全面彻底地了解检修作业内容、火灾危险性，熟悉消防器材、防护装备的使用，掌握消防安全措施和火灾事故处置程序。检查消防措施是否落实，消防水压是否充足，各种安全防护装备、消防器材是否完整好用，影响检修安全的火源、易燃易爆物和障碍物是否清除，检修现场通道、消防通道是否畅通。

存在风险的作业区域，根据辨识结果，配相应警示标识，标识醒目、清晰、完整。禁止人员随意进入。对风险较大的临时性作业区域、存在安全隐患区域应实施警示性隔离，废弃物应分类存放并设标识。脚手架应用警示牌来标明使用状态。气瓶使用外表面颜色、警示标签及在用状态标签进行目视管理。其他工具应在其明显位置粘贴检查（校验）日期、使用状态的标签，以确保该工具使用的合规性。

安全检修作业检查表适用于检修事故的分析，还为指导过程装备的安全检维修工作提供依据。安全检修作业检查表见表 1-3。监护人员应加强急救知识教育，进行应急救援演练，随身携带急救药品和器材。

表 1-3 安全检修作业检查表

序号	检查内容	检查方式	检查人签字
1	监护人员和检修人员是否了解检维修作业风险	查操作证、工作证、询问	
2	检修作业是否开具检修作业票	查作业票	
3	检修人员和监护人员是否领取和正确佩戴个体防护装备	查防护装备	
4	所领取的个体防护装备是否合格有效	调试个体防护装备	
5	是否贯彻执行检维修作业的申报制度	查票证	
6	监护人员和检修人员是否掌握事故发生后紧急处理技术	查操作证、工作证、询问	

对于长期使用的设备及附件应定期检查其腐蚀磨损情况，更换该类附件时应保证新附件与原设计、材质、加工要求相同，不得随意降低附件的性能。

1.2 火灾的防范

检修是一项非常复杂的工作。在检修的过程中容易发生火灾事故。从火灾的引发和燃烧的条件来看，火灾事故发生时，可燃物质与助燃物质同时存在，才有可能引起燃烧和火灾。随着生产设备、管道阀门趋于老化，新工艺和技术的不断改进，动火作业越来越频繁，直接作业环节管理难度大，经常是边生产边动火，稍有不慎就容易发生火灾、爆炸事故。美国石油协会（API）曾对 1991～1996 年期间全美各炼油厂石化装置设备及工艺管线高达 1150 万笔的监测资料进行统计。分析结果表明：其中约有 95%石化设备及工艺管线气体泄漏浓度在 $(0\sim4.42)\times10^{-6}$mol/L 之间，所排放的易挥发性气体量占全部挥发量的 8%；浓度在 4460×10^{-6}mol/L 以上的严重泄漏源数量仅占 0.13%，但其排放量占全部的 84%左右。石化装置易挥发性气体泄漏主要来自设备组件的泄漏排放，而泄漏严重的设备及工艺管线数量虽占不到 1%，但排放量却占了近 90%。2015 年 4 月，漳州 PX 装置管道破裂，发生漏油着火，引发 4 个油罐爆裂燃烧。事故后，古雷村成为“恐惧岛”，4 万居民整体搬迁。

1.2.1 发生火灾的原因

可燃物的不安全放置是火灾事故的主要原因之一。可燃物的不安全放置主要包括以下几种情况：一是与被检修设备连接的管道阀门开关不到位，未按规定操作进行隔离并加设盲板，导致可燃物的泄漏；二是设备在高温、高压的运行环境下降温、降压过快，引起设备和管道的变形、破裂，可燃物外泄；三是过程装备检修前对可燃物的抽净、排空、吹扫不彻底、置换不彻底，残留可燃物（易燃气体、液体蒸气）引发火灾事故；四是残留可燃物未排入安全地点或储罐，而任意排入下水道或排到地面上，或者置换后的气体没有排入安全场所，可燃物的处理不当导致安全事故的发生。

除了可燃物因素，过程装置检维修过程中对点火源的控制不严格，产生明火源、电火花、摩擦、撞击、高温介质以及化学反应等，也是火灾事故的重要原因之一。点火源控制不严格的情况主要包括：在石油化工工艺设备故障处理中，由于工作人员吸烟、机动车辆排气管未戴防火帽、在禁火区使用明火等产生明火源；在使用气焊、电焊、喷灯等作业过程中，未按标准流程操作，防火措施不到位；在设备检修过程中进行搬运、吊装等作业时，由于设备发生摩擦、撞击、拖拉、摔滚而产生火花；检修设备使用铁质易发火花等工具碰撞发火；人体静电、物料从设备和管道的破裂处喷射带电产生火花；高温设备的物料，未待设备内介质的温度降到自燃点以下就与大气相通，产生自燃。对于检修作业的操作流程缺少严格的规定，则出现由于组织协调不善而导致的安全事故。在实际作业中，由于检修作业中，时常存在着交叉作业，协调不当可能使设备的安全因素遭到破坏，引起事故的发生。违章指挥，违章作业、违反劳动纪律，也会引发火灾。有些单位为了降低生产成本，取消或减少劳动防护用品和灭火器材；有的检修人员平时忽视防护器材、劳保用品的使用；在检修现场未配备消防设施、器材，重要作业现场无人员监护都是火灾事故发生、扩大的重要原因。

常见的静电积聚可燃液体，可能形成可燃性混合气体：油漆用石脑油、环己烷、正庚烷、苯、甲苯、二甲苯、正己烷、乙基苯、苯乙烯。除不积聚静电的易燃液体（例如原油）以外，应禁止过冲飞溅式的灌装，避免液上进料。电荷产生速率一般随流速增加而增大，在可行的情况下，管道入口完全淹没以前，进罐管道中液体的线速度宜保持在1m/s。储罐入口灌装管应接近罐底并宜水平排出，并使产生的扰动减少到最小。应尽量避免水的进入，因为由于不混溶液体（例如水）存在时，可能增加电荷密度；应避免泵送大量的空气或其他气体到有蒸气空间的储罐内，会加剧静电的产生。要杜绝任何未接地的导电体漂浮物进入罐中，因为一旦它到达罐壳或其他接地的表面，可能立即释放它的全部电荷；应当注意保证储罐的自动浮动式测量仪表的全部零件用导线相互连接。应尽量避免通过顶部人孔或其他顶部开孔测量或取样；根据液体特性、储罐大小和灌装速度，为使表面电荷消散到安全水平，可能需要30min或更长时间才可进行测量或取样作业；进行测量作业最好的方法是采用伸到罐底的测深管，因为静电场被限制在测深管内，由于空间大小而不可能产生电火花，随时可以安全地进行操作；在采用导电物体通过顶部人孔或其他顶部开孔进行测量或取样时，应注意保证导电物体和开孔唇边上的裸金属表面之间可以保持直接接触，若无法实现，应使用搭接带保证导电物体和储罐之间的连接。

对于过程装备中的介质缺乏严格的动火分析，难以确保设备检修的安全。过程装备检修人员缺乏安全意识，违规操作也会导致火灾。例如，储油罐存有油料不采取任何倒罐清空措施，就进行阀门维修作业，维修时带压对阀门进行拆解作业，导致脱落阀板密封失效，引起汽油泄漏和喷出，导致火灾事故的发生。

1.2.2　防火措施

在正常生产时期，凡可动可不动的动火，一律不动；凡能拆除的设备管线应拆除移至安全区域动火；尽量减少夜间和节假日动火，消除人员少、照明不足、人员易疲劳等风险。动火需进行动火作业审批，作业许可升级管理。

动火作业许可证应当按级别逐级审批，不得代签、漏签、涂改。所有动火作业许可证在签发前签发人和接收人需到作业现场确认动火作业安全措施是否具备，经过现场检查确认后方可签发作业许可证。

动火前气体分析应由有资质人员进行。动火分析取样点由装置工艺人员提出，并由化验中心人员取样分析。动火分析的取样点必须有代表性，不能取死样、假样。注意死角。取样时要多方位取样。由于装置工艺流程长，设备多，往往在取样时，多选取点，较大设备应采取上、中、下取样；重点关注管线弯头和死角位置，在置换后静置一段时间后多次取样为准，确保死点位置取样合格。对一些特殊环境，比如受限空间动火作业，要求加强复测频率，必要时采取连续监测。要求气体监测与动火作业开始时间不能间隔30min，超过后重新监测方可动火作业。若测定$CO+H_2$，则在中上方取样。原因：$CO+H_2$密度比空气小，气体聚集在上方。若气体主要成分是CO_2，因CO_2密度比空气大，所以要取中下方样品。取样器（空气采样器、双联球）必须充分置换。大容器、长管道，必须保证取样器插到工作部位。在较大的设备内动火作业，应采取上、中、下取样；在较长的物料管线上动火，应在彻底隔绝区域内分段取样；在设备外部动火作业，应进行环境分析，且分析范围不小于动火点10m。

在设备维修操作前，通过各种工艺措施解除火灾事故的危险因素，保证设备维修在常温、常压、无毒、无害的环境下进行。

进入现场的检验用车辆，必须在排气管上安装防火罩，严禁携带手机、火机等其他火种。穿胶底鞋（严禁穿拖鞋）。未经许可，不得越过隔墙进入非检验区。

动火过程中的加热、熔渣散落、火光飞溅可能造成人员烫伤、火灾、爆炸事故，弧光辐射、触电、噪声也会对人体产生伤害。用电动工具作业和内燃机、发电机等的等同于明火的动火作业。在检修的过程中，在禁火区域应该严格使用明火，当要使用气焊、电焊、喷灯、电钻、砂轮等操作工具和赤热表面的临时性作业时，应该取得相应的许可，作业必须办理“动火安全作业证”，在有防火措施的规定范围内以及规定的时间进行作业。检修人员在易燃易爆的环境中严禁使用可产生火花的检修工具，重视点火源的控制。在易燃易爆环境中应使用防爆型低压灯具及不产生火花的工具。在实际的工作中，应该杜绝化纤织物的使用，做好隔离工作，加强对火源的控制。在受限空间内部对焊缝进行清理打磨作业中，可能发生触电及砂轮片破裂飞出对人造成伤害的危险。如有条件，在动火（包括打磨与返修补焊）时，尽可能利用喷淋系统进行喷淋保护。

高处动火作业，要做好火花防飞溅围护和接火盆措施，动火前要注意动火下方和周围是否可能有易燃易爆物品和可能发生物料泄漏的设备、管线和阀门。用防火毯遮盖作业附近的漏斗、边沟、井口、排气管、阀门等，移除附近的易燃易爆物品，配置必要的灭火器。如遇五级以上大风天气时，应停止室外高处动火作业，雨雪天气停止涉及用电的一切动火作业。

监护人必须是经过安全环保方面的培训，并成绩合格取得相关授权卡的人员。该人员懂工艺流程、熟悉现场情况，做到“四懂四会”，即：懂本岗位的火灾危险性，懂火灾的扑救方法，懂火灾的预防措施，懂逃生疏散的方法；会正确报警，会使用现有的安全消防和防护设施（消防栓、消防炮、灭火器、呼吸器、滤毒罐等），会扑救初期火灾，会组织疏散逃生。监护人禁止无关人员进入作业区域，动火前按动火作业许可证确保现场安全措施落实到位，在动火过程中，如发现有可燃气体或其他不安全因素时，有权立即中止动火作业，并及时联系有关人员采取相关应急措施。监护人在现场禁止做与监护无关的任何事情，不得脱岗、离岗。动火作业结束后，确认现场安全可靠后方可离开。同时配合化验中心人员动火期间作业环境气体检测复测工作。在风险较大的动火作业，要求施工方也派监护人员，实施双监护管理模式。检维修动火作业人员，必须做到“四不动火”：动火作业许可证未签发不动火，安全措施不落实不动火，动火作业时间、地点与动火许可证不符不动火，监护人不在场不动火。出现异常情况，应立即停止动火，有权拒绝违章动火指令，动火作业结束后主动清理作业现场，不得遗留任何火种，以免造成隐患。

动火作业要对动火设备隔离、消洗、置换、分析，合格后方可作业。对设备和管道内的易燃、易爆等异物没有彻底地清理干净，没有做好降温降压等措施，也不可以对设备进行检修。高温物料应在缓慢降温之后排出设备，将火灾事故的隐患降至最低。

施工时需要动火（如电焊、气割）、使用强烈照明灯或金属敲击，都必须办理“动火许可证”。经审查批准签字后，方可在规定时间内开工动火，并在规定时间内结束，超过时间必须重新办理签证。对主要检修项目或设备，必须有生产车间、检修车间、安全、设备四方人员到场检查，确认检修、清理工作完毕，共同签字后，在共同监督下才能封闭。

动火作业结束后，作业许可证的签发人和接收人，必须对作业现场进行彻底的检查，以确保现场的安全和引燃状态的消除。做到“工完、料净、场地清”，在作业许可证上作业结束栏上双方签字确认后，方可离开现场，动火作业彻底结束。

1.3　泄漏中毒事故防范

相关调查统计表明，过程机械设备中的管、阀、塔、缸出现的跑、冒、滴、漏等故障和事故是化学事故中最普遍的类型，大约占到整个化学事故的二分之一。“跑、冒、滴、漏”是装置安全生产的大敌，是装置运行状况低劣的反映，它不但增加内耗、污染环境、损害健康，还严重威胁安全生产。设备的部分泄漏、破裂故障会引发火灾爆炸事故。但是，设备发生大尺寸泄漏的可能性不大。所发生的泄漏故障基本上是微泄漏。由微泄漏引起火灾事故后，热交换器、反应器、加热炉需要停机进行修理。在生产现场，以原料、成品、半成品、中间体、反应副产物和杂质等形式存在的职业性接触毒物，工人在操作时，可经过口、鼻、皮肤进入人体，引起人体生理功能和正常结构的病理改变，轻则扰乱人体的正常反应，降低人在生产中作出正确判断、采取恰当措施的能力，重则致人死亡。特别是有些过程装置最大的问题是毒性大。其检修要求高，安全防护特别重要。这些过程装置在检维修时，灼伤检修人员；安检维护人员吸入有毒气体后突发病变。严重的，医治无效，发生死亡事故。

对泄漏事故，以泄漏孔径尺寸 d_{HZ} 描述有害气体泄漏危险源。泄漏孔径尺寸 d_{HZ} 可分为：小孔泄漏（Small）：$1mm < d_{HZ} < 10mm$；中孔泄漏（Medium）：$10mm < d_{HZ} < 50mm$；大孔泄漏（Large）：$50mm < d_{HZ} < 150mm$；灾难性破裂（Catastrophic）：$d_{HZ} > 150mm$ 四种情形。泄漏的可燃物质点燃可以形成喷射火、蒸气云爆炸、闪火和池火。由此产生的热辐射会影响周围设备和人员。如果发生爆炸，则产生的破坏和伤害更大。蒸气和高温气体的泄漏会导致周围人烧伤或烫伤。不管是急性中毒物质还是慢性中毒物质，一旦毒性气体泄漏扩散较远的距离或毒性的液体物质泄漏到有水源的地方，都会使周围人造成伤害。高压气体泄漏会对周围的人员造成伤害或对周围的设备造成严重的破坏。

交接事项沟通不够，也可能使原本安全的设备进入引起检修人员中毒的状态。某厂检修作业，车间安排一队检修工 8 时进变换炉，定在 10 时结束；二队检修工 10 时开始对变换炉的连接管线复位。作业中，由于作业难度大，一队检修人员未在规定的时间内完成检修任务，而二队检修人员在 10 时即开始了复位工作，使原本具备安全条件的变换炉充入氮气，致使炉内 3 名工人发生严重窒息的事故。

当现有的防护器材使用保管不当，使其受损、受潮等，在其使用时，性能不良或不能使用，也会引发事故。某企业在检修脱硫塔时，戴长管式防护面具作业，没有人监护长管口，杂物堵住长管口，作业人被迫摘下面具，当即发生中毒。还有，某公司岗位人员认为只是简单紧丝堵的工作，在未开具检修作业票和穿戴防护服的情况下，随意安排检修人员对分馏塔回流泵出口旋塞阀丝堵的紧漏，结果导致发生事故。物料泄漏事故发生后，监护人员和维修操作人员同时紧急撤离，维修操作人员未掌握合理的紧急逃生路线，因而伤害过重而致死亡，而监护人员向正确的方向撤离后，受伤较轻而得以生还。

实际上，在毒气泄漏事故状态下，在生产装置区制高点设置的风向标，可以保证员工辨别紧急疏散方向；风向标设的紧急电源与照明，保证昼夜的可视性；配备的自动声音报警装置，确定报警音调与事故类别，确保报警声音的可接收性。此外，根据岗位特征，配备符合要求的个人防护装备，定期检查防护用品保证其有效和完好；检修人员应根据检修岗位特点正确佩戴符合要求的个体防护装备。进塔入罐作业也需要隔离、消洗、置换、吹扫，分析氧含量和测毒合格后方可作业。进入受限空间内之前应进行氧含量测定，确认含氧量在安全范围（18%～23%）内。

1.4 实例分析

硫化氢是一种具有强烈刺激性和神经毒性的气体。不少企业职工对硫化氢气体的毒性缺乏足够的认识，因此经常发生中毒事故。

氨（Ammonia），无色气体，有刺激性恶臭味。分子式 NH_3，相对分子质量 17.03。用于制造硝酸、炸药、合成纤维、化肥等，也可用作制冷剂。主要经呼吸道吸入。短期内吸入大量氨气后可出现流泪、咽痛、咳嗽、痰可带血丝、胸闷、呼吸困难，可伴有头晕、头痛、恶心、呕吐、乏力等，可出现发疳、眼结膜及咽部充血及水肿、呼吸频率快、肺部罗音等现象。严重者可发生肺水肿、急性呼吸窘迫综合征、喉水肿痉挛或支气管黏膜坏死脱落致窒息，还可并发气胸、纵隔气肿等现象。胸部 X 射线检查呈支气管炎、支气管周围炎、肺炎或肺水肿表现。血气分析示动脉血氧分压降低。吸入极高浓度氨可迅速死亡。

还有其他气体，容易导致检维修人员由于气体泄漏而中毒事故。

美国职业安全健康局（OSHA）在它颁布的工艺安全管理规定（29CFR1910.119）中要求涉及危险化学品的工艺装置或者包含有超过 10000 磅（4535.9kg）易燃物的工艺装置，都需要在工艺装置建设期间进行一次危害分析，辨别、评估和控制工艺系统相关的危害，至少每隔 5 年需要对以前完成的工艺危害分析重新进行确认或更新。在韩国，当工厂处理或储存的 51 种危险化学品达到或高于表 1-4 中的临界量时，即为“危险装置”。其中，危险品安全库存量能满足现有工艺生产的最小库存量。涉及危险装置的企业必须在危险装置建设之前向韩国职业安全与健康管理局（KOSHA）提交经过工厂内部“安全与健康委员会”或者员工代表审核的工艺安全报告。在危险装置开始运行两年之内，实施状况必须通过劳动部审核。现场审核的时间要求是：对于新建装置，在装置运行前或运行中；对于运行中的装置，在工艺安全报告批准后六个月之内；装置大幅改造后一个月之内；重大事故或故障发生后一个月之内。实施效果：韩国在实施 PSM 前五年内共发生 230 起重大工业事故，实施 PSM 后五年内重大工业事故数迅速降低到 69 起；到 2002 年底，与 1995 年相比员工死亡率降低了 62%，伤害率降低了 58%，生产率提高了 98.2%，产品质量提高了 96.3%。需要强调的是，工艺安全管理（PSM）规则说："在你的工厂中做你所能做的来避免事故"，至于如何达到这个目的，由管理人员和雇员来决定。对于做什么才可以实现安全运行这个问题，没有普遍适用的"正确答案"。在一个地方适合的，换个地方可能适合也可能不适合。PSM 关键设备包括但不仅限于一些设备：如高压气体罐、高压蒸汽容器等压力容器；如安全阀、爆破片等泄压装置；消防系统如烟感、火感，消防水及喷淋系统；控制系统如控制、联锁、警报、仪表仪器和探测器；应急系统如紧急停车系统、截断系统；管道系统如管道元件，如阀门、软管和膨胀管/接头；防静电防雷系统如电气接地、跨接；通信系统如警报、应急通信系统；关键的动设备如压缩机、发电机、泵、制冷机等。

表 1-4　"危险装置"内危险物质的临界量

危险物质	临界量/kg	危险物质	临界量/kg	危险物质	临界量/kg
易燃气体	5000	溴化氢	2500	氢	50000
易燃液体	5000	三氯化磷	20000	环氧乙烷	10000
异氰酸甲酯	150	苄基氯	750000	磷化氢	50
光气	750	二氧化氯	500	硅烷	50
丙烯腈	20000	亚硫酰氯	150	硝基酸	250
氨	200000	溴	100000	发烟硫酸	500000
氯	20000	一氧化氮	1000	过氧化氢	3500
二氧化硫	250000	三氯化硼	1500	甲苯异氰酸酯	100000
三氧化硫	75000	过氧化甲乙酮	2500	氨水	20000
二硫化碳	5000	三氟化硼	150	氯磺酰酸	500
氢氰酸	1000	硝基苯胺	2500	高氯酸铵	3500
氟化氢	1000	三氟化氯	500	二氯甲硅烷	1500
氯化氢	20000	氟	20000	二乙基氯化铝	2500
硫化氢	1000	三聚氟氰	50	碳酸二异丙酯	3500
硝酸铵	500000	三氟化氮	2500	氢氟酸	1000
硝化甘油	10000	硝化纤维素	100000	盐酸	20000
三硝基甲苯	50000	过氧化苯甲酰	3500	硫酸	20000

实例七

2015 年 8 月 28 日，某纸业公司在进行装置的检修清理工作时，1 名工人发现纸浆池内有垃圾，搭梯子下池捡垃圾，下去后就中毒倒在池中。周围 8 名工友相继进场施救，也因有毒气体浓度过高坠池。经抢救无效遇难 7 人，另外 2 人病情比较稳定。2 名消防战士也于 8 月 29 日上午结束留院观察归队。

环境检测报告显示，现场废气主要成分是硫化氢和甲烷，两者浓度均远超标准值，致毒性强。废气产生的原因是：由于该企业纸浆池残余纸浆沉淀日久发酵凝固，纸浆池表面发生硬化（厚度约 40cm），内部形成沼泽效应，含有浓度较高的混合气体。

实例八

2011 年 7 月 14 日，某果蔬汁公司工人，在检修污水池潜水泵时，发生一起急性硫化氢中毒事故，5 人中毒，其中 2 人死亡。

2011 年 7 月 14 日上午 7 时 30 分，某果蔬汁公司污水处理厂，2 名工人用抽水机清除污水池里的积水和淤泥，发现池中的水泵出现故障，使用龙门吊吊上来维修，未成功。于是 1 名工人未佩戴任何防护用品下去查看，下到池底后立即中毒昏倒，之后有 3 名工人也未佩戴任何防护用品相继下到池底施救，均分别中毒昏倒于池底，最后又有 1 名工人下去施救，下到一半时，闻到异味难忍就立即往回返，被上面的工人拽上来时也昏倒在池口。事发后，单位领导立即派 3 名工人佩戴防毒面具，分 4 次下到池底施救，其中有 2 人当场死亡，另 2 人被送至医院抢救治疗。

现场调查此污水池里的水是平日清理水果的废水及水果碎渣和生活污水。其深 6m，长、宽各 5m，上方有 1 个长 2m、宽 1.8m 的检修口，平时用铁板覆盖。当时水池里尚有积水水深约 1m，在水池上方能闻到臭味。在距水面 0.5m 处用硫化氢气体和复合气体探测仪进行现场检测，硫化氢浓度达到了仪器量程的上限值（150mg/m^3），现场实际浓度可能要大于上限值。调查发现该企业对存在严重职业病危害的作业岗位，既无警示标志，也无任何通风排毒设施。企业对该岗位没有制定相应的应急救援预案，也未对工人进行过岗前职业卫生防护知识培训，操作工人对该有毒作业毫不知情。对污水池作业没有设监测点，工人没有做上岗前职业健康检查和定期职业健康检查。排水作业时工人只穿普通工作服，没有佩戴任何防护用品。

该公司生产时清洗水果的污水和生活污水都排放到此污水池中，池中积聚了大量污水及水果残渣，长时间不进行清理可导致水果残渣腐败，致使池内产生大量硫化氢气体。在排水时，有害气体开始扩散。H_2S 比空气重，蓄积在池底。尤其是工人经狭小开口下到池内操作，这属于局限空间作业。应该遵循局限空间作业的卫生标准，例如事先应该检测氧气含量、易燃爆炸气体和有毒气体浓度。应遵循这个检测顺序，并在作业期间连续检测。企业没有识别该岗位为职业病危害作业，所以没有对工人进行上岗前职业病危害防护知识的培训，也无应急救援预案和相应的防护措施，致使工人毫无防护的情况下贸然进入池内，导致中毒事故的发生。池下工人晕倒后，施救人员同样没有采取任何防护措施就下去施救，最终导致 2 死 3 伤的悲惨后果。

此次中毒事故显示，该企业安全生产责任制不到位，安全管理制度和操作规程执行不严，工人缺乏专业知识和安全操作技能等问题。

实例九

2006 年 3 月 7 日，某肉类公司发生一起冷库氨泄漏导致 4 人氨中毒，其中 1 人死亡的中毒事故。2006 年 3 月 7 日 13 时 30 分左右，为拆除该厂报废的 100t 级速冻间做准备，工人孙某（男，49 岁）进入速冻间检查，发现阀门损坏并伴有少量氨水滴漏，于是孙某戴普通面罩后与戴某（男，49 岁）、赵某（男，32 岁）再次进入速冻间检查，后二者穿防化服和供氧式呼吸器。在检查阀门过程中，突然发生大量氨气泄漏，孙某立刻昏倒，另 2 人感觉剧烈刺激而立刻离开现场并报警。10min 后 4 名消防人员进入现场抢救，迅速将孙某抬出，但孙某经“120”医务人员现场抢救无效死亡。4 名消防队员中有 1 人（原某，男，26 岁）出现咳嗽、流泪、咽痛等症状。经诊断，死亡病例诊断为“氨气中毒（猝死）”，其余 3 例为“氨气刺激反应”。

事故发生现场为该厂100t级速冻间，调查时，由于车间内氨浓度很高无法进入车间检测，但车间总阀门已经关闭，现场有民防部门用高压水枪向车间内喷水的方法稀释车间氨浓度。区疾控中心在车间外围10m处检测，氨浓度达$40mg/m^3$。现场经民防、消防部门处理，氨气未向周围扩散。现场调查结果认定此次事故属氨泄漏引起的急性职业中毒事故。毒物侵入途径主要为呼吸道。

此次事故发生在某肉类有限公司的废旧冷冻车间，在发生此次事故前，该公司没有发生过类似事故，操作工人忽视了安全生产和个人防护，佩戴密封效果不佳的防护面具进入浓度极高的泄漏场所检查，瞬时吸入大量氨而中毒。

造成大、中型冷库氨制冷系统发生漏氨事故的主要原因是：制冷系统在安装时不符合规范要求，给日后的生产埋下隐患；操作人员技术水平低、违反操作规程、责任心不强，造成氨制冷系统漏氨；在进行制冷系统更新改造时方案制订不合理，造成更新改造时发生漏氨事故；制冷系统没有制订应急预案，一旦发生事故时，抢救不及时造成重大伤亡损失。

实例十

某钢铁公司动力厂制氧车间根据中修计划，在2007年1月24日15时15分召开了$10000m^3/h$空分设备冷箱扒珠光砂的准备会。随后进行了扒砂前的准备工作：拆除喷射蒸发器到排液总管之间的管道（便于扒砂）；顶部人孔全部大开；15m平台的人孔紧固好并关闭珠光砂加温气流；拆除主控室左边冷箱底部人孔1个，观察珠光砂的流动情况，无异常，再拆除主控室右边冷箱底部人孔1个，观察珠光砂流动情况，也正常。于当天20时加温吹扫结束后，组织38名民工进行安全教育并告知危险因素及注意事项，然后由安全员和施工负责人带入工作现场。20：35，从冷箱底部打开两个人孔，开始扒砂工作。20：40左右，突然听到冷箱内一声闷响，同时发现冷箱底部人孔喷砂，喷砂量不大，此时扒砂人员开始四处奔跑。几秒钟后，又听见连续两声“嘭嘭”异响。此时60m高的方形冷箱内珠光砂连续从两个人孔处喷出，冷箱周围几十米内白烟腾腾，一片雾海。全部施工人员在漫天的珠光砂尘中摸索着逃生，5min左右喷砂结束。$10000m^3/h$空分设备周围堆起了4m高的珠光砂，大约$1500m^3$。立即清点施工人数，发现少1名女工，立即组织人员在珠光砂堆内寻找。2007年1月25日4时才在分子筛吸附器下面管道旁珠光砂堆内找到该女工，但已死亡。事故中还有一名施工人员在奔跑逃生过程中与一物体相撞而受伤。

此次喷砂事故还对空分设备造成了危害：15m平台处周围有两侧冷箱膨胀变形；冷箱内侧焊接接头有几处裂口；主换热器的槽钢横梁焊接接头也出现裂口；冷箱内几处分析仪表管道断裂或变形；几处液氩管道严重变形；主塔和氩塔的定位架断裂了3根，塔体轻微倾斜；冷箱内部分设备固定架断裂，加温珠光砂管道断裂1根。

喷砂事故原因

珠光砂内含有低温液体在空分设备中修停车前两个月就出现过冷箱内主塔下面的基础温度不断下降的现象，而且主换热器顶部塔壳处结冰严重。采取一些调整措施后该处基础温度下降得到了控制，并回升至0℃以上，说明冷箱内设备存在漏液现象。珠光砂内含有低温液体是引发喷砂事故的一个重要因素。

刚开始扒砂时就全开冷箱底部两个人孔（1.5m×1.2m的方孔）同时排砂，排放速度很快，使外界空气快速、大量从底部人孔进入，与含有低温液体的珠光砂形成强对流换热，冷箱内部压力升高过快。这是此次喷砂事故的又一重要原因。

冷箱内加温不彻底，加温结束时珠光砂仍处于低温状态；而且未设置单独的珠光砂加温系统。

冷箱内部分珠光砂受潮板结，气流不畅通，冷箱顶部人孔盖密封不严，造成粗氩Ⅰ塔、粗氩Ⅱ塔及主塔的顶部大面积珠光砂受潮板结，在各顶部处板结厚度达2～3m，冷箱内珠光砂气流不畅通。

工作场地狭窄，作业人员离卸装人孔距离太近，无防喷砂设施；晚上施工作业，外协施工人员应急处理能力和方向感不强，地形不熟悉，安全意识也不强，造成了此次喷砂事故及人员伤亡。

实例十一

2008年11月7日15时20分，某化工公司甲醇车间甲醇精馏工序中间槽在停产检修过程中发生爆燃事故，造成现场作业的3名机修工人大面积烧伤，其中2人经医院抢救无效死亡。

11月7日，甲醇车间安排维修人员对预塔冷却器B水管进行维修，并办理了动火证。在维修作业期间，何某（焊工）、陈某（钳工）、姚某（钳工）三人应甲醇车间的要求，接受了在两个精醇中间槽连通管间增加一个阀门的改造任务。14时，何某等三人将连通管拆除移至精馏工序加压回流槽与常压塔回流槽之间的空地上，用气割将该联通管切断、修整处理之后，拿到精醇中间槽现场进行位置调整与安装。15时10分左右，监火人罗某因交接班离开作业现场。15时20分，精醇中间槽突然发生爆燃，现场作业的何某、陈某、姚某三人均被大火烧伤，其中，何某烧伤面积占体表50%。姚某和陈某体表烧伤面积达到99%以上，在抢救一天后，分别于11月8日下午5时许和11月8日夜晚9时左右死亡。两个精醇中间槽、杂醇槽及连接的管道损坏，火势在3min后得到控制，10min后扑灭火源。

该起事故为化学爆炸责任事故。

(1) 事故的直接原因

现场检修人员未严格执行易燃易爆场所检修作业规程，在未对系统采取隔离措施的情况下违章作业（据现场勘察，两个中间槽与该连通管相通的阀门均处于开启状态，所有连接管道均未按规定设置盲板），维修工在现场调试安装阀门时，因撞击、摩擦产生火花，遇爆炸性气体而引起爆燃（两个中间槽虽是空槽，但内部仍充满甲醇蒸气，连通管拆除后，泄漏的甲醇蒸气与空气形成爆炸性气体）。

因现场尚有焊机等电焊工具，不排除现场违章电焊作业的可能。

(2) 事故的间接原因

① 甲醇车间未严格执行检维修安全管理制度。

② 随意增加检修内容且未制定检修方案、未按规定办理动火证。

③ 监火人未尽到监火职责、擅离岗位。

④ 职工安全培训不到位、安全操作技能和安全意识薄弱等。

实例十二

2006年5月29日15时30分左右，某公司7万吨/年苯胺装置废酸提浓单元在检修过程中，发生一起苯蒸气爆燃引起的火灾事故，造成4人死亡、4人重伤、7人轻伤，直接经济损失241万元。

（1）事故经过

2006年5月25日，根据检修计划苯胺车间分单元停车，经过倒空、清洗，至28日开始办理检修设备交出手续。5月29日上午甲公司在废酸提浓单元室内一楼东南角进行落水管预制作业和建筑物维护作业；13时30分，甲公司粉刷班安排16人在1～4层进行建筑物维护作业；14时20分，甲公司综合班3人进行落水管预制作业；15时乙单位8人在1楼室内北侧进行酸性水罐（R5104）拆除作业，同时乙单位2人在酸性水罐（R5104）顶部平台拆除该罐雷达液位表。15时28分，废酸提浓单元一楼发生爆燃，过火面积112.5m^2，造成4人死亡、4人重伤、7人轻伤，直接经济损失241万元。

（2）事故的直接原因

在废酸提浓单元拆除6m^3酸性水罐（R5104）作业过程中，松开下封头出口管法兰时，从该法兰口流出含苯酸性水，水中的苯在该罐围堰内累积，达到一定浓度后扩散，在北风的作用下，遇到甲公司在东南角预制落水管电焊作业产生的明火，发生瞬间爆燃。

（3）事故的主要原因

一是当班操作人员在停苯蒸气爆燃事故分析王辉矿区服务事业部车过程中未严格按照《废酸提浓单元岗位操作法（试行）》操作。按照操作法要求停止加料46min后停真空泵，而从查阅DCS趋势可知，实际操作是在停止加料3min后即停真空泵，导致废酸提浓单元真空度（PICZA-5105）的绝压由132.8mbar（1bar＝10^5Pa）上升至206.3mbar（200mbar以上即为大气压）。由于系统的真空破坏，使得从硝基苯单元送来的原料酸中的苯（设计有机物≤0.2%）从酸性水中游离而出。

二是停车倒空过程违反操作规程。经对V5104罐液位DCS曲线、当班记录的综合分析，判断在废酸提浓单元停车后系统物料倒空过程中，酸性水罐R5104实际未放尽倒空。

三是苯胺车间没有组织生产、技术、设备、安全及生产操作等人员对苯胺装置废酸提浓单元按公司的相关的规定进行风险评估，制定检修作业方案，对施工单位的安全交底不明确，作业现场的安全监督管理缺位。

四是车间动火作业监护人监护不到位，没有按动火证上面动火补充措施要求“监护人必须在场”在厂房内监护，而是站在废酸提浓单元北门外，因不能及时观察到厂房内动火现场周围发生的异常变化，且没有能够及时发现和制止作业现场存在的交叉作业。

（4）事故的重要原因

① 分厂没有严格按照公司的规定组织各部门对苯胺装置的停车进行严格验收。

② 生产运行科没有严格按照《装置停工大检修手册》的要求，对苯胺装置的检修方案进行审批。

③ 设备机动科在检修方案的会签、相关检修施工计划的编制和组织实施等方面不协调，致使各检修施工单位在同一作业区间进行高空、拆除设备和动火等交叉作业。

④ 安全环保科未能及时发现和制止现场的违章作业，是导致此次事故的重要原因。

（5）管理上的事故原因

在检修作业过程中，各项安全管理制度落实不够，分厂对各装置检修的风险评估、方案制定、检修计划编制和实施等工作监督不力，是导致此次事故管理上的原因。

事故暴露出12个惊人的漏洞：

事故出在操作人员不知道罐内有苯存在上；
事故出在没有进行风险识别和风险评估上；
事故出在没有制定检修作业方案上；
事故出在没有向施工单位进行明确安全交底上；
事故出在作业现场的安全监督管理缺位上；
事故出在化工生产装置没有按规定进行倒空、置换和清洗上；
事故出在动火作业监护人监护责任不到位上；
事故出在机动部门没有对装置停车进行严格验收上；
事故出在生产运行部门没有对装置的检修方案进行审批上；
事故出在同一作业区间进行高空、拆除设备和动火等交叉作业无人协调上；
事故出在检修计划的编制上；
事故出在一系列违章作业现象却无人发现和制止上。

实例十三

2005年3月23日13时20分，BP（英国石油公司）美国德克萨斯炼油厂的一个正在开工的异构化装置发生了一系列猛烈的爆炸。爆炸造成15人死亡，180人受伤，在爆炸现场的工艺泄放烟囱旁边放置了一些检修用的可移动拖车，这些死伤人员中的大多数当时是在拖车的里面和外面。爆炸冲击波摧毁了附近的50个大型化学品储罐，震碎了3/4mile（约1.21km）外的居民窗户玻璃，滚滚黑烟从工厂翻腾而出，当局指示约4.4万得克萨斯居民待在室内不要外出。异构化装置被迫停工超过2年，BP公司因此次爆炸损失数十亿美元。

（1）事故过程

2005年3月23日早上，炼油厂的异构化装置的萃取油分馏塔在检修后重新开工进料，操作员用泵连续向分馏塔内送可燃物料超过3h，在这3h的过程中没有将物料从塔内送出，这和操作开工指导是相矛盾的。关键的报警和控制仪表显示假值，没能提醒操作员分馏塔内物料的液位已经很高。结果，在操作员不清楚的情况下，高170ft（约52m）的分馏塔进料过多，液体进料溢流到了塔顶部的管道中。分馏塔顶部管道向下走，在约148ft（约45m）高的位置安装有3个安全阀。当塔顶部的管道充满液体时，塔底部的压力迅速地从21psi（144.69kPa）升高到64psi（440.96kPa），3个安全阀起跳打开持续了6min，排放了大量的可燃液体到下游的排放收集罐，这个排放收集罐通过一个泄放烟囱和大气相连通。排放收集罐和泄放烟囱都相继溢流，大量的可燃液体从113ft（约34m）高的泄放烟囱顶部像喷泉一样喷涌而出。排放收集系统的设计陈旧且不安全，这个系统是在19世纪50年代安装的，它从来也没有和火炬系统相连通，不能安全地收集从工艺装置泄放的液体和可燃易燃的气体。这些喷涌出的易挥发的液体，流到地面后形成了可燃蒸气云。在离排放收集罐约25ft（约7.6m）的地方停了一辆没有熄火发动机空转的皮卡车，扩散的可燃蒸气云随即被点燃，火焰迅速扩散，接下来在装置区发生了一系列的爆炸。

（2）事故原因

2005年3月23日，发生在操作人员之间的2个关键信息沟通错误，导致延误了萃取油从分馏塔送往罐区：一是得克萨斯炼油厂的管理人员和操作主管没有将开工过程中萃取油可以送往罐区的指令传达给操作员；二是装置的工况，尤其是分馏塔进了多少萃取油，夜班人员和白班人员之间没有明确的沟通交接，交接班本记录的信息非常少，白班当班的主管迟到1h，对夜班的操作情况没有交接。

在2005年3月23日开工过程中，分馏塔液位计指示在加热后逐渐下降，但实际上是在升高，在13时04分（大约在爆炸发生前的16min），塔内液位计读数是78%（高度为7.9ft，即约2.41m），然而，塔的实际液位是158ft（约48.16m），操作员没有意识到液位变送器的计数是不准确的。冗余的液位高报警因缺少设置报警值而没有激活报警，控制室操作员更加相信液位是正确的。分馏塔的现场玻璃板液位计长期脏，看不清，控制室操作员没有联系现场操作员现场确认液位。

白班当班操作主管因家庭原因离开后，没有指定有经验的、受过培训的人员来协助控制室操作员对异构化装置开工。BP得克萨斯炼油厂因削减成本，控制室只配备了一名操作员操作NDU，AU2和ISOM（异构化）3套装置。

那名白班的控制室操作员，已连续工作了29个12h的工作日，每天只睡5～6h的觉。其他的几名操作员连续工作日（12h）也都超过了31个。CSB（Chemical Safety Board，美国化学品安全委员会）使用2种科学的方法对操作员的疲劳进行分析评估，得出结论是：操作员的疲劳是导致事故的一个因素。疲劳可以在很多方面影响工作表现。它可以扰乱决策，耽搁对控制面板的反应，导致操作员丧失对装置整体情况的把握；疲劳会有损判断，它会导致操作员停在某个运行参数上，例如下降的液位，而未能及时关注其他因素，例如液体被加入塔内3h，没有液体被排出。分馏塔多次压力高，每一次控制室的操作员只是想着降低压力，但是没有深究为什么压力会高，他们只是解决了问题的表象，没有去分析原因，没有去诊断问题出在什么地方。

操作人员尤其是控制室操作员的培训不够，也是导致事故发生的原因之一。开工的危险因素，包括分馏塔溢流的场景，都没有涵盖在对操作员的培训中。对操作员的培训仅限于正常工况下的操作培训是不够的，BP得克萨斯炼油厂的培训大多数是在岗培训，被培训者只有碰到开工和停工的在岗培训时，才会回顾一下开停工的操作规程。BP也没有培训控制室操作员关于分馏塔溢流的危害，2天的故障诊断培训课程没有讨论溢流的后果，关于塔溢流时如何处理，培训指引中没有说明，异构化的紧急停车程序中也没有明确说明。配备的仿真机没有用来培训操作员遇到危险的场景时如何判断，如何处理。计划的事故应急操作演练几乎没有实施过。

对过往的事故或未遂事件汇报和学习，可以提高避免灾难性事故发生的概率，但BP得克萨斯炼油厂缺少这样一个有效汇报和学习的文化。过去异构化装置发生的8起排放系统事故无法在BP的任何数据库中找到，5起只是被当作环境排放污染事故，只有2起被当作安全事故做了调查。在2005年之前5年的开工历史中，分馏塔液位在液位变送器的量程之上的操作占到3/4，液位在量程范围之外超过1h的操作占到了1/2，但这些情况操作人员都没有汇报，管理人员也没有回顾分析一下历史的数据。在2005年的异构化装置的开工过程中，这种液位操作的偏离更严重，但和过往的开工情况相似，所以没有引起重视。过去有多起事故发生在异构化装置和其他工艺装置的对大气排放系统，这些事故所暴露的危险，管理层没有组织充分的调查，也没有执行合适的整改措施。像萃取分馏塔和排放系统的液位计高报警开关多次出现故障，但BP没有监控这些反复出现的仪表问题，没有进行趋势和故障分析。2004年GHSER（Getting HSE Right，BP的安全管理体系）的评估报告将BP得克萨斯炼油厂评级为“差”，因为以前事故调查的信息没有分析、没有监控发展趋势、没有开发相关的防范措施。GHSER 的评估还发现得克萨斯炼油厂很少采用 GHSER 的报告建议来改进工厂的现状。

排放系统一直没有改造，尽管以前的几起严重事故报告和相关规定都已指出，排放系统需要连到火炬系统。供人使用的移动拖车放置的位置太靠近运行的工艺装置，但这种风险没有去识别分析。在异构化装置开工过程的危险时段，无关人员没有被疏散。开工前没有进行安全审查（PSSR），一些设备和仪表都还有故障，操作人员不够，但开工的指令还是下达了。以往已有多次没有合格的主管在场、不按操作规程开工。

BP 对安全的管理很大程度上是关注人身方面的安全，而不是致力于控制重大风险。BP 集团和得克萨斯市几乎是完全地关注、监测事故受伤率和损失工时事故率，并依此进行奖惩，而不是提高它的工艺安全系统的性能。在 BP 集团和得克萨斯市，也有工艺安全体系在，但自从 BP 兼并 Amoco（阿莫科公司）后，安全管理的组织架构改变导致重大事故的预防不再是重点。BP 员工的业绩合同中包括财务、装置可靠性及安全，安全指标主要指人身伤亡、损伤工时率、可记录事故率、车辆事故，但工艺安全指标没有包括在内。

尽管异构化装置多年来一直有释放事故发生，BP 仍然继续使用过时设计的设备。如萃取油分馏塔缺乏现代设计的安全保护，例如：冗余液位指示器和警报，压差指示器，以及自动联锁装置来预防装料过满；紧急泄压系统的设计也是过时的，泄压阀将碳氢化合物通过一个陈旧的放空罐，直接排放到大气中。碳氢化合物本应被排放至一个本质上更安全的处理系统，例如火炬可以容纳液态碳氢化合物和燃尽易燃蒸气。

预算的削减和生产的压力严重地影响到得克萨斯的安全运营，工厂当前的完整性和可靠性都和过去 10 年中减少维护费有关，预算的削减也影响到培训，操作人员的配备和机械完整性，预算的压力同时影响到更换异构化泄放系统的改造。BP 在 1999 年削减了 25% 的预算，人员配备也因此减了 15%，AU2 和异构化装置的 2 名控制室操作员岗位也因此只配备了 1 人，即使又新建了一套工艺装置也没有增加操作员。在 2005 年之前的 5 年中，移除泄放到大气的烟囱，连通排放收集罐到火炬系统的建议被提了很多次，但考虑到预算问题一直没有实施。

第2章 过程装置故障处理的共性技术及实例

装置检维修周期一般根据静设备定期检验周期、安全仪表系统定期检测周期等确定。过程装备出故障后需要检维修时，需要办理检修许可证。其内容包括：检修类型、检修单位、设备名称、检修时间、检修内容、工艺交出安全措施、施工安全措施、施工所在岗位值班班长验票、审批人签字、检修质量验收、工艺接受验收。检修时相关人员到现场负责落实，一切按规章制度进行维修。

2.1 实施者

全员参加是指设备的使用、维修等所有部门都要参与。在现代企业服务理念中，用户就是上帝，只有全体员工重视用户的需要，才能搞好设备维修服务。故障处理技术的实施者可以是：内部检维修资源（内部检修单位力量）、合同区内的承包商、专业检维修公司、特种设备检验机构、维修需要邀请的专业厂家等，而且“谁处理谁负责”。检维修施工单位的现场从业人员，取得“检维修现场施工从业资格证”后，才能从事检维修现场施工工作。

人类专家遇到复杂问题时能够做出高水平的分析和判断。例如，年轻的高校毕业生和企业的老技术专家相比，所学的理论知识更新，但是，设备碰到疑难问题时，企业还是愿意咨询企业的老技术人员，就是因为企业的老技术人员的设备检维修经验更为丰富。当然，高校具有企业不具有的重点实验室设备仪器、数值模拟计算分析能力，对于生产中的设备异常问题借助产学研合作模式展开研究更有利于发现过程装备运行异常的问题。

过程装备往往是设备连着设备，一个岗位集中管理和控制相邻的十几台甚至几十台设备。除开停车中需要操作人员到设备现场对装置进行操作外，正常生产中，操作人员的大部分工作时间是通过岗位控制台对装置运行情况进行监测与调节。这一点与普通机床装置操作人员始终在设备身边进行操作很不相同。控制室的监控参数不能完全反映设备状况（如设备局部的泄漏、振动等），这就要求通过巡回检查来弥补监控上的不足。巡回检查和由此决定的调节与修理是过程装备日常维护的主要内容。设备管理人员（包括设备主任）每天至少巡检两次装置，时时了解设备运行情况，做到心中有数。

运行中的装置检查不仅应由维修人员进行，同时也包括操作人员对装置运行情况的监视，这是过程生产中日常必须坚持的一种全面性的技术工作。而且运转部门对此所负责任愈多，维修部门就愈能致力于全厂装置的定期检修、更新、技改等项工作，这对搞好过程企业的生产是非常有利的。一颗螺栓松动了，一块保温损坏了，一根阀杆卡涩了，一个液位计模糊了，一块压力表、温度表失效了，润滑油液位降低了，过滤器堵塞了等，看似小问题，虽然暂时不会产生大的故障或失效，但这些异常状况就是事故的源头。对这些现象敏锐地识别，如果操作工人自觉主动地去发现、去处理，就能控制并避免更大事故的发生，这就需要操作工人实行自主的维保。

检修前，如需要动火，则动火分析的取样点应由动火所在单位的专（兼）职安全员或当班班长负责提出。动火分析人员按要求亲自到现场取样，动火分析结果分析合格后按要求填写《动火安全作业证》，分析人员要对分析手段和分析结果负责。

大机组综合了机、电、仪多专业；螺杆泵、离心泵、过滤器、换热器等多种动静设备；调节阀、温控阀、振动探头、联锁控制等各种控制方式和手段。施行“机、电、仪、管、操”，责任分工明确，共同负责设备的维护、检修。抓好“正确使用，精心维护，科学检修，技术攻关，更新改造”五个环节，才能使大机组长期处于全员、全过程、全方位的受控状态。定期定频检验，做好清洁、润滑、调整、紧固、防腐五方面基础工作，才能为机组运行创造良好的环境。

运行中的物理、化学监控主要由操作人员进行，为搞好此项工作，要求操作人员能通过五感和仪表进行分析，必须依靠过程分析随时掌握和调整工艺指标，并填写操作记录，而且还要熟悉装置的结构、性能等等。目的在于大致判断出装置可能存在的缺陷，以便为进一步检查提供依据。例如装置运行中存在的泄漏、污物堵塞、水垢堆积、冷凝水排放不畅等缺陷，在压力、温度、流量、物料成分等工艺指标方面均会有所反映。运行中的物理、化学监控是指对装置运行中的各项工艺指标所进行的控制。应严格按照操作规程中的压力、温度、流量、物料成分、pH 值、电导率以及冷却水的质量等所允许的范围操作。若工艺指标控制不当，常使装置过早出现缺陷或故障。在连续运行中对过程装备进行检查，通常又可分为防止性检查和预测性检查两种。防止性检查主要是靠人的五官感觉，随时观察设备运行情况，目的是及早发现运行中的异常现象。预测性检查主要是指有计划地对装置进行定点壁厚测定、检查污垢堆积情况，表面腐蚀情况，以及进行缺陷探伤等工作，其目的是对装置的优劣及发展倾向作出判断，并找出合理的修理周期，必要时尚需进行不停车的应急修补工作。

电动阀门按目前的分工方式，这类装置的机械、电气和控制元器件的维修分别由机械专业、电气专业和仪控专业的人员负责。电动阀门的整个检修工作（包括检修后的调整和试验）属机械专业范围。机械与电气的分界点是电动机的动力电缆接口。如果维修电动阀门需要拆卸动力电缆则由机械专业负责，如果是需要更换动力电缆则由电气专业负责。机械与仪控的分界点在限位开关控制电缆的接口。限位开关本体的检修和涉及的控制电缆的拆装和安装由机械专业负责，更换控制电缆和涉及的拆卸和安装工作由仪控专业负责。对于较复杂的电动机的检修，如电动机的转子或定子重新绕线，则由电气专业建立的电动机检修车间负责。

在过程装置里，分布在设备和管道上的压力表、温度表、流量表等通过仪表连接线将运行数据传导给控制系统，再由控制系统发出指令，通过调节阀调整运行状态，保证装置的连续稳定运行。整个控制系统由仪表专业人员来调试和维护。控制系统维护要求：正常显示现场仪表采集的数据；对反应器、换热器等单体设备的运行适时调节；通过逻辑来设置装置所有设备的开停车顺序和相关联锁。此外，还要满足控制系统的日常维护保养和故障处理的需要。

气动阀门一般由机械和仪控专业分别负责机械和控制部件。在此种组织分工方式下，当气动阀门故障现象不明显或出现的是综合故障时，发生故障的气动阀门就可能在机械和仪控两个专业中传递，直至故障排除。此种分工，可能会拖延维修时间，还可能造成两个专业人员之间的矛盾，有出现相互扯皮现象的可能，不利于提高工作效率。重新分工后，由机械专业负责气动阀门的维修，包括电气转换器、压力调整器、定位器、限位开关和检修后的调整和试验。当然，机械专业与仪控专业的分界点为控制电缆的接口，与电动阀的一样。

电动泵按电动机的电压高低分为两类：一类是电压为380V的电动泵；另一类是电压为6.6kV的电动泵。电动机的拆装和安装、电机的清扫、电动机转子和定子的绝缘试验都由机械专业负责。而一旦电动机无法在现场修复时，就需送回电气专业的电机检修车间负责检修。机械与电气分界点为动力电缆的接线盒。如果维修电动机需要拆卸动力电缆则由机械专业负责，如果是需要更换动力电缆则由电气专业负责。

为了确保容器经修理或改造后的结构和强度满足安全使用要求，从事容器修理和技术改造的单位必须是已取得相应的制造资格的单位或者是经省级安全监察机构审查批准的单位。容器的重大修理或改造方案应经原设计单位或具备相应资格的设计单位同意并报施工所在地的地、市级安全监察机构审查备案。修理或改造单位应向使用单位提供修理或改造后的图样、施工质量证明文件等技术资料。

检验过程中可能需要使用射线检测，存在辐射危害。采用γ射线检测时，应通知公安、卫生防疫部门和被服务单位办理相关手续。

在用压力容器的安全状况等级通过法定检验的方式由定期检验机构评定。装有催化剂的反应容器以及装有充填物的压力容器，其检验周期由使用单位和检验机构协商确定，必要时征求设计单位的意见。发生设备事故时，应组织抢救伤员，上级主管部门到场前，不得改变现场情况。机动科接到事故报告后，应立即派人前往事故现场，不得拖延，立即将现场遗物、痕迹拍照，必要时绘制示意图，收集设备工艺原始记录的流量、压力、流速等参数。如果发生了人身伤亡或重大损失要由上级主管部门指导事故调查工作。压力容器、锅炉爆炸事故应邀请特种设备检验机构参加事故调查。调查时，至少有2人负责，并且经当事人签名。检验工作结束后，检验机构一般应当在30个工作日内出具报告，交付使用单位存入压力容器技术档案。定期检验没有发现问题时，因设备使用需要，检验人员可在报告出具前，首先出具TSG R7001—2013《压力容器定期检验规则》附录b中的《特种设备检验意见通知书(1)》将检验初步结论书面通知用户。检验发现设备存在需要处理的缺陷时，检验机构可以利用TSG R7001—2013《压力容器定期检验规则》附录b中的《特种设备检验意见通知书(2)》将缺陷情况通知使用单位，由使用单位负责进行处理，处理完成并且经过检验机构确认后，再出具检验报告；使用单位在约定的时间内未能完成缺陷处理工作的，检验机构可以控照实际检验情况先行出具检验报告，处理完成并且经过检验机构确认后再次出具报告。需要指出：经检验发现严重隐患时，检验机构应当使用TSG R7001—2013《压力容器定期检验规则》附录b中的《特种设备检验意见通知书(2)》等将情况及时告知使用登记机关。

有些进口设备核心部件的维修技术，属于受保护的技术，外方严格封锁不转让。由于没有掌握深度修理技术，关键零件需要送到外方指定的大修厂修理——返厂维修，返厂维修间隔长。更换零件需要从外方指定的设备制造商或其合作商处购买，修理成本非常高。维修成本，是零件采购和送修的主要直接成本，还包括人工、机械台班和水电气消耗。零件采购和送修价格每年均有一定涨幅，且高于整机送修上涨的比例，在保证质量的前提下，降低修理成本是必须解决的瓶颈问题。例如，石油天然气输送管道压缩机组燃气轮机，是地面燃气轮机，也是航空派生型燃气轮机，不仅燃气发生器结构与航空发动机核心结构完全相同，而且零件的互换率很高。国内航空公司基本都是与国外公司合资建设航空发动机的修理厂。这些修理厂，由于设备制造商的入股及授权，能及时享有设备制造商的发动机设计、制造、维修和技术改进等方面的信息，技术发展很快，购置了高压水剥离、等离子喷涂、真空热处理炉等设备，已经具备了发动机绝大部分冷端零件的修理能力，并逐步发展燃烧室等关键热部件的修理。目前部分 PMA 件的使用寿命已经达到甚至超过了设备制造商提供的零部件使用寿命，但是采购成本仅为制造商提供零部件的 60%～70%。地面燃气轮机的工作条件优于航空发动机，选用 PMA 件性价比很高。

过程装置发生事故后，事故调查机构应该独立于政府和事故相关方。很多发达国家根据相关法律，建立了独立第三方的事故调查机制，并拥有专业的事故调查队伍，将技术调查和司法调查分离，不受任何单位和个人干扰，为客观、权威、公正、全面的事故调查提供了组织保障。如美国的联邦运输安全委员会（NTSB）、美国化工安全与危害调查委员会（CSB）、加拿大的运输安全委员会（TSB）、澳大利亚运输安全局（ATSB）等。

设备故障处理涉及很多环节。例如，某单位的锅炉的一次正常检验中发现在锅筒底部中间环焊缝向前 100mm 处，有两处鼓包，面积分别为 300mm×400mm、100mm×400mm，两处相距 300mm，鼓包变形高度最大为 25mm。该单位的锅炉水为未进行软化处理的水，直接进入锅炉里面。虽然司炉工在日常的烧炉过程中，也会使用一些锅炉除垢剂，但是该单位由于没有水质化验人员，无法保证每班次都对锅炉内水进行化验，就无法指导司炉工正确的排污方法和次数。该锅炉用水的硬度、酚酞碱度、全碱度都不符合《工业锅炉水质》的标准要求。根据对原水、锅水的化验发现，原水的硬度在 10mmol/L，其标准值应≤4mmol/L；锅水酚酞碱度 2.8～5.6mmol/L，低于标准值 6.0～18.0mmol/L；锅水的全碱度3.7～6.0mmol/L，低标准值 8.0～26.0mmol/L。再加上司炉工进行加药但排污不及时，使锅炉水质长期处于不合格的状态，造成锅炉产生大量水垢。垢渣排不掉，造成大量垢渣堆积锅筒底部，引起传热效果差。有的锅筒壁上堆积的大垢渣会脱落，到锅筒底部，堵在排污口，有些堵在排污扣板附近，尤其是锅筒底部扣板前端，极易堆积大量垢渣，造成锅炉排污不畅，积渣的地方垢渣越堆积越多，引起锅筒底部局部过热。锅筒底部位于炉膛内，直接受到火焰的加热，火焰的温度远远大于锅筒材质所能承受的温度，正常的情况下，锅筒应该通过传热把热量及时传给锅筒内的水。但是由于在锅筒内表面附着的大量水垢，水垢的热导率仅仅为钢材的 1/50～1/30，造成了锅筒的温度异常升高，当温度超过材料所能承受的温度（一般 20g 的温度不超过 450℃，炉膛内火焰的温度最高可达 1000℃），锅筒的材质就发生变化，强度降低，即使材料内部仍然保持着原有的应力水平，但是塑性变形依然会发生。在高温下，碳钢组织中的珠光体会发生球化从而使材料失去抵抗外力的能力。在锅筒内压的作用下，发生鼓包变形。《锅炉定期检验规则》第 19 条：承压部件的变形不超过下述规定时可予以保留监控，变形超过规定时一般应进行修理（复位、挖补、更换）：筒体变形高度不超过原直径的 1.5%，且不大于 20mm。该锅炉最大变形量为 25mm，应该进行修理。检验时，首先确定鼓包部位是否有裂纹产生，可以用渗透探伤非法进行检验。当未发现有裂纹时，可以用热顶方法修理。鼓包修理的方法一般有挖补修理和热顶处理，使用单位应该找有修理资质的维修单位进行维修，维修单位制定好维修方案，根据锅筒钢材的材质进行局部加热，当达到一定温度后，用事先准备好的相同曲率的模板靠在鼓包外侧进行热顶，使其慢慢复位。另外一种方法是对鼓包进行挖补，若进行挖补的话，是修理单位先对鼓包部位钢板用气割割除，然后补上一块钢板。挖补修理单位首先应进行焊接工艺评定，挖补的材质应该和原锅炉材质相同，挖补尺寸和形状应该符合“锅炉规程”要求，严格按照修理方案对挖补部位焊接、外观检验、射线探伤等，检验合格后，方可投入使用。修复后，按照规定配备水质化验人员，并按照程序进行化验，做好记录，指导司炉人员正确排污；定期进行自检，当生产任务不忙时，打开锅筒，检查内部结构情况；若是结垢严重时，要进行人工清理，当结垢较厚且人工无法机械清理时，上报检验部门，分析情况，并联系锅炉清洗单位进行化学清洗。

2.2　实施时机

交替工作的系统可能会出现转换故障。系统开停车期间要比正常运行的时候更容易发生故障。在役过程装置的统计表明，4%的开停车时间内发生的事故占了全部事故的25%以上。故障造成的停机损失，远远高于维修过程的备件费用和人工费用。因此，故障发生后，要尽快开始故障研究；不得销毁证据，不得扰乱和清理故障和事故现场，尤其是不得接触故障破裂的表面或离故障处最近的周围环境；要用拍照、测量记录等文件形式保留证据，要确保拆散的部件能够单独鉴定，重新装配和在相互关系上正确复位，不得造成证物上出现刮痕、擦伤、压伤或变形。

目前，过程装置采用的维修方式包括定期维修、定期检修、日常维护、定期更换以及抢修等。大部分动设备（机泵）需要执行定期维修，如定期进行小修、中修和大修。大部分静设备（换热器、储罐、反应器）需要执行定期检修，如对换热器进行定期外部检测和内部检测，如果检测时发现缺陷，则进行维修。日常维护是指按天、周对设备进行擦拭、清扫、润滑、调整等一般护理，一般认为对设备的可靠性没有影响。定期更换主要针对易损耗、低值部件，如爆破片、垫片等。随着预防维修等理念的深入，这种方式逐步转变为定期维修或定期检修。

维护制度分事后维护和事前维护两大类。事后维护包括延缓性维护和治疗性维护2种方式；事前维护包括：计划维护、状态维护和预知维护3种方式。延缓性维护和治疗性维护都是在事故发生以后，对设备进行维修或更换，以达到延续设备寿命或维修好设备。这样的维护体制由于对设备性能、状态了解不足，或缺乏必要的维护、保养、检查，导致设备产生突发性故障或安全事故，给企业带来重大生产损失和高的设备维护成本。计划维护是根据设备的设计要求、生产计划和设备维护经验而制定的维护制度。计划维修存在一定的盲目性，会造成不必要的停机、停产和人力、物力的浪费。状态维护和预知维护通过分析处理设备的运行状况信息，识别出设备运行状态的异常特征，判断设备健康状态，预测设备健康发展趋势，对可能要出现的故障提出针对性的维护措施和治理安排，将故障消除在萌芽状态。状态维护又称视情维护，策略和措施是基于设备各参数的当前状态，来安排设备的维护计划。预知维护方式则是在综合考虑设备的历史状况、当前状况和设备固有特性等多方面因素的基础上，对设备未来的行为进行预测，及时发现设备将要出现的故障，并据此做出维护决策，使故障消除在出现或扩大之前。根据设备的维护经验、生产任务等，间隔一段时间对设备进行设备检修，这种维护是以时间间隔作为维护的主要依据，属于计划维护；根据已发生的故障，对失效的零部件进行修复、更换，恢复设备的工作性能，这种维护属于事后维护；根据对温度检测、受力、表面亮色等，判别结构的完好性、系统受力的合理性等，从而对设备进行调整及检修，这种维护属于状态维护。设备的状态维护技术水平落后的表现：检测与诊断主要依靠有经验的技术人员凭感官、经验获取特征参数，并做出判断等。对设备的维护不及时造成严重经济损失。健康维护是根据设备的健康状况及其故障预示，对设备未来状态进行预测，并据此做出维护决策，以实现实时的、准确的维护。健康维护的实现一方面可以更有效地防止故障的发生或扩大，因而将有助于减少乃至避免因设备故障而造成的损失，带来可观的经济效益和社会效益；另一方面，由于健康维护强调的是把故障发现在萌芽状态，因而需要采取的修复措施简单而低廉，从而可以大大降低维护成本；再一方面，掌握影响设备健康状态的因素，通过合理调控，使设备运行在最佳工作状态，可减轻设备损伤，延缓设备健康状况下降。健康维护实质上采用的是状态维护与预知维护共存的一种维护策略，重点强调预知维护方式。

状态监测的目的是判断机器运行的状态是否异常，一旦运行不正常就可以报警或者停机跳闸。状态监测必须监测的主要参数有：电压、电流、功率和磁场强度等电磁参数；频率、振幅、相位、速度、加速度等振动参数；声强、声压、声功率等声学参数；压力、拉力和转矩等力学参数；速度、转速和位移等运动参数；温度、压力和流量等热力参数；元素成分、含量等化学参数。设备状态监测量数值大于设定的阈值指标时（一般分为低限报警、高限报警、高限联锁跳车）需要进行维修决策。一般设备状态监测量高限报警时需要停机检修，检修内容根据状态监测分析结果制定，高限阈值指标一般定为预知维修指标。

对于使用条件要求高、装配精密的设备，过多地检修反而容易造成故障。美国宇航局（NASA）的调查表明，70%的设备定期维修每维修 1 次，在定期维修后的一周内很可能发生故障。日本的调查表明，定期维修后 1 周内出故障的可能性为 60%，一个月内出故障的可能性为 80%左右。对于 300MW 发电机组来说，停产 1 天，少发电 720 万度，经济损失巨大。对于大机组（离心式、轴流式压缩机、工业汽轮机、风机和泵），把少量的投资花在预防和监测技术上，比把设备损坏后强迫停机花费大量的金钱研究所谓的先进的修复技术更有价值。

除了新建项目投产开车以外，生产企业开车、停车很普遍。开停车主要原因是：大检修，全厂范围内的停车和开车，或者某个产品由于产品滞销、原材料供应不上等原因需要较长一段时间停车然后再开车的情况。一台设备出现问题，往往造成一个操作单元或者一个子系统或者总系统停车，这时就需实施该单元或者子系统或总系统装置的协同检修。协同指在处理某一设备问题时，充分利用该停车机会，协同处理同一单元、同一子系统或总系统中其他设备问题。机会维修，又称为时机维修，是指当系统中某部件出现故障或进行预防性维修时，其他部件的寿命若超过了预定的控制界限，将这些部件一起进行维修或更换，以减少系统中非预期故障引起的维修次数，降低系统的停机时间和维修成本。例如，对于大型化工企业，大型压缩机组的检修时间十分长，一般的小规模检修需要两天左右的时间，而检修中最复杂也最重要的大型检修则需要数十天的时间，而大检修预定日期前的 180 天就开始填报设备大修项目和设备报废重置申请，具体大修前的大约 100 天时间就开始下发大修计划。有些还会涉及装置扩容改造与大修同步对接。

当总系统运行一定时间（如一年）后，系统全面停车，主要目的是对系统内设备集中大修，称为停产大修。停产大修停车时间长，可以安排较多装置的大修。但并不能安排所有装置的大修，一方面受停车时间、维修力量限制；另一方面设备种类、设备质量状况、运行环境条件的不同，装置的大修周期不可能统一。同一系统内种类相同、检修周期相近的设备可以分批实施大修，错开每批设备之间的大修时间。某次停产大修中不进行大修，而中小修周期到了的设备可协同进行中小修。很多装置在设计时并没有考虑主体设备的备机问题。因此，装置的大检修周期要与主体设备的大检修周期同步考虑。需要锅炉、压力容器、压力管道、安全附件等停车检验的项目，需考虑与装置大检修同步进行。填料和催化剂的更换周期也是确定装置大检修周期的主要参考条件之一。

尽管如此，可以使装置大修的集中度降低，但停产大修往往时间紧、任务重，施工组织难度大。因此必须有效利用临时的停车机会，尽可能多地实施中小修和可能实施的大修，例如一些可能与总系统隔断或短时断开的子系统或操作单元的设备。但子系统内或操作单元内设备也应实施协同检修，以便减少停车次数。

中小修工作量相对较少、检修时间短，除在停产大修期中协同实施外，主要安排在临时停车时进行。生产要求实现连续不间断生产。但实际运行中短时的局部子系统或操作单元停车或者总系统的临时停车不可避免。如某关键装置的异常故障、巡检中发现某种危及安全的隐患急需处理、某岗位人员的操作失误、水电气原料供应不足等都可能产生临时停车。此时是安排该系统或操作单元设备中小修协同检修的最佳机会。

生产的管道完成各装置之间介质的传递输送，中间产品和最终产品由不同的储罐完成介质平衡与储存。压力容器和压力管道是生产中的主要设备，属于特种设备，其故障防范除重视日常维护中的巡回检查外，重点是开展定期检验。定期检验是国家安全管理法规规定的强制性检验，主要分为年检和相隔一定运行周期必须进行的、停止运行的全面检验。压力容器和压力管道的修理必须按安全技术规范的要求进行。一般将检验与修理（修理决策的主要依据是定期检验的结论）结合进行，与压力容器和压力管道相关的安全附件的定期校验、定期检修也与定期检验同步进行。

事后维修是在设备事故基础上进行的检修。这种检修是被动的。事故造成很大的经济损失特别是灾难性事故后果，更为严重危及人身和设备安全。这种停机检修往往是突然发生的，不能准备好维修用的合适的资料工具和零备件，因此检修周期也会拖得很长。

要关注自然气候条件的影响，北方地区的极端低温、沿海地区的台风。遇六级以上大风和暴雨、雷击等恶劣气候时，应停止施工作业。由于部分过程装备安装在室外，因此在过程企业停产维修日不能有降水产生。而一般在维修时均在白天进行，只要在白天不发生降水即可。而且，雨中作业会对装置的防腐、防蚀不利。进而缩短装置的使用寿命，并导致生产成本的增加。因此，维修前，要事先确定气象预报是否有降水。催化剂筛选，则安排在夜间进行，以免对白天正常检修造成影响。此外，夜间作业必须有书面计划，并说明工作性质以及为完成工作所需使用的照明类型，夜间施工要保证充足的照明。

在实施维修过程中，当日最高气温 5℃时，给维修人员操作带来困难，甚至会发生冻伤，并可能给设备造成损坏。当日最高气温 35℃时，高温天气往往伴随着高湿，在室外工作时间过长，施工人员会诱发中暑。尽量避免在每天中的最高温度时段作业。因此，维修实施前，要事先确定气温是否在允许的范围内。根据最高气温，对检修作息时间进行调整，避免中暑，确保员工健康。

TSG R7001—2013《压力容器定期检验规则》规定，压力容器一般应当投入后 3 年内进行首次定期检验，安全状况等级为 1、2 级的，一般每 6 年一次；安全状况等级为 3 级的，一般3～6年一次；安全状况等级为4级的，累计监控使用时间不得超过3年。现行TSG D7003—2010《压力管道定期检验规则 长输（油气）管道》规定，管道的年度检查至少每年1次，新管道一般投入使用后3年进行首次全面检查。TSG D0001—2009《压力管道安全技术监察规程 工业管道》规定，GC1、GC2级压力管道检验周期一般不超过6年，GC3级管道的全面检验周期一般不超过9年。

对需要射线探伤等的特殊作业，应避免交叉作业，划定警戒区域，禁止人员进入，尽量安排在夜间或午休期间等人员较少的时间内进行。

确定检修时机时，考虑以下因素：一是同类设备在国内外使用的历史经验；二是法规规范的要求；三是设备的风险等级；四是含缺陷设备完整性评估与寿命预测结果；五是权威机构的指导建议。例如管号为P-059材质为A-106B的管道在高温临氢条件下使用，产生氢腐蚀的可能性较大，按中国的管道检验规程也是判定为监控使用或报废，API推荐的Nelson曲线也不再把A-106B作为抗氢钢用，故该管线立即更换。再如过去十分重视的热壁加氢反应器，认为它有堆焊层下裂纹、堆焊层剥离、回火脆化、氢脆、连多硫酸应力腐蚀等特点。增加检验力度对改变设备失效后果并无效果。世界上的使用经验表明，在25年左右的使用时间内加氢反应器除了堆焊层减薄与开裂外，其他损伤对安全的影响甚微，如堆焊层下裂纹与剥离并不向基材方向扩展，正常的开停车过程中氢脆影响很小，设计选材时已经考虑了避免氢腐蚀的措施，停车时只要合理操作也不会产生连多硫酸应力腐蚀等。因此，国外有的企业加氢反应器的检验周期为12年，但考虑中国相关检验规程要求，即使满足一定的安全条件，容器检验周期不宜超过12年，管道检验周期也不宜超过9年，故加氢反应器检验周期为9年。

2.3 故障分析与处理典型技术

典型的过程装置故障处理技术有：维护用临时设施的设计技术，例如完成装置大修密闭吹扫和密闭排放需要增加的临时设施、大修期间消防蒸汽和消防水保供的临时设施、厂际间施工盲板及公用工程管线施工盲板的对接；新老管线碰头技术；试压技术，例如高压法兰的气密性试验；调试技术；机械清洗技术；衬里更换技术；塔盘改造技术；换热装置的新陈代谢技术；大型容器用钢的升级技术；离线检查技术；在线监测技术；防腐技术；实现控制阀预防性维护的仪表总线技术；信息化技术。例如：大型电动机、风机、往复式压缩机、泵的在线监测技术；在线腐蚀速率检测点或者定点测厚点的设计、在线pH值检测点的设计、基于可靠度的预测维护。现场应急维修技术的新型技术手段例如：无电焊接技术、大型零件现场加工技术、复合材料贴片修补技术、水蒸气等离子焊接技术等。利用电磁加热原理，对钢铁零部件表面的油漆等有机涂层进行去除，效率大幅度提高，并且不会对装备和环境造成损害。虚拟维修改变传统维修性设计和维修训练依赖实物的模式，显著提高维修性设计效率，降低维修训练成本，大幅度提高维修训练效率和效果。

在用过程装备检修的主要内容是：日常保养维护、停车检修。俗语所说的“八分准备、二分实施”表明，日常维护为主，停车检修为辅。其中，停车检修期间是对设备直观了解并对设备进行检测、检查的良机。检修期间，注意观察、检查设备的磨损、腐蚀情况，分析设备损坏的规律，查找原因，研究解决办法等。维护是基础，检修是恢复性能的保障；在维护中发现的问题进行被迫恢复性的维修变成企业技术问题进行解决处理。维护的过程程序化、规范化、表格化和标准化，可为评定维护质量打下基础。

日常保养维护的内容是：观察装置的运行情况，发现运行中的异常现象，为停车检修提供依据。其中，对于装置的检查，目的是发现影响装置性能的因素和可能出现的缺陷或故障，提出处理措施的建议。

停车检修要求的内容是：在上次停车检修结果和运行中检查记录的基础上，在做好停车后的降压、降温、卸料、清洗的前提下，对装置进行定点的壁厚测定、检测装置的污垢堆积情况、表面腐蚀情况、通过探伤检测装置内的缺陷等，消除装置存在的缺陷或故障，在交付使用前对装置进行强度和严密性检查。

停车检修分为日常检修、大检修。日常检修方式有：边生产边检修、边检修边保运。大检修指过程装置已停止生产，对全厂生产装置设备、管道、电气设备、仪表控制系统、分析化验设备、安防通信系统、土建工程等进行较长时间的停产检修。大检修周期一般为12～36个月。与日常检修相比，大检修的检修难度相对较大。大检修的特点是：安排在生产淡季、总工期长、检维修项目多、工作量大、参检人员多、机具需求量大、组织协调要求高、交叉作业多、风险控制难度较大、夏季检修时最高气温甚至超过60℃、有时伴有沙尘暴、需要进口的物资采购及运输周期长等。

2.3.1　日常维护的技术

此项工作又称日常保养，它是故障分析与处理技术及应用的重要组成部分。从经济效果来看，过程装备应尽可能做到长周期连续运转，即便是需要停车检修，也应做到合理和按计划进行。对运行中的过程装备进行维护与检查，目的就在于延长装置的使用寿命、及早发现影响设备性能的因素和可能出现的缺陷或故障，并采取适当措施，尽量避免因事故造成的非计划停车，使装置经常处于完好状态，做到长周期连续安全运行。此外，搞好运行中的维护与检查，还能为停车检修提供依据，使检修工作迅速，缩短停车时间。

在连续运行中对过程装备进行检查，通常又可分为防止性检查和预测性检查两种。防止性检查主要是靠人的五官感觉，随时观察设备运行情况，目的是及早发现运行中的异常现象。预测性检查主要是指有计划地对装置进行定点壁厚测定、检查污垢堆积情况，表面腐蚀情况，以及进行缺陷探伤等工作，其目的是对装置的优劣及发展倾向作出判断，并找出合理的修理周期，必要时尚需进行不停车的应急修补工作。

必须强调指出，运行中的装置检查不仅应由维修人员进行，同时也包括操作人员对装置运行情况的监视在内，这是过程生产中日常必须坚持的一种全面性的技术工作。而且运转部门对此所负责任愈多，维修部门就愈能致力于全厂装置的定期检修、更新、技改等项工作，这对搞好过程企业的生产是非常有利的。

尽管因受条件限制，运行中的装置检查还不能做到严格实施，检查方法也不十分完善，但只要切实做好此项工作，是能早期发现装置的缺陷或迹象的，做到防患于未然。随着过程装备的大型化和各种非破坏检查方法及其器械的不断发展，运行中的装置检查必将受到高度重视，它在过程装备的故障处理及应用中所占的比重也将日益加大。

设备超压会引发事故。引起超压的原因：设备受压异常，超出设计强度，可能的原因包括，操作失误或设备元件故障引起的设备超压；高压系统介质窜入低压系统；系统压力无法安全泄放；满液后的容器因液体受热膨胀而超压；设备内化学反应失控造成超压；液化气体意外受热，饱和蒸气压增大；设备充装过量，造成超压等。设备受压正常，但由于强度下降而导致超压，可能的原因包括，设备设计（结构设计、选材）缺陷；设备制造缺陷；设备安装质量不符合要求；设备使用中产生的缺陷，如腐蚀、裂纹、疲劳等；设备维护不当，完整性管理不足。

过程装备种类繁多，操作条件各不相同，通常应控制的指标分别见表 2-1～表 2-3，所列指标及控制范围是基本要求。冷却水的质量超标对过程设备的影响见表 2-4。在运行状态下，对已经发现的缺陷进行实时监控，定期监测缺陷的扩展，采用合于使用评价方法对缺陷进行评估，并随时提醒管理部门采取果断措施停车检修或更换设备。对使用循环冷却水的某些大型过程装备，应提出更加严格的要求，这就需要采取相应的水质稳定技术——一个完善的水处理方案，不仅应在缓蚀、阻垢、分散、杀菌灭藻和排污处理等方面有周密考虑，而且在方案实施中，还要对冷却水的各项质量指标进行经常性的监视，并根据测定结果做出是否需要改变处理工艺的决定，使冷却水的质量指标始终保持在最佳范围内，从而达到提高传热效率、延长设备寿命的目的。

表 2-1 压力控制指标

指标	允许范围	超范围的风险
最高压力	不超过最高允许工作压力	①外压装置失稳破坏 ②内压装置泄漏、爆炸
升降压速度	不超过最高允许的升降压速度	①装置衬里受损 ②装置内件受损 ③装置连接处密封失效 ④升降压时装置应力大 ⑤加速原有裂纹的扩展

表 2-2 温度控制指标

指标	允许范围	超范围的风险
最高温度	不超过装置用材料的允许最高使用温度	①材料强度降低，甚至发生蠕变破坏 ②加速材料腐蚀、开裂或氧化起皮
最低温度	①不超过装置用材料的允许最高使用温度 ②低于装置内介质的结晶析出温度	①材料发生低温脆性破坏 ②介质结晶析出、堵塞装置
升降温速度	衬里设备，小于 25℃/h 一般设备，小于 40℃/h	①装置衬里损坏 ②产生热应力和热冲击
同一平面的温差	不超过设计规定	引起过大的温差应力

表 2-3 工艺物料质量控制指标

指标	允许范围	超范围的风险
腐蚀介质含量	超过允许值	装置强度不足或者穿孔泄漏
机械杂质含量	①不在装置内造成堆积 ②不使装置过度磨损	①积垢，堵塞装置，增加阻力，降低生产能力 ②装置磨损、强度不够
润滑油含量	①符合要求 ②不在装置内形成油垢	①污染催化剂、降低活性，缩短寿命 ②油中含水或硫化物时加剧腐蚀 ③结垢、高温易形成积炭、爆炸
介质流动性	装置排料顺畅	积料、堵塞装置

表 2-4　冷却水的质量超标对过程设备的影响

检验项目	允许的指标值	超指标，对过程设备的危害
悬浮机械杂质的含量	＜25mg/L	积垢，增加阻力，降低性能
有机物含量	＜25mg/L	积垢，降低性能，加速腐蚀
含油量	＜5mg/L	污染，降低性能
溶解氧	＜2mg/L	加速腐蚀
硬度	根据具体要求	结垢，降低性能
pH 值	6.0～9.5	加速结垢，加速腐蚀

运行中经常性检查的内容见表 2-5。

表 2-5　运行中经常性检查的内容

检查内容	检查方法	检查结果
装置操作记录	观察、对比、分析	了解装置运行状态
压力变化	查看仪表	①压力上升可能污垢堆积造成阻力上升 ②压力突然下降可能是泄漏
温度变化	①触感 ②查看仪表	①注意设备外壁超温和局部过热现象 ②内部耐火层损坏引起壁温升高 ③流体出口温度变化可能是设备传热面结垢 ④对管式炉可以用肉眼观察或者借助于光学温度计测定炉管温度的变化
流量变化	查看仪表	开大阀门，流量仍不能增加时可能是装置堵塞
介质性质变化	①目视 ②介质组成分析	产品变色、混入杂质可能是设备内漏或锈蚀物剥落所导致
外隔热层的变化	目视	①外隔热层应该无裂口、脱落的异常现象 ②外表防水层接口处不得有雨水侵入
防腐层的变化	目视	涂料剥落、损坏时要注意检查壁面的腐蚀情况
各部位连接螺栓情况	①目视 ②用扳手检查	应该无腐蚀、无松动
主体、支架、附件情况	目视	应该无腐蚀、无变形、接地良好
基础情况	①目视 ②水平仪	应该无下沉、无倾斜、无裂纹
外部泄漏情况	①嗅、听、目视 ②发泡剂(肥皂水等) ③试纸或者试剂 ④气体检测器 ⑤超声波泄漏探测器 ⑥红外线温度分布器	除检查装置主体及其焊接接头外，还要特别注意法兰、接管口、密封、信号孔等处的泄漏情况
装置缺陷情况	声发射无损检测技术	对于运行中的装置进行连续检测，了解缺陷的目前状态及其发展趋势，在预测危险后停止运行，确保安全

事故的初始原因称为初始事件 IE (Initiating Event)。某公司统计数据后得到的 IE 发生的频率值见表 2-6。由表 2-6 可知，不同的初始事件 IE，其发生的频率值不同。因此，在实

施故障分析与处理技术时应引起注意。

表 2-6 某公司的 IE（Initiating Event）发生的频率值

分类	IE	频率/a^{-1}
阀门	①单向阀完全失效	1
	②单向阀卡涩	1×10^{-2}
	③单向阀内漏(严重)	1×10^{-5}
	④垫圈或填料泄漏	1×10^{-2}
	⑤安全阀误开或严重泄漏	1×10^{-2}
	⑥调节器失效	1×10^{-1}
	⑦电动或气动阀门误动作	1×10^{-1}
容器和储罐	①压力容器灾难性失效	1×10^{-6}
	②常压储罐失效	1×10^{-3}
	③过程容器沸腾液体扩展蒸气云爆炸(BLEVE)	1×10^{-6}
	④球罐沸腾液体扩展蒸气云爆炸(BLEVE)	1×10^{-4}
	⑤容器小孔(≤50mm)泄漏	1×10^{-3}
公用工程	①冷却水失效	1×10^{-1}
	②断电	1
	③仪表风失效	1×10^{-1}
	④氮气(惰性气体)系统失效	1×10^{-1}
管道和软管	①泄漏(法兰或泵密封泄漏)	1
	②弯曲软管微小泄漏(小口径)	1
	③弯曲软管大量泄漏(小口径)	1×10^{-1}
	④加载或卸载软管失效(大口径)	1×10^{-1}
	⑤中口径(≤150mm)管道大量泄漏	1×10^{-5}
	⑥大口径(>150mm)管道大量泄漏	1×10^{-6}
	⑦管道小泄漏	1×10^{-3}
	⑧管道破裂或大泄漏	1×10^{-5}
施工与维修	①外部交通工具的冲击(假定有看守员)	1×10^{-2}
	②吊车载重掉落(起吊次数/年)	1×10^{-3}
	③操作维修加锁加标记(LOTO)规定没有遵守	1×10^{-3}
操作失误	①无压力下的操作失误(常规操作)	1×10^{-1}
	②有压力下的操作失误(开停车、报警)	1
机械故障	①泵体坏(材质变化)	1×10^{-3}
	②泵密封失效	1×10^{-1}
	③有备用系统的泵和其他转动设备失去流量	1×10^{-1}
	④透平驱动的压缩机停转	1
	⑤冷却风扇或扇叶停转	1×10^{-1}
	⑥电机驱动的泵或压缩机停转	1×10^{-1}
	⑦透平或压缩机超载或外壳开裂	1×10^{-3}

续表

分类	IE	频率/a^{-1}
仪表	BPCS(基本过程控制系统)回路失效	1×10^{-1}
外部事件	①雷电击中	1×10^{-3}
	②外部大火灾	1×10^{-2}
	③外部小火灾	1×10^{-1}
	④易燃蒸气云爆炸	1×10^{-3}

2.3.2 完整性评估技术

一个检验计划可能包括多种检测手段（例如：宏观检查、表面无损、超声、射线、材质检测等）、检验频率、检验比例及部位等。检验计划的有效性根据以下几个方面判断。

① 检验比例是否充足；

② 某种检验手段是否存在固有局限性；

③ 检验时是否选择了不恰当的检验手段和工具；

④ 检验员经验与技术技能；

⑤ 检验程序是否规范；

⑥ 在某些特定条件下（如：开车、停车、工艺突变），腐蚀速率很高，而这种腐蚀只在很短的时间内发生，如果在检验时没有发现，那么在下次的开车、停车或工艺突变时，腐蚀还会发生。

由于不同的设备甚至设备每个部件的损伤模式可能并不一样，如果将每种检测手段平均投入给每台设备或每个部件，必然会产生过度检验或检验不足；而基于风险的检验则根据设备的风险等级与损伤模式，将主要的检修费用用于高风险或不可接受风险设备，减少对低风险设备的检修投入。在传统的检验模式下，同一套装置的检验周期可能被要求 3～6 年不等，造成装置每年可能需要停工检验，大大降低了企业的生产效率与收益，已无法满足企业的生产需要。传统检验对外壁的保温、油漆会造成破坏，且往往进行内、外壁同时检验，这样既增加了用于开盖的辅助工程费用，又需要支付高昂的保温、油漆、打磨等费用；而基于风险的检验则灵活运用内、外壁结合的检验方法，既能减少设备开盖率，也大大减少了拆除或恢复保温、油漆等辅助工程费用。设备的风险等级及对策见表 2-7。

表 2-7　设备的风险等级及对策

等级	风险区	采取的对策
Ⅰ	低风险区	酌情减少检查保养(延长检验周期)
Ⅱ	中风险区	应进行定期保养及检验
Ⅲ	次高风险区	进行在线监测和无损检测(缩短检验周期)
Ⅳ	高风险区	重点加强管理，进行整改，彻底消除事故隐患

设备对工艺（反应中断、飞温、异常等）、设备（超温、超压、溢出、抽空、腐蚀等）及仪表（跑高、跑低、坏值、无指示等）和操作（误开、误关等）等分类风险进行系统分析。无论是工艺变化、操作不稳定、人为操作失误，或是仪表联锁故障等事件，最终反映出来的是装置发生超温超压、腐蚀泄漏等威胁装置生产的不安全状态。但是很明显，大部分失效的发生都离不开工艺流体的直接或间接作用。作为主干，工艺流体将静设备、动设备与仪

表联锁的关系紧密地串在一起，因此，必须通过研究工艺流体在设备之间的损伤传递、放大与演化机制，才能找到系统完整性评估技术的桥梁。

通过“系统完整性”技术深入分析事故原因，找到系统中真正可能存在的问题，并提出切实可行的解决方法，如改进操作、改善工艺、加强防腐、材料升级、优化仪表联锁、完善监控措施等，是全方位的问题解决技术。

很多恶性事故虽然发生在使用阶段，很多却是由设计制造阶段没有风险意识引起的。过程工业中，目前过程装置风险分析的方法有：安全检查表、预先危险性分析、事故树分析、what…if、HAZOP 分析等。

所谓因果关系，就是原因与结果之间客观存在的逻辑关系。这里的“果”，是指故障名称（类型和部位）；“因”是指故障发生的原因；“逻辑关系”是指因果之间有规律性的东西。为了使常见故障的因果关系清晰直观，把原因与结果之间的逻辑关系以树状结构的形式表现出来，就形成了因果图又叫鱼刺图或树枝图。故障因果图，其基本结构由两部分组成：一是结果；二是寻因范围和对象。虽然结构并不复杂，但每一个故障及导致失效的全部原因都反映出来了。这样，每出现一次故障，利用因果图就一定能找到原因。这个由唯一结果和全都致因所构成的图，使得故障寻因工作有理有序，成为一种很有用的工具。故障因果图，不单是一个被动的寻因工具，而且还是一个全面理解性能的导向图。因为，因果图的建立是一个科学的逻辑推理过程。就像绘制工程图一样，涵盖服役前后的全部情况，把故障的原因与结果有机地联系起来。这对于没有参加设计和生产的技术保障人员来说，不仅能提供管理、使用和维修的方法，而且对故障的预防、维修计划的制定和系统的修改，都能提供可靠的依据。因果图法特别适合于这种事后故障分析。过程装备内发生的问题也可以用“因果关系路线图”表示。图 2-1、图 2-2 以因果关系路线图的形式描述了催化裂化反-再系统旋风分离器发生的催化剂跑损、结焦结垢的原因。而催化裂化装置非计划停工主要原因是由装置结焦引起的。

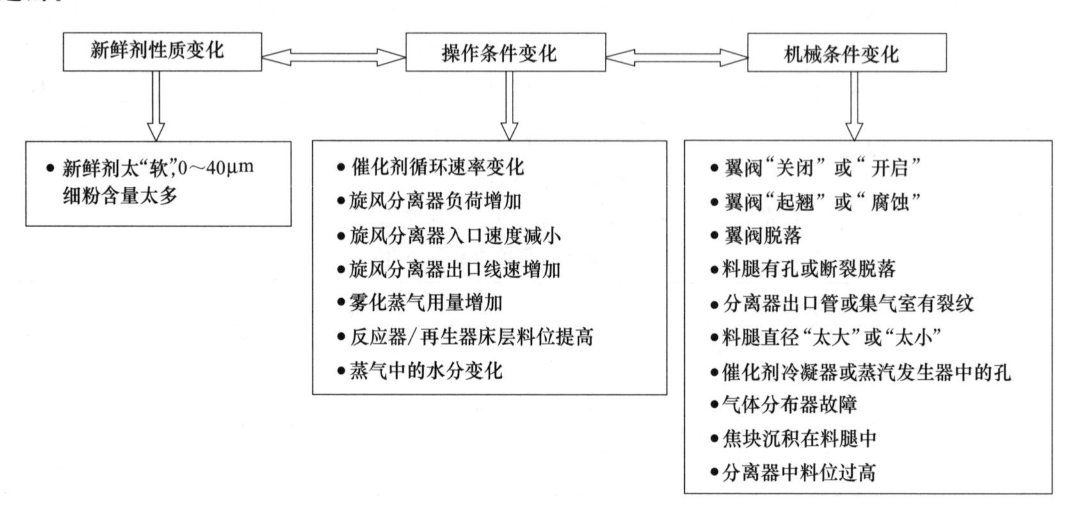

图 2-1　催化裂化反-再系统旋风分离器发生的催化剂跑损的原因

失效模式与影响分析方法（FMEA）是分析零部件所发生故障与系统故障之间因果关系的一种方法。FMEA 即故障模式及影响分析，是工程应用中最常用的可靠性分析方法之一。它以产品的元件、零件或系统为分析对象，通过人员的逻辑思维分析，预测结构元件或零件生产装配中可能发生的问题及潜在的故障，研究问题及故障的原因，以及对产品质量影响的严重程度，提出可能采取的预防改进措施，以提高产品质量和可靠性。FMEA技术是从工程实践中总结出来的科学，是一项十分有效且易于掌握的分析技术。FMEA是一项自下向上的故障分析技术，例如针对某个工业系统开展FMEA分析。目标系统由各种各样的零部件和元器件组成，每个零部件和元器件都有一个或多个故障模式，FMEA认为，构成系统的所有零部件和元器件都不发生故障则整个工业系统是可靠的，保证零部件和元器件所含有的故障模式都不发生就能保证零部件和元器件不发生故障，从而保证系统的可靠性。该方法不是在发生事故才进行分析，而是在事前进行分析；对于原有的设备，应在设备大检修前完成FMEA，这样FMEA才能发挥其应有的作用。FMEA是一种单因素分析方法，即假定某一种失效模式的产生的因素只有一个，不能用来分析共因失效。在工业对象系统的模块层及以上分层中，某一种失效模式的产生很可能由一种以上的因素以某种关系共同作用所致。所以FMEA对此，无能为力。

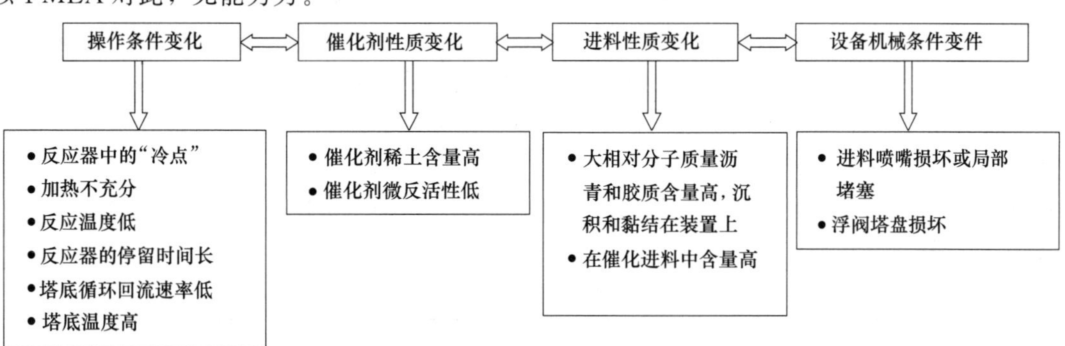

图2-2　催化裂化反-再系统旋风分离器发生的结焦结垢的原因

表2-8　FMEA定性分析表

工艺单元	关键部件	主要故障模式	故障后果影响
启动系统	①控制回路电子元器件 ②仪表联锁 ③电器联锁	①不能按指令启动 ②不能按照指令停车 ③误停车	①经济损失影响 ②维修成本影响 ③安全影响
驱动机	①静子绕组线圈 ②励磁炭刷 ③滑环 ④轴承	①线圈老化绝缘差 ②炭刷磨损打火 ③滑环磨损打火 ④轴承振动、异响或温度高	①经济损失影响 ②维修成本影响 ③安全影响
传动系统	①联轴器 ②盘车器	①振动异响 ②不能盘车	①经济损失影响 ②维修成本影响
压缩机单元	①气阀 ②主轴承 ③连杆大瓦 ④活塞环 ⑤气缸套 ⑥填料组件 ⑦活塞杆 ⑧连杆 ⑨十字头 ⑩活塞体	①振动或异响或噪声 ②流量或排压异常 ③轴承温度高 ④排气温度异常 ⑤介质泄漏(内漏、外漏)	①经济损失影响 ②维修成本影响 ③安全影响
控制监控系统	①振动保护开关 ②状态监测系统 ③仪器、电器控制回路	①仪表读数异常 ②参数偏离 ③误动作	①经济损失影响 ②维修成本影响 ③安全影响

续表

工艺单元	关键部件	主要故障模式	故障后果影响
冷却系统	①级间冷却器 ②油冷却器 ③气缸水夹套	①(气)内漏 ②(气)外漏 ③换热效果不好	①经济损失影响 ②维修成本影响
润滑系统	①润滑油缸 ②油泵油封 ③安全阀 ④调压阀 ⑤精过滤器	①润滑油压异常 ②润滑油温异常 ③油封泄漏 ④润滑油变质 ⑤油泵异常或噪声或振动	①经济损失影响 ②维修成本影响 ③环境影响

对于往复式压缩机进行FMEA分析的结果见表2-8。FTA方法把系统可能发生的某种事故与导致事故发生的各种原因之间的逻辑关系用一种称为故障树的树形图表示。基于故障树的可靠性分析时，往复式压缩机主要的失效事件包括气阀故障、气缸故障、密封故障、活塞故障、十字头故障和轴瓦/轴承故障等。各事件的代号解释见表2-9。根据故障单元的分类，可建立故障树，如图2-3所示。根据某大型石化企业1990～2013年往复式压缩机3322条维修记录所提供的维修管理数据资料，结合故障树上的每个最小割集在该系统中的重要性、故障后果（包括安全后果、环境后果、经济后果等）的严重性，可得出往复式压缩机风险评估表（表2-10）。

表2-9 基于故障树的可靠性分析时的基本失效事件表

序号	基本事件	序号	基本事件
X_1	弹簧断裂	X_{16}	支撑环、导向环磨损
X_2	弹簧卡住	X_{17}	活塞杆磨损或划伤
X_3	气阀阀片腐蚀	X_{18}	大小头瓦磨损
X_4	气阀阀片结焦	X_{19}	大小头瓦烧蚀
X_5	气阀阀片卡住或破损	X_{20}	轴承磨损
X_6	缸套或气缸拉毛	X_{21}	轴承烧蚀
X_7	撞缸	E_1	气阀故障
X_8	液击	E_2	气缸故障
X_9	机械密封、油封故障	E_3	密封故障
X_{10}	O形圈、缸盖垫片、气阀垫片等老化	E_4	十字头故障
X_{11}	十字头磨损	E_5	活塞故障
X_{12}	十字头销磨损	E_6	轴承、轴瓦故障
X_{13}	十字头与活塞杆为螺纹连接松动	E_7	弹簧故障
X_{14}	活塞环泄漏	E_8	阀片故障
X_{15}	托瓦磨损	T	往复式压缩机失效

危险与可操作性分析（Hazard and Operability Analysis，HAZOP）是英国帝国化学工业公司（ICI）为解决除草剂制造过程中的危害于20世纪60年代发展起来的一套以引导词为主的危害分析方法，用来检查设计及运行阶段阻碍项目安全运行的各种因素。全球范围内的化工、石化、炼油、海上油气开采、制药等流程工业过程生产企业普遍接受HAZOP分析。通过对在用装置进行HAZOP分析，可以详细找出生产装置固有的危险因素，从而提

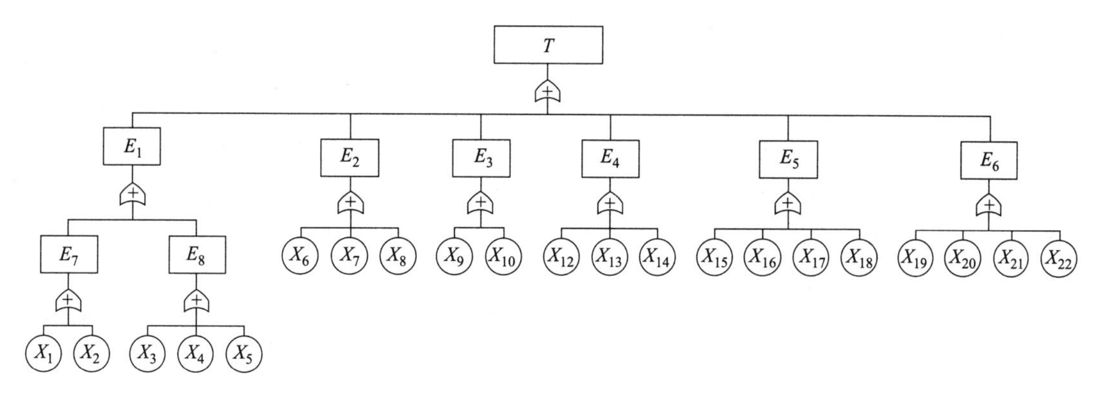

图 2-3　往复式压缩机组的故障树

出安全应对措施来提高生产装置本身的安全水平和可操作性，让生产运行过程更加安全。它不需要使用特别的软件，可以采用微软 Excel 或 Word 等日常办公软件来记录分析的结论。中国石油天然气集团公司也在 2010 年颁布的《中国石油天然气集团公司危险与可操作性分析工作管理规定》中要求对现役装置进行 HAZOP 分析，并且要求 5 年执行 1 次，还于 2011 年颁发了中石油企业标准《危险与可操作性分析技术指南》；中国石油化工集团公司 2013 年发布的《中国石化危险与可操作性分析实施管理规定（试行）》通知也要求高含硫天然气净化工艺装置和储运系统的关键单元，至少每 6 年开展 1 次 HAZOP 分析。HAZOP

表 2-10　往复式压缩机风险评估表

零部件	故障模式	故障次数/次	故障百分比/%	故障模式风险等级	故障危害度
活塞	导向套磨损 活塞环泄漏	675	20.32	中 中	中
气缸	液击 撞缸 缸套或气缸拉毛	66	1.99	高 高 中	高
填料	磨损/泄漏	462	13.91	中	中
活塞杆	活塞杆磨损	128	3.84	中	中
气阀	阀弹簧断裂或失弹 气阀泄漏/损坏	971	29.23	低 低	低
刮油环	磨损	177	5.33	低	低
密封	泄漏	80	2.41	中	中
过滤器	堵塞	48	1.44	中	中
托瓦	磨损	262	7.89	低	低
十字头	异常振动 松动 磨损 烧蚀	62	1.86	高 高 低 高	高
轴瓦	磨损 烧蚀	126	3.80	低 高	高
主轴承	磨损 烧蚀	11	0.33	低 高	高
其他		254	7.65	低	低
合计		3.322	100		

分析工作前，必须收集相关的物料危害数据资料、工艺管道及仪表流程图（P&ID图）、工艺流程图（PFD图）、工艺流程说明、工艺操作规程、装置界区条件表、装置的平面布置图、爆炸危险区域划分图、设备设计资料、自控及电气设计资料、安全报警参数、材料规格书、选材表、设备规格表和设备单线图等，一般以PID图为主要依据，对装置进行节点划分。顺序控制工艺过程主要用于间歇生产过程及连续生产工艺过程的某个操作过程。按顺序切换的条件可分为时间顺序、逻辑顺序和条件顺序3类。时间顺序控制工艺过程以时间作为顺序的切换条件，如交通信号灯的控制。流体输送系统中，开车时先开后级设备再开前级设备，停车时先停前级设备再停后级设备。在顺序控制工艺过程HAZOP分析时，所需收集的资料里所有的步骤都必须是确定的，每种过程状态需给出明确说明（如××阀门打开、搅拌器动作等）。各个步骤间的所有联锁操作均确定，且联锁细节也需给出（如：某动作/操作在规定时间内未完成时报警，或中止工艺过程）。各个操作步骤/阶段之间的转换或衔接是确定的（包括每个步骤的开始时间，达到的设定值等）。

危险与可操作性分析技术（Hazard and Operability Study，HAZOP）对特定的研讨节点（Studynodes）进行分析时，分析人员使用一组已经建立的引导词（Guidewords），以一次一个的方式检验每个流程区段或步骤，找出具有潜在危害的偏离（Deviation），并辨识其可能原因、后果以及安全防护措施等，同时提出改进措施，是一种较完善的定性分析技术，可以用于装置的试车后/运行前、运行中、工艺变更后等阶段。在划分节点时应注意：避免遗漏；节点的划分原则在整个分析过程中宜保持一致；不同的节点宜用不同颜色在P&ID图上进行标注。分析偏差产生的原因时应注意：人员培训不完善，设备不完善测试和维护不当等原因不宜深入探究；大地震、陨石坠落等原因发生概率极低因此不考虑。例如美国埃克森公司确定的HAZOP研究范围是：①改造变动次数多的装置；②有大量易损设备的高压装置；③处理危险物料，特别是轻组分、有毒介质的装置；④有潜在的失控可能的放热反应装置。过程装置的开车、正常操作和维护、报废等阶段都需要进行危险性分析。连续工艺一般可将主要设备作为单独节点，也可以根据工艺介质性质的情况划分节点，工艺介质主要性质保持一致的可作为一个节点。

项目开车前，如果以前在项目中未做过HAZOP研究，那么，在开车前就应完成HAZOP研究工作。由于此时项目的现场建设已近完成，要实施设计整改往往很困难或费用很高。若在设计阶段完成HAZOP分析之后，由于种种原因，项目组对原设计又做了修改并在建设中实施，则在装置开车前，必须对以前HAZOP研究中所做的待决事项、HAZOP推荐整改措施条款进行评审，确保有关问题的全部解决。在操作阶段要通过操作人员的正确操作，通过设备保养维护确保工厂各种设备的稳定运行。在确保工厂安全方面，由操作人员预防误操作，在工艺系统出现异常时由操作人员迅速进行正确的处理，这是非常重要的。因此通过预警报告、危险预知训练、事故案例分析、教育训练等活动来进行安全管理系统的运作，通过高层管理人员的安全监察提高从业人员的安全意识。在装置正常运行阶段，风险管理应侧重于装置日常生产过程中存在的和潜在的危险因素，关注装置在生产运行中存在的隐患。风险管理关键在于提出消除、预防或减轻项目运行过程中危险性的安全对策措施。进行风险研究时，会用到一些基本风险分析方法，如安全检查表，HAZOP定量风险分析（QRA）、作业危险分析（JHA）、变更管理（MOC）、火灾爆炸危险指数法等。要保持工艺装置的生产竞争能力，则装置的工艺技术须保持动态稳定。换言之，必须经常对装置作适当工艺改进。这些整改工作包括在流程上增加一些容器和机泵；为减少排污量而改变原放空方案；为提高产率、节能降耗而局部修改工艺流程。尽管在装置的改造工作中应用 HAZOP 技术的好处很多，并越来越受到工厂管理部门的重视。装置改造工作，无论规模大小，都应做 HAZOP 分析。很多事故往往起因于一些“小改造”所带来的不可预见的后果。要搞好装置改造工作，工厂应设立一个机构对所有拟改的工作内容（硬件或操作程序）进行适当地审查，并对各项整改工程要做何种等级的工程设计评审工作做出决定。若装置的整改工作非常复杂，必须对其作 HAZOP 研究工作，则工厂应设立一个组织机构对各整改工作进行控制。在工厂管理部门确认各整改工作内容已完成 HAZOP 研究，所有问题的解决措施均已实施后，才能批准现场的实际整改工作进行。当安排工厂或装置进行全面检修时，在装置停车前，对装置的停车过程和检修工作做全面地危害分析是很重要的。采用 HAZOP 技术有助于发现那些在正常操作中不存在的种种潜在危害。装置大检修前进行 HAZOP 研究的主要目的有两个：其一是确定新的和未预见的危害，如不流动管道的冻结；空容器中的可燃气体环境等。其二是维修工作的准备，尤其在相邻装置或设备仍在运行状态时。

报废阶段的风险管理是非常必要的，因为危险并不一定仅在正常操作阶段才出现。如果以前风险管理记录存在，那么该阶段的风险分析可以在原来记录的基础上进行。这些记录应该在整个的系统生命周期中被保留，这样就可以快速完成对停止使用问题进行处理。在这个阶段进行风险研究时，安全检查表、HAZOP、作业危险分析（JHA）等一些基本风险分析方法都会用到。

通常，过程装置设计文件中的设计目的叙述多局限于正常运行条件下系统的基本功能和参数，而很少涉及可能发生的非正常运行条件和不利的活动（如：强烈的振动、管道的水击、可能引发失效的电涌）。但是，在 HAZOP 分析期间，对这些非正常条件和不利活动应予以识别和考虑。此外，设计目的描述中也未明确说明功能失效机理，如老化、腐蚀和侵蚀，以及造成材料特性失效的其他机理。但是，在 HAZOP 分析期间必须使用合适的引导词对这些因素进行识别和考虑。过程装置预期使用年限、可靠性、可维护性、维修保障以及进行维护期间可能遇到的危险，只要它们在 HAZOP 分析的范围之内，也应予以识别和考虑。当 HAZOP 分析明确表明设备某特定部分的性能至关重要，需要深入研究时，采用 FMEA（失效模式和效应分析，参见 GB/T 7826—2012）对该特定部分进行研究，有助于对 HAZOP 分析进行补充。HAZOP 本质上是以系统为中心的分析方法，而 FMEA 是以元件为中心的分析方法。FMEA 由一个元件可能发生的故障开始，进而分析整个系统的故障后果，因此，FMEA 是从原因到后果的单向分析。HAZOP 分析的理念则不同，它是识别偏离设计目的可能偏差，然后从两个方向进行分析，一个方向查找偏差的可能原因，一个方向推断其后果。HAZOP 技术研究的重点是鉴定潜在的危险，而不是找出减少危险的方法，是一种问题鉴定技术，不是问题解决技术，其研究与应用思路如图 2-4 所示。将 HAZOP 分析方法应用于装置的工艺危害分析，有助于根据现行有效的先进技术，提出控制或降低风险的措施，达到防止事故发生或降低事故影响范围和程度的目的。HAZOP 通过分析生产运行过程中工艺状态参数的变动，操作控制中可能出现的偏差，以及这些变动与偏差对系统的影响及可能导致的后果，找出出现变动与偏差的原因，明确装置或系统内及生产过程中存在的主要危险、危害因素，并针对变动与偏差的后果提出应采取的措施。

对于复杂流程工业，安全事故的发生、发展和爆发过程类似多米诺骨牌效应。事故是由一次非正常的事件触发，比如某个阀门误操作导致某工艺变量发生偏差。偏差是 HAZOP 分析时最重要的概念，它由引导词与工艺参数结合而成。偏差的引导词及其含义见表 2-11。

与时间和先后顺序（或序列）相关的引导词及其含义见表 2-12。除上述引导词外，还可能有对辨识偏差更有利的其他引导词，这类引导词如果在分析开始前已经进行了定义，就可以使用。在 HAZOP 分析中，系统一个部分的构成因素称为要素（Element），用于识别该部分的基本特性，包括所涉及的物料、正在开展的活动、所使用的设备等。要素的定性或定量性质，称为特性（Characteristic）。对于过程装置，特性即工艺参数。工艺参数分为概念性参数和具体参数，主要有流量、时间、次数、混合、压力、组分、黏度、副产（副反应）、温度、pH 值、电压、分离、液位、速率、数据、反应等，见表 2-13。对于反应装置来说，温度常常是安全生产的最重要因素。不同类型的偏差及其相关引导词的示例见表 2-14。

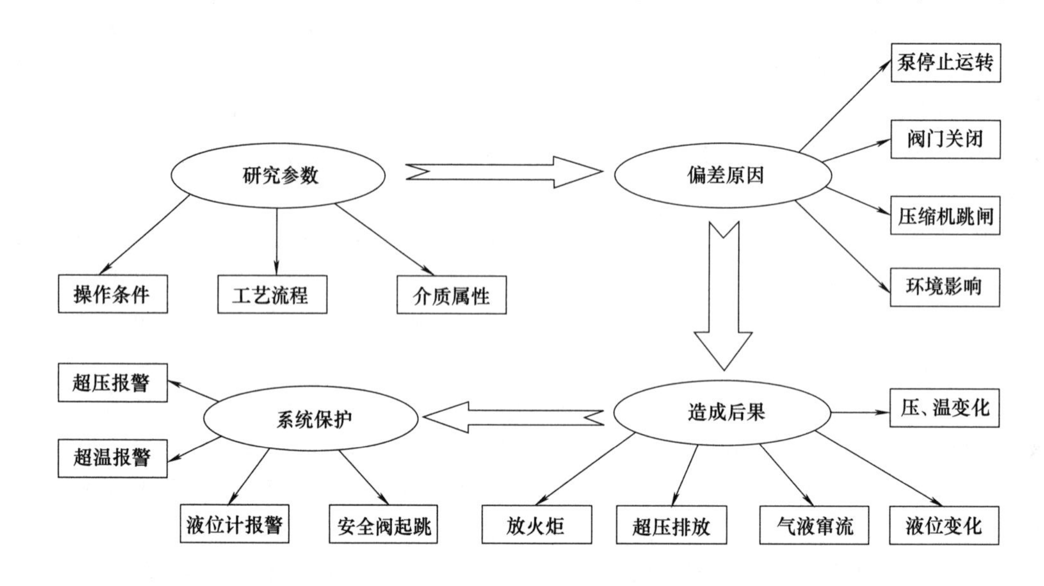

图 2-4　HAZOP 的技术路线实例

表 2-11　偏差的引导词及其含义

引导词	含义
无，空白（NO 或者 NOT）	设计目的完全否定
多，过量（MORE）	量的增加
少，减量（LESS）	量的减少
伴随（AS WELL AS）	性质的变化/增加
部分（PART OF）	性质的变化/减少
相反（REVERSE）	设计目的逻辑取反
异常（OTHER THAN）	完全替代

表 2-12　与时间和先后顺序（或序列）相关的引导词及其含义

引导词	含义
早（EARLY）	相对于给定时间早
晚（LATE）	相对于给定时间晚
先（BEFORE）	相对于顺序或序列提前
后（AFTER）	相对于顺序或序列延后

表 2-13　偏差的工艺参数的含义

工艺参数	引导词						
	过量	减量	空白	相逆	部分	伴随	异常
流量	√	√	√	√			
液位	√	√	√				
压力	√	√	√				
温度	√	√					√
黏度	√	√					
界位	√	√	√				
反应	√	√			√	√	
公用工程							√
安全释放系统							√
非正常操作							√
腐蚀或磨蚀							√
公用系统故障							√
维修规程							√
静电							√
行动							√
资料							√
顺序							√
备用设备							√
取样规程							√
时间							√
安全系统							√
地理环境							√

注："√"表示有实际意义的偏差。

表 2-14　偏差及其相关引导词的示例

偏离类型	引导词	过程工业实例
否定	无，空白(NO)	没有达到任何目的，如：无流量
量的改变	多，过量(MORE)	量的增多，如温度高
	少，减量(LESS)	量的减少，如温度低
性质的改变	伴随(AS WELL AS)	出现杂质 同时执行了其他的操作或步骤
性质的改变	部分(PART OF)	只达到一部分目的，如：只输送了部分流体
替换	相反(REVERSE)	管道中的物料反向流动以及化学逆反应
	异常(OTHER THAN)	最初目的没有实现，出现了完全不同的结果。如：输送了错误物料
时间	早(EARLY)	某事件的发生较给定时间早，如：冷却或过滤
	晚(LATE)	某事件的发生较给定时间晚，如：冷却或过滤

续表

偏离类型	引导词	过程工业实例
顺序或序列	先(BEFORE)	某事件在序列中过早的发生，如：混合或加热
	后(LATE)	某事件在序列中过晚的发生，如：混合或加热

示例一

假设一个简单的工厂生产过程，如图 2-5 所示。物料 A 和物料 B 通过泵连续地从各自的供料罐输送至反应器，在反应器中合成并生成产品 C。假定为了避免爆炸危险，在反应器中 A 总是多于 B。完整的设计描述将包括很多其他细节，如：压力影响、反应和反应物的温度、搅拌、反应时间、泵 A 和泵 B 的匹配性等，但为简化示例，这些因素将被忽略。工厂中待分析的部分用粗线条表示。

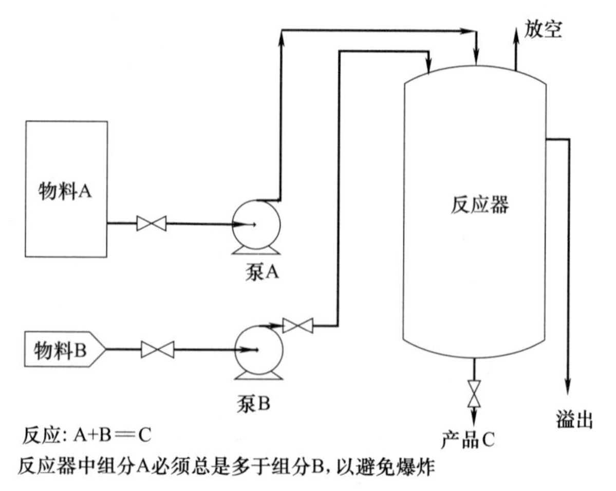

图 2-5　简化流程

分析部分是从盛有物料 A 的供料罐到反应器之间的管道，包括泵 A。这部分的设计目的是连续地把物料 A 从罐中输送到反应器，A 物料的输送速率（流量）应大于 B 物料的输送速率。设计目的可通过表 2-15 给出。

表 2-15　设计目的

物料	活动	来源	目的地
A	输送(转移) (A 速率＞B 速率)	盛有物料 A 的供料罐	反应器

将各个引导词（加上分析准备期间确定的其他引导词）依次用于这些要素，结果记录在 HAZOP 工作表中。“物料”和“活动”要素可能的 HAZOP 输出例子见表 2-16，其中，使用了“问题记录”样式，仅记录了有意义的偏差。在分析完与系统这部分相关的每个要素的每个引导词后，可以再选取另一部分（如：物料 B 的输送管路），重复该过程。最终，该系统的所有部分都会通过这种方式分析完毕，并对结果进行记录。

表 2-16　过程的 HAZOP 工作表

<table>
<tr><td colspan="2">分析题目：过程</td><td>表页：</td></tr>
<tr><td>图纸编号：</td><td>修订号：</td><td>日期：1998 年 12 月 17 日</td></tr>
<tr><td colspan="2">小组成员：劳伦斯、狄克、艾
略特、尼克、马科斯、贾斯汀</td><td>会议日期：1998 年
12 月 15 日</td></tr>
<tr><td colspan="3">分析部分：从供料罐 A 到反应器的输送管道</td></tr>
<tr><td>设计目的：</td><td colspan="2">物料：A　　功能：以大于物料 B 的输送速率连续输送
来源：装有原料 A 的供料罐　　目的地：反应器</td></tr>
</table>

续表

序号	引导词	要素	偏差	可能原因	后果	安全措施	注释	建议安全措施	执行人
1	无 NO	物料A	无物料A	A供料罐是空的	没有A流入反应器；爆炸	无显示	情况不能被接受	考虑在A供料罐安装一个低液位报警器外加液位低/低联锁停止泵B	马科斯
2	无 NO	输送物料A(以大于输送B的速率)	没有输送物料A	泵A停止；管路堵塞	爆炸	无显示	情况不能被接受	物料A流量的测量，外加一个低流量报警器以及当A低流量时联锁停止泵B	贾斯汀
3	多 MORE	物料A	物料A过量使罐溢出	当没有足够的容量时，向罐中加料	物料从罐中溢出到边界区域	无显示	备注：可以通过对罐的检测加以识别	如果没有预先被识别出来，考虑高液位报警	艾略特
4	多 MORE	输送A	输送过多；物料A流速增大	叶轮尺寸选错；泵选型不对	产量可能减少；产品中将含过量的A	无		在试车时检测泵的流量和特性；修改试车程序	贾斯汀
5	少 LESS	物料A	更少的A	A供料罐液位低	不适当的吸入压头；可能引起涡流并导致爆炸；流量不足	无	同1，不可接受	同1，在A供料罐安装一个低液位报警器	马科斯
6	少 LESS	输送物料A(以大于输送B的速率)	A的流速降低	管线部分堵塞；泄漏；泵工作不正常	爆炸	无显示	不可接受	同2	贾斯汀
7	伴随 AS WELL AS	物料A	在供料罐中除了物料A还有其他流体物料	供料罐被污染	未知	所有罐车装的物料在卸入罐前应接受检查和分析	认为是可接受的	检查操作程序	劳伦斯
8	伴随 AS WELL AS	输送A	输送A的过程中，可能发生侵蚀、腐蚀、结晶或分解	根据更具体的细节，对每种潜在的可能都应该加以考虑					尼克
9	伴随 AS WELL AS	目的地反应器	外部泄漏	管线、阀门或密封泄漏	环境污染；可能爆炸	采用可接受的管道规范或标准	接受合格品	将能联锁跳车的流量传感器尽可能靠近反应器安装	狄克
10	相反 REVERSE	输送A	反向流动；原料从反应器流向供料罐	反应器压力高于泵出口压力	装有反应物料的供料罐被返回的物料污染	无显示	情况不令人满意	考虑管线上安装一个止逆阀	贾斯汀
11	异常 OTHER THAN	物料A	原料A异常；供料罐内物料不是A物料	供料罐内原料错误	未知，将取决于原料	在供给物料前对物料进行检验分析	情况可以接受		
12	异常 OTHER THAN	目的地反应器	外部泄漏；反应器无物料进入	管线破裂	环境污染；可能爆炸	管道完整性	检查管道设计	建议规定流量联锁跳车应有足够快的响应时间以阻止发生爆炸	贾斯汀

示例二

图 2-6 的油蒸发器由包含加热盘管和燃烧器的加热炉构成，加热炉的燃料为天然气。油以液态进入加热盘管，蒸发气化，离开加热盘管时成为过热蒸气。天然气和外部的空气一起进入燃烧器，燃烧产生高温火焰。燃烧产生的烟气通过烟筒排出。油流量的控制装置包括：流量控制阀 FCV、油流量检测元件 FE、流量控制器 FC 和油流量减少到一定值时的低流量报警器 FAL。天然气流经一个自力式减压阀 PRV，到达主燃烧器控制阀 TCV、导向阀（副操作阀）PV。主燃烧器控制阀是由温控器 TC 来控制，TC 接收温度检测元件 TE 的信号，TE 测量的是油蒸气排出的温度。高/高限压力开关 PSHH 在天然气管线上是联锁的，如果气化气体压力过高，将通过 I-4 关闭主燃烧器控制阀 TCV。如果油被加热超过最高允许温度，气化油出口的高温开关 TSH 将联锁关闭主燃烧器控制阀 TCV。此外，还有一个火焰探测装置（图中没有画出），它在火焰熄灭时将关闭两个天然气阀门。油蒸发器 HAZOP 工作表见表 2-17。

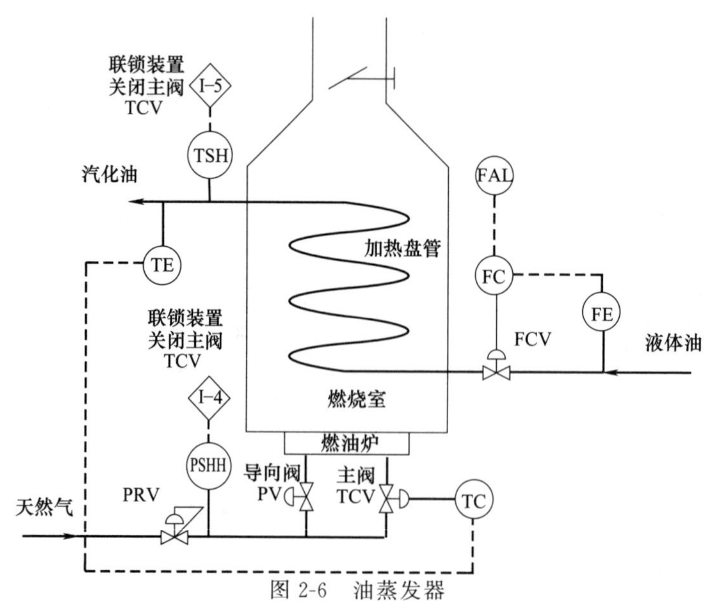

图 2-6 油蒸发器

表 2-17 油蒸发器 HAZOP 工作表

<table>
<tr><td colspan="10">分析题目：油蒸发器</td></tr>
<tr><td colspan="7">图纸编号：</td><td colspan="2">修订号：</td><td>日期：</td></tr>
<tr><td colspan="9">小组成员：马克斯、尼克、狄克、爱德华、劳伦斯</td><td>会议日期：</td></tr>
<tr><td colspan="10">分析部分：从油入口（在流量测量前）到气化盘管，再到油气出口（在温度控制后）</td></tr>
<tr><td colspan="2">设计目的</td><td colspan="8">输入：油由进料线流入，由加热炉加热
功能：气化，使其过热并将油蒸气输送到处理装置</td></tr>
<tr><td>序号</td><td>引导词</td><td>要素</td><td>偏差</td><td>可能原因</td><td>后果</td><td>安全措施</td><td>注释</td><td>建议安全措施</td><td>执行人</td></tr>
<tr><td>1</td><td>无
NO</td><td>油流量</td><td>无油流量</td><td>供料系统故障
流量控制阀 FCV 关闭</td><td>加热盘管过热并被损坏</td><td>低流量报警 FAL
高温联锁跳车 TSH</td><td>安全措施取决于操作人员的快速反应</td><td>考虑低流量元件 FE 联锁关闭主燃烧器控制阀 TCV</td><td>劳伦斯</td></tr>
</table>

续表

序号	引导词	要素	偏差	可能原因	后果	安全措施	注释	建议安全措施	执行人
1	无 NO	油流量	无油流量	盘管堵塞 蒸发器出口被堵塞	油在蒸发器中沸腾 可能过热并导致加热盘管结焦	低流量报警FAL 高温联锁跳车TSH		检查这些安全措施是否足够并考虑如何方便地清洗盘管	尼克
2	无 NO	加热	未加热	加热炉内火焰熄灭	未气化的液态油进入后续加工系统	无		研究液态油对后续加工系统的影响 考虑加热炉火焰熄灭联锁关闭FCV 考虑油输出温度低报警	狄克
3	大 MORE	油流量	油流量过大	油压力过大 流量控制器FC故障 FC的设定值错误	使蒸发器负荷过大，导致对油不能充分加热（见第6点）	无		检查FCV控制高压油流量的性能 考虑油输出温度低报警	马克斯
4	多 MORE	加热	加热过多	炉温过高	加热盘管过热：可能导致油结焦并堵塞	高温联锁开关TSH关闭主燃烧器控制阀TCV		审查燃料气流量控制的安全措施	爱德华
					温度过高的油蒸气输送到后续系统	高温联锁开关TSH关闭主燃烧器控制阀TCV		检查油蒸气温度过高对后续加工系统的影响	狄克
5	小 LESS	油流量	油流量过小	油压力过小	与第4点相同	与第1点相同	安全措施足够	不必采取行动	
6	少 LESS	加热	加热不足	炉输出温度低	可能导致不能气化，油在低温下进入后续系统	无	考虑是否构成安全问题	检查油未气化或低温油对后续系统的影响	狄克
								考虑油输出温度低报警	爱德华
7	伴随 AS WELL AS	油	油性质改变	油混入杂质，例如：带水固体、不挥发物、腐蚀物或不稳定的混合物	水快速沸腾可能会把液态油带入后续加工系统	无		检查油中可能存在的水分	狄克
					可能导致盘管部分堵塞或全部堵塞（见第1点），积炭或腐蚀和泄漏（见第11点）	无		检查可能存在的杂质	狄克
8	相反 REVERSE	油流量	反向流动	进油装置损坏可能导致油蒸气从后续加工系统倒流入盘管和进油系统	可能导致进油系统过热并损坏进油系统	无		检查单元之间内部联系并考虑安装止逆装置	狄克

续表

序号	引导词	要素	偏差	可能原因	后果	安全措施	注释	建议安全措施	执行人
9	异常OTHER THAN	油	其他物质	错误地将其他物质输入蒸发器	取决于何种物质	前一工序的输入控制		检查控制措施是否合适	爱德华
10	异常OTHER THAN	蒸发	在炉子中可能发生爆炸	点燃天然气与空气的混合气体	损坏蒸发器 导致供油系统起火	炉子上的联锁装置等	安全措施可能不够	考虑在供油系统安装火焰切断阀门 审查加热炉上防止爆炸的安全措施	尼克
11	异常OTHER THAN	油流量	油气不是流向后续加工装置入口	泄漏 盘管故障	导致供油系统起火，油蒸气会从后续加工系统倒流 散发浓烟 可能损坏燃烧室	无		考虑在供油系统安装火焰切断阀门 向炉内提供紧急情况的灭火气体 考虑在烟道中安装高温报警或联锁跳车装置以切断燃料气供应 确保对盘管进行常规检查	尼克

HAZOP分析结果除得到HAZOP报表外，还将参与分析的结论以一个图形化的因果关系模型的方式保留下来，以后再次对该装置进行分析时，只需对模型图进行局部修改，然后自动推理，就可以得到新的分析结果。这样既可以节约时间和成本，也可以让装置运行更加合理。表2-18是催化重整装置重整反应系统温度HAZOP分析结果。

表2-18 催化重整装置重整反应系统温度HAZOP分析结果

参数/引导词	详细偏差	后果	原因	保护措施	风险分析			建议措施
					严重性(S)	可能性(L)	风险等级(R)	
温度过高	各反应器入口温度偏高	①重整催化剂积炭速率加快，影响催化剂使用周期；催化剂损坏，造成重大经济损失	①流量指示FIC-8201虚高或中断 ②各反应加热炉出口温度指示虚低	①DCS设有温度指示TIC8201～TIC8204，TI8214～TI8220，T18207～T18212 ②现场视频监控 ③加热炉联锁切断阀HS8107 ④空气呼吸器及其他特殊防护装置 ⑤DCS设有混氢流量指示FIC8211AB、FIC8202 ⑥四合一加热炉设有混氢流量低低联锁 ⑦化验分析 ⑧备用泵	3	2	Ⅱ	
		②损坏反应器内构件及筒体，可能造成静密封点泄漏着火，严重时装置停工	③反应加热炉燃烧不正常 ④床层超温 ⑤氢气流量偏小或中断		4	3	Ⅲ	增设加热炉火焰监视器
	第四反应器出口温度过高	③造成E-201、E-202、A-201ABCD、E-203AB泄漏着火，损坏换热器及空冷	⑥重整换热器E-201 ⑦开工时未硫化或硫化量不够		3	2	Ⅱ	增设加热炉火焰监视器
		④造成E-201、E-202、A-201ABCD、E-203AB泄漏着火，损坏换热器及空冷			3	2	Ⅱ	增设加热炉火焰监视器

续表

参数/引导词	详细偏差	后果	原因	保护措施	风险分析			建议措施
					严重性(S)	可能性(L)	风险等级(R)	
温度过低	E-201管程出口温度偏低	①加热炉负荷过高，炉体超温，容易引起加热炉熄火闪爆	①E-201换热效果差 ②E-201内漏	①DCS设有换热器温度指示TI8207～TI8212 ②DCS设有炉膛温度指示TI8507～TI8513，氧含量指示AIC8505、AI8504、炉膛负压指示PIC8514 ③火焰监视器 ④化验采样分析 ⑤检修时检查清洗换热器 ⑥换热器堵漏	2	2	Ⅰ	
	各反应器入口温度偏低	②影响产品质量，无安全后果						

仅仅考虑压力容器与流体介质之间的相互关系，忽略转动设备对静设备的作用及仪表联锁系统的可靠性对静设备的影响是不够的。装置完整性评估技术路线图如图2-7所示。

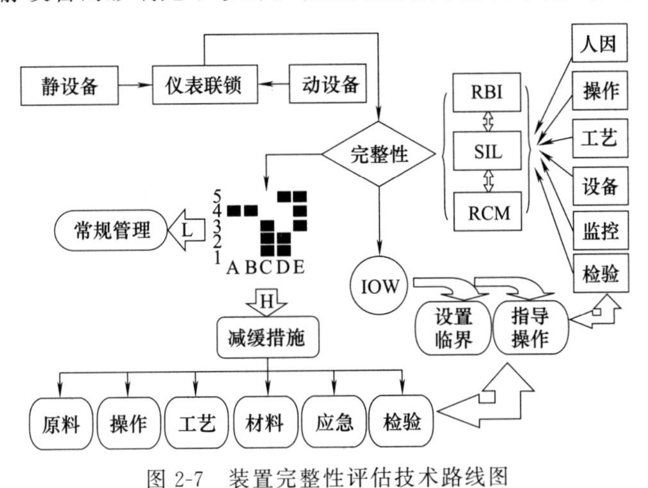

图2-7　装置完整性评估技术路线图

由于设计、制造、运输、安装，恶劣环境和应用不当，设备状况较差，操作失误，或缺乏保养等原因造成的隐患是潜在的可能导致人员伤害、设备损坏、生产中断、环境破坏、产品质量不合格、引起法律责任等的状态。对于过程装备大型化、高参数、服役环境极端化及长周期连续运行这个发展趋势引发的其他多种失效模式，如各类腐蚀、环境开裂、材质劣化和机械损伤等却很少考虑，造成在设计时没有考虑使用中的各种风险的预防，难以确定过程装备使用寿命，设计制造与使用服役相脱离，使得过程装备在设计时要么对风险预防不足导致在使用中的突然失效或过早失效，要么盲目要求或过高要求造成不必要浪费。美国职业安全与健康管理局（OSHA）认为保证关键工艺设备的完整性至关重要，并明确指出，设备完整性要求适用于压力容器和储罐、管道系统（包括阀门等管道元件）、超压泄放和排空系统和装置、紧急停车系统、控制系统（包括监控设备、传感器、报警、联动装置）、泵类等。

根据历史检修档案及检验档案，综合工艺、物流、磨蚀性介质及装置运行状况，基于风险检验（RBI）是找出装置中的重要设备和管线，合理安排检验周期和时间、调整检验维修计划的一种方法。RBI分析可以将装置中设备的风险等级进行划分，根据不同的风险等级，采用不同的检验方法，不仅避免了盲目检修的浪费，同时也有效地控制了设备隐患发生，为安全生产奠定了良好的物质基础。风险评估工程师通过进行现场调查，收集原始数据并对特种设备的状况、风险点的控制以及预防预测性维保（PPM）的有效性进行详细审查评估，但不从事具体的检验工作。为了确定特种设备的完整性，主要审查10个方面的内容：一是设备预防预测性维保（PPM）程序及实施执行情况；二是近期检修报告；三是压力管道及容器定期检验计划及结果；四是基于风险的检验（RBI）分析结果；五是无损检测报告的可靠性和准确性；六是保温层下腐蚀检测；七是燃料和液体分析（用于热媒炉或再热器）；八是振动监测（用于压力搅拌容器）；九是设备异常运行状况历史及近况；十是修理或更换所用材料的识别和移植。其中，保温层下腐蚀顾名思义为水渗入到保温层下，在设备和管线外壁产生腐蚀的现象。碳钢和低合金钢材料并不是因为包覆才发生腐蚀，而是原本存在水溶液就会和水中的氧气发生电化学反应，形成全面性均匀腐蚀减薄，主要生成物为Fe_2O_3和Fe_3O_4，而保温材料在腐蚀中起到如下催化作用：保温层和设备之间存在间隙，水和其他腐蚀性因子能够持续停留，致使设备长时间暴露于腐蚀环境中；部分保温材料具有虹吸和吸附水能力；部分保温材料含有腐蚀因子，加速设备腐蚀。在工业实践中，易发生保温层下腐蚀的影响因素主要包括：环境冷却水塔水汽逸散区域；蒸汽排放装置区；伴热蒸汽泄漏区域，尤其是在接头附近；工艺液体介质喷溅、湿气和酸气区域；正常操作温度120℃以上，间歇操作或停用设备；60～205℃（API 510）范围不锈钢管线、－4～120℃碳钢/低合金钢管线；从包覆管凸出的回流管和附件，其温度异于主管线操作温度等。结构和包覆保温层系统所有插入和分支的管线，包括死区管线、管线悬吊和支撑处、阀体、管线以及伴热蒸汽进出口；保温层外罩脱落、损坏、鼓包、脏污、劣化或密合不良区域；测厚孔保温密封不良；直立管线保温终点、管路系统低点；低温设备保冷材料滴水、生黄锈、长青苔和植物区域；设备混凝土防火裙板、支柱和H型钢产生鼓胀和出锈区域等。

风险隐患定量管理时，压力管道长度换算成台数。为此，可以选择50m折合成一台。TSG R7001—2013《压力容器定期检验规则》规定，压力容器一般应当投入后3年内进行首次定期检验，安全状况等级为1、2级的，一般每6年一次；安全状况等级为3级的，一般3～6年一次；安全状况等级为4级的，累计监控使用时间不得超过3年。现行TSG D7003—2010《压力管道定期检验规则 长输（油气）管道》规定，管道的年度检查至少每年1次，新管道一般投入使用后3年进行首次全面检查。TSG D0001—2009《压力管道安全技术监察规程 工业管道》规定，GC1、GC2级压力管道检验周期一般不超过6年，GC3级管道的全面检验周期一般不超过9年。正确划分腐蚀回路、物流回路直接关系到风险定量计算的结果。一般地，相同材料、相近温度范围及相似失效机理的相互连接的设备及管道被划分为同一腐蚀回路，在两个能快速切断的阀门之间的设备及管道被划分为同一物流回路。在同一腐蚀回路中，失效可能性相近；在同一物流回路中，失效后果相近。当一台设备有多种腐蚀机理时，按部件分别计算风险和排序，如塔设备：下部是高温硫腐蚀，中部是硫和环烷酸腐蚀，上部是湿硫化氢腐蚀。结果产生三个检验方案，以最大的风险定义设备风险。

装置和运行人员构成复杂的人-机系统，对人员技术水平要求高，需要多专业配合。由于科学技术的进步，目前单纯由技术问题造成的事故已经较少，而人的失误所造成的事故却成了主因。人因工程学就是研究人为失误的一门学科，即研究人与机器、环境的相互作用及其合理结合，使设计的机器和环境系统适合人的生理、心理等特点，达到在生产中提高效率、安全、健康和舒适的目的。数据显示，将近70%的化工安全事故都是由于工作人员操作失误或者错误引起的。核电站的运行维修历史表明，循环水泵的缺陷大都与人因有关（备件、维修质量等）。以承压类特种设备为例，我国在2005～2014年期间承压类特种设备事故953起，其中66%是由于违章操作、使用不当乃至非法使用所造成的，81%均是由于人的操作、检验和制造的错误所造成的。人是工作中的具体实践者，再好的设备要人来操作，如果人员素质差，再好的设备也不能安全运行，不能发挥其效能。人因失效是带有主观性质的，因此很难预先评估它的次数、影响范围、导致的后果，但是对已发生的人因失效可以进行客观评估，特别是人因造成的设备损伤、损伤严重程度等。人员行为失效包括：操作失误、维护失误、关键响应错误、作业程序错误和其他行为失效。在实际生产过程中，有些工作人员随意简化工艺流程。某些加温过程需要分阶段缓慢达到最终温度，但有些操作员直接将温度急速提升至最终温度，在短期内可能不会对装置产生大的影响。例如，如某石化厂的加氢反应器因操作不慎导致飞温（热电偶显示），后采取紧急措施降温，经检验发现飞温部位母材与焊缝部位已发生珠光体球化，其中焊缝已完全球化。这是不希望发生的现象。因此，装置完整性评估时，还要考虑人为因素的影响。人为失误的类型如图2-8所描述。

维修中所使用的维修管理文件和维修技术文件对维修活动具有指导性、指令性和一定强制性，以避免人因错误和防范各种风险，使维修工作的质量以及检修工期、费用得到有效控制，同时也是机组安全、经济、满功率运行的基本保证。安全检查表法是安全系统工程中最基础、最初步的一种方法。对于一个给定系统来说，安全检查表不仅是实施安全检查和诊断的一种有效工具，也是发现潜在危险，旨在预防的有效手段，同时还是查找事故原因的一种方法。安全检查表广泛应用于对化工生产企业安全设施符合性和有效性的检查。根原因分析为一种回溯性的事故分析工具，其基本理念是以系统改善为目的，通过辨识、查找制度性缺失或安全管理的缺失，找出事故发生的潜在的、根本的原因，改善安全管理系统，而不是找出个人失误，将问题归咎到某个人身上。2005年，BP德克萨斯州炼油厂发生爆炸事故，事后美国CSB运用根原因分析方法对事故进行了分析，重新审视该公司内部安全文化、安全管理系统和管理的缺失，并提出了修改法规标准的依据。其调查报告对全球石油化工行业都具有普遍的指导意义。根原因分析程序步骤：根据事故类型、严重程度确定事故级别，初步了解事故发生的时间、地点、人员、对象、经过，成立事故调查组；收集相关证据，包括直接证据（现场与证词）和间接证据（书面材料），并对证据进行分析；首先，应用事件与成因图绘制事件链，组织证据；其次，

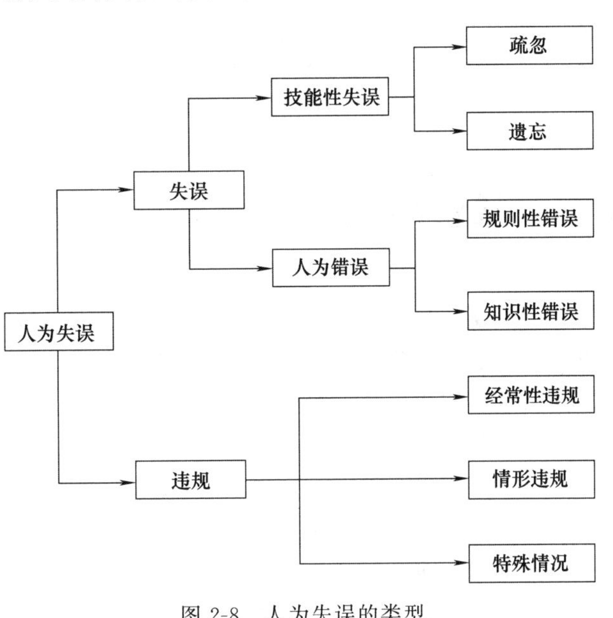

图2-8　人为失误的类型

进行关键因素辨析。通常从第一个事件开始分析，直到事故发生时为止，不要跳过任何一个事件，将关键起因对应至相关的直接原因，一项关键因素可能对应多项直接原因；由直接原因辨别间接原因，一项直接原因可能对应多项间接原因；对照 HSE 体系要素，由间接原因查找根原因。事故调查最终的目的是改善管理系统的缺失，持续改善安全管理系统。找到事故发生的根原因（系统缺陷）后，可以针对性地提出改进措施。在分析过程中，直接原因分为不安全行为和不安全状态。不安全行为包括操作规程的遵守、设备与工具的使用、保护措施的实施、缺乏注意力或意识 4 个方面；不安全状态包括保护系统、设备与工具、危害暴露、作业场所环境与布局 4 个方面。间接原因分为个人因素和工作因素。个人因素包括：生理能力、身体状况、精神状态、心理压力、行为、技能水平 6 个方面；工作因素包括：人员培训、管理与监督，承包商的选择与监督，工程与设计，工作计划，采购和材料处理，工具和设备，政策标准程序，沟通 8 个方面。根原因将归结为 10 项要素，即：领导承诺、方针目标和责任，组织机构、职责、资源和文件控制，风险评价和隐患治理，承包商和供应商管理，装置（设施）设计和建设，运行和维修，变更管理和应急管理，检查和监督，事故处理和预防，审核、评审和持续改进。根原因和间接原因之间建立对应关系，通过色块进行对应。安全检查表的检查内容和判断标准，应注意其可操作性，尽量避免将诸如“领导重视”“严格遵守”“严格执行”等无法客观判断的概念列为检查内容。监督人员需要对检查内容的表述有深刻的理解，必要时对完成情况提出质疑并与维修工作人员进行有效沟通。如：拆卸到何种程度叫做“完全拆卸”，如何判断部件已经得到足够的清洁，在去除设备压痕时是否增加了隐患等，这些问题在执行检查表时都是需要考虑的。

2.4　检查技术

对过程装置投入运行前、后进行的役前和在役检查的目的在于发现在制造过程中潜在缺陷的扩展，或者在运行中在应力、温度、辐照和腐蚀等因素的作用下，新缺陷的形成和扩展。故障检测方法的主要内容一般包括：目视检查、原位检测、离位检测等，其手段例如机内测试(BIT)、自动传感装置、传感仪器、音响报警装置、显示报警装置和遥测等。故障检测一般分为事前检测与事后检测两类，对于潜在故障模式，应尽可能在设计中采用事前检测方法。

分析、研究过程装置失效的问题，对解决类似问题、防止类似问题的再次发生至关重要，并对提高企业的经济效益有着重要意义。检查是依据一定的失效机理、失效模式制定有效的检查方案，既要减少不必要的检查项目，又要有效降低设备的失效可能性。例如仅有减薄机理情况下，则应在可能发生减薄的部位重点查壁厚的变化；对仅有应力腐蚀开裂机理情况下，就应在满足应力腐蚀开裂壁加氢反应器只检查堆焊层及密封面的开裂即可，不必过多检查其他内容。法国石油研究院的统计数据表明，欧洲炼油企业的检维修费用占了生产总成本的 26%，仅次于能耗费用（为 33%），而大修的费用又占检维修费用的 25%。在欧洲，炼油企业大修周期现在已经达到 6 年，未来的目标是 10 年，而每延长 2 年则可节省费用 10%。欧洲更注重预防检维修，通过检验，在线检查、监测，制定检维修方案，他们已做到预防检维修量达到总量的 95%以上。在法国，一家原油加工能力为 1200 万吨/年的炼油企业，企业员工人数是 450 人，其中负责检维修管理的人数是 20 人（主管 1 人、长期 5 人、短期 5 人、监测 4 人，技术专家 5 人），检维修工人是 1800 人，其中 800 人是长期固定保运人员，1000 人是间断性的临时专业维保人员。在石化领域，BP 公司对海量管道传感数据进行试验性探索，发现管道压力数据与管道腐蚀程度的关联关系可作为管道腐蚀程度的表征，从而更好地安排原油输运，降低腐蚀风险。由此可见过程装置检查技术的重要性。

2.4.1 在线检查

过程装置的检查策略至少应包括查什么、在哪里查、用什么方法查、多长时间查一次。要确定系统中哪一部分是危险的来源，如压力容器、压力管道、储罐、动力装置等。对塔器、压力容器、压力管道和储器等分析时，需要考察、校核的项目：

变量，如流量、温度、压力、浓度、pH 值、饱和度等；功能，如加热、冷却、供电、供水、供空气、供氮气、控制等；状态，如维修、开车、停车、更换催化剂等；异常，如很不正常、略有一些不正常、无不正常、位移、振荡、未混合、沉淀、着火、腐蚀、断裂、泄漏、爆炸、磨损、液体溢出、超压等；仪表，如灵敏度、安放位置、响应时间等。

过程装置的日常检查又称巡回检查，是在设备运行中进行的常规检查。定期检查：是按设备运行的规律和有关计划方案定期进行的检查。重点检查依据设备运行规律以及日常检查、定期检查的统计资料，或依据同行业同类设备发生问题的规律，研究确定一定的检查项目，然后进行检查。

在不停机、不解体的情况下，依靠感官进行设备故障判断的例子：通过温度、压力、液位、流量等参数以及分析化验数据的变化可以了解过程设备内部介质的反应、换热、分离、吸收、浓缩等过程的变化情况，从而分析判断设备内部构件是否有堵塞、泄漏、损坏、结垢等故障；由电动机带动的转动设备，在电压稳定的条件下，从电流表上发现其电流超过正常控制的指标，同时电动机温度出现过热，而机械部分又未发现异常现象，这往往是由于设备超负荷运行的结果；活塞式气体压缩机发现其进出口温度、压力发生不正常的变化，并在气阀位置伴随着异常响声，绝大部分原因是进出口气阀泄漏（因阀座、阀片磨损，阀片、弹簧断裂或有杂物卡住等）而引起；物料输送离心泵的悬架部位出现不正常振动，轴承位有异常响声并且温升偏高，绝大部分的原因是由于轴承磨损、松动，水泵与电动机轴线不同心或润滑不良所引起；卧式活塞推料式离心机转鼓部位出现不正常的强烈振动，除了由于操作时加料量突变、滤饼厚度不均匀的原因以外，往往是由于转鼓变形或锁紧螺母松动，布料斗安装的同心度偏差大、有结晶体存在，推料器工作不正常或因其轮缘与筛网之间的间隙不均匀等原因所引起。

性能指标调查对分析过程装置故障具有十分重要的推动作用，主要按照输入、演算、控制和输出 4 个流程进行。例如，换热器运行异常主要是由于换热管内壁出现沉积物，导致换热管的基础性能下降引起的。通过性能调查技术完成其调查和诊断，主要采用温度传感器、超声波流量传感器等进行布置，完成对温度的分析、记录和传递，并由相关系统完成数值分析和存储，最终完成对换热器的性能分析，评价换热管的清洁程度。在轴承的故障调查技术应用中，可以采用轴承金属研磨检测、轴承倾斜检测和轴承金属接触检测等，完成对轴承的故障诊断和分析。可以采用接触式检测或非接触式检测的方式完成对过程流体机械异常振动的诊断，为后续的维护和故障处理提供基础，保障过程流体机械的安全性和功能性。

专职人员进行巡视时，巡检员每天按计划现场巡检，但对具体位置只能凭熟悉程度、靠个人的记忆。常规的巡检手段对巡检员的工作监管只有通过巡检员的书面日志记录，无法判断巡检员巡检的路线是否到位，对巡检人员的工作质量难以做到有效监管，易因巡检不到位留下安全隐患。对于管道，常规爆管抢修时，抢修员对爆管涉及需关的阀门，只有通过记忆和图纸指导关阀，这样不但实际工作效率不高，错关、漏关阀门的情况也时有发生，最终因阀门关闭不及时，导致资源白白浪费和漏损率上升。条形码巡检技术适用于环境较好的室内设备巡检，而管线、阀门均位于野外时，易因日晒雨淋致条形码失真，同时条形码巡检技术无法对巡检轨迹进行全过程记录回放，无法有效监管巡检过程。巡检工作中的GPS巡检标准点设置是由巡检人员在现场按照一定的间距和原则（如交叉施工点、安保或防汛重点地段、高后果区等），通过手持GPS终端采集、存储预设巡检点的坐标，并将数据由通用分组无线服务传送至服务器。在完成巡检标准点的设置后，当此终端设备在待机状态下，再次进入标准点有效范围时，通过GPS持续定位，将当前位置与之前存储的巡检点进行比对，一旦匹配成功，则将数据上传至服务器，后台数据即显示巡检人员完成此点位的巡检工作。GPS巡检技术具有全天候、高精度、高效率等显著特点，是当前最先进的定位技术。对管网数据利用GIS平台转换处理后，数据量压缩，同时对地形图进行分层处理，提取地形图道路层和厂房建筑作为管网数据参照物，使地形图数据量压缩。两者数据进行合并处理后数据量控制，可保证手持端的正常运行。手持端直接采用、购买目前市场上常规的智能手机即可，该手机原有的通话等各种功能同时可正常使用，实现工作、生活信息的集成。手持端GPS获取的坐标值是经纬度，需通过四参数转换参数方式转换成当地坐标系。取得测试点处的经纬度坐标，经过中央经线120°高斯投影得到的坐标系，再经过平移得到最后需要的坐标系。管线巡检时，巡检员只需携带安装有巡检系统的手机巡视即可。系统预先设置道路的关键点，巡检员到达关键点范围内，语音或震动会自动提示他已经到位。管理层如需查看巡检员是否已把整条解放路巡检完毕，可通过巡检员轨迹回放查看具体路线，同时对巡检员的巡检工作量进行考核，这样的巡检模式有利于掌控巡检员的工作质量与效率。管理人员可通过系统查询确定巡检员是否在施工作业现场，同时现场巡检人员可将施工照片通过系统上传给管理层，以及时掌握施工作业点的进展情况。巡检员根据每月分配的巡检计划，到达巡检现场自动获取巡检任务。系统根据不同的现场环境设置到位半径、语音和震动提示，到达需巡检阀门点时手持端会自动语音或震动提示。巡检员现场操作开关阀门，核对阀门埋深等相关信息，与手持端从GIS系统中获取的任务阀门信息不符合的，将现场巡检结果拍照及编写相关信息实时反馈。巡检系统的投入应用，手持端为检漏员提供实时的管网信息数据，检漏员在正确的管线上行走检漏，不再需要靠记忆和咨询调度中心进行检漏。同时也使管理层实时掌控巡检员检漏路线，避免出现漏检死角，有效提高管网检漏的工作效率。巡检系统可在第一时间快速、正确地将需要关闭的阀门搜索出来，提示所关阀门的具体位置。这样爆管抢修关阀的工作效率得到提高，而且不会发生错关、漏关的情况。巡检系统投入运行后，结合平时的巡检工作与管道抢修，将现场采集到的管网数据与GIS管网属性进行核对，对错误信息进行反馈，使GIS数据日趋完善，真正实现对GIS数据的动态维护更新。

X射线源需要配套的电源和水冷，γ射线只需要一个小剂量的射线源材料就可以获得，因此γ射线技术更适合现场使用。γ射线用于塔设备过程故障的检测与诊断。利用γ射线独有的特性，通过逐点扫描测试塔设备纵向各部分密度的变化来识别塔设备在运行过程中某层是否存在翻塔、雾沫夹带、液泛、偏流等故障及故障的类型和程度。该技术在应用过程中采用体外扫描，不需拆保温，不影响设备的生产运行，具有快速、直观、准确的特点，所使用的射线源强度很低，不会对环境及现场人员造成损害，因此，在石化生产中常压塔、焦化分馏塔、PTA装置溶剂回收塔、减压塔、污水汽提塔及催化分馏塔等设备上进行故障检测应用，为这些设备的停工检修或改造提供较为准确的依据，取得较好的应用效果。

泄漏检测与维修（Leak Detection and Repair，LDAR）是对工业生产活动中工艺装置泄漏现象进行发现和维修的一种技术。LDAR技术主要是指定期对装置的阀门、法兰、机泵、压缩机、开口阀、密闭系统排放口、人孔、排污沟等经常存在物料泄漏的地方进行泄漏检测，筛查出发生泄漏的位置，安排人员进行维修和更换。欧盟于1999年建议成员国炼油厂实施LDAR后，炼油厂烃类无组织排放总量降为原油加工量的0.03%～0.09%。装置泄漏检测主要分为有形泄漏和无形泄漏，有形泄漏就是可以直接观测到的泄漏点，如蒸气、润滑油等重质油泄漏，夏季液化气类泄漏后结冰、出汗等泄漏；无形泄漏主要指泄漏的介质不仅泄漏量偏小，而且泄漏时为气态无法观测到，只有用专业仪器进行检测才能发现。

在发生有毒有害气体、毒物、强腐蚀物质、刺激物质、射线泄漏和高温等对劳动者生命健康造成急性危害的工作场所，或者用人单位使用有毒物品作业场所、可能突然泄漏大量有毒物品或者易造成急性中毒的作业场所，为了及时监测作业场所中有害气体的浓度，存在危险源的企业必须在作业场所配备有害气体检测报警仪。如果配备了，是否有效发挥预警作用。气体的主要危害有3种：可燃性，火灾或爆炸的危险，如甲烷、丁烷、丙烷、氢气；毒性，中毒的危险，如一氧化碳、二氧化碳、氯气；窒息性，窒息的危险，如缺氧。有毒有害气体检测报警仪是专用的安全卫生检测仪，用来检测工作场所或设备内部空气中的有毒有害气体和蒸气含量，当超过设定限值时报警。作业场所有毒气体检测报警主要有5种：泄漏检测、检修检测、应急检测、进入检测和巡回检测。有毒气体探测器的主要作用是泄漏或危险将要发生时，提醒有关人员采取相关措施或通过自动装置切断供气源、开启通风排毒装置等，保护现场工作人员和周围环境。用可燃气体报警仪测定内部易燃易爆介质浓度判定应符合安全要求（每四小时测定一次）。泄漏检测与修复（即LDAR）技术，现场检测使用仪器设备为氢火焰离子化（FID）挥发性有机气体分析仪。有时，在现场能明显闻到硫化氢的气味，但硫化氢报警仪显示的数值却为零，因此像这些气味对人体比较敏感的气体虽然现场有气味，但单个密封点的泄漏量不一定超过泄漏的界限。挥发性气体检测仪器是将密封点区域的气体通过泵吸进仪器内进行燃烧或电离。如果介质为较容易冷凝的介质，则介质容易冷凝并附着到仪器探头、吸入管内壁上，造成仪器显示失灵，很长时间不能恢复到正常值，因此此类介质尽量不要安排检测。气体泄漏检测仪不能在雨天、潮湿或空气湿度较大的环境作业，因此检测时应按照时间统筹进行检测，及时安排保运单位进行处理，否则可能会完不成检测任务。红外成像气体泄漏检测技术可快速查到有严重泄漏的设备，并且看到泄漏状况及泄漏位置，以便做出正确的维修。美国FLIR公司的GasFindIR红外热像气体泄漏检测仪，被动式光源，手持型，主机重约2.5kg（含电池），电源为内装式蓄电池，可用3～4h，测定距离为2～30m，GasFindIR红外成像仪在显像时，镜头的焦距可微调，以便得到最清晰的影像。操作模式有自动及手动。在手动模式下，使用者可调整极性（Plarity）及收益位准（GainLevel），以取得最佳影像。通常情况下使用自动模式即可，但是在泄漏很轻微时，可使用手动模式实现精细对焦。浓度越高、泄漏速率越大，显像越清晰；风速越低，越容易检测，拍摄距离越近，成像越清晰。红外检测技术是对高温设备进行在线宏观检测的一种手段。对于加热炉的温度场，做不到直接测量，但是可以采用热红外测量，可以了解炉内耐火层的损坏情况，从而选择最佳的维修周期。利用合适的红外仪器，可以检测内外保温层的破损、设备有无局部超温等不正常现象。但是，由于红外检测技术受表面状态影响较大，在相对温差较小的情况下，难以实现对缺陷的检测，同时，当热源使得被检工件达到热平衡时，缺陷的检测也是非常困难的。

用听棒或者听诊器可以判断机器内部是否有零件损坏、设备或管道内是否有泄漏。有经验的操作者可以根据监听到的声音判断往复式压缩机的气阀阀片是否有损坏、弹簧是否有折断。比听棒的灵敏度和信噪比更高的机械故障听诊器是利用加速度传感器拾取的信号经过滤波、放大、通过耳机测听来判别运行时故障部位所发出的不正常声音。声发射检测是利用很灵敏的传感器把物体发出的微弱声音变化接收下来，经放大后再利用计算机显示出来。对于电厂的疏水冷却器，根据管束开裂前后声发射传感器收集到的声发射信号的变化，如果声发射泄漏监测系统得到的关于特征值随时间变化的泄漏过程曲线的纵坐标上的泄漏特征值的实际值大于事先设定的值，则可以在线监测到疏水冷却器的泄漏，从而及时地确定检修疏水冷却器的时机。对于储罐，利用先进的声波传感技术，判断罐底是否存在活性声源且确定其位置。活性声源则表明罐底存在腐蚀、变形、泄漏或有潜在的泄漏，由此可以逐步建立储罐的腐蚀状况数据。声发射检测技术具有不开罐、不停产、检测周期短，又能检测动态缺陷等特点，成为金属容器检测和评价的可行检测方法之一。其最大优点是可避免性能良好的储罐不必要的开罐检修，由此达到优化维修资源的目的。声发射可以用于高温环境下缺陷产生扩展的检测和监控，包括高温探头的研制、开发，波导杆的使用及检测灵敏度的变化等。

核电站安全之于人类至关重大，先进的传感技术和智能安全评价系统逐渐在新建的核电站中得到应用。如芬兰核电站 Olkiluoto 三期工程，在核岛上布置有超过 500 个振弦应变计、力传感器以及温度和湿度传感器，还有超过 1500m 分布式光纤应变/温度传感器。这些传感器每秒钟产生一万多个数据。AREVA 公司的疲劳监测系统可以据此快速进行疲劳损伤状态的评价。埋地和长输天然气/输油管道的安全监测一直是个难题，我国已发生多起灾难性事故。采用光纤传感器和互联网技术结合很好地解决了这样一个难题，美国、德国、加拿大等国家给埋地管线、长输管线，特别是处于地质条件较差的管段，安装了相应的传感器，杜绝了重大的天然气/输油管道爆炸事故。航空发动机是飞机的心脏，航空发动机公司一直致力发展引擎健康监测系统（Engine Health Management，EHM）。Rolls-Royce 公司为了监控 Trent 发动机工作状态，通过布置在飞机发动机上风扇、压缩机以及高、中低压涡轮的约 25 个传感器来获取发动机运行参数，包括温度、压力、转速、流动和振动水平。当监测到状态异常时会随时报告。维修人员通过 EHM 发现故障苗头后可以及时处理故障，有效防止因拖延检修而带来的重大损失。

对于压力容器，在目前在线检验仪器设备、技术标准、评定方法尚不充分的时候，不提倡在线检验代替定期检验。目前不停机检验的情况有两种：一个是小型制冷装置中的压力容器；另一个是 RBI 技术。

2.4.2 停车检查

由于运行中的检查尚有一定局限性，对装置的某些检查仍需在停车后进行，而且运行中检查所发现的问题，有时还需通过停车、拆卸和进一步检查证实；故停车后的检查被作为判断故障的最后手段。但这种检查必须参考上次停车检查的结果和运行中的检查记录，才能做到有的放矢。检查周期过短会增加检查成本，而检查周期过长又不能及时辨识风险。

目前很多检验按百分比收费，却没有责任和保险赔偿。为了确保过程装置停车检查的质量，在 TSG R7001—2013《压力容器定期检验规则》里规定：按百分比收费的检验，应有责任和保险赔偿；不按百分比收费的检验，则应按人工作日计费，而检验只对工作量负责。

停车检验时，需要进行审查的技术资料包括：设计单位资格，设计图纸，强度计算书等；制造厂资格，零部件的合格证、质量证明书等；制造过程监督检验报告，安装单位资格，安装过程中的各种记录和报告，安装监检报告；使用登记证，运行、维护、改造记录，告知文件，竣工资料等。通过资料审查，确认相关资料是否完备。资料审查发现使用单位没有按照要求对压力容器进行年度检查，以及发生使用单位变更、更名使压力容器的现时状况与《使用登记表》内容不符，而没有按照 TSG R5002—2013《压力容器使用管理规则》要求办理变更的，检验机构应当向使用登记机关反映。资料审查发现压力容器未按照规定实施制造监督检验（进口压力容器未实施安全性能监督检验）或者无《使用登记证》，检验机构应当停止检验，并且向使用登记机关反映。

停车检修前的准备工作也不容忽视。除组织管理和器具等方面应做好充分准备外，应对检修的设备认真做好停车后的降温、卸压、放料、清洗等项工作，直至符合安全检修要求为止。为保证设备检修质量，应在交付使用前进行最后检验，其目的在于检查整个设备及其各部分的强度和严密性。为了减少外保温层拆除工作量，可通过上、下人孔进入设备内部进行检测。必须注意在进入设备作业前，需进行强制通风置换，经气体取样分析合格后再进入作业，避免检修时发生意外伤害。为节约检验费用、减轻企业经济负担，可局部拆除保温层进行检验，选择重点连接焊缝、本体焊缝、接管角焊缝等区域。对于壳体焊缝，检验前应按规定对重点部位进行打磨除锈除漆。

严格按技术要求或检修规程。检查部件磨损或损坏情况，不让不合格的零件再装到机器上继续使用，也不让不必修理或不应报废的零件进行修理或报废。

检查内容：零件的尺寸，如零件的直径、长度、高度等；零件的几何形状，如零件的椭圆度、锥度、垂直度、弯曲度、扭曲度、圆角、圆弧等；零件的表面状况，如零件的表面粗糙度、腐蚀、裂纹、剥落、刮痕、烧蚀等；零件表面层衬料和基体的结合强度，如电镀层、喷镀层、堆焊层和基体金属的结合强度，轴承合金和瓦胎的结合强度等；零件的内部缺陷，如夹渣、气孔、焊接接头的缺陷、裂纹等；零、部件的静、动平衡；零、部件的配合情况，如同心度、平行度、偏摆、啮合、接触及配合的严密性等。对于球罐，检查球壳对接焊缝错边量、棱角度、焊缝余高、角焊缝的焊脚高度和焊缝厚度、球罐椭圆度、不等厚对接接头进行削薄过渡情况；壁厚测点选择球罐下部、液位经常波动部位、易腐蚀冲刷部位、制造成型时厚度减薄部位，每块球瓣测点不少于 5 点，人孔、接管不少于 4 点（均匀分布在接管四周）；对支柱铅垂度和沉降量进行测量，确认测得球罐的每个支柱的周向偏差、径向偏差、球壳两极间净距与球壳设计内直径之差、赤道截面的最大内直径与最小内直径之差、支柱水泥墩沉降量是否在 GB/T 12337—2014《钢制球形储罐》要求的范围内。罐内对接焊缝抽查两处，每处测 5 点（母材、热影响区、焊缝），每点取 5 个测量值的平均值。按照《压力容器维护检修规程》焊缝硬度不大于母材硬度的 120%为合格。

凭感觉检查的方法，即不借助于任何量具、仪器，仅凭检查人员的感觉或者借助于手电筒来判断零、部件的技术状态的方法。这种方法要求检查人员具有丰富的经验，但不如用量具、仪器来得准确可靠，故仅适用于零件的缺陷已暴露或次要零件及次要部位。用目测或借助于 5～10 倍的放大镜来鉴定零件外表的损坏如破裂、断裂、裂纹、剥落、磨损、烧损、退火等情况。用小锤轻轻敲击零、部件，从发出的声音来判断内部有无缺陷、裂纹，如检查轴承合金层与基体的结合情况。零件的配合间隙，能凭鉴定者的手动感觉出来。如用手夹住滚动轴承内圈，推动外圈，可以粗略地判断轴向间隙和径向间隙；再拨动外圈，从转动是否灵活、均匀，判断其质量。

孔探检测（Borescope Inspection）技术可以延长人类的视距，任意改变视线的方向，借助工业内窥镜，可以对设备的内部结构进行检查。在孔探检测过程中，与目标对象不发生接触，不形成任何破坏或损伤，也不需要破解或拆开目标对象，形象点说，这就相当于做“医学胃镜”检查，因此它已成为工业无损检测技术的重要手段。柔性视频内窥镜不仅可提高分辨力、高清晰度的图像，且具有更大灵活性。相对于其他无损检测技术，如涡流检测、磁粉检测、超声波检测，X射线探伤等，孔探技术具有直观、高效、节能和易于操作的特点。孔探检测的基本原理是采用光学手段通过小孔将密封物体内部的状况传递出来，然后对光学图像进行评估、检测与诊断。孔探检测作业分解为“依据被检测部位内部结构而调节内窥镜位置及镜头方向”“观察内部情况”“诊断并评估损伤”“记录孔探检测结果”4个操作步骤。然后识别每个操作步骤中包含的认知活动（认知活动一般包括协调、联络、对比、诊断、评价、识别、执行、保持、监视、观察、计划、记录、调整、扫视、检验）和需要的认知功能(认知功能一般包括观察、解释、计划、执行)。孔探检测，是由检查员将探头从孔中深入到需要检查的位置，通过视频监视器进行观察，将观察到的损伤类型以及损伤部位的尺寸大小和维护手册的规定进行比较来判断这样的损伤是否在允许工作范围内。一般来说，孔探作业会在白天结合停场时间较长的定检维修一起进行，但也有部分孔探作业要在夜晚进行，存在疲劳、照明不足、时间紧张等诸多不利因素，而不同的环境条件会影响孔探失误的概率。孔探检测不但枯燥，而且需要极大的耐心和细心。借助内窥镜等设备的孔探检测受人员素质、作业环境、设备管理、技术资料等诸多因素的影响，如果处理不当就可能导致严重的后果和巨大的经济损失。孔探人员误判会导致提前大修，漏检会导致停车，操作不当会导致孔探设备卡在机内被迫更换等问题的发生。

用各种通用量具来测量零件的尺寸、形状和相互位置；用各种仪器，如动平衡机，着色探伤剂、磁性探伤仪、X射线探伤机、γ射线探伤仪、超声波探伤仪等来检查零、部件的内在缺陷（裂纹、气孔）。

对于锅炉，过热器管在运行中承受高温、高压、锅炉配套的水处理设备内交换树脂使用周期过长且未及时再生而带来的状况差的水质、表面排污量不够就无法及时将高盐分炉水排出等在内的恶劣工作环境。过热器管一旦损坏，就直接影响汽轮机正常工作，因此过热器管是锅炉的重要部件。过热器管胀粗是过热器管使用状况进一步恶化的前兆。为了找到过热器管子是否需要更换的依据，对过热器管胀粗进行定期检验时需要确认管子最大胀粗率是否大大超出最大胀粗率2.5%的《锅炉定期检验规则》要求。

通过检测变形可以发现容器类设备鼓包状况。例如：某再生橡胶公司的电加热再生胶脱硫罐于2007年12月制造，在2015年定期检验中发现使用过程中造成的筒体鼓包变形缺陷，并于2016年定期检验中出现缺陷扩展超标：该设备进料口北侧（应为左右侧）筒体，环焊缝与纵焊缝连接“丁”字焊缝处发现一处鼓包变形部位，该部位距北侧封头约1800mm，尺寸400mm×800mm，深80mm，实际壁厚20.0mm，最小实测壁厚18.0mm，较上一次检验时发现的缺陷情P况有进一步扩展，经实际测量计算不能满足继续使用。此容器类别：第二类中压容器；设计压力：3.0MPa；设计温度：255℃；使用压力：2.8MPa；使用温度：＜255℃。该设备盛装介质为回收橡胶颗粒，在高温高压条件下进行搅拌脱硫再生；由向罐体内部导入蒸汽及电加热管进行加热，脱硫并使橡胶颗粒流质化。因为橡胶流质化后具有一定附着力，并不能使流质化橡胶产品完全导出罐体，一次生产流程完成后部分流质橡胶附着于罐体内部冷却硬化。生产单位工作人员在每次生产流程完成后，并没有按生产要求完全清理罐内附着于筒体内壁的硬质橡胶。所以导致下一生产流程开始后，筒体附着上一次残留橡胶的部位局部过热，产生鼓包变形。

用百分表测量螺杆式压缩机阴阳转子轴承的径向间隙时，将阴阳转子在钳工台上夹紧，百分表表座置于虎钳水平面，百分表测量头顶住轴承外圈中部，用手轻压轴承外圈的另一侧，记录百分表的读数。变换位置测量，求得平均值，即为轴承径向的间隙值。双螺杆空压机阴阳转子的径向跳动不得超过最大允许值 0.05mm。

工业炉类设备改造，对炉砖砌筑有十分严格的质量要求。每块炉砖砌筑使用的黏合涂料重量甚至只允许 0.1g 的误差，每层砌筑都要严格与基础砖进行偏差分析，确保炉内每个蜂窝的开口位置丝毫不差。只凭肉眼观察根本保证不了质量标准。而激光测量仪显示的数值，客观准确地反映炉砖砌筑的质量。

宏观目视检查是发现壁厚均匀减薄和局部减薄的最重要手段，对于检查人员可以进入容器内部进行检查的场合，宏观目视检查手段惠而不费，直观且最为有效。目视检查应重点关注：气、液相交界线附近；塔盘支撑环附近的垢下腐蚀；进出口接管附近紊流区及容易产生冲刷或冲蚀的部位；容器气相部位容易产生露点腐蚀的区域；外部接管附近保温层不连续的区域等。对于人员无法进入的容器和管道，当打开检查孔或接管时，可以借助内窥镜进行宏观目视检查。

宏观检验，包括名牌和标志，容器内外表面的腐蚀，主要受压元件及其焊缝裂纹、泄漏、鼓包、变形、机械接触损伤、过热、工卡具焊迹、电弧灼伤、法兰、密封面及其紧固螺栓，支承、支座或者基础的下沉、倾斜、开裂、地脚螺栓、直立容器和球形容器支柱的铅垂度，多支座卧式容器的支座膨胀孔、排放（疏水、排污）装置和泄漏信号指示孔堵塞、腐蚀、沉积物等情况。结构和几何尺寸等检验项目应当在首次全面检验时进行，以后定期检验仅对承受疲劳载荷的压力容器进行，并且重点是检验有问题的部位的新生缺陷。

过程装置无损检测的关键是锅炉、压力容器和压力管道，在总检测量中它们的检测量之和超过了 80%。对于过程装备，定期检查的内容见表 2-19。不同检验技术与损伤模式的对应关系、检验方法和检验有效性级别的对照，分别见表 2-20、表 2-21。

表 2-19　设备定期检查的内容

检查内容	检查方法	要　点
壁厚测定	①超声波测厚 ②超声波全息照相 ③放射线(钴 60 或者铱 192 等)	①计划定点测厚时，要求网目式分布、定期测定、固定测定位置，危险区的测定周期要求缩短 ②对泄漏的部位，应该查明该处邻近壁面的减薄程度 ③超声波测厚的实际可测温度在 200℃以下，温度较高时必须对测定值进行温度修正 ④用超声波测厚仪查出壁厚严重减薄时，应该再用射线照相等方法进一步查明 ⑤超声波全息照相技术可以用于储罐底板厚度的测定以及长距离配管或埋设管、海底配管等壁厚的连续测定 ⑥用射线照相测定壁厚时，如果出现偏厚情况，应该把角度改变 90°，从两个方向拍摄
内部腐蚀状况测定	①超声波 ②放射线 ③流体腐蚀性检测器 ④液体中金属含量分析 ⑤液体 pH 值测定	①气、液相腐蚀情况不同，气液界面附近，湿气体和易凝结水处一般腐蚀较重 ②变径、拐弯、流体入口等受冲击和冲刷处以及接管口周围腐蚀的可能性较高 ③壁厚较主体薄的小口径接管常常容易腐蚀 ④与流体接触的焊接接头部位可能产生电偶腐蚀 ⑤焊接接头保护板、衬垫等具有微小缝隙处容易受到腐蚀 ⑥应力腐蚀破坏的预测可以采用 X 射线应力分析装置

续表

检查内容	检查方法	要点
裂纹检测	①目视或者借助于放大镜观测 ②0.5kg 手锤敲打 ③渗透检验 ④磁粉探伤 ⑤超声波斜角探伤	①振动较高的接管根部应力集中处容易出现裂纹 ②高温设备的支架固定处容易产生应力集中的部位可能产生裂纹 ③与流体接触的焊接接头容易形成危险的应力腐蚀开裂 ④由于焊接施工不良，可以在高强度钢焊接部位产生氢腐蚀开裂
污垢堆积情况判定	①由设备运行状态、介质情况等判断 ②射线拍摄	①由于设备内部感光时间受到限制，因此必须使用高感度胶料 ②由照片判断污垢成分有困难时，可以配合采用介质分析等手段

表 2-20　不同检验技术与损伤模式的对应关系

检验技术	减薄	焊缝裂纹	近表面裂纹	微裂纹/微孔形成	金相变化	尺寸变化	鼓泡
宏观检查	1～3	2～3	×	×	×	1～3	1～3
超声测厚	1～3	3～×	3～×	2～3	×	×	1～2
超声检测	×	1～2	1～2	2～3	×	×	×
磁粉检测(荧光)	×	1～2	3～×	×	×	×	×
渗透检测	×	1～3	×	×	×	×	×
声发射	×	1～3	1～3	3～×	×	×	3～×
涡流	1～2	1～2	1～2	3～×	×	×	×
漏磁	1～2	×	×	×	×	×	×
射线检查	1～3	3～×	3～×	×	×	1～2	×
尺寸测量	1～3	×	×	×	×	1～2	×
金相	×	2～3	2～3	2～3	1～2	×	×

注：1—高度有效；2—适度有效；3—可能有效；×—不常用。

表 2-21　检验方法和检验有效性级别的对照

机理	检验效率	进入设备内部进行检验	从外部进行检验
全面减薄	H 高度有效 U 通常有效	50%～100%表面目测，测厚 20%(不拆内件)，外部测厚	50%～10%UT/RT 20%UT/RT/测厚
局部减薄	H 高度有效 U 通常有效	50%～100%表面目测 100%目测，测厚	专家指定区域 50%～100%UT/RT 专家指定区域 50%UT/RT
碱腐蚀	H 高度有效 U 通常有效	25%～100%焊缝/冷弯头 PT、湿荧光 MT 10%～24%焊缝/冷弯头 PT、湿荧光 MT	25%～100%焊缝/冷弯头横波 UT，或 RT 10%～24%焊缝/冷弯头横波 UT，或 RT
硫化物 SCC	H 高度有效 U 通常有效	25%～100%焊件湿荧光 MT 10%～24%焊件湿荧光 MT；或 25%～100%焊件 MT 或 PT	25%～100%焊件横波 UT，沿焊缝横向和平行扫描；或声发射后横波 UT 复检 10%～20%焊件横波 UT；或 50%～100%焊件 RT
HIC SOHIC	H 高度有效 U 通常有效	50%～100%焊件湿荧光 MT，加上对近表裂纹的 UT 20%～49%焊件湿荧光 MT	无 20%～100%焊件自动横波 UT；或 AE 后人工 UT
CI SCC	H 高度有效 U 通常有效	50%～100%焊件 PT 25%～50%焊件 PT	25%～100%焊件横波 UT 10%～20%焊件横波 UT，或 50%～100%焊件 RT

续表

机理	检验效率	进入设备内部进行检验	从外部进行检验
高温氢腐蚀HTHA	H高度有效 U通常有效	无 全面超声波反向散射法(AUBT),现场金相分析	
外部腐蚀	H高度有效 U通常有效		>95%外观检查,UT、RT、深度测量 >60%外观检查,UT、RT、深度测量
A不锈钢SCC	H高度有效 U通常有效	>95%PT/ET和UT >60%PT/ET和UT	暂无检测技术能达到"H"级 >95%自动或人工横波UT或100%AE

每一种无损检测方法都有适用范围和局限性，按照设备使用过程中可能出现的失效模式，并根据设备风险限制制造过程中产生缺陷的大小和类型选择有效的无损检测方法；检验人员应根据设备的失效机理和最可能产生失效的部位选择检测手段，避免过度检验和检验不足。对失效的部件，用直读光谱分析仪可以进行化学成分分析，用扫描电镜可以进行微观形貌和微区成分分析。其中，对于腐蚀严重部位沿腐蚀沟壑纵向取样、磨削、抛光才能在扫描电镜下观察。对于爆管，宏观检查的内容：管壁是否有严重的冲刷痕迹；管内壁是否有明显腐蚀凹坑；断管处是否见疲劳辉纹；泄漏破口的大小；破口面是否粗糙、不平整、边缘锋利；破口壁是否减薄明显，内壁是否存在0.5～0.8mm厚氧化层。在此基础上，化学成分分析结果可以判断材质是否错用。金相分析结果可以判断组织是否异常变化。硬度检测结果可以判断强度及塑性是否在规定性能范围内，也表明材料是否发生明显劣化。爆口扫描电镜分析结果可以发现是否具有典型疲劳断裂特征：是否有大量裂纹；是否出现孔洞，是否有大量氧化物存在。对于保温层下的均匀或局部腐蚀这一失效机理，可能会提供拆除保温层的宏观检查；不拆除保温层的射线检查、脉冲涡流检查；拆除部分保温层的长距离超声导波检查等多种手段。而业主会根据拆除和恢复保温层的费用，射线、脉冲涡流和超声导波检查费用，各种方法的灵敏度范围以及对降低设备风险、保障设备安全的可靠性程度进行综合的考虑，做出选择。不同检验技术与损伤模式的对应关系见表2-20。表2-21给出了检验方法和检验有效性级别的对照。表2-21中，"H高度有效（Highly Effective）、U通常有效（Usually Effective）"。

有产品铭牌但无任何技术资料的压力容器有产品铭牌，证明其是由正规生产厂家制造，产品质量基本上是过得去的，安全有了一定的保障。但由于无出厂技术资料，不知道制造厂家用的是哪种钢材料，制造过程进行了哪些检验，故除按《压力容器定期检验规则》（包括宏观检查、成分检查、壁厚测定、安全附件检查、外表面无损检测、埋藏缺陷检测、强度校核等）外，还应增加先进的检验手段进行材质检查。这类容器外表面检查易于进行，发现缺陷多为焊缝原制造留下的咬边、未焊满及由于环境潮湿引起的表面腐蚀等，这些按检验规程不难判定。它们的危险性缺陷主要在容器内表面，如焊接接头形式不合理，未焊透以及裂纹等情况。在检验时应重点进行不少于20%的表面探伤和焊缝内部X射线探伤，采用X射线探伤不但能发现裂纹及严重的未焊透等线性缺陷，而且通过X射线抽查来确定焊接接头形式，为选择适当的焊缝系数进行强度校核提供依据。但是，在采用X射线探伤时必须使液面维持在穿透感光胶片的射线以下。对不能排放及内部有构件的容器则进行超声波探伤。若发现有超标缺陷则增加探伤比例。对材质不清的容器，还要进行硬度测定，根据相关标准由实测的硬度值确定容器材质的强度值以及许用应力，以便进行强度校核。

原为正规厂家生产无产品铭牌、无任何技术资料的压力容器，或原来资料齐全，铭牌完好，由于种种原因，资料丢失，铭牌脱落的压力容器：一个系统中的同一种压力容器很多时候不是单台，例如一个系统同时有好几台容器往往是同一个时期从一个制造厂家购买和安装的，即使不是一个时期购买，同一个厂家的产品无论是从外形、设计参数还是用材来看，基本上是相同的。这些容器原来装置铭牌的地方，可以看到原来装有铭牌留下的痕迹。要翻阅使用单位当时购买设备留下的合同、发票、单据、台账等其他证物，要求企业负责人签字、单位盖章，注明该设备为某一个时期从容器制造厂购买的正规合格产品。此时，对设备初步进行宏观检查，没有问题的情况下，依据有产品铭牌但无任何技术资料的氨制冷压力容器的定期检验方案进行，这类容器需要经过100%的表面无损检测和20%埋藏缺陷的无损检验，还应增加先进的检验手段进行材质检查和声发射检测，必要时这样的容器还需要耐压试验。本着“合乎使用”的原则，通过以上检验检测合格后，基本可以摸清容器的安全状况，据此确定其安全状况等级。检验合格的可继续使用，但使用年限不宜超过3个检验周期且不超过9年；对使用20年及以上的容器，其定级后的使用年限最多不得超过2个检验周期且不超过6年，使用期满后应解体报废。

在竣工档案遗失或原始记录不健全的情况下，把设计的公称壁厚作为原始壁厚计算腐蚀速率时，由于设计壁厚与建造壁厚的不同，因此计算腐蚀速率与实际情况相差迥异，导致风险等级的评估误差。此时，应增加厚度测量的频次，持续改进调整风险等级，以使设备在安全可靠的状态下运行。厚度测量是压力容器与管道在线检测的重要内容。对于在役换热管的壁厚，可以用游标卡尺测量，尽可能在整个圆周方向选多处测量。超声测厚、射线测厚、脉冲涡流测厚、漏磁检测、长距离超声导波检测以及换热管的涡流、远场涡流测厚和内旋转超声检测（IRIS）等都是测量壁厚减薄的无损检测手段。测厚多采用超声波方法。高温环境下测厚时需要采用高温测厚探头，选用相应温度下的高温耦合剂，并注意声速的修正。在常用的超声波测厚频率范围内，纵波声速随温度变化率大约为0.8m/(s·℃)。实际计算时，可以选用1m/(s·℃)进行估算，其误差应在工程允许的范围内，热膨胀引起的误差也可以忽略。对于低于600℃的碳钢和低合金钢管道和低于250℃的不锈钢管道可采用电磁超声测厚；对于温度高于250℃的不锈钢管道可采用脉冲涡流等方法进行测厚。当然，有些高温测厚仪可以直接测出使用温度下的声速。对于保温层下的腐蚀，管道法兰焊口的腐蚀检查是脉冲涡流和长距离超声导波检测的盲区，上述两种方法检测立管与下部水平管连接弯头处的腐蚀不灵敏，由于保温层不连续和容易产生积水，这两个部位是容易产生腐蚀的部位；再如，在管板厚度及附近区域，由于端部效应和管板的影响，换热管壁厚减薄的涡流和远场涡流检测都是不适宜的。

检测裂纹的主要方法是进行表面无损检测，如渗透检测和电磁检测（磁粉检测、涡流检测、漏磁检测、磁记忆检测统称为电磁检测）。对碳钢和低合金钢而言，最方便和直观的方法是湿荧光磁粉检测。超声波检测是另一种检测裂纹的有效方式，传统的脉冲反射式超声检测对裂纹非常敏感，虽然反射法受裂纹平面取向的影响较大，但对一个有经验的探伤人员来说，采用传统的脉冲反射式超声检测方法还是可以检出大部分影响设备安全的裂纹类缺陷的。近年来出现的TOFD方法、相控阵方法等新的超声波技术，大大提高了裂纹类缺陷的检出率。特别是对于厚壁容器和管道的内部（埋藏）裂纹、无法进入的容器或管道的内壁裂纹、隔热衬里下的内壁裂纹、堆焊层剥离和堆焊层下的裂纹来说，超声波检测具有不可替代的优势。此外，超声波检测钢材亚表面或内部产生的由湿硫化氢引起的氢致开裂、高温氢侵蚀（HTHA）的早期损伤（空隙和裂纹萌生）也具有独到的特点。金属磁记忆检测技术，不仅可以对铁磁材料表面及内部出现的微裂纹等损伤进行探测，而且可以判断应力集中的部位，为采取预防性维修措施提供了重要的依据。

对于严重腐蚀减薄但还未泄漏的加热管常用的碳钢无缝管可选用远场涡流进行检测，利用低频电磁穿透力强的原理，在不进行磁饱和的情况下，可以检测铁磁性金属管的内外壁缺陷和管壁的剩余厚度；对不锈钢管等非铁磁性材料则选用常规涡流检测的方法。因为钢管已与管板、支撑板等组装成管束，定期检验时无法将管子拆下，因此只能选择内插式探头。涡流检测前应结合待检管束的材质、规格参数，制作标样管，利用对比试样调节探伤仪参数，编制检测工艺卡，现场操作时严格按照工艺卡进行抽查。

当材料为奥氏体不锈钢或者壁厚较薄时一般选用射线探伤。对连接角焊缝表面检测抽查时，铁磁性材料一般选用磁粉探伤，当管子为不锈钢材质时需选用渗透探伤。壳体焊缝埋藏缺陷检测只能采用超声波探伤。对以下部位进行磁粉检测：罐体内表面全部对接焊缝、人孔及接管角焊缝进行100%磁粉探伤检查。主螺栓抽查30%进行磁粉检测；工卡具焊迹、腐蚀严重及可疑部位进行磁粉检测。罐体对接焊缝抽查50%以上进行超声检测，抽查部位必须涵盖如下部位：使用过程中补焊过的部位；检验时发现焊缝表面裂纹和认为需要进行焊缝埋藏缺陷检查的部位；使用中出现焊接接头泄漏的部位及其两端延长部位等。球壳与支柱间的角焊缝及人孔及接管角焊缝进行100%渗透检测。

X射线检测是一般常采用的射线检测方法，被检测物体透过射线时，一般情况下是通过有缺陷部位的所吸收的射线强度比无缺陷部位的高，从而可以对被测物体中是否存在缺陷进行判断。由于分辨率和灰雾度的影响，射线检测对裂纹不敏感，采用射线技术检测厚壁容器和管道裂纹是不明智的，但是对于薄壁小口径管道，特别是不锈钢管道，采用射线技术是非常好的一种选择，超声波检测对大曲率薄壁管道环焊缝上的横向裂纹检出率极低，而射线检测的优势极为明显。

磁粉检测方法是指通过聚集磁粉体现铁磁性材料和其工件表面以及近表面缺陷的无损检测方法，缺陷的漏磁场强度越大，缺陷部位对磁粉越容易进行吸附，此外，内部缺陷的漏磁磁场要弱于缺陷的漏磁场，通过这一方法能够对缺陷的形状、大小有效显示，并且对缺陷性质积极确定。进行磁粉检测时，被检工件需要被磁化，在磁化过程中，为获得较强的缺陷漏磁场，还要尽可能使工件内部的磁力线正交缺陷表面。试验室试验和现场结果表明，采用干磁粉检测技术时，当采取合适的干磁粉和施加方式后，300℃以下环境中可以采用干磁粉检测铁磁性材料的表面缺陷，其可靠性与常温下的检测可靠性相当。

在容易产生振动的管座上，没有设计减小振动的措施，生产异常情况下燃烧炉产生热量过高造成锅炉超压，使其安全阀起跳排放，发生振动，造成接管处产生疲劳裂纹。如果裂纹没有被发现并处理，锅炉再次投入运行，随时都有可能裂开而引发事故。此探伤部位是外径尺寸较小（例如ϕ45mm×5mm）的接管时，即使接管座角焊缝上焊趾部位的30mm长的裂纹，由于检测部位空间狭小，即使磁粉为非荧光磁粉、根据NB/T 47013.4—2015《承压设备无损检测　第4部分：磁粉检测》标准要求的标准试片检查检测灵敏度，仍然不便于便携式单磁轭磁粉探伤机的操作使用，磁化效果不理想，观察到的磁痕不明显。其原因是：磁探机自身尺寸较大，及磁极形状的原因，要想保持探测角焊缝时最佳的接触方式，就要增大磁极间距，这样会带来探测灵敏度降低的缺点；探测的管座外径较小，探测面又不规则，工件与磁探机甚至呈线状或点状接触，大大减少磁通量；现场打磨检测面，粉尘四处飞，现场的光照度不好，使检测灵敏度打折扣。现场探测时，进一步打磨接触面，使其接触良好，调整磁探机增大磁极接触面，增强光照等，磁痕较之前明显一些，但是效果仍不好。此时，改用渗透探伤来检测，有利于增大缺陷检出机会，此类缺陷相关显示更明显；把显示渗透剂擦掉后，再喷显像剂，显示重现，可以进一步确定此处显示就是缺陷的相关显示。对缺陷处打磨1mm后，再做渗透探伤，裂纹依然存在，且原裂纹是自焊趾处水平向接管母材延伸。又进一步打磨，至肉眼看不见缺陷时，再做渗透探伤，没有再发现缺陷相关显示。至此，接管角焊缝的缺陷处打磨约3mm深。由于打磨较深，因此应对缺陷打磨部位进行补焊，并经表面探伤合格后方可使用。

渗透探伤方法，具体在金属材料中应用，采取的是红色渗透液或者黄绿色的荧光渗透液，因为其润湿功能和毛细现象而渗入表面开口的缺陷，然后被吸附和显像，经过对缺陷图像痕迹的显示放大，导致可以通过肉眼对试件表面的开口缺陷积极查找。采用在250℃以下使用的高温渗透剂，能够对奥氏体不锈钢材料及焊缝进行表面检测，由于高温渗透剂来源有限，该技术仅在小范围内使用过。高温环境下，采用超声横波检测焊缝及母材埋藏缺陷，并从设备的外壁检测内表面缺陷是最合适的检测方法。高温超声横波检测需要根据环境温度选择高温超声探头和高温耦合剂，由于环境苛刻，大范围检测具有一定难度，小范围抽查和监控是可行的。在室温～450℃范围内，高温超声波现场应用取得了一定的效果。

更换机械密封和轴承需要找正，可以选择红外线对中仪。

与直接接触超声波方法相比，电磁超声可以说是非接触法超声波检测，有资料表明，电磁超声方法不仅可以用来测厚，也可以用来检测缺陷。国外已有相关探头和检测技术用于高温环境下的缺陷检测，国内也有研制电磁超声测厚仪和检测设备的报道，但用于压力容器和管道在线检测的资料尚未见到。

管体开裂事故发生后，对管道进行变形检测，主要目的是检测出管体变形；对管道进行惯性导航测试，主要目的是检测出管道的弯曲应变和GPS位置；对管道进行三轴高清漏磁检测，主要目的是检测出管道金属损失，如划伤、腐蚀、螺旋焊缝缺陷和较大的环焊缝缺陷；对于存在较多环焊缝问题的管道，如果具备条件，开展超声裂纹检测，主要目的是检测出环焊缝裂纹缺陷。

电子万能力学试验机可以用来测试过程装备损坏零部件的力学性能。其测试结果有：抗拉强度、伸长率和断面收缩率。

在检修后期，一般采用先盘车，后启动测试。此过程一般在正式开车前的两三天进行，对于转动设备来说主要检查油温、油压、轴位移、轴振动等参数曲线。

对于静设备而言主要是用气密性试验或者系统水压试验来查漏。如果发现问题及时整改，保证开车无问题，然后履行交接手续，将设备交工艺部门，即告知工艺人员，可以随时开车生产。有些有保温层、保冷层的压力容器可以通过内外部检验确定其安全可靠性，如做耐压试验，则必须将保温层、保冷层拆除，检验结束后再恢复，其检验的代价和时间都增加了许多耐压试验所需的时间，一般是其他检查方法所需时间的2倍以上。对于管壳式换热器，需注意的是管、壳程的试压顺序为先壳程后管程。在定期检验过程中，当使用单位或检验机构对设备的安全状况有怀疑时，应当进行耐压试验。此外，当设备在使用过程中进行了改造或重大维修施工，应进行耐压试验。停止使用2年后重新复用以及移装的设备应按照规定进行检验，并且进行耐压试验。检查期间压力应当保持不变，不得采用连续加压来维持试验压力不变，液压试验过程中不得带压紧固螺栓或者向受压元件施加外力。在耐压试验充水前、充水1/3、充水2/3、充满水、满水24h后以及放水后分别测量球罐的沉降，并符合GB 150—2011《压力容器》释义的规定。有的压力容器某些部位结构紧凑，密封要求很高，稍有泄漏将造成巨大的破坏事故。如己内酰胺装置中的氧化反应器，5台容器之间用波纹管互相连通。耐压试验时需将其拆开隔绝，装拆要求非常严格，鉴于英国一家同类型工厂同类型设备因波纹管的泄漏造成过巨大破坏，为避免发生同类型事故，采取加强焊缝内部和表面检查的措施，需要进行系统气密性检查。需要注意：有些压力容器不适宜做水压试验，如空分系统，由于低温操作，若有水积存，将会造成冻结故障，故只宜做气密性试验。有的高压大型容器，如合成塔，一般检验工作需4～8h，若做耐压试验，则封闭—加装隔绝系统堵板—注水—试压—试压合格后再拆除堵板—打开顶盖，工作量很大，耐压试验工作往往要2～3天。TSG R7001—2013《压力容器定期检验规则》里，取消强制性耐压试验要求，作为一个检验项目，只必要时进行；扩展气密性试验为泄漏试验；删除具体的技术细节，如耐压试验、气密试验过程的要求，规定试验由使用单位负责实施，检验机构进行验证（见证性）检验。

耐压试验有两个目的：一是用超压试验全面考核容器的整体强度；二是检验焊接接头的致密性和密封元件的严密性。容器使用中影响设备整体强度的是均匀腐蚀、材质劣化，这两类问题可以通过壁厚测量、硬度测定、金相检验、化学成分分析来检验评价，必要时才可能使用耐压试验评价。多年的定期检验实践表明：现在的资料中，因整体强度问题引发的事故几乎没有；很多设备由于工艺需要是禁水的；有些设备受基础承载限制无法整体水压；同时耐压试验浪费大量的水资源、电力、人力，不符合节能减排降耗的基本国策。所以，耐压试验是作为一个辅助的检验项目，只有在必要时才进行。

在用容器内部保护催化剂要求。因此反应器的试压需要等到催化剂更换时，而催化剂更换周期受生产因素的影响很大，不能准确推测，短则三五年，长则十年多，因此要准确地按检验周期对这部分容器试压会很困难。

2.5 表面沉积物的在线处理

设备的表面上会发生沉积物的集积，沉积物的来源主要有：循环水在运行过程中被蒸发浓缩，使一些溶解度小的杂质浓度超过其溶解度，在设备表面上析出，如循环水中的碳酸钙垢、硫酸钙垢、硅酸镁垢等；设备腐蚀产生的腐蚀产物，如铁的氧化物和氢氧化物；补充水和空气带入的固体悬浮物（泥沙、尘土、碎片）凝集成的淤泥；补充水和空气带入的微生物在工艺流体中繁殖后形成的微生物黏泥；生产中物料泄漏生成的污垢；水处理药剂选用不当或管理不善生成的沉积物，如磷酸钙、氢氧化锌等。沉积物的存在致使设备使用效果降低，同时阻碍缓蚀剂与金属表面的接触，降低缓蚀剂的处理效果，沉积物覆盖于金属表面，容易产生垢下腐蚀，导致设备不能长期安全运行，影响正常生产。因此，设备运行一段时间后，应根据过程装备表面沉积物的集积情况进行清洗。

过程装备表面沉积物的在线处理是一种积极的维护方法，它可保持设备表面清洁，保证设备性能。在对沉积物进行处理之前要先确定沉积物的成分，这样才能有针对性地处理。

对于设备表面的沉积物清洗前必须进行垢样分析。如果结垢的成分主要为碳酸钙垢和少量金属盐类等，则化学剥离清洗方案可以选择：杀菌剥离—化学清洗—预膜—转入正常运行。以黏泥剥离、置换、螯合分散、置换、预膜的处理工艺说明循环水系统不停车清洗处理过程。黏泥剥离：利用杀生、渗透、润湿、乳化等作用将黏泥剥离出来，期间根据泡沫多少投加消泡剂进行处理。缓慢加入表面活性较高的黏泥剥离剂（200mg/L）帮助杀菌剂更好地穿透生物膜，投加到系统中出现部分泡沫。为此，加入黏泥剥离剂（120mg/L）抑制泡沫增多，运行16h期间浊度最高达60mg/L。当浊度不再上升时，开始置换排放。剥离结束，系统进入置换阶段。分批投加，药剂浓度1000mg/L，pH控制在5.0左右，用适量工业硫酸调节。清洗剂由有机螯合剂、有机酸、分散剂、缓蚀剂等组成，清洗剂不含Cl^-，含有一定量的磷，主要以清洗磷、钙垢为主，对碳钢、铜、不锈钢等都有很好的缓蚀能力。螯合、分散清洗的机理：利用清洗剂的酸性和所带基团的螯合能力，加上复配其中的分散剂、缓蚀剂的作用，将附着在金属表面的污垢剥离、分散、螯合至洗液中，以达到清洗的目的。通过测定水中浊度、三价铁离子（Fe^{3+}）的含量、钙硬度的变化确定清洗时间，4h内浓度不变，可认为清洗结束。通过换水，使水中的三价铁离子（Fe^{3+}）的含量小于0.5mg/L，浊度小于15mg/L，控制pH在6.0～6.5，加入预膜剂运行24h。换水至正常，转入运行。清洗期间，每间隔4h需要控制给水/回水的pH值；间隔2h需要测量总铁变化、浊度变化和钠离子变化。因此，存在大量的分析化验工作。此外，判断清洗效果的定量指标是：换热器清洗前水的温差、热介质温差的升高幅度；挂片表面金属腐蚀速率是否在允许的范围内。

对结垢的清理更多的是采用化学方法，物理法清洗，主要目的是降低化学清洗可能造成的、影响设备使用寿命的腐蚀。物理清洗方法采用高压水射流清洗技术进行清洗。高压水射流清洗的基本原理是以水为介质，通过高压水发生装置形成高压，再经过特制的喷嘴喷射出能量集中、速度很高的水射流，来完成对物体的去污除垢。高压水射流清洗与传统的高压水冲洗及化学、机械、手工等清洗方法相比：不腐蚀被清洗的金属设备，不会损伤设备。物理法清洗有优点，但也存在不足，主要是清洗部位有局限性，清洗工具能直接接触到的部位清洗效果较好，但清洗不到的部位则没有一点清洗效果。

对于被压缩的气流中含有粉尘的离心压缩机，转子叶轮上积垢后，振值明显上升。此时，可以选择不停机除垢的方法，在压缩机的入口处间断地喷入清水，利用机器旋转产生的离心力使水流冲刷积垢；也有用生大米、胡桃壳等有机磨料清除压缩机流道中的污垢。需要指出，除垢后如果振值明显上升，则还必须进行动平衡测试。

2.6 实例分析

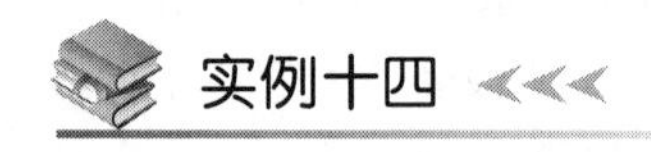

某石化公司化肥厂合成氨装置是20世纪70年代引进的美国凯洛格生产技术装置，1976年9月6日建成投产，日产合成氨1000t。2005年8～10月，装置进行增产50%的扩能改造，日产合成氨为1500t。改造后吨氨综合能耗由设计的42.36GJ降到了33.8GJ。近几年，合成氨装置结合自身工艺特点，通过技术攻关，克服了设备法兰泄漏、二段转化炉喷头偏烧、小空气压缩机打量不足、换热设备效率低等不利因素的影响，装置长周期运行取得了可喜的成绩。特别是在2014年，合成氨装置长周期连续运行突破360d的记录，实现夏季满负荷运行的历史性突破。

(1) 法兰泄漏问题的技术改造

针对高温变换气废热锅炉设备封头法兰、中压蒸汽入界区大阀法兰、小合成塔入口切断阀法兰泄漏问题，通过螺栓达载荷技术，对3台设备泄漏部位法兰螺栓安装拉伸垫圈。此垫圈结构如图2-9所示，其优点在于随着螺栓的拉伸，螺牙环向上移动，螺母不在法兰面上转动，从而使转矩能精确的转为拉伸力。当紧固完成后，垫圈还相当于1个螺母，形成双螺母，达到防松效果。自2010年8月检修实施后，3台设备法兰完好无泄漏。

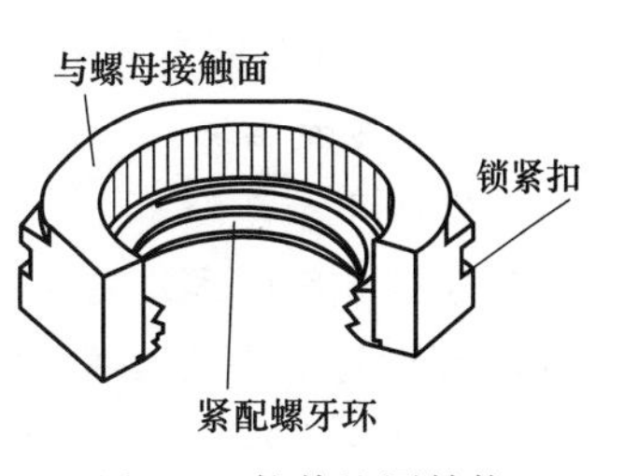

图2-9　拉伸垫圈结构

针对二氧化碳再生塔再沸器管侧法兰泄漏问题，分析原因是管程所走工艺气的操作温度、压力波动频繁，这样造成垫片的压紧力反复波动。而钢包石棉垫内的石棉回弹性差，对操作压力和温度波动的适应性不好，这就会引起垫片材质的应力疲劳。当垫片压缩变形的回弹量补偿不了变形量，就会发生法兰密封失效，造成介质外漏。为此，进行了垫片改型设计，由原来的钢包石棉垫片改为柔性石墨金属波齿复合垫片，改变了回弹量，密封效果更好。

针对刺刀管废热锅炉大管板侧法兰垫片，由原来的石墨缠绕垫改成了齿形垫，运行1年多来未见泄漏。

(2) 二段转化炉喷头偏烧问题的处理

二段转化炉的2个喷头分别为2005年和2008年从瑞典卡萨利公司进口。该设备顶部喷头燃烧效果的好坏直接影响二段转化炉出口甲烷含量、合成氨的能耗和产量以及内部催化剂的使用寿命。但新设备运行3个月后炉内测温点TR-85与TR-90的温差达100℃以上，喷头出现内衬变形、损坏等现象。由于气流分布不均，导致催化剂床层温差过大，对催化剂的使用寿命及生产负荷带来很大影响。2009年对二段转化炉锥形燃烧室的燃烧流动情况进行了三维数值模拟，采用航天材料对现有的2个喷头修复（主要更换内部锥筒）。基于喷嘴内衬原有设计构形和尺寸，更换喷嘴内衬，内衬主体材料Incoloy800HT、内衬端部（即与外筒形成环缝处）选用钴基高温合金（Co50），内衬端部增加加强筋，提高其抗高温蠕变性能，延长使用寿命。针对外表面出现不同程度的高温氧化、腐蚀，采用最新的航天表面处理工艺，提高其抗高温氧化腐蚀能力。选用堆焊高温合金技术，修复布风板上已烧蚀变形的空气喷孔。修复后效果明显，偏烧情况得到改善，目前已能保证喷头平稳运行1年以上。

(3) 小空气压缩机打量不足的处理

小空气压缩机是2005年装置50%扩能改造时新增加的设备，由国内某公司负责设计制造，其作用是为二段转化反应提供大约40%的空气。该设备投用后存在的问题是：在压缩机满负荷的情况下，电机电流555A，流量29t/h，入口阀开度随着环境温度变化在15%～18%波动；二段出口压力、温度偏高；运行点接近防喘振控制线，出口放空阀经常打开，造成能源浪费。针对小空气压缩机，通过对比、研究发现低压缸二段存在问题。经核算后，对低压缸后三级叶轮切削15.6mm，同时对防喘振曲线进行修改。这样能保证机组运行不减产，机组出口压力（绝压）达到3.4MPa，能够有效地降低喘振流量和能耗。2013年1月小空气压缩机叶轮切削改造完成，经过运行考察，成效显著：机组低压缸出口压力、段间温度比原来分别降低0.04MPa和13℃，段间换热器的热负荷大幅降低，结垢问题也随之解决，机组防喘振系统更合理。此外，空气流量也比原来最高增加 1.94t/h（机组原流量的 5%以上)，生产负荷可提高约 1%。

(4) 水冷器结垢

根据历年检修经验，有些水冷器在运行过程中结垢严重，换热效果差。尤其是氨压缩机出口氨冷器、凝汽式汽轮机的表面冷凝器和空气压缩机段间冷却器等受季节气温影响较大的设备，每年到夏季气温高时，受控指标不合格，生产负荷提不上去，严重制约着装置的长周期运行。针对水冷器结垢问题，一方面通过改善水质，加强地漏管理，防止杂物进入；另一方面对本车间循环水系统流量分配进行了详细核算，最终通过增大凝汽式汽轮机表面冷凝器的冷却回水管管径、在大空气压缩机段间水冷器入口冷却水处新增一条跨线、在氨压缩机出口氨冷器冷却水出入口线上增加反冲洗阀、小空气压缩机段间冷却换热器新增备用芯子等一系列措施，基本上保证了各水冷器的工艺指标。通过增大冷却回水管管径，一方面增大了流量、流速，降低了回水压力；另一方面缩短了杂质的停留时间，减少结垢；通过设置跨线，改善了部分水冷器冷却水的流量分配，提高了换热器的换热效率；通过增加反冲洗阀，适时进行反洗，减少了污垢沉积；对于能切除系统进行检修、清洗频次比较高的换热器，通过新增备用芯子，保证一用一备，节省了检维修用时，提高了检修效率，降低了对负荷的影响。

实例十五

某炼化公司以常压渣油（大庆常压重油）为原料，最大量生产汽油和液化气。此 1.8Mt/a 催化裂化装置自 1999 年 10 月投产以来历经多次改造，目前可以使用不同的催化剂加工原料，运行平稳。但是，2004 年 10 月～2005 年 10 月，装置在运行过程中出现了异常，影响了安全生产。具体表现在：2005 年 6 月，外取热器器壁温度过高、变形严重，如油浆固含量逐步升高，最高达 30g/L，尽管采取了多种措施，但调整后的油浆固含量仍在 10～15g/L，高于工艺指标。油浆固含量超标会加剧油浆系统管线和阀门的磨损，危害极大。与此同时，沉降器中的催化剂大量跑损，单耗增至 1.2kg/t。沉降器汽提段催化剂流化不正常，多次出现“架桥”现象。7 月份以后，装置的焦炭＋干气产率升高，达到 13.5%以上，产品分布不理想。另外，再生器主风分布板压降明显增大，最高达到 30kPa（正常值为 8～15kPa)。

与粗旋连接的方箱衬里磨损、变形的原因主要是：装置因停电多次切断进料。操作条件发生突变，致使沉降器温度在 250～520℃急剧变化；2003 年 5 月 25 日装置停工时，沉降器在打开人孔后曾发生过焦炭自燃现象，引起局部超温；龟甲网与设备本体之间的焊接强度可能达不到温度突变的要求。提升管出口与粗旋连接的方箱磨损，导致沉降器旋分系统的整体分离效果变差。这样进入分馏塔油气中的催化剂增加，导致分馏塔塔底油浆同含量上升；部分油气与催化剂从方箱破损部位直接进入旋风分离器顶部，造成油剂分离效果变差，催化剂跑损量增加、焦炭产率提高，产品分布不理想。因此，更换了提升管出口与粗旋连接的方箱衬里，龟甲网焊接点加密。

外取热器芯子共有 36 根翅片管。检查中发现 2 根翅片管泄漏。翅片管泄漏的原因主要是翅片管结构不合理，翅片开口处存在应力集中点，造成开裂泄漏。翅片管泄漏时，水汽进入再生器导致催化剂热崩，使催化剂跑损量增大，加上水汽长时间冲刷外取热器器壁衬里，因此导致衬里损坏，器壁过热及变形。此外，外取热器流化风环管由于拉筋断裂发生倾斜，导致流化风偏流及进入外取热器的催化剂分布不均匀，影响外取热器的运行状态，降低了取热效果。因此，重新设计外取热器翅片管，以减少应力集中点。

沉降器汽提段共有 4 组汽提蒸汽环管。检查发现上数第二根汽提蒸汽环管的 3 个法兰磨损严重。汽提蒸汽环管损坏导致汽提效果差、装置生焦量增加，影响汽提段待生催化剂的流化状态。因此，取消汽提蒸汽环管的法兰，采用直接焊接方式连接。

技术改造完成后，2005 年 11 月 2 日装置重新开工，对装置运行情况进行了连续一周的跟踪检查。结果显示：油浆固含量一直在 3g/t 以下；再生器主风分布板压降在 10kPa 左右，催化剂流化正常，产品分布合理；当月催化剂单耗降到 0.9kg/t。为了保证装置安全、稳定、长周期运行，减少装置紧急停工次数，控制沉降器升降温速度，避免因操作波动过大造成设备损坏。

实例十六

某石化企业制氢装置中，一材料为 321 不锈钢的三通管，自 2013 年投入使用，仅服役一年多就发生开裂失效。管道输送的焦化干气通过进料、脱硫、蒸汽转化等过程后形成以 H_2 为主、含有少量 CO 和 CO_2 的混合气体，该气体称为中变气。在中变气换热流程中，一材料为 321 不锈钢的拉拔三通管道上发现裂纹，位置接近于与上直管道连接的部位。图 2-10 示出开裂三通管附近管道系统中变气换热器的工作流程。中变气从第一分液罐（D-206）流出之后通过换热器 E-202 换热，进入到第二分液罐（D-207）。为了防止换热器 E-202 出现故障和方便检维修，在 D-206 出口处设计一个旁路分流管道。在 E-202 发生故障时通过阀门控制中变气，使中变气从分流管道中流出，直接进入 D-207。虚线圆圈处的三通即为失效的三通管。旁路分流管及与换热器 E-202 连接的水平管通过焊接与三通相连接，裂纹发生在三通管道上管段，即与旁路分流管道相连接的三通管上管道部位。管道的公称直径 $DN=350$mm，壁厚 $t=15$mm，设计压力 4MPa，介质流速 4m/s。换热器正常工作时，阀门是关闭的。自从换热装置正常工作以来，阀门开启次数很少。中变气介质主要成分：70%H_2，20%CO_2，少量的 CO 与微量的 H_2S、Cl_2，剩余为水蒸气。经 E-202 换热器冷凝后，冷凝液主要组分：H_2O、CO_2 及微量的 H_2S 与 Cl_2，呈酸性。中变气在冷凝换热后，温度在 140～170℃之间，压力在 2.0～2.2MPa 范围内。

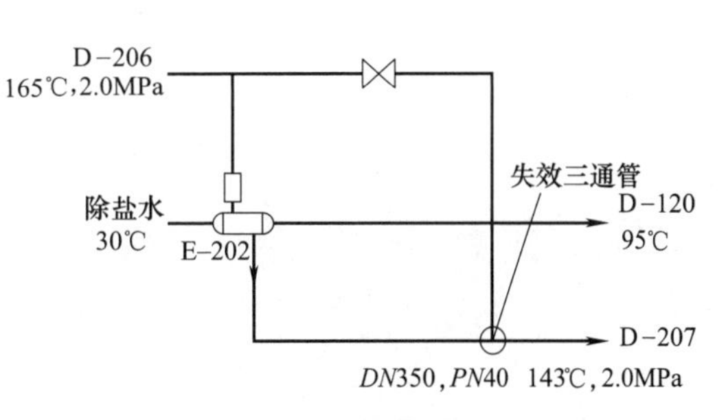

图 2-10　开裂三通管附近管道系统中变气换热器的工作流程

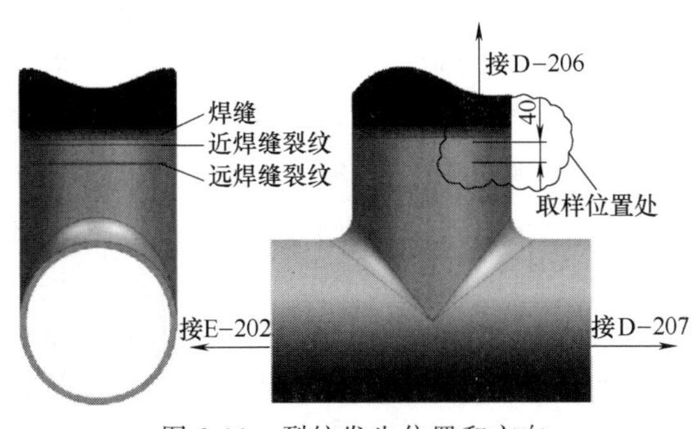

图 2-11　裂纹发生位置和方向

图 2-11 为裂纹发生位置和方向示意图。由图 2-11 可以看出，裂纹在三通上直管段右侧（靠近平管流出一侧），裂纹方向为圆周方向，属于周向裂纹。一条裂纹位置接近于焊缝，为近焊缝处裂纹；另

一条裂纹相对焊缝较远些，为远焊缝处裂纹。图 2-11 中还标示了分析试样的取样位置。

用扫描电镜观察出近焊缝处、远焊缝处的裂纹断口形貌，分别如图 2-12、图 2-13 所示。由图 2-12 可看到近焊缝处明显的河流状花样，这是解理开裂的典型特征。由图 2-13 可看到远焊缝处靠近管道内壁，接近于裂纹的起裂点，除了明显的河流状花样，同时，在下方区域靠近裂纹源的地方，发现了与河流状花纹垂直的疲劳辉纹。通过两处裂纹起源处的能谱检测，均发现了奥氏体不锈钢应力腐蚀开裂的敏感元素：硫和氯。从设备工况来看，140～170℃的温度及 H_2S-H_2O 共存的湿硫化氢环境也是腐蚀的温床。根据硬度测试，裂纹区域的硬度在 196.4～266.9HV 之间，均高于 321 材料的正常硬度，硬度的增大可能是由于冷加工形变引起的。硬度的增加使奥氏体不锈钢对湿硫化氢腐蚀环境下的 SCC 有一定敏感性，加工硬化越严重、敏感性越高。由于该三通管是拉拔而成的，因此冷作硬化将导致三通管硬度增加，且从底部至端部逐渐增大。近焊缝裂纹区域的硬度应大于远焊缝裂纹区域，与硬度测试的结果一致。由反复冲击对管壁产生的间歇性拉应力属于一种交变应力，在该交变应力作用下，即使低于 321 材料的屈服极限，也会引起微裂纹不断萌生、集结、扩展，形成宏观裂纹，即疲劳裂纹。开裂区域正好处于 3 种应力之和最大的区域，裂纹起裂和扩展是由 3 种应力共同作用的结果。

该管道的裂纹失效属于应力腐蚀与疲劳交互的失效问题。

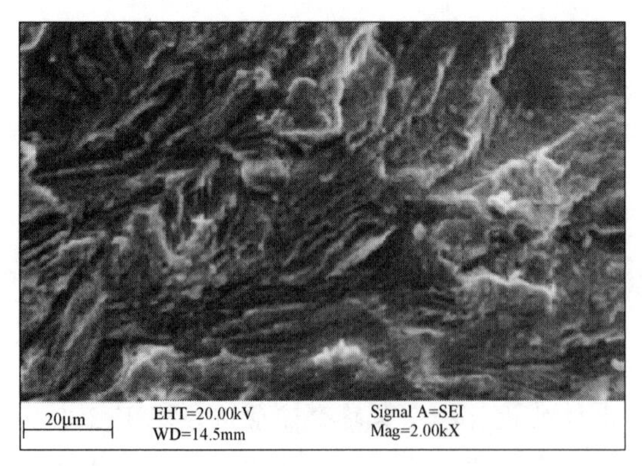

图 2-12　近焊缝处的裂纹断口形貌

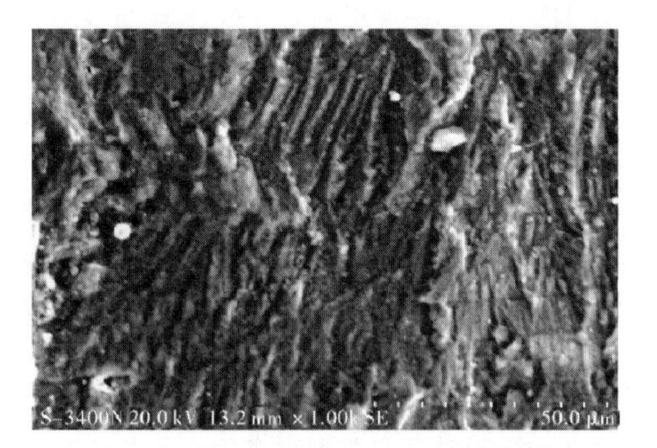

图 2-13　远焊缝处的裂纹断口形貌

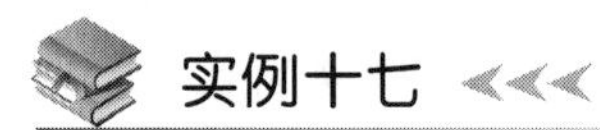

实例十七

2014 年，某石化生产企业的一套塑料装置中，一个压力容器上的两套爆破片中的一套突然发生了爆裂，导致生产装置紧急停车，给企业生产造成了很大影响。两套爆破片完全相同，为正拱开缝型，型号 LKA80-1.2-200，材质为 304 不锈钢，使用寿命只有半年左右。爆破片设计爆破压力 1.2MPa，设计使用温度 200℃，介质为蒸汽，工作温度 170℃，工作压力 1.0MPa，爆破片失效时装置压力无明显超压现象，属于异常失效。由于爆裂的爆破片在抢修过程中受到污染和破坏，因此，针对未爆裂的另一个相同的爆破片开展检测分析，以便查找出爆破片失效原因，消除安全隐患。

将爆破片拆卸解体，其结构由 3 个拱形片组成，其中泄压放空一侧的金属片称之为“上片”；压力容器一侧的金属片称之为“下片”；中间一片是塑料密封膜。爆破片的外观形貌见图 2-14，可以看出，爆破片的上片放空侧表面布满了锈垢沉积物，尤其是拱形下缘部分沉积物较多。将上片6条开缝下部的小孔区域清理干净，在小孔周围发现了微裂纹，多条裂纹起源于小孔，呈放射状向四周延伸，见图2-15。检查爆破片的下片和密封膜，均完好，未发现破损和微裂纹痕迹。由此确定，上片开缝下部的小孔区域的微裂纹是造成爆破片异常失效的主要因素。

图2-14 爆破片外观形貌

图2-15 上片开缝下部的小孔处微裂纹形貌

在爆破片的上片和下片分别取样，利用碳硫分析仪和直读光谱仪，对上片和下片材料成分进行检测分析。由成分检测数据可以看出，开裂爆破片材质是304不锈钢。304不锈钢耐氯离子点蚀和应力腐蚀性能较差，容易发生点蚀穿孔或者应力腐蚀开裂。

将爆破片的上片裂纹部位切割制成小试样，利用扫描电镜分析上片表面微裂纹形貌，用能谱仪检测表面锈垢沉积物成分。由图2-16可以看出，上片表面的裂纹不是疲劳开裂的一条笔直裂纹，而是多条裂纹曲折交错，尤其是裂纹前端存在树枝状分叉，这是应力腐蚀裂纹扩展的主要形貌特征。上片表面存在锈垢沉积物，能谱检测结果表明，沉积物主要成分为铁的氧化物和少量钙盐等水垢，检测出来的多种元素中，发现了奥氏体不锈钢应力腐蚀最敏感的Cl元素。

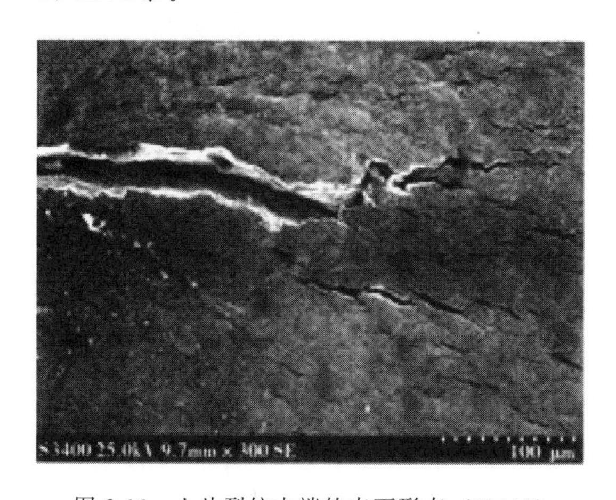

图2-16 上片裂纹末端的表面形态（300×）

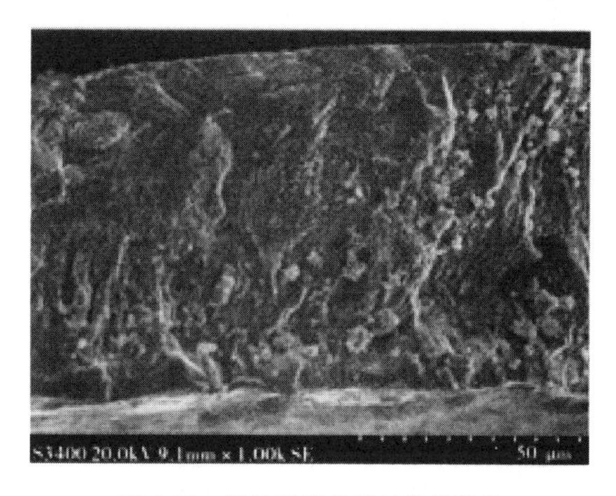

图2-17 裂纹破开的断口微观形态

利用工具将上片小试件从裂纹处破开，制成断口分析试样，用扫描电镜分析断口表面的微观形貌，用能谱仪检测断口表面成分。由图2-17可以看出，上片裂纹破开的断口表现为脆性形态，无塑性变形痕迹，说明上片裂纹不是高温蠕变或者过载造成的塑性开裂，符合应力腐蚀开裂的脆性特征。断口表面存在腐蚀产物，判断腐蚀产物是由开裂后表面沉积物浸渗进去的。能谱检测结果表明，腐蚀产物主要成分为铁的氧化物和少量水垢，其中依然发现了Cl元素。

失效爆破片属于正拱开缝型，凸面向外，在容器内部压力作用下，爆破片上片拱形区域产生拉应力，尤其是开缝端部的小孔区域应力最大，具备了应力腐蚀的拉应力条件。爆破片材质为304奥氏体不锈钢，对含Cl^-的腐蚀介质最敏感，在上片表面的沉积物中发现了Cl元素，而且在开裂的断口腐蚀产物中也存在Cl元素，这说明上片表面的沉积物Cl元素提供了应力腐蚀的特定介质。由此可以确定，爆破片的上片开裂属于Cl^-造成的应力腐蚀，由于上片开缝下部的小孔区域应力最大，因此裂纹优先在此处萌生，造成爆破片承压能力下降，最终导致爆破片过早爆裂失效。

失效爆破片的设计爆破压力p_b=1.2MPa，爆破压力允许偏差为±5%，计算爆破片的最小爆破压力$p_{b\,min}$=1.14MPa。对于正拱开缝（带槽）型爆破片，为了防止由于疲劳或蠕变而使爆破片过早失效，规定最小爆破压力$p_{b\,min}$与容器工作压力p_w满足关系式：$p_{b\,min} \geqslant 1.25p_w$。由此计算容器工作压力$p_w$最大不应超过0.912MPa，而实际容器工作压力为1.0MPa，大于失效爆破片的最大工作压力p_w，这说明该爆破片的爆破压力选型过小，容易导致爆破片异常爆裂失效。

勘查现场装置的管线布局发现，爆破片放空侧管道与其他安全阀等管线连通，并且管道放空处开口朝上，雨水等各类介质很容易进入管路，从而在爆破片放空侧表面沉积，带来较高浓度Cl^-的腐蚀因素。又由于爆破片的爆破压力选型过小，局部区域应力过大，造成爆破片的上片逐渐产生应力腐蚀裂纹，最终产生爆裂失效。

将爆破片的上、下片材质更换为耐Cl^-应力腐蚀较好的316L不锈钢；改造爆破片放空侧的管路，改变为单独管线，并且加装防雨水机构，以防止表面锈垢沉积；适当调高爆破片的爆破压力，由1.2MPa提高为1.3MPa，保证具有一定的安全余量。用以上三方面技术措施，消除爆破片的安全隐患。

2.7　过程动设备故障诊断

故障预测与健康管理（Prognostics and Health Management，PHM）技术指利用尽可能少的传感器来采集系统的各种数据信息，借助各种智能推理算法来评估系统自身的健康状态，在系统故障发生前对其故障进行预测，并结合各种可利用的资源信息提供一系列的维修保障措施以实现系统的视情维修。

实践表明，与静设备相比，动设备更需要“医生”去帮助分析和检查出病因。对运行中设备的监测不再只是停留在靠手摸，靠耳朵听的传统故障判断方法上，可以对设备及系统的温度、压力、流量、转速、液位、振动值、浓度等各方面参数进行实时在线监测。振动超标、噪声增大、温度和压力异常时，借助于传感器，对获得的信号进行分析、处理、比较和判断，可以诊断出设备相应的故障。设备的故障诊断是鉴别设备的技术状态是否正常，发现并确定故障的部位和性质，寻找故障原因，预报故障趋势并提出相应的排除故障的方法，例如：在故障诊断中处于主导地位的振动诊断技术。故障诊断技术能够在故障的潜发期即发现设备状态的异常变化，有利于及时采取措施防止设备故障的进一步扩展，减少装置因显著故障造成的非正常停工次数。应用故障诊断技术不仅能减少事故75%，节约维修工时30%，节约维修成本25%～50%，还能降低生产成本、节约能源和物料消耗，极大地提高产品质量和生产效率。

对于转动机组而言，从宏观角度讲，如果机组振动不超标、轴承不过热（同时效率不下降），才能保证机组的长周期平稳运行。故障特征信号有压力、流量、温度、电流、功率、噪声、振动等。电站风机和水泵及电动机故障的特征信号有：出口压力；出口流量；轴承温度（或轴承回油温度）；电动机定子线圈温度；电动机电流；电动机功率；噪声；振动。通常所采用的在线监测及故障诊断系统，正是针对机组的振动状态、润滑油温度、轴承温度及相关状态参数，实施数据采集和监测分析诊断的。

利用在线监测及故障诊断系统可以连续实时地监测机组的运行状态，在某些恶性故障的形成过程中，或者在破坏性故障的初期便采集到信息及时分析诊断原因和发展趋势，避免故障的扩大、避免二次事故的出现，真正做到防患于未然，从而提高机组和生产装置运行的安全与可靠性。在线监测系统及时为检修人员提供可靠的分析数据和多种分析方法，为成功诊断机组故障发挥很大作用，避免不必要的停机抢修和必要的适时检抢修。机组检修系统的投用，能为机组开展预知维修、节约检维修费用带来巨大的经济效益。

对于电厂的汽轮发电机组，根据现场传感器测得的轴承基频振动、转子电流和无功功率，可以发现以下的故障征兆（故障类型）：发电机轴承振动增大；发电机转子电流增大；发电机无功功率增大；振动随无功功率的增大而增大，并伴有时滞现象；振动随风温的提高而增大；振动随水温的增大而增大。其故障可能是：发电机转子线圈层间短路；发电机滑环故障；发电机轴承故障；发电机转子存在裂纹或套装零件失去紧力。其中，发电机转子线圈层间短路，会引起转子局部温度升高，使转子产生热不平衡，引起发电机轴及轴承的振动超过正常值等故障；发电机转子存在裂纹或套装零件失去紧力，会引起机械不平衡振动。1986年，美国国家电力研究院（EPRI）所属的监测与诊断中心（M&D）在美国的费城成立。该中心在艾迪斯通电厂开展了状态检修工作，采用40多种监测诊断技术对该电厂的设备状况进行评估和论证，经过一段时间的努力，原来需4～5年大修的汽轮机延长到6～8年，检修时间由原来的8周减少到4周，延长设备寿命10%～15%，提高运行能力10%～30%。美国Pekrul电厂开展设备诊断后，投入的经费仅仅是产生的经济效益的1/36。例如，对于电站风机和电站水泵，按照振动监测仪器制造单位的要求，大约每一个月监测一次设备的振动数据，用来分析其故障。

在设备运转过程中，利用故障诊断系统并结合实践经验，可以写出故障诊断报告判断设备故障所在，为检修赢得时间，出现问题及时发现、及时处理，做到预知维修，做到提前准备、超前维护，不但可以减少非计划停车时间，还可以大大降低维修费用，保证装置长周期运行。要使该系统发挥更大地作用，应注意：在分析和诊断故障中，单独一次测量往往很难对故障判断有较大的把握。为此，应注意积累和研究设备正常运行状态下的振动数据以及故障诊断结果的验证工作。对于一台设备而言，诊断出原发性故障要比诊断出诱发性故障更困难，在对频谱图分析的同时一定要结合装置的工作状况、周围环境等因素综合分析判断。

动设备在发生重大故障之前，设备本体会表现出很多不正常的现象。例如噪声、温度、电流大小、振动烈度等等。其中最复杂，最难判断的就是振动。通过对设备系统定期的振动监测，可以判断出某设备在何工况下，哪一个零部件出现问题，从而能够协助操作人员和维保人员提前做出判断，进行预防性维护，避免发生破坏性故障，减少人身安全事故和财产损失事故发生的概率。振动监测的过程是通过将振动加速度传感器放置在被监测设备的静止表面，当设备运行时，通过数据采集器将采集到的数据传到计算机中，用软件进行系统全面分析。振动测点往往选择电机轴承、压缩机两端轴承位置；测试工况选择机组正常运行工况。放置的振动测点主要在轴承部位，且在三个方向：轴向（A）、水平（H）和垂直（V）。

在振动的监测中，振幅可以用位移、速度或加速度来表示；振幅的均方根值是其有效值，位移、速度、加速度的有效值分别对应振动系统的势能含量、动能含量、功率谱密度的含量；1倍转速（1×）、2倍转速（2×）、1/2倍转速（1/2×）分别对应：振动频率与机器转速相同、振动频率是机器转速的2倍、振动频率是机器转速的1/2倍。其中，有效值特别适用于具有随机振动性质的振动故障件的测量，而且振动故障件的磨损程度越大，则有效值越高。

旋转机械故障特征属性有：工频/高频/低频分量比例、开机过临界振动、带负荷振动、基频振幅、基频相位、相关运行参数特征、趋势特征、定速振动稳定度等。根据测点的频谱图，可以得到机组的工作频率、最大的振动能量以及影响机组安全运行的主要频率成分，从而诊断机组是否存在着转子质量平衡（平衡受到破坏）问题。

轴心运动轨迹是轴颈中心相对于轴承座在轴线垂直平面内的运动轨迹，是一平面曲线。轴心轨迹图可以显示转子轴心相对于轴承中心的稳态（即忽略振动）位置，是将两个传感器安装在转轴的同一截面上、彼此互成90°而在示波器的显示屏上得到的轴心位置点再将不同时刻的轴心位置点连接起来得到的图形。通过轴心轨迹图可以看出临界转速、偏位角、偏心距、最小油膜的厚度，从而判断转子运行是否平稳。一般来说，大机组转子轴心位置的偏位角应该在20°～50°，最小油膜厚度为30～200μm，如果偏位角过大，表明轴心位置上移，预示着转子很容易发生不稳定涡动；如果最小油膜厚度变薄，则表明油温或瓦块温度明显增高并可能出现磨损；在较低转速下，如果存在不对中和非线性油膜力，则轴心轨迹图呈不规则状，而在临界转速附近的轴心轨迹近似为圆，转速再高并且出现油膜涡动时的轴心轨迹呈内八字形，转速高到出现油膜振荡时的轴心轨迹呈准周期运动的复杂规律；如果转子出现不对中的故障，则轴心轨迹通常呈香蕉形或外八字形；如果转子发生严重的碰磨故障，则轴心轨迹在圆形轮廓线之内有多个小圈套。

2.8　实例分析

某石化分公司化工二厂拥有丁辛醇、造气、醋酸、乙醛、丙烯腈、丙酮、硫氰酸钠、硫铵8套生产装置。2003年1月，该厂从国内某公司引进图2-18的HG8902C双通道数据采集故障诊断系统，将全厂动设备逐一建立数据库并利用该系统进行定期监测，通过对所采集的数据进行分析，指出设备运行状态、发展趋势以及故障部位。电动机、立式泵、卧式泵、风机、压缩机等转动设备都可以应用其进行故障诊断和预测维护。

在利用该系统进行数据采集时，一般将传感器放在轴承处，以此作为主要测点，常选径向（水平、垂直）、轴向三个方向，而把机壳、箱体、基础部位选作辅助测点。数据采集故障诊断系统参数的选择的要点是：

分析频率（F），根据机器振动频率（厂）来设定，一般选 1000Hz。

采样点数，一般选择 1024 点。

耦合方式，一般选择交流耦合。

低通设置，该项选择只有交流耦合时有效；不加低通，用于高频信号采集；加低通，只是测量速度。

低通一次积分，使用加速度传感器测量速度；低通二次积分，使用加速度传感器测量位移；低通拐点选择 600Hz 或 1000Hz。

高通设置，常规 10Hz，低转速时选 0.1Hz，10 万转以上选 400Hz。

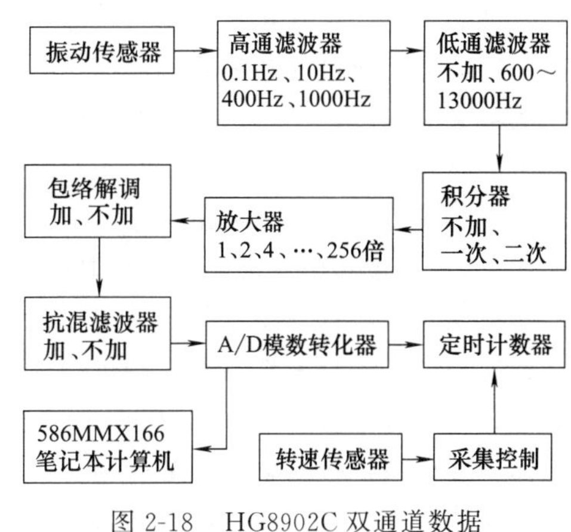

图 2-18　HG8902C 双通道数据采集故障诊断系统

(1) 立式泵高速轴不平衡的诊断

丁辛醇车间造气装置碳水泵是立式高速泵，转速为 14250r/min。检修时发现该泵声音异常，用 Vm63 监测到：垂直方向振动速度达到 0.96cm/s，处于超标状态。监测人员利用该系统对其进行波形及频谱采集。通过数据分析，发现该泵的时域波形酷似标准的正弦波，频谱波形中工频 237.5Hz 占主要成分，有效值达到 0.85cm/s，而轴向幅值增加较小，与典型的转子不平衡特征非常吻合，所以监测人员初步诊断为高速轴存在不平衡，应立即停机检修。解体检查发现高速轴偏磨迹象明显，安装叶轮的轴颈键槽处有约 6mm×7mm、深度约为 0.4mm 的表层脱落。通过计算，表层的脱落量为 1.3g，超过允许不平衡量的 3 倍。由此认为引起不平衡的原因是：键槽侧面在流体的高速冲击下，引起键槽边缘表层疲劳剥落；由于高速轴质量不平衡，从而引起泵的振动。在检修过程中，更换了高速轴、轴承和机械密封，试车后运转正常。

(2) 离心泵不对中故障的诊断

丙烯腈装置离心泵为凝水泵，型号为 40×25IFWM-2013，转速为 2880r/min，通过周检监测发现：前轴承水平振值 5.6mm/s，轴向 6.1mm/s。采集频谱进行分析 100Hz 二倍频占一定成分，轴向振动大于径向，存在不对中故障。停机，更换对轮胶圈、找正、试车并采集频谱。通过检修前后频谱对比分析，水平方向振动值降到 1.58mm/s，轴向降到 1.2mm/s。故障分析结论与现场检修情况相符。检修后振值达到良好状态。

(3) 离心泵轴承内圈故障的诊断

2003 年 5 月 26 日，丙烯腈装置离心泵 P137A 振动超标，前轴承水平振值达 0.76cm/s，垂直方向为 0.79cm/s，且前轴承温度偏高、有杂音，后轴承也超过标准振值 0.50cm/s。工作转速 2900r/min，前后轴承型号均为 6307。利用 HG8902C 系统进行数据采绘出的域波形和频域波形发现：峰值和有效值较高，高倍频率较多，说明轴承可能存在表面点蚀剥落等具有冲击性的故障。由于滚动轴承的制造、材质等方面的原因，使得特征频率与理论计算值有一定的误差，所以认为频谱图中出现的 237.5Hz（略小于理论值 238.19Hz）即为轴承内圈故障特征频率，可以初步确定是轴承内圈滚道上出现了剥落、裂纹或伤痕等缺陷。随后停机检查，结果发现：轴承内圈有剥落现象，与诊断结果一致。由于准确判断，及时处理，避免劣化趋势进一步扩大。需要指出：尽管滚动轴承使用润滑脂润滑而不需要滑动轴承的那样的复杂的供油系统，但是在冲击载荷下容易发生故障，因此也是最容易损坏的部件之一。

(4) 离心泵机械松动故障的诊断

硫铵装置离心泵，转速为2980r/min。2004年4月15日，周检发现：振动超标，前轴承水平振速0.52cm/s，垂直0.72cm/s。用HG8902系统采集并进行频谱分析。结合设备结构特点分析频谱图：振动频谱除基频1×即50Hz，3×～5×却有明显的峰值，并伴有1倍频，特别3、4倍频频谱比较大，振动不稳定，并且径向（特别是垂直方向）振动较大，而且轴向振动小，所以初步分析认为是出现机械松动故障，或是基础松动，或是轴承内圈或外圈配合过松。停机检查发现：前轴承箱支撑螺栓松动。经过重新紧固后开机，前轴承水平振速为0.21cm/s，垂直为0.12cm/s，处于良好状态。

(5) 离心泵机械松动故障的诊断

丙烯腈装置泵叶轮存在故障的实例频谱测点为轴承轴向，从振动速度值上表现为振动偏大。该泵为单级悬臂式离心泵，工作转速为1500r/min，叶片数为5片，前后轴承型号为6313。叶轮存在轻微故障时的频谱图，采集时间为2005年7月6日，除轴频（25Hz）峰值较高外，5倍谐频峰值突出，所以125Hz即为叶轮通过频率（该泵叶轮有5个叶片，工频，$f=25$Hz，$5f=125$Hz）。由于叶轮特征频率的有效值并不是很大，对该泵进行跟踪监测两周后采集到频谱，叶轮通过频率幅值显著上升，该泵振动加大，叶轮故障明显，应立即检修。结合该泵的结构特点分析，振动的主要原因是由于叶轮平衡孔被聚合物堵塞，产生较大轴向力作用在前轴承上。若叶轮平衡孔不及时疏通，将造成轴承损坏。停机检查发现叶轮平衡孔堵塞严重。清理过后，振值下降，达到良好状态。当该设备出现类似问题时，通过与丙烯腈车间合作，采用碱水冲洗的方法溶解聚合物，实现了无需设备解体就消除了振动振源的目的。

(6) P3286A轴承振动值较高

2005年3月3日，丁辛醇P3286A前轴承振值突然升高后，利用该系统进行测试，并将测试结果参照该设备正常时的测试结果，没有发现新的异常频谱成分产生，设备相关的一些操作参数也没有大的起伏，只是轴承振动值较高。又用轴承冲击脉冲仪对轴承进行检测，轴承处于良好状态。经过分析，认为：造成该设备振动的原因是运行工况不稳；运转一段时间后，振动值会下降，但必须密切关注其运行状况。监测人员需每两小时监测一次。一天后，该设备振值恢复正常。

实例十九

1984年，某炼化公司从化肥五大机组的检修入手，用“国产化ND3000大机组检修在线系统”对五大机组在线检修。1989年5月，氮压机低压缸大修后开车振动较大，根据频谱图结合设备检修实际情况分析诊断，建议机组可不返工检修，避免了损失825万元。1999年，采用ND3000在线监测系统实现化肥6台大机组的在线监测。ND3000系统是基于DSP数字信号处理器技术的实时全息检修系统，实现整机通道同步、实时频谱监测、多机并行实时处理、网络信息共享，是分布式网络化实时在线监测系统。

(1) 二氧化碳压缩机检修前汽轮机的摩擦故障监测

2002年1月12日，ND3000在线监测系统尚在调试阶段，如图2-19所示，二氧化碳压缩机汽轮机前后轴承上4个测点振动同时攀升，其中振动值最大的测点X105H由30μm上升到44μm，时间间隔约20h。期间，低压缸靠汽轮机侧的X106的2个测点振动也同时上升。其后，各测点振动值维持不变。至1月15日7：38，各测点振动值开始略有下降。其中，X105H振动值在14：21时为41μm。之后，机组汽轮机各测点振动基本平稳。汽轮机的X104、X105和低压缸X106等共6个测点振动同步上升，分析认为传感器失效的可能性较小。因为经确认现场传感器工作正常，因此确认是机组本体的问题。低压缸及齿轮箱振动中除X106振动同步有所上升外，其余测点均无明显变化，故认为低压缸X106振动幅值上升是由汽轮机传递而来，振源为汽轮机。根据ND3000系统的测点频谱图，机组汽轮机4个测点的振动以工频为主，伴有二倍频等倍频成分。将2002年1月14日13：30的数据与2001年12月26日10：10的数据相比较，可知汽轮机4个测点的通频值上升是由工频幅值增加引起的，而二倍频等成分无明显变化。两侧轴心轨迹不同程度地整体变大。分析汽轮机4个测点的时域波形，振动值最大测点X105的H波形下部存在局部削波现象。2001年12月26日和2002年1月14日的相位差值变化较大，说明振动发生时，不平衡矢量在大小、角度、位置上均发生了变化。1月14日以后的各种相位差值都稳定下来。

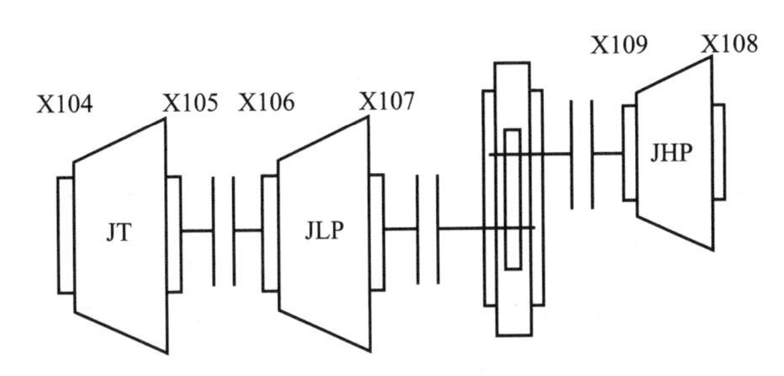

图2-19　二氧化碳压缩机组结构和测点布置

JT—二氧化碳压缩机组压缩机；JLP，JHP—二氧化碳压缩机低，高压缸；

X104～X109—振动测点位号

2001年11月1日机组抢修高压缸后开机，X105的振动比停机前振动值提高19%，以工频幅值增长为主；汽轮机主蒸汽流量较停机前增加约15t/h，负荷较高。分析认为汽轮机长期处在高负荷状态下，对转子的部件影响较大。2001年11月汽轮机主蒸汽流量、压力和温度均出现过不同程度的突然变化。其中与X105振动变化较为明显对应的是11月15日主蒸汽流量突升至近120t/h，相应X105振动上升一个台阶（4μm），而后蒸汽流量平稳在约113t/h，但汽轮机振动未下降。汽轮机主蒸汽和抽汽的压力及流量在汽轮机振动值突变前几天较平稳，机组负荷也较平稳。在振动发生变化后，机组负荷调整期间，振动值未有明显变化。初步诊断意见：汽轮机存在摩擦现象；汽轮机转子不平衡量增大，有部件损伤；在主蒸汽流量、温度等没有大幅度变化的情况下，汽轮机振动基本能维持现状，不必停机抢修。根据故障，提出建议：保持主蒸汽流量、温度和压力的平稳，工况需要变化时也应是平缓过渡，可使汽轮机今后振动趋势保持平稳状态；2002年度化肥大检修时，该机组的汽轮机应当大修。

在2002年3月装置两年一修时，安排对机组汽轮机大修，检查情况与诊断结论吻合。汽轮机检修情况如下：发现汽轮机第5～11级下汽封有摩擦现象，摩擦点成一条直线。检修时进行了修磨。检查发现汽轮机转子末级轮盘处的动平衡块冲蚀脱落近1mm长的一段，可与汽轮机排汽侧X105振动由30μm突升至44μm相对应，转子动平衡状态瞬时被破坏，但失重不太大。

(2) 检修后二氧化碳压缩机高压缸旋转失速故障

2002 年 4 月机组大修后，于 11 日 13：30 尿素装置引蒸汽，建立热网。对压缩机进行了单试，未见异常。4 月 13 日 15：45 机组压缩机暖管，19：00 二氧化碳压缩机组冲转，20：02 过临界，压缩机憋压至 14MPa，应用 ND3000 在线监测系统分析高压缸 4 个测点的频谱图，发现均出现亚异步频率成分，与以往的旋转失速故障特征相似，对机组工况进行分析，发现机组出现三段压力高，四段流量低。认为机组高压缸发生了旋转失速故障。13 日 22：45，机组调整负荷仍难消振动，机组退出，对高压缸 4 个测点的振动频谱进行分析，均以工频占主导地位。23：12 重新冲转，因机组振动仍大，14 日 1：06 停机检修。对高压缸进行解体抢修检查，O 形圈正常，发现叶轮流道、隔板内铁锈较多，对其进行清理，并对高压缸转子做动平衡。4 月 14 日开机，各测点振动频谱分析未见异常。

实例二十

某石化公司 140kt/a 重油催化裂化装置中的三机组，不仅是装置中的心脏设备，也是全厂的关键设备。三机组的布置及测点位置示意如图 2-20 所示。该机组自 1996 年投用以来，就采用美国 ENTEK 公司生产的 DP1500 数据采集器，对装置壳体振动信号进行定期采集和分析，2003 年初又安装了国内某公司的 58000 在线监测系统，对机组的轴承振动进行实时监测和分析。58000 在线监测系统运行稳定，数据存储最大，可以捕捉机组运行的突变信息，弥补定期监测的缺陷，但并不能完全取代对外壳的定期监测，尤其对于关键设备，要通过对不同的振动信号的综合分析，才能准确判断其运行状态。2003 年 5 月，根据轴颈振动和壳体振动信号，综合分析烟气轮机的运行状态，临时停机检修，成功地避免了一次潜在的设备事故，说明了监测外壳振动的重要性。

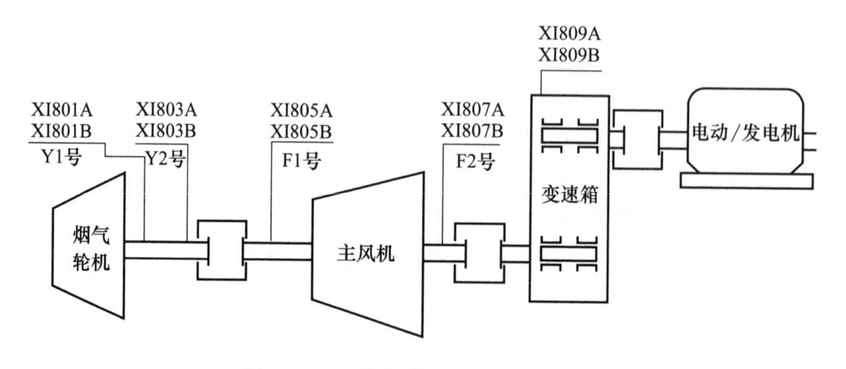

图 2-20　三机组的布置及测点位置

(1) 振动现象

2002 年 10 月烟气轮机检修后到 2003 年 5 月期间，运行一直比较平稳，从 DCS 显示的振动数据和在线监测记录的振动数据，都没有发现异常现象。4～5 月份测点 XISO3A 处的振动值，在 58～65μm 之间波动，测点 XISO3B 处的振动值，在 50μm 左右，均属正常情况。但这段时间内烟气轮机轴承箱振动值呈线性趋势增长，4 月 5 日为 6.6mm/s，5 月 15 日增长到 9.23mm/s，40 天增长 40%，说明：虽然轴振动没有明显的变化，但装置的运行状态已经发生明显的变化。

(2) 振动原因分析

旋转设备在运转过程中，转子的作用力通过轴颈传递到轴瓦上，从而引起瓦壳的振动。一般情况下，瓦壳的振动随着轴颈振动的增长而增长，但这并不是说两者一定要同步按比例增长，因为在振动的传递过程中，要受到作用力的大小、转子的质量、支撑系统的刚度、系统阻尼、轴瓦间隙等许多因素的影响。其中，轴瓦间隙的大小，影响更为明显。例如：当轴瓦间隙偏大时，轴颈振动就要比瓦壳振动增长的快；当轴瓦间隙偏小时，瓦壳振动有可能比轴颈振动增长的快。正是由于这些因素的影响，出现了瓦壳振动值增长 40%，而轴颈振动值基本不变的情况。所以，这时就不能以轴颈的振动为判断依据，而是要以瓦壳的振动来评判装置的运行状态。瓦壳振动的频谱图显示，工频能量占 95%，从 4 月初到 5 月中旬的频谱均如此。振动值的增长直接表现为工频能量的增长，轴颈振动的频谱也是工频能量为主，说明振动的原因极有可能是转子不平衡。又因为振动的增长是一个渐变过程，那么造成不平衡的原因就有两种可能：催化剂的不均匀堆积，造成不平衡；烟气轮机叶片受到催化剂的不均匀冲刷，造成不平衡。如果是前者，即便振动发展也不会对烟气轮机造成破坏性的后果。如果是后者，潜在的危害就非常大，发展下去有可能导致叶片的断裂，造成严重事故。鉴于振动发展比较快，立即停机检修。

(3) 解体检查

烟气轮机解体后发现，叶片、轮盘等易堆积催化剂的部位基本上没有发现催化剂，因而可以判断催化剂的堆积不是造成转子不平衡的原因。而在第二级叶片的根部，则出现明显的被催化剂冲刷过的痕迹，并且冲刷程度也不尽相同，有的叶片冲刷严重，有的叶片冲刷较轻。巧合的是冲刷严重的叶片和冲刷较轻的叶片正好处于相对 180°的位置，说明叶片受到催化剂的不均匀冲刷是造成不平衡的真正原因，也就是壳体振动值持续增长的真正原因。含有催化剂的高温烟气，对烟气轮机叶片的冲刷作用非常强，能够抵抗这种冲刷作用的不是叶片的母体材料，而是叶片表面的耐磨涂层，其厚度为 25～30μm。由于喷涂工艺等因素的影响，各叶片的涂层厚度不可能完全相同，但在允许的误差范围之内。烟气轮机在运行过程中，在最薄的涂层被冲刷掉以前，各叶片基本没有冲刷。如果说有微量冲刷的话，那么是均匀的。当叶片最薄的涂层被催化剂冲刷掉以后，失去涂层的叶片率先进入母体材料的冲刷过程，而母体材料是不耐冲刷的。其冲刷速率远远大于涂层的冲刷速率，所以出现了不均匀冲刷的现象。

(4) 结论

对轴颈振动的在线监测不能完全取代对瓦壳振动的监测。因为只对轴颈振动进行监测，而没有对瓦壳振动进行定期监测的话，则不能及时发现问题，特别是烟气轮机运行一段时间后，有可能造成严重后果。所以对于关键设备，一定要对轴颈振动和瓦壳振动同时进行监测，任一部件出现异常则说明设备出现异常；当发生异常情况时，如果没有采取停机措施而是继续运行的话，其瓦壳振动也不会继续呈线性增长的趋势发展，因为冲刷较轻的叶片也开始进入母体材料的冲刷过程，很快就会与冲刷严重的叶片达到同步的冲刷速率，使呈线性增长的振动趋势平稳下来。表面上看运行趋于稳定，但很快就会发生叶片断裂的恶性事故。所以当机组出现异常情况后，一定要对其原因进行分析后再作决定；如果冲刷严重（涂层薄）的叶片和冲刷较轻（涂层厚）的叶片不是恰好处于相对 180°的位置，而是处于相邻位置，或是冲刷严重叶片的对面（相对 180°）也是冲刷严重的叶片，那么不管是轴颈振动值还是瓦壳振动值都不会有明显的变化，即使发展到了叶片断裂的程度，其振动信号也不会发生多大变化，而在叶片断裂的前一刻，操作人员还会误认为机组运行状态良好。原因是目前的监测手段都是基于对振动进行监测，对于叶片磨损（尤其是均匀磨损）这样的变化太不敏感，这就要求技术人员不仅要注意装置的振动信号变化，还要注意分析除振动外对磨损敏感的相关参数，进而判断叶片磨损的故障，把握机组的运行趋势。通过监测烟气轮机的工艺参数（烟气流量、温度、压力等），分析其运行效率的变化，可以比较有效地反映叶片的冲刷问题，至少是比仅仅分析振动参数有效。

实例二十一

某炼化公司空分装置1号站所使用的空压机采用双轴形式，由电动机驱动大齿轮轴，大齿轮再带动两个小齿轮轴。每个小齿轮轴两端分别装一个叶轮，轴承均为可倾瓦滑动轴承，大齿轮轴远离联轴器端设置推力轴承，小齿轮轴的前后轴封均为迷宫密封，具体结构以及测点分布见图2-21。

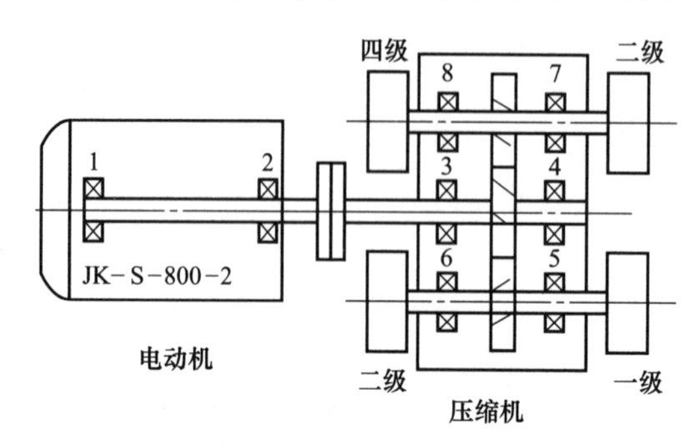

图2-21 空压机结构及测点

该空压机组于2004年7月装置停工检修后投入运行，在9月巡检中发现压缩机增速箱内齿轮啮合杂音较大，使用恩泰克测试仪器及PM预测维修系统对轴承座壳体采集振动信号，设定振动参数为振动速度有效值，单位为mm/s，同时按照机组工况特点给定振动标准，以此作为机组运行状况等级评定依据。通过数据采集器处理，获得监测结果，即各个测点的全频振值。结果表明，从振值大小可以看出，电动机各个测点的振动比较小，振动异常集中体现在大齿轮轴对应测点。其中大齿轮轴转子轴向总振级速度最大有效值为8.74mm/s，由于机组属于1类设备，故此时处于只能短期运行状态，尽管未达到11.2mm/s的限值，但比较一下小齿轮轴的各点振动情况，5、6测点振值较7、8两个测点振值明显偏大，5、6测点振值比以前数值也有较大增幅，设备已经处于明显故障状态。

通过设备结构及齿轮的相互作用可知，由于齿轮的单斜齿结构、齿轮间相互作用力的存在，在主轴做功的同时，转子、转子轴上的齿轮均反作用于主轴的轮齿上，对小齿轮轴来说，作用力的轴向分量、作用在叶轮轮盘上的轴向力共同施加在其上，而作用于主轴上的力的轴向分量使其具有向后端运动的趋势，这一趋势作用要靠端部的止推轴承来抵消。当小齿轮轴与轴承的间隙发生变化或由于安装不当而使小齿轮轴平衡状态被破坏，与大齿轮轴发生偏置即轴线不平行时，就会引起齿轮间的啮合异常，齿端部存在高负荷（或低负荷）的现象，而不是整个齿面的均匀承载，对于小齿轮轴而言，会加重轴承与轴间隙的破坏，产生碰磨、冲击，损伤轴承；对于大齿轮轴来说，载荷不均匀分布可导致轮齿的损坏，同时，由于单斜齿结构，使载荷集中的影响反映在轴向振动更为明显。另外，对于滑动轴承系统而言，当转子作用于轴承上的力发生变化时，作为平衡力的油膜支撑力也通过油楔的改变相应变化，轴承的损坏破坏了良好油楔的形成，导致轴承损坏、温度升高，这与一、二级叶轮对应轴承温度偏高的现象相符。转子与主轴的齿轮配合存在问题，而且可能由于轴承的损坏使转子、大齿轮轴转子振动更加严重；同样，不平衡导致了与大齿轮轴啮合过程中发生了频次为每转一次的冲击碰磨，导致大齿轮轴产生以此频率的振动，并通过轮齿啮合向转子轴进行冲击传递。

经过折机检查，发现：转子轴承损坏严重；巴氏合金脱落面积大；转子轮齿啮合痕迹存在集中现象，对应的大齿轮轴轮齿有一处断裂，同时集中负荷区域存在不均匀的磨损，在转子叶轮检查中发现叶轮结垢，有流道冲刷迹象，证明转子存在严重不平衡，停机检查及时，避免了更严重的后果。

故障处理中更换了轴承，清理了叶轮流道，将大齿轮外围检查修理，发现存在裂纹，分布较广，不具有修复价值，于是进行了更换。

检修后开机，各测点振值正常，均小于4.5mm/s，按标准判定机组运行状态为合格状态。

第3章

压力管道的故障处理及实例

压力管道是工作压力为400Pa（绝压）～100MPa（表压）、工作温度为－196～850℃的过程工业管道。压力管道操作压力、操作温度、介质均比较苛刻，在操作温度下，有的每天进行一次接近常温至操作温度的生产循环。压力管道在使用中，除了要承受压力容器使用中承受的腐蚀，时效作用、机械损伤等作用外，还存在因管道本身长度过长、位移量大所引起的额外的热应力及局部的应力集中。管线既要承受由内压引起的一次薄膜应力，又要承受由介质温度的周期变化而使管壁产生的温差应力，还要承受高温应力与常温应力的低疲劳载荷，一旦焊接接头经受不住高温应力与常温应力的低周疲劳载荷，达到疲劳极限就会发生断裂。从事管道的技术工作时，除了应考虑管道本身的安全可靠性之外，还应关注管道的设计、安装、检修、运行过程中，对与之连接的装置的影响。譬如，与各类往复式压缩机相连接的管道、压缩机缸体的往复振动及工作压力的波动，对相连管道的使用寿命至关重要；而与高速轻载的大型烟气轮机、汽轮机、离心压缩机连接的管道，则管道自身的变形及自重所引起的安装应力的大小，对这些装置的运行平稳也是至关重要。造成管道事故的原因分为第三方破坏、腐蚀、设计、操作四类。9种失效形式为：外腐蚀、内腐蚀、应力腐蚀、制造缺陷、装配缺陷、配件附件失效、第三方破坏、误操作、与气候相关的失效。失效后果包括：人身伤害、财产损失、营业中断、环境影响。其中，第三方破坏与最小深埋，人在管道附近的活动状况，管道地上设备状况，管道附近有无埋地设施，管道附近居民素质，管道沿线标志是否清楚，沿线巡视频率等有关。根据美国运输管理部统计，美国诸多管道事件中，第三方破坏占40%左右。经验表明，压力管道事故的数量多于过程装备事故的数量。压力管道事故多发期一般认为是：服役时间不足10年或接近30年。在所有干线输气管道事故中，按管道事故的严重程度，泄漏占40%～80%，穿孔占10%～40%，破裂占1%～5%。

我国油气管道运营单位，除了中石油、中石化、中海油三大国有石油公司外，还有如新奥燃气、港华燃气、深圳燃气等城市燃气公司。中国的油气管道总里程已经达到7×10^4km，跨国管道和海底管道发展迅速。到“十二五”末，中国的油气管道总里程已达到15×10^4km。截至2014年底，全国成品油管道已达2万余千米。其中兰郑长管道于2008年建成运营，全长2073km，是我国目前最大的一条成品油管道；西南管道是我国运营状况最为复杂的成品油管道系统之一；兰成渝管道是国内设计难度最高的管道之一。中国石油所属管道公司在“十二五”期间管道总量增加迅猛，已经达到12×10^4km。中国石油长输管道里程接近7×10^4km，年实施内检测批次约100次，外检测批次约100次，产生检测记录超过5000×10^4条。预计到2020年，全国油气管网总里程将达到16万千米。2013年11月，青岛技术开发区原油管道泄漏爆炸，造成62人死亡、136人受伤，直接经济损失75172万元。

据美国PHMSA（Pipeline & Hazardous Materials Safety Administration）统计，截至2014年，美国拥有油气管道约421.8万千米，最近10年每年每万千米事故率约为1.5次。加拿大现有油气管道总里程约 82.5×10^4km（包括集输管道、长输管道和城镇燃气管网，其中大口径长输管道约 10.5×10^4km），干线管道约70条（包括31条油品管道和39条天然气管道），形成了一个贯通加拿大东西、连接北美地区的管网系统。其中，加拿大能源管道协会（CEPA，Canadian Energy Pipeline Association）：由加拿大的主要管道企业组成，其成员单位运营着加拿大境内11.7万千米和美国境内1.4万千米的油气管道，每年运输12亿桶液态石油产品和1614亿立方米的天然气，其成员单位每天的油气运输量占北美地区市场份额的97%。2010～2014年，加拿大联邦监管范围内管道事故率为 $0.1\times10^{-3}/(km\cdot a)$，远低于我国约 $3\times10^{-3}/(km\cdot a)$ 的水平。

随着压力管道的数量和等级的增加，越来越多的故障处理问题出现。压力管道故障分析与处理技术的内涵是：在用管道的检查周期与内容、检修与质量标准、试验与验收、维护与故障处理等。

3.1　维护不周及其预防

管道维护不周的表现是：

管道长期受母液、海水腐蚀，或长期埋入地下，或铺设在地沟内与排水沟相通，被水浸泡，腐蚀严重而发生断裂，致使大量可燃性气体外泄，形成爆炸性混合气体；

装有孔板流量计的管道中，因流体冲刷厉害，壁减薄严重而破裂；

因气流脉冲使所连接的过程机器与设备振动干扰，引起管道剧烈振动而疲劳断裂；

管道泄漏严重，引起着火；

有油润滑的压缩机管道，高温下积炭自燃引起燃烧爆炸；

管道承受外载过大，如埋入地下的管道距地表面太浅，承受来往车辆重载的压轧使管道受损（如140m长的管线多处破裂），或回填土压力过大，致使管道破裂；

压力表、安全阀失灵（如压力表、安全阀管道堵塞），致使管道、设备超压时不能准确反映压力波动情况，超压下不能及时卸载。

预防措施如下：

定期检查管道的腐蚀情况，特别是敷设埋入地下的管道，应按有关规定或实际情况进行修复或更换，特别是那些没有起到保温作用，并且保温密封不好的管线，建议拆除保温，加强防腐，防止因为保温密封不好导致水蒸气聚结，导致保温层下腐蚀加剧；

控制孔板的流速，定期检查其磨损情况；

采取合理的管道布置和妥善的加固措施，在进出振动较大的过程机器和装置的附近，应设置缓冲装置，以减轻对管道的干扰。发现严重振动时，应及时设法排除；

定期检查管道的泄漏情况，查明原因，及时采取有效措施；

合理选择气缸润滑油，保证油的质量，按说明书的要求注油，油量适当、适时。采取先进水质处理工艺，定期清理污垢，严格控制排气温度。应装设油水分离器，及时排放中间冷却器、气缸和管道内的油水。压缩机吸入口处应装设滤清器，储气罐应放在阴凉位置；

按规定要求铺设地下管道，避开交通车辆来往频繁、重载交通干线或其他外载过重的地域，且回填土适度；

定期校验压力表，重新调整安全阀开启压力，发现压力表、安全阀失灵时应及时修复或更换。

管道发生断裂、爆炸事故的原因是多方面的，而且造成同一起管道破裂爆炸事故往往不是某一种原因，因此，在事故原因统计中，大都是按第一位原因计算事故件数的。

由分析可知，发生管道破裂、爆炸重大事故主要是由管道内外超载、管道内可燃性气体混入空气或可燃性气体倒流入空气系统形成爆炸性混合气体，遇明火爆炸引起的。

当然，发生此类事故的原因虽多，但操作失误、违章作业和维护不周的情况占绝大多数，其次是由设计、制造、安装、检修不合理引起的。氮肥企业发生的可燃性气体（煤气）倒流引起空气总管爆炸事故很多。管道与众多过程装备相比，虽不被人们更多地关注，但是管道的作用以及发生的破坏事故是不可忽视的。特别是因管道发生故障而引起设备、机器甚至装置破坏也很多。

一般工业管道全面检验周期为3～6年。中低压管道、阀门每年检查一次；高压管道每季检查一次；对有毒、有腐蚀介质的管道及阀门应适当缩短检查周期；输送易燃易爆介质的管道、阀门每年测量检查一次防静电接地线。

各压力等级的管道的检验周期见表3-1。

表3-1　各压力等级的管道的检验周期　　月

管道类别	外部检验	内外部检验	强度试验
低压	12		
中压	12	72	144
高压	12	120	120

管道的状态与其维护的关系见表3-2。其中，管道状态可以用0～10的数字标识，用“0”表示最差状态，“10”表示最优状态。

表3-2　管道的状态及维护

管道状态值	管道状态	描　　述	评价与维护
9～10	完好	内/外腐蚀：无任何迹象 腐蚀速率：远远低于期望平均值（＜0.08mm/a） 阴极保护：非常好，在可接受范围内（负于－950mV，相对于饱和Cu/$CuSO_4$参比电极） 防腐层：保持极好（＜15%的防腐层缺损） 缓蚀剂效果：＞95%	再评价周期10年 每年例行维护
7～9	较好	内/外腐蚀：极少迹象 腐蚀速率：低于期望平均值（＜0.08mm/a） 阴极保护：好，在可接受范围内（－950～－850mV） 防腐层：保持良好（15%～30%的防腐层缺损） 缓蚀剂效果：90%～95%	再评价周期8年 每年例行维护
5～7	好	内/外腐蚀：一般迹象 腐蚀速率：近于期望平均值（≈0.08mm/a） 阴极保护：适当（－850～－750mV） 防腐层：完整（30%～40%的防腐层缺损） 缓蚀剂效果：80%～90%	再评价周期5年 每年例行维护 2年内，安排提升CP和防腐重涂

续表

管道状态值	管道状态	描　　述	评价与维护
3～5	中等	内/外腐蚀:重大迹象 腐蚀速率:高于期望平均值(>0.08mm/a) 阴极保护:不充分(－750～－675mV) 防腐层:部分损坏(40%～60%的防腐层缺损) 缓蚀剂效果:70%～80%	再评价周期 2 年 每年例行维护 1 年内,安排提升 CP 和防腐重涂 1 年内修复
0～3	危险	内/外腐蚀:危险迹象 腐蚀速率:远远高于期望平均值(>0.08mm/a) 阴极保护:差(正于－675mV) 防腐层:大部分损坏(>60%的防腐层缺损) 缓蚀剂效果:<70%	立即修复或换管

下列情况之一的管道，检验周期可适当缩短：

工作壁温大于 180℃的碳素钢高压管道；

工作壁温大于 250℃的合金钢高压管道；

介质为氮、氢混合气体或氢、一氧化碳混合气体；

工作壁温大于 370℃的碳素钢管；

介质腐蚀性强的。

管道常见故障的处理方法见表 3-3。

表 3-3　管道常见故障的处理方法

现象	原因	处理方法
管道泄漏	①法兰密封面损坏	①修复密封面或更换法兰
	②法兰密封垫坏	②更换密封垫
	③焊接接头有砂眼、裂纹或管子腐蚀穿透	③补焊修复或在线密封
阀门密封面泄漏	①密封面损坏	①修理密封面
	②密封面有其他杂质卡入	②清理修理密封面
阀杆升降不灵活	①阀杆质量不合要求	①修理更换阀杆
	②阀杆锈蚀	②修复、更换阀杆
	③阀杆螺母损坏	③修理、更换阀杆螺母
管道异常振动	①支架、吊卡松动或损坏	①紧固、修复支架、吊卡
	②有共振源、支架设计不合理	②消除共振源
填料函泄漏	①填料安装不正确	①重新安装填料
	②阀杆圆度超差或有划痕、凹痕等缺陷	②修理或更换阀杆
	③填料损坏	③更换填料正确选用填料

3.2　实例分析

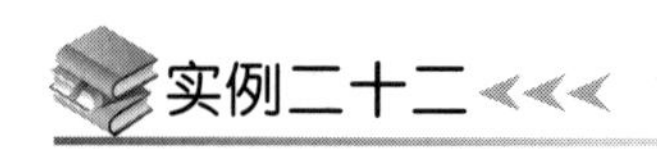

实例二十二

某甲醇装置采用水煤浆为原料的制气工艺，在投入运行 5 个月后，一氧化碳变换工序中

1#变换炉入口管线发生介质泄漏，管线材料为不锈钢（304），拆卸后检查发现弯头、三通等焊接接头都出现不同程度的裂纹。管线内介质为工艺合成气，其主要成分为氢气、硫化氢、一氧化碳、二氧化碳等；设计温度400℃，设计压力6.6MPa。同样，另一甲醇项目，干粉煤制气的变换工序也采用了不锈钢（304）材料，运行两年后在部分管线上也出现了裂纹。

产生裂纹的原因：

由于大多数裂纹出现在焊接接头处，对管件的环焊接接头和直焊接接头都进行现场抽样硬度检测，检测结果为环焊接接头的硬度均大于260HV。查证取样管线现场焊接的施工情况记录表明：该管道施工没有采用氩弧焊打底的焊接工艺，从而导致材料的敏化和残余应力等，这是造成环焊接接头开裂的主要因素。由于该管道口径较大，无论是管道还是管件都是板材焊接成形。在焊接过程中，采用了大电流的焊接导致材料的敏化，敏化的奥氏体不锈钢裂纹都有沿晶型存在；而且焊接的部位存在焊接的残余应力从而造成管线开裂。由于介质管线自身的特殊性，氯离子的富集会对不锈钢（304）造成应力腐蚀开裂，因为奥氏体不锈钢对氯离子有很强的穿晶破裂敏感性。在开车时温度逐渐升高过程中，会大量生成工艺冷凝液，随着温度的升高腐蚀开裂加剧。由于高温硫化氢对金属的腐蚀会产生硫化亚铁，一旦停车，硫化亚铁会与空气中的氧气和水接触并反应生成连多硫酸，连多硫酸对奥氏体不锈钢的腐蚀表现为应力腐蚀开裂。硫化氢对不锈钢产生的应力腐蚀开裂现象，主要发生在硬度较大的地方。现场取样检测的焊接接头硬度均大于260HV，已经超出了NACE标准中的245HV，这就增加了开裂的概率。

避免产生裂纹的措施：

不锈钢材料的硬度及焊接接头的硬度都要控制在其标准范围内；

针对管线介质的温度，适当地选用超低碳或者稳定型的奥氏体不锈钢，既能有效地控制材料的硬度，也能提高材料的抗腐蚀性能；

不锈钢管道和管件在出厂前应做固溶和稳定化处理；

在管道焊接时要做好焊前和焊后的相关处理；在等离子切割后，将硬化层打磨干净，做渗透检查和硬度检验，打磨坡口检查合格后才能进行焊接；坡口不能有坑或打磨不到的地方，组对的间隙应符合规范要求，第一遍氩弧焊打底、慢焊、成形要好，热区急速冷却可喷水雾、不能含氯离子，由于焊后超声波检查对不锈钢（304）不敏感，检查结果无效，应做100%射线探伤，而且要按相关规定做稳定化处理；

为避免应力腐蚀开裂的产生，应先将系统升温后再升压，这样工艺物料经过管道时，管壁的温度高于露点温度，可以避免硫、铝等有害物质的露点腐蚀；

停车时，立即对相关的设备和管道进行充氮保护。

实例二十三

某石油化工有限公司脱硫醇装置每年排放2500t碱渣，严重污染周围环境。该公司在2002年技术改造中引进一套USFILTER/Zimpro公司的碱渣湿式高压氧化系统（WAO），其主体材料采用Inconel600合金。投用四个月后，反应器出口管道就发生局部穿孔、泄漏，管线腐蚀达到平均三个月更换一次，严重影响生产的正常进行。

随着炼油厂加工高酸、高硫原油比例的增加，提高构件在恶劣环境下的使用性能显得日趋迫切。工程中受固体颗粒冲击或高流速冲刷的部件要求材料具有较强的抗冲蚀、抗磨损能力。多数金属材料具有良好的韧性，但硬度、耐磨性能不如陶瓷材料，而陶瓷材料脆性较大难以加工，限制了它的应用范围。为延长装置的有效运行周期，将碳钢表面金属陶瓷涂层管线和调节阀构件安装在WAO装置进行工业实验，考核抗腐蚀和抗冲蚀性能，试验时间为2007年5月。工况温度：274℃；压力：12MPa；流体介质：碱液，氧质量分数6.5%以上，含有杂质（砂子）、结晶盐、催化剂等，流速为2.4m/s。金属陶瓷涂层大弯管和调节阀经过半年以上运行后，弯管内涂层表面没有观察到任何腐蚀和冲蚀痕迹，既有金属的柔韧性又有较高的表面硬度，显示出良好的耐磨、耐冲刷、耐腐蚀及耐热性能。在相似使用条件下，18-8不锈钢、Inconel600，Inconel800等均出现不同程度的应力腐蚀破裂、局部腐蚀和点蚀。WAO装置的管线、构件处于高温、富氧且含有固体颗粒杂质碱液的高速冲刷环境中，Inconel600合金管线的内壁遭受一系列化学和冲刷腐蚀，尤其是管子弯头处。其管道的减薄失效与其表面硬度不高有关。金属陶瓷涂层不但增加了表面硬度，还显著提高了抵抗流体及杂质的高速冲刷性能，抗腐蚀能力也明显提高。

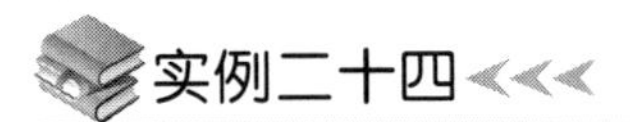

实例二十四

某炼油厂2005年7月21日一条向汽车槽车灌装液氨的橡胶软管在灌装过程中突然断裂成三段，液氨大量泄漏，致使3人中毒。

原因分析：

该软管已使用19个月，公称直径为50mm，长3m，操作压力1.2～1.4MPa（液氨储罐内最高操作压力1.5MPa），软管内介质操作温度36℃。液氨中水含量0.2%～1.0%。使用期间，未进行检验且一直放置露天。放置胶管的水泥地面最高温度65℃，胶管没有被汽车或其他重物压过，胶管易与地面经常摩擦。

钢丝外部的帘子线虽然防止了钢丝被碰撞、磨损，但帘子线具有很强的吸水性，致使钢丝长时间处于潮湿的腐蚀环境中，没有受到保护的钢丝被外部浸入的雨水等有害介质腐蚀，加上管道经受周期性的弯曲和内压冲击，导致钢丝逐根断裂直至整个管子突然沿环向断裂。法兰接头附近由于弯曲严重，帘子线之间容易开缝，有害液体和气体介质更易透入。

软管中部帘子线磨损严重部位亦如此，故该两处钢丝的腐蚀最为严重。外层钢丝编织层比内层损伤严重得多，有些部位几乎完全失去承载能力，而内层钢丝编织层虽相对较完整但也均受到一定的损伤。可见腐蚀是由外向内逐渐进行的。

软管用于液氨灌装的频率是每天1次，软管在灌装和闲置时所处的状态不同，经常要移动，从而使软管处于周期性的、不同的弯曲状态。

防范措施：

露天使用的软管应该选用有外胶层钢丝编织增强软管或不锈钢丝为增强层的软管，使用时在软管外再包覆一层耐磨防护层（如帆布），以防外层磨损。

尽量避免搬动引起的弯曲；在软管下设置支撑以减少弯曲；使用中避免过分弯曲（最小曲率半径按说明书要求）。

按照GB/T 9576—2013中的有关要求，选用、储存、使用和维护软管。专人负责日常维护和检查，避免日晒雨淋。定期对软管做耐压试验。

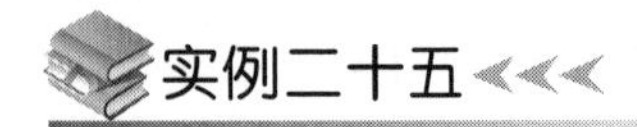

实例二十五

某化工公司煤气化装置中，净化工段将来自气化的水煤气经过一氧化碳变换，NHD法酸性气体脱除，配N_2，然后进行甲烷化精制，制得合格的精制气送至合成工段。由气化送来的3.8MPa、214℃、水气比为1.4的水煤气，经过煤气水分离器分离掉水及煤尘后，进入中温换热器温度升高至250℃，进入第一中温变换炉。第一中温变换炉分上下两段，炉内装有两段耐硫变换催化剂，段间配有煤气激冷管线调温，出第一中温变换炉气体温度为435℃左右。第二中温变换炉炉内装有两段耐硫变换催化剂，出口变换气CO干基含量不大于1.0%，温度为260℃左右。

2012年8月净化系统停车后，根据压力管道定期检验规定，对第一中温变换炉至第一中温变换废热锅炉及第二中温变换炉出口至第二中温变换废热锅炉管道拆除保温后，进行探伤查漏。经着色探伤，发现第二中温变换炉出口至第二中温变换废热锅炉管道24条焊接接头都存在多条裂纹缺陷，裂纹长度在5～25mm，与焊接接头垂直，并延伸至母材上，然而第一中温变换炉出口管道未发现裂纹。该管道材质为316，管道直径为ϕ530mm，壁厚16mm，长度约20m，管道工作压力3.64MPa，管道工作温度260℃。管道是由直管段、弯头和异径三通等管件组成，着色探伤后，经现场宏观目视观察，泄漏及裂纹主要发生在管道与弯头等之间焊接接头及两侧20mm范围内的母材上，另外，在远离焊接接头的母材上，也有多处较大面积的渗漏现象（即存在微裂纹）。按照焊接方案对裂纹漏点进行处理，打磨至裂纹全部消除并对坡口探伤合格后，对其进行补焊。补焊后对管线探伤、充压试漏时，发现在已经修补的缺陷旁边又出现新的裂纹及漏点。将管壁打磨透后，发现其内部布满网状细小裂纹。由于没有备用管道，只能重新拟订方案，将新发现的漏点补焊后打抱箍处理，监控运行。由于出第一中温变换炉气体温度为435℃左右，经过一系列换热之后，出第二中温变换炉气体温度为260℃左右，在压力几乎无变化的情况下，温度迅速降低。怀疑变换气在温度迅速降低的情形下，有水分析出。奥氏体不锈钢虽然耐蚀性良好，但在有应力时在某些介质中（尤其含有Cl^-的介质中）易发生应力腐蚀破坏；另外变换气中含有H_2S气体，假使有水分析出，Cl^-以及H_2S溶于水之后形成的弱酸均会对管道造成很大程度的腐蚀破坏。经查阅饱和蒸汽温度与压力对照表得知：3.8MPa蒸汽在温度247.37℃时处于饱和状态。出第二中温变换炉的气体温度为260℃，高于其饱和温度，属于过热蒸汽，不会有水分析出，因而也就不存在Cl^-和弱酸造成的腐蚀破坏。根据裂纹形态，晶间腐蚀成为最主要的破坏源。奥氏体不锈钢中含铬量须在11%以上才有良好的耐蚀性，奥氏体不锈钢在焊接时，焊接接头两侧2～3mm处可被加热到400～900℃，这是晶间腐蚀敏化温度，这时晶界的铬和碳化合为$Cr_{23}C_6$，从固溶体中沉淀出来，铬的流动很慢，因此晶界形成贫铬区。贫铬区的铬量可降到远低于11%的水平，因此所形成的“碳化铬（阴极）-贫铬区（阳极）”电池使晶界贫铬区产生腐蚀。奥氏体不锈钢晶间腐蚀是最常见和危害最大的，有3种常用的控制这类腐蚀的方法：“固溶淬火”处理，即加热到1100℃左右，随即淬火。因在1100℃时碳化铬被溶解，得到均一的合金；加入比铬更容易生成碳化物的元素，如钛和铌；将碳含量降低到0.03%以下，产生的碳化铬量少，就不致引起晶间腐蚀。另外，焊接后必须进行充分的去应力退火处理，以消除加工应力，避免应力腐蚀失效。根据经济成本的要求以及工艺条件的限制，最终选用第2种方法，选定321材质（0Cr18Ni10Ti）的不锈钢管道。321不锈钢含有Ti元素，有效控制了碳化铬的形成，使其具有更好的耐晶界腐蚀性及高温强度。另外钛是脱氧剂，晶间时效敏感性和冷脆性下降，改善焊接性能。改造内容：原管道为316焊接不锈钢管，现更换为321无缝不锈钢管，消除安全隐患。

2013年底，利用气化炉停炉检修的机会，对第二中温变换炉出口管道进行更换。更换的321不锈钢管道已使用18个月。利用检修机会对其进行了检测，没有发现裂纹等情况，说明所采用的321材质的不锈钢管道有效地避免了晶间腐蚀。

3.3　在线检验项目和内容

检查管子及法兰、管件、阀门等组成件泄漏情况。

绝热层和防腐层检查：检查绝热层有无破损、脱落、跑冷等情况，防腐层是否完好。

振动检查：检查管道有无异常振动情况。

位置与变形检查：检查管道的位置是否符合相关规范和标准的要求，管道之间及管道与相邻设备之间有无相互碰撞及摩擦，管道是否存在挠曲、下沉以及异常变形等。

支吊架检查：检查支吊架是否脱落、变形、腐蚀损坏或焊接接头开裂。

支架与管道接触处有无积水现象，恒力弹簧支吊架转体位移指示是否越限。变力弹簧支吊架是否异常变形、偏斜或失载，刚性支吊架状态是否异常，吊杆及连接配件是否损坏或异常，转导向支架间隙是否合适，有无卡涩现象，阻尼器、减振器位移是否异常，液压阻尼器液位是否正常，承载结构与支撑辅助钢结构是否有明显变形。主要受力焊接接头是否有宏观裂纹。

阀门检查：检查阀门表面是否存在腐蚀现象，阀体表面是否有裂纹、严重缩孔等缺陷，阀门连接螺栓是否松动，阀门操作是否灵活。

法兰检查：法兰是否偏口，紧固件是否齐全并符合要求，有无松动和腐蚀现象；法兰面是否发生异常翘曲、变形。

膨胀节检查：波纹管膨胀节表面有无划痕、凹痕、腐蚀穿孔、开裂等现象，波纹管波间距是否正常、有无失稳现象，铰链型膨胀节的铰链、销轴有无变形、脱落等损坏现象，拉杆式膨胀节的拉杆、螺栓、连接支座有无异常现象。

对有阴极保护装置的管道应检查其保护装置是否完好。

对有蠕胀测点的管道应检查其蠕胀测点是否完好。

检查管道标识是否符合国家现行标准的规定。

测厚检查：需重点管理的管道或有明显腐蚀和冲刷减薄的弯头、三通、管径突变部位及相邻直管部位应采取定点测厚或抽查的方式进行壁厚测定。定点测厚发现问题时，应扩大测厚范围，根据测厚结果，可缩短定点测厚间隔期或采取监控等措施。

对输送易燃、易爆介质的管道采取抽查的方式进行防静电接地电阻和法兰间的接触电阻值的测定。管道对地电阻不得大于100Ω，法兰间的接触电阻值应小于0.01Ω。

检查安全保护装置运行是否良好。

3.4 停车后的全面检验项目和内容

检查管道的支吊架间距是否合理。

检查管道组成件有无损坏，有无变形，表面有无裂纹、褶皱、重皮、碰伤等缺陷。

检查焊接接头（包括热影响区）是否存在宏观的表面裂纹。

检查焊接接头的咬边和错边量。

检查管道是否存在明显的腐蚀，管道与管架接触处等部位有无局部腐蚀。

合金钢管道及高温高压管道螺栓材质不明的，应采用化学分析、光谱分析等方法确定材质。

抽查测定管道的剩余厚度。管道的弯头、三通和直径突变处部位的抽查比例遵照有关规定。被抽查的每个管件，测厚位置不得少于 3 处；被抽查管件与直管段相连的焊接接头的直管段一侧应进行厚度测量，测厚位置不得少于 3 处。不锈钢管道、介质无腐蚀性的管道可适当减少测厚抽查比例。管道具体测厚按照有关规定。

宏观检查中符合下列条件应进行表面无损检测抽查：绝热层破损或可能渗入雨水的奥氏体不锈钢管道的相应部位；处于应力腐蚀环境中的管道；长期承受明显交变载荷管道的焊接接头和容易造成应力集中的部位；检验人员认为有必要的，对支管角焊接接头等部位。

高等级管道的焊接接头一般应进行超声波或射线检验抽查。低等级管道如未发现异常情况，一般不进行其焊接头的超声波或射线检验抽查。确定抽查的部位应从下述重点检查部位中选定：制造、安装中返修过的焊接接头和安装时固定口的焊接接头；错边、咬边严重超标的焊接接头；表面检测发现裂纹的焊接接头；泵、压缩机进出口第一道焊接接头或相近的焊接接头；支吊架损坏部位附近的管道焊接接头；异种钢焊接接头；硬度检验中发现的硬度异常的焊接接头；使用中发生泄漏的部位附近的焊接接头；认为需要抽查的其他焊接接头。

下列管道一般应选择有代表性的部位进行金相和硬度检验抽查：工作温度大于 370℃ 的碳素钢和铁素体不锈钢管道；工作温度大于 450℃的钼钢和铬钼合金钢管道；工作温度大于 430 ℃的低合金钢和奥氏体不锈钢管道；工作温度大于 220℃的输送临氢介质的碳钢和低合金铜管道；对于由工作介质（ 如含湿硫化氢）可能引起应力腐蚀的碳钢和低合金钢管道，一般应选择有代表性的部位进行硬度检验。

对于使用寿命接近或已经超过设计寿命的管道，检验时应进行金相检验或硬度检验，必要时应取样进行力学性能试验或化学成分分析。

在生产正常运行时，通常每年停车大修一次。在大修期间，对管道进行全面检验。

对于全焊连接的高压工艺管道，可拆卸阀门，用内窥镜检查；对无法进行内壁表面检查的管道，可采用超声波或射线探伤方法抽查。

3.5 停车后的耐压强度校验和应力分析要求

管道的全面减薄量超过公称厚度的 10%时应进行耐压强度校验。耐压强度校验参照标准的相关要求进行管道应力分析。

对下列情况之一者，必要时应进行管系应力分析：

无强度计算书，并且管道设计壁厚≥管道外径的1/6或“设计压力/设计温度下材料的许用应力”＞0.385的管道；

有较大变形、挠曲，法兰经常性泄漏、破坏的管道；

管段应设而未设置补偿器或补偿器失效的管道；

支吊架异常损坏的管道；

严重的全面减薄的管道。

3.6 停车后的检修要求

检修前，备齐图纸和技术资料，必要时应编写施工方案。

核对管道材料的质量证明文件，并进行外观检查。

隔断非同步检修的设备或系统，加盲板。

管道内部吹扫、置换干净，施工现场符合有关安全规定。

对于利旧管道，工作温度高于250℃的管道当温度降至150℃时，应要在需要拆卸的各螺栓上浇机械油或消锈剂。拆卸的高压螺栓、螺母、可重复使用的垫片应清洁干净并逐个检查。拆卸时应保护各部位的密封面，敞口法兰应予以封闭保护。

拆卸管道应做好支持，以防脱落和变形。对有可能产生连多硫酸腐蚀开裂的奥氏体不锈钢管道，在拆开后接触大气之前应进行中和清洗或氮气保护，中和清洗方案参考奥氏体不锈钢和其他奥氏体合金炼油设备在停工期间产生连多硫酸应力腐蚀开裂的防护标准。

管道组成件应符合原管道设计规定和相关规程的有关要求。管道组成件必须具有质量证明书，无质量证明书的产品不得使用。管道组成件的质量证明书应包括以下内容：产品标准号；产品型号或牌号；炉罐号、批号、交货状态、重量和件数：品种名称、规格及质量等级；各种检验结果；制造厂检验标记；化学成分和力学性能；合金钢锻件的金相分析结果；热处理结果及焊接接头无损检测报告。管道原设计有低温冲击值要求的，其材料产品质量证明书应有低温冲击韧性试验值，否则应按GB/T 229—2007的规定进行补项试验。有晶间腐蚀要求的材料，产品质量证明书应注明晶间腐蚀试验结果，否则应按GB/T 4334—2008中的规定，进行补项试验。介质毒性程度为极度危害和高度危害的高等级管道用管子材料应按GB/T 5777—2008《无缝钢管超声波探伤试验方法》的规定逐根进行超声波检测。

管道组成件应进行外观检查，内外表面不得有裂纹、折叠、离层、结疤等缺陷；表面的锈蚀、凹陷、划痕及其他机械损伤的深度，不应超过相应产品标准允许的壁厚负偏差：端部螺纹、坡口的加工精度及粗糙度应达到设计文件或制造标准的要求；焊接管件的焊接接头应成形良好，且与母材圆滑过渡，不得有裂纹、未熔合、未焊透、咬边等缺陷；螺栓、螺母的螺纹应完整，无划痕、毛刺等缺陷，加工精度符合产品标准要求。螺栓螺母应配合良好，无松动和卡涩现象；有符合产品标准的标识。阀门及安全附件的技术条件应符合设计图纸要求。

高压管子、管件及紧固件还应做如下检查：

高压管子在管子两端测量外径及壁厚，其偏差应符合规定；

高压管子没有出厂无损检测结果时，应连根进行无损检测。如有无损检测结果，但经外观检查发现缺陷时，应抽查10%，如仍有不合格者，则应逐根进行检测；

表面缺陷可打磨消除，但壁厚减薄量不得超过实际壁厚的10%，且不超过管子的负偏差；

高压管道的螺栓、螺母应抽检硬度。其值应符合有关要求：螺栓、螺母每批各取两件进行硬度检查，若有不合格，须加倍检查；如仍有不合格则应逐件检查；螺母硬度不合格者不得使用；螺栓硬度不合格者，应取该批中硬度值最高、最低者各一件校验力学性能。若有不合格，再取硬度最接近的螺栓加倍校验；如仍有不合格，则该批螺栓不得使用；

焊接材料应具有出厂质量合格证，并按有关规定进行复验，材料不得锈蚀，药皮不得变质受潮，合金钢焊条标志清晰。焊接材料的化学成分、力学性能应与母材匹配；

对于非奥氏体不锈钢的异种钢材的焊接材料，宜选择强度不低于较低强度等级、韧性不低于较高材质的焊条。而一侧为奥氏体不锈钢时，焊接材料镍含量较该不锈钢高一等级。具体选用参照异种钢焊接规程中焊接材料的选用。

3.7 压力试验要求

在用工业管道应按一定的时间间隔进行压力试验。

经全面检验的管道一般应进行压力试验。

管道有下列条件之一时，应进行压力试验：

经重大修理改造的；

使用条件变更的；

停用2年以上重新投用的。对因使用条件变更而进行压力试验的管道，在试压前应经强度校核合格。

如果现场条件不允许使用液体或气体进行压力试验，经使用单位和检验单位同意，可同时采用下列方法代替：

所有焊接接头和角焊接接头（包括附着件上的焊接接头和角焊接接头），用液体渗透法或磁粉法进行表面无损检测；

焊接接头用100%射线或超声检测；

泄漏性试验；

如果现场条件不允许使用液体或气体进行压力试验，经使用单位和检验单位同意，通过泄漏性试验的可以不进行压力试验；

压力试验和泄漏性试验的具体规定按国家标准执行，试验压力计算公式中的设计压力在此可以用最高工作压力代替。

3.8 振动的原因及停车改造

管道振动是过程工业生产的隐患。造成管道振动的原因很多，有可能是机械问题，也有可能是工艺问题；有可能是设计问题，也有可能是安装问题；有可能是管道本身问题，也有可能是介质问题。查明原因才能对症下药。从机械角度解决管道振动的办法也有很多。对于泵出口管的振动，加上、下支撑，使泵的出口管能够“顶天立地”，可以解决泵启动时的冲击、管内堵塞造成的冲击、泵叶不平衡造成的管道振动等问题。如图3-1所示，把角钢管架换成槽钢管架，也是有效的对策。

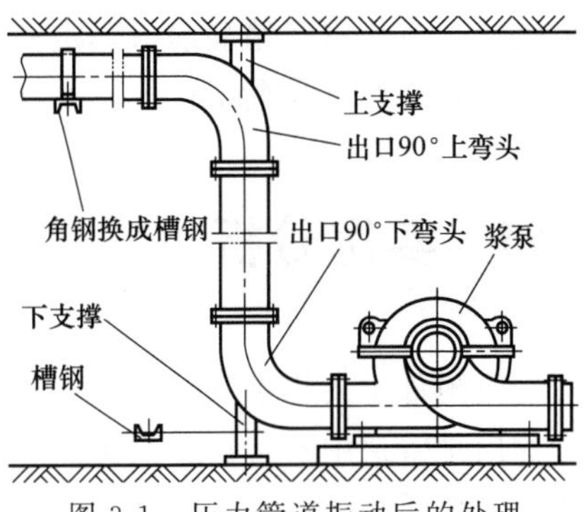

图 3-1 压力管道振动后的处理

3.9 内部堵塞后的在线处理和停车处理

过程生产发生管道内堵塞的情况比较常见。从机械角度解决管道堵塞的办法是较为被动的。发生管道堵塞的部位往往在弯头、三通、变径管和阀门等附件处。所以在这些地方应该容易拆卸，如果弯头等附件比较重，最好在其上方有简易吊装装置。弯头、三通、变径管还可以加装固定的高压喷水管（正常生产时喷水管关闭），喷水方向必须与介质输送方向一致。如果开停机比较频繁，输送的介质比较黏稠，过长的直管也有可能堵塞，可以在直管的适当位置装一段方便拆卸的短管。

焊接时产生的焊渣附着在管线里，很难清理。使用传统的高压氮气吹扫法，需要很长的时间，而且氮气的冲刷力不够大，不能保证吹扫彻底。如果能在管线里放一个“刷子”，在压力推动下刷子会把杂质“刷”出来。一种叫做“聚氨酯”的材质的“刷子”能耐高温、耐摩擦、不翻转，还能经过弯头，制作成尺寸合适的弹头形状，加涂一层耐磨涂层，表面再粘上螺旋钢刷，在压力的推动下顺利把管线中的杂质刷出来。“炮弹法”吹扫管线，不仅加快改造进度，也提高吹扫质量。

3.10 带压堵漏技术

低压管道破裂后能烧焊的最好用烧焊修复。有时候不方便烧焊（如正在开机），或者破裂口很小，可以用卡箍压紧密封垫片堵漏，见图 3-2。如果破裂口在低压的弯头、三通或法兰与管子焊接处，不方便用卡箍的话，应急方法可以用车内胎包扎。

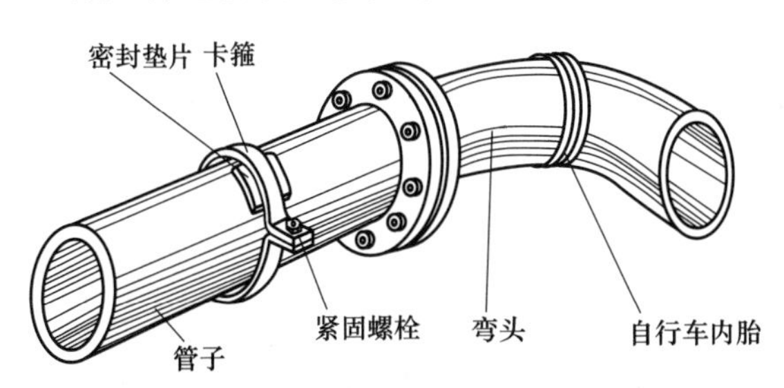

图 3-2 低压管道破裂时的应急处理

带压堵漏技术是管道的法兰、焊接接头和管子等部位泄漏进行堵漏的一种新型密封技术。剧毒介质管道、均匀腐蚀的管道不宜采用带压堵漏。带压密封堵漏施工前应办理许可证，并经有关部门审批。带压密封堵漏应由专门人员执行。密封胶应根据泄漏介质、温度和压力等特性选择。密封夹具应根据泄漏部位具体形状设计加工，并进行强度计算和校核。带压密封堵漏前应制定安全防范措施。带压堵漏设施是临时处理措施，系统停车时应拆除，并修复泄漏部位。

3.11 实例分析

管道附件主要指手动阀门，控制阀列在第 15 章中另文叙述。

阀门是管道中不可缺少的附属件，也是管道中经常发生损伤的部件。阀门在使用过程中由于经常地反复开启和关闭，阀门部件常发生磨损，加之受硬物的碰击和介质的腐蚀等也会使阀门部件损伤。这也是造成管道跑、冒、滴、漏的主要原因之一。

为使阀门正常工作，除在使用时加强维修检查外，部件损坏后的及时修理也很重要。阀门的损坏多发生在壳体、关闭件和密封装置部分。壳体的损坏主要是由于介质的腐蚀和冲刷，或者硬物的碰击而出现裂纹、孔眼和缺损。对于壳体上有缺陷的地方可以用补焊的方法修补。焊前应将缺陷处清理干净，焊后应进行修整。若损坏严重则需更换。阀门关闭件（舌簧或闸板）的损坏主要是由于介质的冲刷和化学腐蚀，造成其密封面损伤。关闭件的密封面损伤不大时，可将损伤部分车平或磨平，再用合金焊条进行堆焊。然后用车削、研磨来修复。当关闭件损伤严重时，可另车一个材料为 35 或者 45 优质碳素钢（或黄铜）制成的新关闭件，并以合金焊条（或黄铜焊条）堆焊密封面，然后用车削、研磨来修复。

关闭件密封面的研磨是修理的关键。一般研磨时可以消除阀件表面 1∶0.05 的不平度和沟纹。深度大于 0.05mm 时，应先在车床上加工，然后再进行研磨（在任何情况下都不允许用锉刀或砂纸等方法打磨）。

研磨需要使用磨料，可根据阀件的材料来选择。棕刚玉（含 $Al_2O_3$87%～90%）：颜色从褐色到红色。适用于研磨碳素钢、合金钢、可锻铸铁、铜合金等阀件。碳化硅（含 SiO_2 95%～97%）：黑色，适用于灰铸铁、铝、铜、非金属材料等阀件的研磨。磨料在使用时常制成磨料膏。磨料膏是由磨料和润滑油调配好的（生铁研具多用煤油或汽油；软钢研具用机油），分粗、细两种。适用于一般阀件的研磨使用。

研磨工具的硬度应比工件软一些，以便于嵌入磨料，同时它本身又要有一定的耐磨性。最好的研具材料是生铁。

研磨可分粗磨和精磨。粗磨可用大粒度的 320# 磨粉（颗粒尺寸 42～28μm），精磨可用小粒度的 M28～M14 微粉（颗粒尺寸 28～10μm）。精密度特别高的阀门可采用 M7 微粉（颗粒尺寸 7～5μm）。

研磨时，用力要均匀。粗磨时压力可大些，精磨时压力可小些。工件移动时，要向各个方向均匀移动，以使磨口均匀研磨。

实例二十六

某石化公司化肥厂以天然气为原料，年产 30 万吨合成氨，装置内所使用的手动闸阀大多数为美国 Fasani 压力自密封阀门。蒸汽管网系统供汽轮机使用的高温高压蒸汽阀门泄漏直接威胁到了装置的安全运行。该合成氨装置蒸汽管网系统使用的美国 Fasani 压力自密封闸阀泄漏故障主要表现在阀板与阀体密封环磨损、变形，阀体密封环流体冲蚀、脱焊穿透，阀杆轴向沟槽磨损或者环向腐蚀，填料磨损失效以及填料函腐蚀，阀体压力密封环腐蚀泄漏等方面。

压力自密封闸阀的原理是将楔形压力密封环放置在能够上下浮动的阀盖和阀体圆筒顶端盖扣环之间，盖扣环与阀体通过螺纹连接，利用螺栓提升阀盖使密封环与阀体盖扣环之间形成初始比压，当阀门工作时，依靠介质作用在阀盖上的力，使楔形压力密封环受压力而达到自密封。阀门自密封结构如图 3-3 所示。压力密封环一般选用硬度较低、耐腐蚀的纯铁或 316L 材料，具有在自密封压力作用下可对密封面缺陷进行补偿的优势。由检修情况统计，泄漏主要发生在密封面上，理论上可通过紧固提升螺栓的方法解决泄漏问题。但在大多数情况下，微小泄漏发现不及时，高压流体泄漏很快造成密封环和阀体沟槽冲蚀缺陷，沟槽宽度大多在 0.5～5mm。

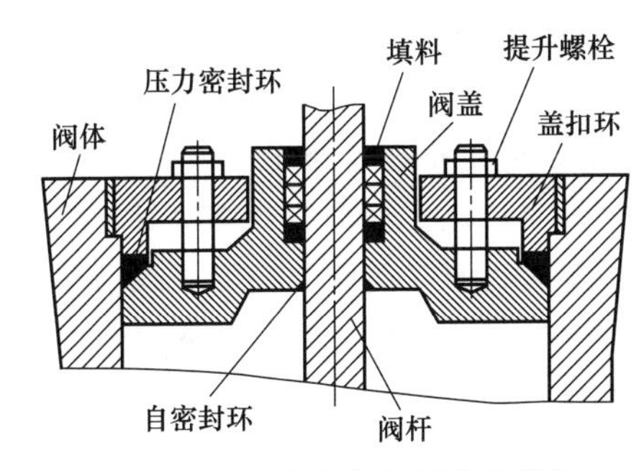

图 3-3　压力自密封闸阀密封结构

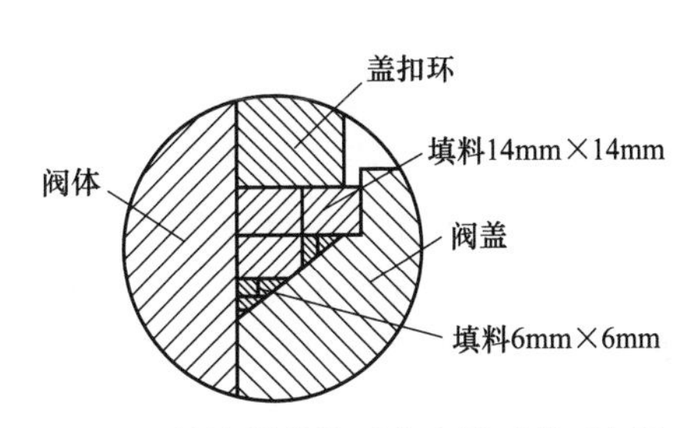

图 3-4　软填料替代压力密封环截面布置

对法兰连接的阀门，采取下线处理，对缺陷位置氩弧或激光熔敷补焊后，用车床、磨床修复至原尺寸，并按修复后的配合尺寸加工压力密封环，安装及试压后送现场回装；对于大管径焊接的阀门，因阀门下线需要切割、焊接管线，焊渣等杂物不可避免的进入管线中，给汽轮机的安全运行带来风险，因此可采用现场氩弧补焊，手工研磨密封面，用软填料代替压力密封环的措施解决泄漏问题。所用的软填料必须是含镍丝多的耐高温纯石墨填料绳。如图 3-4 所示，按压力密封环的规格准备纯石墨镍丝填料，并按顺序压入到原密封环处，且填料斜口搭接处互相错位，对称均匀的紧固提升螺栓使阀盖上升，与盖扣环共同挤压填料绳，初步形成比压。阀门投用后，逐渐升高阀门系统内的压力，分阶段且对称均匀的紧固提升螺栓，直至人工无法紧固且软填料被挤压成形为止。以空气压缩机汽轮机主蒸汽闸阀为例，在管线蒸汽热管过程中，管线内压力较低但温度逐渐在升高，这个过程要观察是否有泄漏，并紧固提升螺栓，当压力升高到 1.0MPa 时，检查密封处有无泄漏迹象，并紧固提升螺栓；继续升高系统压力到 4.0MPa 持续 30min，检查泄漏情况并紧固提升螺栓；升高系统压力到工作压力 10.0MPa，紧固提升螺栓直到人工无法紧固为止，此时软填料被挤压成原金属压力密封环形状，达到密封效果。

实例二十七

某石化分公司化肥厂尿素装置始建于 1976 年，并于 2005 年对装置进行了扩能改造。为提高改造后装置的安全性能，在二氧化碳压缩机出口处新增一套二氧化碳脱氢系统，以减少原料 CO_2 中的 H_2 含量，降低高压系统尾气发生燃烧爆炸的可能性。改造后的装置于 2005 年 11 月 4 日开车，到 2007 年 4 月才逐渐达到稳定运行的状态。二氧化碳脱氢系统投入运行后，因管线垫片、法兰腐蚀泄漏导致装置停车的问题比较突出。

经二氧化碳增压机、压缩机压缩后温度为110℃、压力为14.3MPa的原料CO_2先后经过2个二氧化碳加热器进行加热，温度达到133℃后进入脱氢反应器。在脱氢反应器中，由于催化剂的作用，CO_2中的H_2与O_2发生燃烧反应生成水，并放出热量。脱H_2后的CO_2进入二氧化碳冷却器冷却至120℃，一路直接进入汽提塔，另一路通过调节阀减压后进入新增中压汽提塔。尿素装置脱氢反应器脱氢系统的管道设计材质为碳钢，自脱氢反应器压缩机出口至新增中压汽提塔调节阀之间的管线为20钢材质，法兰为八角形环垫密封连接面形式，材质为20钢，八角形环垫片的材质为10钢。2006年8月10日，冷却器出口法兰和垫片处发生腐蚀性泄漏，带压紧固未果，漏量达2400m^3/h，被迫封塔停车处理。将法兰拆开后发现垫片腐蚀十分严重，同时法兰密封面也有腐蚀沟痕。由于时间有限，只对垫片进行了更换，同时对密封面进行了打磨处理。2006年12月15日，进中压汽提塔的仪表调节阀阀后法兰再次发生腐蚀性泄漏，被迫停中压系统进行处理。

该阀的法兰连接形式为透镜垫密封连接，材质为20钢，透镜垫材质为10钢。尿素装置中压系统停工后，将法兰拆开，发现垫片腐蚀也十分严重，同时调节阀阀体内部腐蚀也很严重，阀前法兰和垫片也出现腐蚀沟痕。此次停车对仪表调节阀进行了更换，材质提高为不锈钢，同时对垫片进行了更换，对密封面进行了处理。2007年5月13日，利用装置停车检修之机，对二氧化碳冷却器出口至仪表调节阀阀后之间的管线进行了超声波测厚，测量的平均厚度为15.1mm（设计厚度为15.24mm）。从测量的数据看，直管段和弯头腐蚀并不严重，比较严重的部位集中在法兰、垫片和阀门等液体容易积存的部位。鉴于此，初步认为，冷却器出口后管件部位的腐蚀是由于该部位存在积水，吸收CO_2后呈酸性导致管件腐蚀。否定原料CO_2带入的水，因为液滴分离器及压缩机组各段间分离器工作正常，压缩机组工作正常（原料CO_2带水过多会导致压缩机运行不正常）。所以可以肯定，水是由原料CO_2脱H_2生成的。在催化剂的作用下，加热、高温H_2+O_2发生脱氢反应生成H_2O并放出热量，经过脱氢反应器后，夹带有水蒸气的CO_2介质进入到二氧化碳冷却器进行冷却，冷却后出口的实际温度当时控制为108.8℃（设计值120℃）、压力为14.25MPa（设计不大于14.6MPa）。由于CO_2介质中水蒸气含量无法通过分析化验得出，所以通过查尿素装置扩能改造工艺包的物料平衡表，可知经过冷却器冷却后CO_2介质中水含量的摩尔比为0.96%，根据道尔顿分压定律，混合气体中各组分的分压等于混合气体的总压力乘以该组分的摩尔分率，可以计算出冷却器出口CO_2中水蒸气的分压136.8kPa。此分压下，对应的水蒸气饱和温度约为109.42℃。也就是说，在14.25MPa压力下，含水蒸气0.96%的CO_2气体，当温度低于109.42℃时，水蒸气就会产生冷凝。由于当时冷却器出口的实际温度为108.8℃，低于109.42℃，达到了冷凝温度，因此可以肯定，当时的工艺条件下已经有冷凝水的生成了。由于CO_2属于酸性氧化物，易溶于水生成碳酸。所以，呈酸性的冷凝液在管道法兰与垫片的间隙及仪表调节阀内部积存，对碳钢法兰、垫片和阀门造成腐蚀。

2007年5月，利用装置停车检修之机，对脱氢系统所有管线及管件进行了彻底的检查和测定，对所有的管件及法兰垫片都进行了更换处理（材质提高等级），对前几次泄漏遗留的缺陷问题进行了根治处理，截止到2014年6月没有腐蚀和泄漏现象的发生。要有效预防脱氢系统出现腐蚀泄漏，需从以下几个方面加以考虑。在管道设计时，要充分考虑非正常生产工况下脱H_2生成水可能发生冷凝，尤其是酸性氧化物介质的管道，更应注意，调节阀或截止阀前后的垫片、法兰及本体应尽量选用抗腐蚀的不锈钢材质，避免发生压力或温度突降，导致水蒸气冷凝，与酸性介质结合生成腐蚀性溶液，对管件造成腐蚀。由于在14.25MPa压力下，只有当温度低于109.42℃时，含水0.96%左右的CO_2混合气才会产生冷凝液，因此，只要在工艺控制上将该点温度控制高于109.42℃就可以避免冷凝液的生成，从而避免管道产生腐蚀源。泄漏发生以后，对二氧化碳冷却器出口温度指标进行了修订，要求正常生产时控制在118～122℃，最低不低于115℃，以使混合气完全处于气态，防止水蒸气冷凝。碳酸属于弱酸，腐蚀性较弱，针对弱酸性冷凝液的腐蚀特点，在管道的法兰和垫片等易积存液体部位采用普通不锈钢0Cr18Ni9Ti材质，就可以解决腐蚀泄漏的问题。虽然材料等级提高了，一次投资会有所增加，但从根本上避免了由于泄漏而导致的非计划停车事故，增加的投资还是值得的。自二氧化碳冷却器出口法兰垫片、仪表调节阀及前、后垫片更换成0Cr18Ni9Ti材质后，经过5年多的运行，目前还没有发现有腐蚀泄漏的迹象。

实例二十八

某公司二氧化碳汽提法尿素装置中的2台高压甲铵泵于1976年安装投用，其结构是五联柱塞泵，经常需对单向阀及柱塞填料进行检修。为不影响装置连续运行将其中1台泵从运行装置中切换出来，在2台甲铵泵出口管线上设置有4个切断阀，用于2台泵之间切换。4个切断阀均为角式截止阀，为减少甲铵介质的泄漏概率，原设计、安装均采用与管道焊接连接。当切断阀的阀座密封面出现腐蚀、冲刷、机械损伤等缺陷时，只能在现场采用手工光刀并研磨修理（国外配了相应的手工光刀工具）。修理后不能单独进行水压试验，无法及时验证修复效果，只能当系统开车时才能随系统试压，此时发现泄漏，返工修理会延误系统开车，造成一定的损失。切断阀使用36年后阀座密封面已经光刀出很深的痕迹了，且现场每次手工光刀对中困难，光刀后的密封效果不很理想。因此，把4个阀改为可拆卸的法兰连接，便于上车床光阀座和对阀门进行水压试验、试漏。新购316Lmod材料的阀门价格高，且4个阀其他部位均完好，本着节约原则，对阀门进行修理和改造。

(1) 阀座修理

将阀门从现场切割下来，拆除阀芯、填料箱等，阀体上车床、光掉阀座密封面上的腐蚀物，露出金属光泽，并进行渗透检查合格，测绘出阀座密封面的相关尺寸；对阀座密封面进行堆焊，高度约10mm，采用手工电焊，焊条BM310-MoL；焊后重新上车床，按测绘出相关尺寸对密封面进行光刀，并再次进行渗透检查，Ⅰ级合格；手工对新换阀杆与阀座密封面进行相互研磨，用红丹检查其密封线贴合情况直至合格。

(2) 增设连接法兰

加工螺纹接头及单引透镜垫，加工要求：螺纹接头、单引透镜垫用材料316Lmod；螺纹接头应100%UT检测合格，表面应100%PT检测合格。加工螺纹法兰，材料35钢（Ⅲ级锻件）。加工合格后表面及螺纹应进行100%MT检查合格。

螺纹接头与阀门两端焊接：在车床上加工出阀门两端坡口，并进行渗透检查合格；丝头与阀门两端接管进行组对焊接，采用氩弧焊打底，焊丝25-22-2LMn，打底后进行铁素体含量检测，焊接接头任一点铁素体含量不高于0.6%；合格后用手工电焊填充，焊条BM310-MoL，规格标准4mm，焊接工艺参数：电源极性DC(－)，电流140～165A，电压23～24V，焊速90～100mm/min；焊后进行100%RT检测合格，表面100%PT检测合格；组装改造后的阀门，进行强度试验和密封试验。

(3) 现场组装

对4个阀进行现场组装。原两焊接阀之间有一短节，设置有一个14.7mm的角式排放阀，改为法兰连接后由于位置的限制，再增加短节已不可能实现，因此采用了单引透镜垫的方式，即把普通透镜垫加厚，在透镜垫旁焊接一支管，再与14.7mm的角式排放阀连接。支管及排放阀材料均为316Lmod。原焊接结构改为法兰连接后，4个阀门共增加了8个泄漏点，如果透镜垫两端各算一个的话，就是16个密封泄漏点。为解决这个问题，采用了在透镜垫两端贴一层1mm厚的戈尔胶带的办法。戈尔胶带是一种较软的、单面自带黏结剂的F4带，剪成条状后，可直接把它粘在透镜垫的两密封面上。其密封原理是：不管透镜垫或螺纹接头的密封面怎样研磨提高精度，微观上总有细小纹路存在，提高精度的同时会增加成本；透镜垫是硬密封，而高压甲铵介质是强腐蚀介质，只要有微量的介质从细小纹路中漏出，就会把密封面的细小纹路腐蚀得越来越大，再加上透镜垫安装偏离或螺栓预紧力不够，很容易发生泄漏。戈尔胶带主要起填充密封面上的细小纹路的作用，在连接螺柱预紧力的作用下，只有1mm厚的胶带嵌入细小纹路中、多余的则挤压出密封面，承受内压及宏观上起密封作用的透镜垫与螺纹接透镜垫密封形式的法兰出现泄漏问题时，采用戈尔胶带贴透镜垫之后，只要法兰安装正确，一般都没再出现泄漏现象，即使个别情况出现法兰泄漏，也可用再紧固螺栓的方式把泄漏消除。

高压甲铵泵出口切断阀由焊接改为法兰连接已经两年多了，此期间经历了两个大修及一些检修过程。在抢修或大修中，可把阀门从装置上拆下来进行检查，需要光刀的上车床光刀，修理试压合格后再进行回装，避免了开车时进行返工修理，节约了时间及费用。运行中也未发生密封面泄漏问题。

实例二十九

某石化公司化肥厂尿素装置离心式高压液氨泵是2005年扩能改造新增设备。由合成氨装置来的表压2.0～2.4MPa液氨，经氨预热器加热到0～40℃后进入缓冲罐，再经入口流量计进入离心式高压液氨泵，加压至17.0MPa后经出口单向阀、出口流量计、出口调节阀、出口一道及二道截止阀后送至氨加热器，加热到55～75℃后送入高压喷射器。高压液氨泵的出口设置回流线，回流量由回流阀调节返回至氨泵入口缓冲罐。该氨泵出口还安装有2台安全阀，起跳压力19.6MPa，一开一备。装置开车时首先启动柱塞液氨泵运行，随着负荷的提高，再将其切换至高压液氨泵运行。高压液氨泵出口一、二道截止阀为2005年由国内某公司制造，至今已使用8年，该阀型号为JP15R2B-S，规格为101.6mm1500LB，阀体材质为LCB，阀杆、阀芯、阀座材质都为304，最大工作压力（38℃）为23.93MPa，为压力自紧密封阀盖铸钢截止阀。阀门在阀盖与阀体连接处采用楔形垫组合自紧密封结构，通过阀门内流体压力提供阀体和阀盖紧密的密封。其密封原理：升压前，先旋紧预紧螺栓，使阀盖上升，阀盖与楔形密封垫之间以及阀体与楔形密封垫之间形成初始密封条件——密封面上的预紧比压。当介质压力上升时，阀盖受介质压力作用向上移动，阀盖与楔形密封垫以及阀体与楔形密封垫之间密封比压随压力的增加而逐渐增大。在自紧密封中密封面上的工作密封比压由两部分合成，预紧密封比压及由介质压力形成的比压。自紧密封的特点是在密封中介质压力总是趋于增加预紧密封比压，增加密封性能。介质压力越高，工作密封比压就愈大，密封性能愈好。阀杆密封处采用柔性石墨环和柔性石墨编织填料。2012年9月22日装置封塔停车后准备启动高压液氨泵运行，中控操作人员将其回流阀手动开 50% 阀位，出口调节阀手动开 40% 阀位，泵入口一道及二道阀、出口一道及二道阀全开，各排放和导淋阀关闭。启动高压液氨泵运行后，中控缓慢关闭回流阀至全关，此过程中泵入口流量由 $119m^3/h$ 降至 $30m^3/h$，泵出口流量一直显示 $10m^3/h$，泵出口压力瞬间上升至 19.8MPa，泵出口安全阀起跳，入口流量又由 $30m^3/h$ 上升至 $100m^3/h$。根据此现象判断是出口调节阀或出口一道截止阀或出口二道截止阀阀芯脱落，致使装置再次封塔停车。为了进一步确认，将出口一道阀和出口一、二道阀间短接拆除，检查发现出口二道阀阀芯脱落。考虑到封塔时间的限制（不超 8h），将泵出口一道阀安装到出口二道阀的位置，为了防止出口一道阀不严，在阀上安装了盲法兰，盲法兰中间钻孔焊接 *DN*15mm 丝头，丝头处安装一压力表阀，连接压力表，出口二道阀拆除检修。运行柱塞液氨泵，从而保证了系统不排塔，正常开车运行。出口二道截止阀解体发现阀头背帽定位环脱落，致使阀头与阀头背帽螺纹连接后无法与阀杆固定，整体从阀杆上脱落。阀头脱落后产生错位致使与阀体卡涩，介质也无法顶开。

(1) 原因分析

由于阀门设计原因，定位环与阀杆不是一整体，而是采用点焊连接，在带压开启时（压力为高压系统压力），高压力作用于阀头背面致使定位环与阀杆点焊失效脱落，导致阀头脱落，同时由于长期多次使用，阀杆头部与阀头配合处不同心，致使阀头脱落后阀头卡涩，高压液氨泵启动后介质液无法将该阀顶开。

当该阀为手轮带动伞齿来驱动阀杆，关闭阀门时若用力过大，阀卡得太死，就容易将定位环与阀杆的焊点破坏，最终将定位环顶掉。

(2) 处理措施及效果

将该阀定位环两端与阀杆配合处打坡口后 2 次进行满焊，避免了点焊强度不够的情况。同时，针对阀头密封面出现沟槽的情况，将阀头密封面进行车削加工，并对阀座进行研磨，然后进行试压，最终将此阀修复完成。高压液氨泵出口二道阀经过处理后，基本不会出现阀头脱落的情况。

3.12　日常维护

操作人员必须按照操作规程使用管道，定时巡回检查。

日常定时巡回检查内容：

在用管道有无超温、超压、超负荷和过冷；

管道有无异常振动，管道内部有无异常声音；

管道有无发生液击；

管道安全保护装置运行是否正常；

绝热层有无破损；

支吊架有无异常。

3.13　紧急情况停车

当管道发生以下情况之一时，应采取紧急措施并同时向有关部门报告：

管道超温、超压、过冷，经过处理仍然无效时；管道发生泄漏或破裂，介质泄出危及生产和人身安全时；发生火灾、爆炸或相邻设备和管道发生事故，危及管道的安全运行时；发现不允许继续运行的其他情况时；

输送可燃性、易爆、有毒、强腐蚀流体的管道和高压管道，在运行中如发现泄漏，应立即停车检修，并将压力全部排尽；

在运行中如发现管道、特别是高压工艺管道振动超过标准，应立即停车检修，查明振动源，采用消除措施；在消除振动时，应从气流脉动分析入手，消除振动源；

运行中，如发现安全附件、指示仪表有缺陷、异常时，应及时报告，必要时停机妥善处理；

运行中，管道、管件、阀门和紧固件如出现疲劳断裂、严重破损、严重腐蚀时，应停车紧急处理；

对于可燃性物料、高压物料，检修时要十分谨慎地进行紧急处理，或者尽可能地停车且采取根本性处理措施。

第4章 塔釜罐槽的故障处理及实例

4.1 维护不周及其预防

塔釜罐槽维护不周的主要表现如下：

装置运行中，因仪表接管漏气、阀门密封不严等引起可燃性气体泄漏；

未及时清理沉积物（如黄磷、磷泥、积炭），使管道堵塞，造成设备真空度上升，空气通过水封进入煤气管道，设备内形成爆炸性混合物，或高温下引起积炭自燃爆炸；

仪表装置失灵、损坏，如氢气自动放空装置损坏，空气进入；开车时造气炉煤气下行阀失灵，致使氧含量提高，甚至高达4.2%；缩合罐的真空管道上的止回阀失灵，部分水进入罐内引起激烈化学反应而爆炸，铜液液位计破裂而引爆；

不凝性气体没有排出或排尽，导致超压爆炸；

用环氧树脂作防腐剂，涂在设备上引起着火；

设备长期储存，温度过高引起自聚反应，或充装可燃性液化气体过满，高温下储存和运输中气体受热膨胀，压力剧升而导致爆炸；

油蒸气排放源向大气中排放的油蒸气积累以至失控，残留品的挥发，使油罐区周围形成易燃易爆体系，在油罐作业搅动时，使沉积的油气挥发，遇焊渣闪燃着火；

存在点火源，主要指焊火、机动车尾气火花、静电消除装置失灵发生静电放电、雷击起火和其他点火源，如铁器相互碰撞、钉子鞋与路面摩擦产生的火星等。

预防措施如下：

严格密封、操作中巡回检查，对已出现的泄漏，及时发现立即清除，暂时不能消除的要采取有效的应急措施，以免扩大或发生灾难性的事故；

及时清除污垢、积炭，在高压情况下，避免金属构件碰撞、打击设备；

定期对安全附件、阀、管件等进行质量检验，及时修复和更换失灵、失效的安全附件、阀和管件；

彻底排除不凝性气体；

严禁用可燃、易燃物质作设备防腐剂涂层；

防止过量充装液化气体或液体，严禁混装。对于长期储存和储运的设备，应放在阴凉通风的地方，或采取妥善可靠的遮阳措施；

在充装液化气体或液体（如液氨）时，严禁用普通小型储罐代替液氨气瓶及液氨槽车，必须用专用的充装设备；

防止跑、冒、滴、漏，避免产生油蒸气；

加强管理，防止油罐区及其周围产生明火。

4.2 停车检查

塔釜罐槽类容器因结构和用途不同，检查项目也不一样。塔釜罐槽类容器的检查，通常指主体和金属、非金属衬里的检查。开停车工况复杂。比如在正常操作工况下不满足湿 H_2S 应力腐蚀临界条件的设备，在开停车过程中可能会达到临界条件而发生湿 H_2S 应力腐蚀开裂。

4.2.1 主体的检查

可在清洗表面基础上采用肉眼检查，如有点蚀可采用深度规、孔深计测量其深度。

对于裂纹，可采用肉眼检查、磁粉探伤、浸透探伤法，重点在焊接接头处和连接部位。

对于氢蚀，可采用超声波检查和通过可见光线的阴影状况由肉眼检查其表面。

对于变形，可通过肉眼检查，利用直尺、铅线、中心线等进行测量。

4.2.2 衬里的检查

对于金属衬里的腐蚀、侵蚀状况、凸起状况，由肉眼或锤击检查，用浸透探伤法检查衬里有无开裂，如发现有泄漏，可将衬里掀掉，检查基体的腐蚀状况。

对于非金属衬里（橡胶、合成树脂、玻璃和水泥等），检查破损、剥落、腐蚀裂纹，可用火花试验检查裂纹、破裂情况，如发现衬里破坏，要对基体进行裂纹、破裂检查，必要时测定基体厚度。

4.3 清洗

清洗的目的是清除塔釜罐槽类容器的污垢，常用的清洗方法：利用高压气吹扫实现喷射清洗，清除污垢；利用刷子等工具机械清洗清除污垢；通过结垢的取样分析，选择适宜的化学清洗剂将结垢溶解清除。化学清洗方法是减轻劳动强度和提高运行效率的最佳清洗方法。

4.4 试压试漏技术

在投入使用前，对槽（罐）要进行耐压试验和气密性试验。

试压时，加压时间长，在做水压试验时如果有一段时间无人现场看管，则超压时无人发现，会导致超压泄漏事故。因此，应确保试压过程有人在场。设备容积大时，水压试验时在设备顶部如果安装安全阀或使用压力控制装置，则当设备内部压力达到试验压力时，加压泵自动停止加压，以预防超压损坏。

通常进行水压试验，即使塔釜罐槽类容器充满水，排净空气，待器壁温度与水温度相同时，缓慢升压到规定压力。如果塔釜罐槽类容器的材质为奥氏体不锈钢时，为防止裂纹产生，应限制水中氯离子含量。在冬季或寒冷地区进行水压试验时，应避免使用清水，以防冻。

对不宜用水进行试压的塔釜罐槽类容器，可进行气压试验。气压试验时，试压工装脱落，气流也会造成设备内填料和内件飞出。对于大型设备，由于工艺的原因，不适合做水压试验，只能做气压的情况下，试验工装以及试验工装与设备间焊缝应和设备本体焊缝采用相同的制造、检验、检测要求。试压时短节与设备对接，试压后割下来，只会造成短节稍微变短，试压工装还可以重复利用。

气密性试验通常用空气进行气密性试验。在进行气密性试验时，要缓慢升压至设计压力，并保持30min，同时在检查部位用毛刷或加油器涂肥皂水或发泡液，如果发现有气泡产生，则发生气泡处便是泄漏点。在法兰连接处，可事先贴上胶带，并在其上扎一个细孔，再涂肥皂水，通过产生的气泡找出泄漏点。气密性试验时，紧固件飞出，气流的伤害或者带压紧固，受力不均匀造成机械危害等。故水压试验或气密性试验时，禁止带压紧固螺栓。

进行耐压试验通常均用水作介质，即进行水压试验。有的容器原设计介质是气体，其支撑的强度不足以满足容器充满水时的承重要求，或是某些容器因有内保温材料，无法进行水压试验时，可将水压试验改为气压试验。在气压试验前，为了确认在气压试验时不会突然失稳爆破，应对全部修理施焊的焊接接头以及其他认为可疑的焊接接头作100%的超声波探伤，并对母材的力学性能要予以确认。

考虑到材料经时效后常温下塑性及韧性会有所下降，在进行在役压力容器水压试验时，应适当提高试验时水的温度，因为水温适当提高对容器承载有利。

4.5 日常维护

操作人员应经安全教育和考核合格，持证上岗，严格执行工艺操作规程和岗位操作规程，严禁超温、超压和超负荷运行。尤其是塔器操作中，不准超温、超压。

定期巡回检查重点如下：

容器本体、接口（阀门、管路）部位、焊接接头等的裂纹、过热、变形、泄漏及损伤等；

外表面的腐蚀；

保温层破损、脱落、潮湿、跑冷；压力容器与相邻管道或构件的异常振动、响声，相互摩擦；

支承或支座的损坏，基础下沉、倾斜和开裂，紧固螺栓的完好情况；排放（疏水、排污）装置；

运行的稳定情况，如是否有超温、超压和超负荷运行的现象；

容器接地设施是否完好；

安全状态等级为4级的压力容器监控措施和异常情况；

对于塔设备，定时检查安全附件，应灵活、可靠；定时检查人孔、阀门和法兰等密封点的泄漏。

发生下列异常现象之一时，操作人员应立即采取紧急措施，并按规定向有关部门报告：

工作压力、介质温度或壁温以及介质组成中的某种腐蚀成分超过许用值，采取措施仍不能得到有效控制；

主要受压元件发生裂缝、鼓包、变形、泄漏等危及安全的缺陷，安全附件失效；

接管、紧固件损坏，难以保证安全运行；发生火灾，直接威胁到压力容器安全运行；过量充装；

液位失去控制，采取措施仍不能得到有效控制；容器与管道发生严重振动，危及安全运行；其他异常情况。

容器内部有压力，一般不得进行修理或紧固。对于特殊生产过程，开（停）车、升（降）温过程中，需要带压紧固螺栓时，应制定有效的安全操作规程和防护措施，并经单位技术负责人批准，安全部门监督实施。

做好停用和备用容器的维护检查，防止器内剩余介质引起反应或腐蚀，对长期停用的压力容器，应清洗并排净介质，用氮气等封存，启用时应按要求进行检验。

4.6 检修要求

按照要求安排外部检查及内外部检验，根据检验结果，结合装置检修确定检修周期，一般为3～6年。

检修内容：

定期检验时确定返修的项目；

筒体、封头与对接焊接接头；

接管与角焊接接头；

内构件；

防腐层、保温层；衬里层、堆焊层；

密封面、密封元件及紧固螺栓；

基础及地脚螺栓；支承、支座及附属结构；

安全附件；

检修期间检查发现需要检修的其他项目。

对重复使用的螺栓逐个清洗，检查其损伤情况，必要时进行表面无损检测。应重点检查螺纹及过渡部位有无环向裂纹。

检查支承或支座的损坏，大型容器的基础下沉、倾斜及开裂。检查保温层、隔热层、衬里有无破损，堆焊层有无剥离。

塔器、容器重点检查：

积有水分、湿气、腐蚀性气体或气液相交界处；

物流“死角”及冲刷部位；

焊接接头及热影响区；

可能产生应力腐蚀以及氢损伤的部位；

封头过渡部位及应力集中部位；

可能发生腐蚀及变形的内件（塔盘、梁、分配板及集油箱等）；

破沫器、破沫网、分布器、涡流器和加热器等内件；

接管部位；检查金属衬里有无腐蚀、裂纹、局部鼓包或凹陷。

反应器重点检查以下部位：

检查反应器对接焊接接头、接管角焊接接头、支持圈凸台有无裂纹；检查法兰密封槽有无裂纹；

检查冷壁反应器衬里有无脱落、孔洞、裂纹、麻点及疏松等；

检查热壁反应器堆焊层有无表面裂纹、层下裂纹及剥离；

检查重复使用的紧固螺栓有无裂纹；检查支撑梁、分配器泡罩及热电偶套管有无裂纹等；检查其他内构件。

常压储罐检查、检测、检修内容应包括：罐壁、罐顶、罐底腐蚀情况的检查，检测加温设施的完好情况，检查检修、试压、试漏、外部保温、油漆完好情况。

一台完好的常压储罐应具备以下条件：

罐体无严重变形，各部腐蚀程度在允许范围内，无渗漏现象；

罐基础无不均匀下沉，罐体倾斜度符合规定；

浮顶罐密封良好，升降自如，密封元件无老化、破裂、弹性失效等现象；

呼吸阀、密封检尺口、通风器、排污孔、高低出入口放水阀、加温盘管、液位计等齐全好用，无堵塞、泄漏现象；

消防、照明设施齐全，符合安全防爆规定，接地电阻小于 10Ω，防雷、防静电设施良好；

浮顶罐必须安装高液面报警器、通气孔并灵活好用；

内部防腐层无脱落，外部保温，油漆完整美观；

罐体整洁、脱水井应有水封并且畅通；

进出口阀门与人孔等无渗漏，各部螺栓满扣、齐整、紧固。

常压罐的定点测厚对罐体安全运行尤其重要；防雷、防静电设施良好，接地电阻每年在雷雨季节来临之前应由专业部门进行一次测试。每季度对常压储罐及附件的现状进行一次综合检查并保存记录；加强常压罐附件的使用维护，如：机械呼吸阀及导向装置，必须保持清洁，夏季清扫一次，冬季每月清扫一次。保持机械呼吸阀严密、防尘，保护网完整、清洁不堵；对于受损的情况要及时采取相应的补救措施，避免罐体受损程度的进一步扩大；对于因种种因素导致的罐体外表面凹凸、划伤、变形等，常压储罐所有者要进行及时的维修，而不是为了逃避检查擅自采取掩盖缺陷的措施，增加了不安全因素。在进行罐体的外壁防腐时，可以采取刷防护漆等措施，要把罐体的内壁防腐作为重点，可以根据情况选择耐腐蚀材料、复合材料、内衬覆盖层、热喷涂金属（如锌、铝）及阴极保护等方法。

对球罐缺陷进行焊补应符合规定：

对球壳表面缺陷进行焊补时，每处的焊补面积应在 $5000mm^2$ 以内。如有两处以上焊补时，任何两处的净距应大于 50mm；

每块球壳板上焊补面积总和必须小于该块球壳板面积的 5%。补焊后的表面应修磨平滑，修磨范围内的斜度至少为 3∶1，且高度不大于 1.5mm；

焊接接头表面缺陷进行焊补时，焊补长度应足够；

材料的标准抗拉强度下限值 σ_b 较高的钢材焊接接头焊补后，应在焊补焊道上加焊一道凸起的回火焊道；

回火焊道焊完后，应磨去回火焊道多余的焊接接头金属，使其与主焊接接头平缓过渡；

焊接接头的内部缺陷焊补时，清除的缺陷深度不得超过球壳板厚度的2/3；

若清除到球壳的2/3处还残留缺陷时，应在该状态下焊补，然后在其背面再次清除缺陷，进行焊补；

焊补长度应大于50mm；

所用的材料及附件应具有质量证明书，并符合图样要求；

施焊环境出现下列任一情况，且无有效防护措施时，禁止施焊：手工焊时风速大于10m/s；气体保护焊时风速大于2m/s；相对湿度大于90%；雨、雪环境。当焊件温度低于0℃时，应在施焊处100mm范围内预热到15℃左右；

耐压试验过程中，不得进行与试验无关的工作，无关人员不得在试验现场停留。

4.7 实例分析

实例三十

某化肥厂脱碳系统第二解吸塔1997年5月试车成功，2000～2002年第二解吸塔多次发生液泛，2006年8月至10月第二解吸塔又多次发生液泛。

原因1：原始设计CO_2产出量30170m^3/h，但由于实际原料天然气总碳较高，正常100%负荷CO_2流量达到33000m^3/h，而且总碳还经常在105%～113%负荷之间波动，异常情况总碳最高负荷可达到122%。当波动幅度较大时，就会给调节带来很大的难度，有时会出现因为来不及调节而造成脱碳系统液泛。

原因2：塔盘或降液管损坏导致塔顶冷凝液与CO_2气液摩擦增大，积累在第二解吸塔顶部塔盘上，造成塔顶部压力升高，富液中一部分CO_2本应在塔的上部闪蒸释放，但被带到塔的底部或贫液汽提塔，从而造成贫液汽提塔塔底贫液CO_2含量偏高，在贫液汽提塔塔底温度上升时大量CO_2解析释放后引起气液比失衡产生液泛。或者由于第二解吸塔顶部冷凝液聚集使得CO_2解析压力升高，当压力高于一定值后，CO_2冲破冷凝液的封堵，引起爆发式CO_2剧增，最终产生液泛。

原因3：在每次补充MDEA溶液时都进行必要的检查，不同批次产品也存在差别，如果将质量差的MDEA加入系统必将会引起溶液发泡，增大液泛的可能性。

原因4：管线上的焊渣、腐蚀设备产生的Fe$(OH)_3$、$FeCO_3$等、工艺气带入的催化剂细粉、机泵机封和阀门填料碎末。这些固体小颗粒都有稳定泡沫的作用，随着固体小颗粒的增加，消泡时间和发泡高度会成倍增加，发泡严重时会引起液泛。

原因5：在试车期间由于塔盘脱落，打开人孔向塔内鼓空气，然后进入塔内修复塔盘。在检修结束开车时发现消泡时间和发泡高度大幅升高，并在导气时发生液泛。MDEA与CO_2在一定温度下可以发生降解反应生成唑烷酮类和羟乙基哌嗪类化合物。此降解反应在低温时很难进行，130℃开始加快，到150℃反应会很明显。

原因6：A阀为放空阀，B阀为去二氧化碳压缩机入口阀，在A阀全关时，CO_2压力由

B阀和二氧化碳压缩机同时控制。在A阀有开度时，CO_2压力由A阀控制。但由于A阀是DN400蝶阀，小阀位控制压力波动很大。CO_2压力大幅波动会引起第二解吸塔压力大幅波动，发生液泛。

处理措施1：降低产品CO_2流量在33500m^3/h以下，防止由于总碳上涨造成CO_2流量大幅度上涨，达到泛点引起液泛。

处理措施2：最初设计第二解吸塔压差表只有填料段指示，在脱碳系统发泡严重或事故发生时，无法监控第二解吸塔上部塔盘或降液管运行情况，当塔盘或降液管损坏时无法直接判断问题所在。经过多次液泛后的检修发现，第二解吸塔上部损坏的情况比较多。因此，对第二解吸塔上部塔盘进行了加固，并增设一台压差表，用于监控第二解吸塔上部塔盘或降液管运行情况。新增压差表在2006年10月液泛前表现为异常上涨，为查找问题、及时检修处理，提供了依据。

处理措施3：加强进入脱碳系统MDEA质量控制，要求每个批次分析MDEA纯度必须大于99%，且外观颜色白亮，不容许出现棕红色。补入MDEA溶液前必须清理储罐，并且在进入脱碳系统前都必须经过滤网。机泵及过滤器检修排出的残液，不再收回入脱碳系统，直接按规定处理。通过更换更细的过滤芯，除去MDEA溶液中更小的固体颗粒。对地下回收槽新配氮封管线，将补水方式由排放到罐中再用泵送入系统，改为脱盐水管线直接补入脱碳系统，防止氧气进入溶液。另外，在检修期间，注意MDEA储罐和各塔的氮气正压保护。脱碳系统使用的消泡剂为非水溶性硅油，加入方式是与水混合搅拌后泵入第二吸收塔。在使用中发现计量泵易堵塞、消泡剂会分层变质失效，更为严重的是MDEA溶液发泡严重时，主要影响第二解吸塔，而消泡剂注入点却在第二吸收塔，加入点不合适。为此进行了改造，在水利涡轮机入口接出一条管线作为消泡剂进液口，将消泡剂直接加入脱碳系统。严格控制脱碳系统最高温度点（再沸器处）小于130℃。对比类似装置CO_2压力控制，发现CO_2压力调节B阀无作用。因此，用手轮将B阀全开，并且给A阀增设1个小管径旁路调节阀C，A阀与C阀改为分程控制。在CO_2没有放空条件下，CO_2压力由压缩机控制，在有放空时由A阀与C阀控制。改造后，无论有无放空，CO_2压力波动减轻。

实例三十一

某公司尿素装置年产尿素52万吨，自1990年5月5日建成投产以来，运行一直比较稳定。2013年3月26日尿素合成塔第12层检漏孔出现白色结晶物，公司随即召开专题会议，分析装置运行工况和泄漏状况，对尿素合成塔采取监护运行的措施。合成塔中部为温度最高的区域，而且该区域甲铵的浓度相对也比较高，所以，中间部位的腐蚀最严重，衬里的减薄量最大，再加上2010～2012年期间，由于公司天然气的供应相比往年有较大幅度提高，装置平均负荷由70%提高到95%左右，这也是造成尿素合成塔中部腐蚀明显高于上部和下部的重要原因。在监护期间，操作人员1h观察1次，2h爬塔检查1次。记录检漏管真实泄漏量变化情况。白班分析1次检漏孔溢流物中的氨含量，出现异常数据时增加检测，并注明空气吹扫4根检漏管的情况（先分析再空气吹扫）。控制好生产负荷，不超压，不超温，减少系统波动。技术员每个工作日巡检2次，分厂厂长每天巡检1次。若出现检漏孔有液体连续流出或泄漏量明显增大时，相关人员应立即汇报，系统将做停车排塔处理。从分析数据趋势和生产情况对比可以得出，在系统负荷运行稳定的情况下，漏点漏量变化基本稳定，但当系统负荷波动较大时，漏点漏量有较大变化。该塔监护运行至5月27日后随合成氨装置一起短停处理，监护运行期间该泄漏点没有出现明显变化。2013年5月27日，因合成氨装置计划停车处理现场问题，尿素装置趁机停车对合成塔漏点进行处理。

尿素合成塔排塔置换合格后采用氨渗漏的方法查找漏点，为此制订2种方案：

第1种方案是漏点可以很快找到，由专业公司进行打磨补焊；

第2种方案是漏点没有找到，则由专业公司对此次环焊接接头全部进行打磨补焊。

第2种方案检修时间要增加约30h。因此选择第1种方案。

尿素合成塔交出后，检漏人员进入塔内，按照氨渗漏查找方案查找漏点，开始一直未找到酚酞变色地方（若酚酞试纸变为红色，则表明该位置出现腐蚀泄漏），怀疑可能是杂质堵塞了漏点，所以对检漏孔用脱盐水重新冲洗5min，冲洗后，再用氮气冲扫干净检漏管，再进行氨渗漏试验，经过4h的查找，最终查出第12层检漏孔内部衬里上环焊接接头焊肉下有一微小针孔漏点。

根据第1种方案，由专业人员对漏点进行打磨补焊处理，经设备人员确认补焊合格后系统一次开车成功。开车后，通过对合成塔检漏孔检漏，未发现有结晶物或氨气产生，表明补焊修复的效果良好。

实例三十二

抽提蒸馏塔是某石化公司炼化部1号芳烃抽提单元的主要设备，该塔由抽提蒸馏段和分馏段组成。在实现抽提的同时，同步进行蒸馏处理。为防止由于蒸馏作用造成塔内发生剧烈沸腾而冲塔，在抽提过程中，采用将非芳烃从芳烃中分离出来的工艺处理，从而避免形成二相液体。抽提塔高73m，塔径3m/1.2m，壁厚分别为30mm、20mm、16mm、8mm。材质为16MnR，设备总重220t。设计压力为4.0MPa，设计温度250℃；操作压力0.109MPa，操作温度170℃，介质为烃及溶剂。塔内设5床层规整填料和30层浮阀塔板。2002年1月，抽提蒸馏塔检修。1月14日9时30分停止进料，同时开始工艺排料；1月15日21时，打开塔顶放空阀，由塔底通入蒸汽进行蒸塔，至1月19日21时蒸塔结束；1月20日10时30分打开下部人孔，自然冷却，约11时，塔内发生自燃，1～5床层规整填料燃烧，中控室DCS上显示的温度达50～600℃，燃烧部位为塔体上半部；12时05分，发生了塔体倒塌事故。从现场情况判断，塔体发生倒塌的主要原因是塔体超时过烧所引起的。塔体倒塌纯系塔内自燃、超时过烧造成的。至于塔内自燃的原因，综合分析后认为，主要是塔内规整填料中积聚的硫化物及烃类聚合物，再加上塔内尚未完全冷却，遇到空气后，马上引起自燃。

塔体修复采用更换部分塔体的方法，即根据塔体损坏段的尺寸，重新制造更新段，然后将其与塔母体拼装组合焊为一体。塔倒塌时，塔体弯曲变形部位集中在上半段；下半段质量完好，经检查，仍可使用。因此，以塔体损坏部位为分界线，将塔身切割为上、下两段。在塔体倒塌过程中，14.27m的过烧段及16.623m的顶部塔节严重损坏，已无法修复，因此要重新制造。塔体上半段的中间塔节没有受到撞击，形状完好，可以利用。但为了安全，对该塔节内壁进行了金相及硬度检测。结果全部符合标准，而后，对该塔内壁进行喷沙清洁处理，用砂轮打磨环焊接接头，开出焊接用坡口，并对塔节进行了必要的校正。两更新塔节制造完毕，按图纸要求对塔体上半段进行对接拼装。对接拼装要求三节塔体端面不平度不大于2mm，外圆周长小于等于21mm。检查合格后进行环焊接接头的焊接，焊后用X射线检验合格。塔体上半段对接拼装后，按要求在塔体上划线开孔，组装各接管、人孔。在制造塔体上半段的同时，预制塔体上所用的平台梯子及其他附件。塔体上半段检修合格后，才与下段塔体进行组对。组对焊接接头采用手工焊接，由多名焊工分段对称施焊。焊接完成后，不马上撤除吊机，等对接焊接接头自然冷却后，再撤下吊机。合拢的塔体不直度不大于 2H/1000mm，且不大于 20mm 为合格。主焊接接头焊接质量采用 100%射线检验，要求合格。按照《压力容器安全技术监察规程》的要求，塔体组对拼装后，应进行强度试验检验。但是现场不具备水压试验的条件。为此，对塔体的强度试验采用气压试验的方法，气压试验压力为 0.109MPa。按照有关规定，气压试验时压力应缓慢上升。在达到试验压力的 10%以后，保压 10min。保压时，对塔体上所有的焊接接头和连接部位进行检查，没有发现泄漏。然后，继续升压到试验压力的 50%，保压 10min，检查塔体无异常现象。其后，再继续按试验压力的 10%，逐步升压，直到试验压力为 0.109MPa 后，保压 30min，对塔体所有焊接接头及连接部位进行检查，确保所有焊接接头不漏气，塔体无异常声响，也未见明显变形。气压试验检查合格后，降至试验压力的 87%，保压 15min，再次对所有焊接接头和连接部位做最终检查，没有发现塔体焊接接头漏气，塔体无异常声响及明显变形，塔体强度试验合格。气压试验过程中不准采用连续加压来维持试验压力的不变；严禁带压紧固螺栓；采用肥皂液和液氨对焊接接头检查，以不漏气为合格。同时落实现场气压试验的安全措施，保证整个气压试验过程的安全可行性。抽提蒸馏塔对接拼装更换塔体后，对塔体强度进行气压试验，质量合格。在故障处理中，对停车吹扫设备，要定人定时实施监控跟踪，杜绝装置的超温；装置停车时，要全面审核开停车方案。检修时，在蒸汽蒸塔结束后，必须对塔内温度加强监控。在打开人孔前，采用水喷淋或其他降温措施，待塔内冷却后，方可由上至下打开塔体人孔。

实例三十三

某石化公司化肥厂尿素合成塔是 1975 年日本神户制钢所制造，2005 年改造时对衬里进行了整体更换。其人孔密封采用材质为 X2CrNiMo25-22-2 的齿形垫，上下覆盖 0.5mm 厚的无氯石棉板，齿形垫规格为 ϕ850mm×ϕ810mm×3.5mm，石棉垫规格为 ϕ850mm×ϕ810mm×0.5mm。此种密封属于强制密封，其主要特点：当紧固螺栓时，通过作用于齿形垫上垂直于齿角的力，来压紧和稳固填充齿槽内的石棉垫，以此来弥补石棉垫强度的不足，同时齿形垫耐蚀、耐温、化学稳定性良好，即使在高温高压环境下，也具有良好的密封性能。尿素合成塔封头的紧固螺栓为栽丝，规格为 M64mm×6mm×523mm，材质为 SCM3，共 20 条，螺栓紧固采用液压拉伸器。2014 年 3 月，发现合成塔上封头在北侧偏东位置成扇形面泄漏，漏量不大，伴有轻微的“刺刺”声。对于高压装置的泄漏必须及时分析原因并处理，以免带来经济损失和威胁人员安全。

尿素合成塔封头螺栓紧固采用液压拉伸器，以 4 个螺栓为 1 组，共 5 组，分 5 步进行紧固。第一步油压为终油压的 8%，第二步油压为终油压的 21%，第三步油压为终油压的 41%，第四步油压为终油压的 66%，第五步油压为终油压的 100%。由于每组螺栓的状况不同，紧固螺栓的人员不同，上紧力难以达到均匀；其次当紧固完毕泄压后，由于各个螺母螺纹的变形等因素的影响，螺栓拉紧力损失了一部分，造成螺栓拉紧力不足。垫片在设备运行过程中，由于工作条件的影响，如操作温度及操作压力的变化，保温损坏等因素均可导致垫片塑性变形，造成螺栓拉力和垫片比压的下降，当塑性变形量积累到一定的程度后，势必引起垫片泄漏。如果垫片或密封面存在缺陷，高压介质则从缺陷处泄漏，此类泄漏一般在设备开启运行初期出现。此次泄漏出现在设备开启运行7个多月后，应该不是垫片或密封面的缺陷所致，现场泄漏点在封头北侧偏东，漏量不大，在3条螺栓间形成扇形面，据此判断，应该是螺栓预紧力不足所致。

液压拉伸器为尿素合成塔设备配置工具，据档案记载，尿素合成塔封头的紧固油压为100MPa，由于此设备螺栓运行多年，实际紧固油压提高到105MPa。此次带压紧固为了保证安全，应先计算出螺栓能够承受的最大预紧力，进而推算出拉伸器的最大油压。把尿素合成塔操作压力降到14.0MPa以下，这样就降低了操作时螺栓的预紧力，增加了安全裕度。从漏点两边对称向漏点部位紧固。油压从105MPa开始逐渐按每轮5MPa加大。每紧完一轮，注意观察漏量。按照此方法，油压打到125MPa，漏点被紧住不漏。需要指出：只有在螺栓预紧力不足的情况下才能采取紧固螺栓的方法进行处理。如果是垫片缺陷就应停车更换新垫。

实例三十四

某石化公司化工厂年产30kt高压法三聚氰胺装置，是由意大利欧洲技术工程公司提供工程基础设计，采用高压法工艺将99.8%熔融尿素在反应器通过高温高压生成三聚氰胺，尾气通过配套尿素装置回收利用，达到环保节能。工艺冷凝液储槽的液相通过冷凝液回收泵向解吸塔送液。解吸塔的气相通过塔顶冷凝器冷却为液相。存放在解吸气分离器中，其中与液相平衡气相层通过解吸气分离器顶部的调节阀在控制压力的情况下放空到BD总管，进入排放槽放空到60m高的放空桶。解吸气分离器中的高浓度液相，经过泵输送到其他工艺系统。100%负荷时放空量约为850kg/h。工艺冷凝液储槽为高压法三聚氰胺装置回收储存尿素浓缩真空系统冷凝液，将冷凝液输送至尿素解吸水解系统，对于整个装置具有极其重要的作用，所以，该储槽出现故障，则将导致三聚氰胺系统与尿素系统切断，造成整个装置停车。

2007年10月18日，为了提前做好装置防冻工作，需将系统槽、罐中含氨液体进行处理后达标排放，解吸水解系统开工，开始建立解吸水解系统冷态循环。19日，建立各等级蒸汽系统，对解吸水解系统升温。20日，取样分析合格，开始达标排放，系统维持稳定操作。22日上午11时30分，现场发现工艺冷凝液储槽罐侧壁上部靠近罐顶处罐壁内陷。经检查确认工艺冷凝液储槽气相管线法兰连接处无盲板。为了避免工艺冷凝液储槽变形情况继续恶化，当即拆开了罐顶部*DN*50mm的预留盲盖。14时58分，停止解吸水解系统运行。2007年10月22日，在装置解吸水解运行期间发现工艺冷凝液储槽发生侧壁变形事故，造成装置局部停工，严重的制约装置的平稳生产。

(1) 原因分析

工艺冷凝液储槽基本参数：设计压力为零，工作压力为零，工作温度50～80℃，介质为工艺冷凝液；设备直径6500mm，高度9500mm，主要材质为0Cr18Ni9，容积325m^3，壁厚6mm。

装置停车后，进行逐项排查。将工艺冷凝液储槽顶部手孔打开，发现解吸水解系统在所有设备停止运行状态下，工艺冷凝液储槽内仍有抽负压的现象。由此判断工艺冷凝液储槽气相管线没有堵塞。将解吸水解从18日开车以来到22日14时的相关运行参数调出进行分析，发现19日晚22时40分排放槽人孔封闭后再次开工操作时解吸水解系统压力有较大波动，可能导致工艺冷凝液储槽抽负压。通过对工艺冷凝液储槽气相管线流程分析，发现存在工艺设计不合理的地方。工艺冷凝液储槽属常压设备，却未设计安全防护附件如水封罐，容易造成工艺冷凝液储槽抽负压和超压现象。设计单位没有提供罐所能承受的压力范围，根据《钢制焊接常压容器（及标准释义）》规定的设计要求，常压罐工艺冷凝液储槽的承压范围为－500～2000Pa。根据设计单位对放空桶蓝图设计时所引用标准《化学工业炉结构设计规定》进行计算，放空桶在此条件下产生的负压超过工艺冷凝液储槽装置的极限值约4倍。由于放空桶与工艺冷凝液储槽的放空也直接相连，当工艺系统发生波动后，就会造成工艺冷凝液储槽顶部某一个阶段产生负压，超过装置的承受能力后即造成设备损坏。为确定放空桶的实际抽负压情况，查找事故原因，进行了模拟抽负压试验。将工艺冷凝液储槽气相管线打盲板，并选择气相管线一处排放导淋安装文丘里测压计，通过对气相管线压力的调节进行测压。工艺冷凝液储槽203.2mm气相放空管线与解吸塔101.6mm气相放空管线连接254mmBD总管进入排放槽355.6mm放空管线，在解吸塔气相排放量小于排放槽放空总管的拔风能力时，会对工艺冷凝液储槽产生负压，大于拔风能力工艺冷凝液储槽发生超压。在解吸开工负荷逐步提升的过程中，总有一个过程是放空量小于排放槽的拔风能力，必然会对气相空间产生真空，导致工艺冷凝液储槽侧壁变形。依据设计单位提供的蓝图，计算的放空桶抽负能力超过设备承受能力的4倍。技术人员对解吸水解开、停工方案编写不完善，对操作变动的风险识别认识不够，没有对气相互窜做出预防措施。19日18时、23时40分停、开解吸水解系统对排放槽人孔封闭，认定为事故最可能发生的时间。班组在执行方案过程中，及在随后的现场巡检过程中没有到位，导致事故发生后22日才发现。

(2) 解决措施及效果

针对工艺冷凝液储槽侧壁变形，对工艺冷凝液储槽的放空系统进行改造，保证其排放系统始终与大气直接连通；严格执行现场不间断巡检制度，对运行设备除了每2h对所有参数记录一次，还要在巡检时发现设备运行参数发生的变化做及时调整，避免出现设备损坏；技术人员加紧完善操作方案和操作卡，对突发事件作出预防；将工艺冷凝液储槽顶部的盲盖及放空口脱开，与大气连通。将工艺冷凝液储槽上部变形部分割除。打开底部放空导淋将罐内积水排净。储槽周围搭设脚手架，打开底部人孔，脱开顶部放空及接管法兰共6个，检查罐内积水排净。罐内自然通风置换48h以上，氨含量分析合格，对罐顶、底取样做动火分析已合格，各项票证齐全。用吊车将封头吊住，用等离子切割机对变形部分筒壁切割，直到筒壁上下部切割分离。吊车将筒体及封头吊至地面，再将封头与切割下来的筒壁隔开，重新用6mm钢板焊接制作筒壁。制作成型后与封头组焊，用吊车将组焊件吊起，与原筒体焊接，完成装置的修复工作。

由于工艺冷凝液储槽内储存介质为尿素浓缩冷凝液，含有一定比例的氨，氨挥发对环境污染严重。为了保证压力平衡，且介质不能外泄，在其顶部设计制作水封槽。在水封槽中充入脱盐水，保证液位始终高于内筒，脱盐水通过内筒可以进入工艺冷凝液储槽中，使内筒与外筒之间形成水封。当工艺冷凝液储槽内部压力高于大气压力时，液位上升压力平衡：当内部压力低于大气压力时，液位下降通过调节阀自动向水封槽补入脱盐水确保压力平衡。为了防止工艺冷凝液储槽内部压力突升，水封冲破造成水封中间筒脱离，特意在上部安装一保护罩，保护罩外壁开孔与大气相通，保护罩与外筒用螺栓连接，便于拆卸与安装。经过技术改造后，为确定放空桶的实际抽负情况，做模拟抽负的试验。将工艺冷凝液储槽气相管线再次打盲板，并选择气相管线一处排放导淋安装文丘里测压计，通过对气相管线压力的调节进行测压，测压结果负压值趋于零，说明水封效果很好。装置于2008年4月恢复生产，投产后工艺冷凝液储罐未发生侧壁抽扁或鼓包等变形现象。

实例三十五

给水的除氧是电站和工业锅炉防止腐蚀的方法。除氧机理是：压力容器中溶解于水中的气体量和水面上气体的分压力成正比，采用热力除氧的方法即用蒸汽加热给水，提高水的温度，使水面上蒸汽的分压力逐步增加，而溶解气体的分压力渐渐降低，溶解于水中的气体就不断逸出，当水被加热至相应压力下的饱和温度，液面上的蒸汽的分压力几乎等于全压力，其他气体的分压力趋近于零，于是溶解于水中的气体就从水中全部逸出而除去。喷雾填料式除氧器的原理是：进水通过喷嘴被强烈分散成雾状喷出，加热蒸汽对雾状水珠进行第一次加热，使80%～90%的溶解氧逸出。经第一次加热的水流入填料层，在填料层形成水膜，减小了水的表面张力。第二次加热蒸汽进入除氧器下部，对填料层上的水膜再次加热，除去残留在水中的气体。分离出的气体和少量蒸汽由塔顶的排气管排出，水在除氧器中停留的时间很短，但除氧效果好，出水含氧量可小于7×10^{-9}。喷雾填料式除氧器采用定压运行方式，蒸汽为过热蒸汽，工作压力：0.32MPa；工作温度：145℃；进汽压力：0.598MPa；进汽温度：300℃；进水压力：0.368MPa；进水温度：20℃；出力：75t/h。

某热电公司三台喷雾填料式除氧器自1995年投入运行以来，一直处于不正常生产状态，排氧管长期排气带水，冬季厂房楼顶结冰严重，曾压坏过楼板，给安全生产带来隐患。含氧量经常大于100×10^{-9}（规定小于15×10^{-9}），给热力系统带来很大危害。

除氧器在运行过程中发生排气带水现象主要是因为喷雾层加热不充足，不能将水加热到饱和温度，其次排氧阀门开度过大，使除氧头内气流速度太快，排气量增大也会使排气带水。除氧器的喷雾层温度控制仪表（就地）安装在塔头中部，而运行人员在控制室内监控的仪表（远传）的测点在除氧器水箱中部，虽然控制室内仪表指示正常，喷雾层的温度却常低于该压力下水的饱和温度。为使运行人员正确监测喷雾层温度，分厂加强了各班现场巡查次数，严格控制参数，使喷雾层的温度始终保持在142～145℃；通过调整实验确定了排氧阀门的最佳开度，使除去的氧及时排走，又能避免排气带水，彻底解决排气带水问题。含氧量超标的原因很多，主要原因有：除氧器内部结构是否良好（如喷嘴损坏或堵塞、筛孔堵塞、筛盘倾斜等）；一、二次加热蒸汽配比是否合理，一次加热蒸汽阀门开度偏小时，会使二次加热蒸汽压力升高，形成汽把水托住的现象，使蒸汽自由通路减少，并且一次加热蒸汽量的不足将直接影响除氧效果；而一次加热蒸汽阀门开度过大时，会使二次加热蒸汽量不足，影响深度除氧效果；为保证除氧效果，还应特别注意排气阀门的开度，开度过小会影响除氧器内的蒸汽流速，减慢对水的加热，更主要是对气体排出不利，导致除去的氧又重新回到水中；进水温度过低或进汽量不足等。

对除氧器进行全面检修，修理了损坏的喷嘴，在水室中清理出设备安装过程遗留下来的石块、铁丝等杂物；根据厂家提供的数据，调整了一、二次加热蒸汽阀门的开度，使之配比合理；通过调整实验，确定了排氧阀门的开度；进水温度由20℃提高到40℃。由于思路正确，措施得力，除氧效果使含氧量基本保持$\leqslant15\times10^{-9}$。

实例三十六

某碱业公司在用 ϕ2500mm×27000mm 外返碱蒸汽煅烧炉，存在着运转过程中振动相当严重的问题。其中，1# 煅烧炉在 2004 年大修前由于振动造成炉尾托轮底座断裂，被迫停车大修；3# 煅烧炉在 2003 年初大修后投入运行初期，炉体运行平稳，但运行约半年，炉体开始产生振动，炉尾进汽轴开始摆动，严重时摆动量超过 10mm，以至于造成炉尾进汽管线三通处经常断裂漏气。另外，3# 煅烧炉自 1985 年投用至 2007 年，每次大修后只能正常运行约半年，半年后炉体就开始产生振动，且逐渐加剧。振动曾造成传动底座多次开裂，不能正常运行。因此 3# 煅烧炉安装以后一直不能做主力煅烧炉运行，只能作短期替补使用。6# 煅烧炉：大修前炉体振动相当严重，由于炉体的振动带动基础振动，造成 6# 煅烧炉基础周围地面下陷较大，造成 100mm 缝隙。另外，其他 5 台煅烧炉也存在着不同程度的振动。总之，煅烧炉的振动问题，已严重影响正常生产。需要指出：对于基础振动，可以用速度传感器以判断测出的振幅超过允许值的程度。

(1) 原因分析

根据规定，煅烧炉大修期为 72～96 个月。而故障的煅烧炉托轮一般在 0.5～1 年的时间，就因为托轮轴承的损坏而更换。由于托轮更换频繁，造成同一台煅烧炉上使用的 4 个托轮，其外径尺寸不能保持一致。尽管规定：“当两个托轮直径不同时，要根据托轮直径的大小，经计算合理调整托轮轴承座的位置，同时在托轮轴承座下加合适的垫片，以保持托轮中心与炉体中心连线与铅直线之间夹角（32°）不变。”这种做法从理论上是正确的，但在实际实施中很难做到。因为安装时，托轮的位置出现微小偏差是难免的，也就是说无法保证托轮中心与炉体中心连线与铅直线之间夹角（32°）不变。角度的微小变化会造成炉体中心线产生径向偏移，运行过程中，产生径向摆动。另外，内置轴承式结构托轮，自我向心调节余量较小，不能弥补实际安装过程中存在的累积误差，从而更加加剧煅烧炉的振动。

2007 年 10 月，3# 煅烧炉大修时，发现托轮钢底座下的垫铁安装很不规范，底座下的水泥基础不水平，南低北高，且钢筋外露。托轮钢底座下的垫铁直接压在钢筋上，垫铁水泥基础面不平，即垫铁与水泥基础面不完全接触，且垫铁组安装不规范，总高度与数量超出规范要求。其底座安装得不规范，就必然造成托轮钢底座不牢，容易产生松动，从而造成煅烧炉振动。

煅烧炉均已使用 20 年以上，由于其滚圈是靠炉体上的座圈，通过锥圈紧固固定。而炉体上的座圈均存在着不同程度的变形，即存在不圆度，或者局部凹凸变形较大，不更换炉体就无法处理，从而造成锥圈与滚圈之间的尺寸差异，这样就要求紧固滚圈的 18 对锥圈厚度不同。在大修时发现，以前采用的办法是加 2mm 厚的平垫板，有的甚至加 2 块平垫板，也就是 4mm 厚，调整锥圈与滚圈之间的尺寸差异，因为平垫板是夹在滚圈与锥圈之间，没有任何固定。因此容易产生松动，造成锥圈固定不牢固、松动，使滚圈移位，同时容易使滚圈产生变形，造成滚圈椭圆和炉体不同心，而引起煅烧炉炉体振动。

在用煅烧炉大齿圈为 2 瓣组合式结构，其中 1#、3#、4#、5# 煅烧炉大修时，大齿圈备件都存在不同程度的应力变形，在安装时造成大齿圈对口处存在 1mm 左右的间隙，使大齿圈与主传动小齿轮啮合不好，在大齿圈对口处存在啮合冲击碰撞，造成煅烧炉振动。

(2) 消除煅烧炉振动的措施

在用的托轮是内置轴承式结构，托轮的宽度只有 550mm，托轮轴的长度是 1350mm。

因此煅烧炉在运行过程中，如出现煅烧炉炉体的轴心线和托轮的轴心线不平行的情况时（这种现象在煅烧炉运行过程中，是不可避免的），就会作用在轴承上一个扭力。由于该托轮采用是7352单列圆锥滚子轴承，分布在550mm厚度的托轮毂两端，两个轴承的间距只有150mm，无调心作用，也就是说由于扭力的作用，轴承的滚珠对其保持架就会产生一个破坏的摩擦力，从而形成轴承的不良运转状态，造成轴承磨损或保持架破碎而损坏。这就是在用托轮在结构上的致命缺陷。同行业的煅烧炉使用外置轴承式结构托轮。外置轴承结构的托轮，比内置轴承结构的托轮结构优化很多，外置轴承结构的托轮是轴与托轮相对固定，轴承设在托轮轴两端，相对中心距是1044mm，比较长，轴承选用（3053256或29244）推力调心滚子轴承，如出现煅烧炉炉体的轴心线和托轮的轴心线不平行的情况时，轴承本身具有调心作用，使轴承总能处在一个良好的运转状态，所以不易损坏。而且其他单位使用的外置轴承结构的托轮，运行周期最短的也在3年以上，有的甚至用了七八年不出现问题。另外内置轴承式结构的托轮，现场无法更换轴承，必须将整个托轮更换，而外置轴承结构的托轮，检修时不需要更换托轮，现场更换轴承即可。由于这种结构的托轮在使用过程中，同一台煅烧炉4个托轮保持不变，其磨损程度相同，托轮的外径尺寸保持一致，保证炉体中心线不产生径向偏移，从而使煅烧炉运行过程中，炉体中心不产生径向摆动，大大提高了煅烧炉运转的稳定性。2006年，4# 煅烧炉、2007年3# 煅烧炉、2009年6# 煅烧炉大修，4个托轮全部改为外置轴承式结构的新托轮。鉴于3# 煅烧炉托轮基础的实际情况，在更换了4个外置轴承结构的新托轮基础上，又将托轮底座拆下，水泥基础重新找好标高和水平，灌浆夯实，保证垫铁“一平两斜”且保证垫铁与水泥基础面接触良好。严格按规范要求安装托轮底座，从而在安装质量上保证煅烧炉能正常运行。

在滚圈安装时，测量出滚圈和座圈之间的具体尺寸，根据锥圈的斜度，制作工装，对每块锥圈，加工成不同厚度，严禁加平垫板调整锥圈厚度的做法。严格按规定安装锥圈。保证锥圈与座圈、滚圈的接触面积与紧固强度，从而能弥补座圈变形，保证煅烧炉长周期运行。

煅烧炉大齿圈必须严格把住备件质量关，选择较好制造单位，要求制造单位严格做好大齿圈备件的时效处理，避免制造加工过程中和制造加工后的变形，大齿圈对口处必须严密结合，不允许大齿圈对口处存在间隙。消除大齿圈对口处与主传动小齿轮存在啮合冲击碰撞，保证煅烧炉运行平稳。

3#、4#、6# 煅烧炉的大修处理后，运转相当平稳，炉尾进汽轴无摆动，符合规定要求。经过对煅烧炉的大修改造，找到了煅烧炉振动的根源，并采取措施，解决了困扰多年的煅烧炉运转过程中振动的问题，同时也解决了煅烧炉炉头密封的漏碱问题，改善了煅烧车间的工作环境，大大提高了煅烧炉运转的稳定性和运行周期，从而提高了煅烧炉的出力率，为纯碱生产的稳产高产作出了贡献。

实例三十七

某石化公司精对苯二甲酸（PTA）装置由日本三井造船工程公司引进，采用日本三井化学公司（MPC）的专利技术：对二甲苯（PX）在185～195℃温度下和1.0～1.2MPa的压力下，经醋酸钴锰及四溴乙烷的催化作用与空气中的氧反应，生成粗对苯二甲酸（CTA），再经过加氢精制最终获得精对苯二甲酸（PTA）。搅拌器作为PTA装置的重要设备，对浆料中固液介质进行强迫对流并均匀混合，其运行状况的好坏对氧化、结晶等生产工艺的反应效果起着关键作用，同时对减少物料对阀门和管线的堵塞及装置的正常运行具有重要影响。PTA装置搅拌器安装在各氧化或结晶罐顶部，主要有旋桨式、桨式或锚式几种形式，采用单层或双层桨叶。其结构上由齿轮减速器、机械密封箱体组件、搅拌轴、桨叶及底座轴承（或支撑）组成。其中部分机体无底部轴承或支撑，而采用悬臂结构。桨叶、轴及内件等零部件长期浸没在反应物料中，选用钛、316L或304L等。

(1) 机械密封泄漏问题的处理

搅拌器用的双端面机械密封罐侧发生泄漏时，密封腔高压冲洗液将漏入罐内，造成介质组分变化，不能满足工艺要求；大气侧泄漏时，高压冲洗液无法保压，严重时罐内介质产生外漏，特别是TA单元醋酸等有害物料泄漏时对环境影响很大，同时产生安全隐患。机械密封泄漏的主要原因为：PTA装置中压搅拌器机械密封工作压力为2.6～6.4MPa（表压），多使用载荷系数$K<1$的平衡型双端面机械密封，由于介质压力产生的轴向力会使炭石墨静环发生轴向机械变形，将静环与静环座间微观上的波峰和波谷传递到密封接触面之间，使动、静环之间产生微小间隙，进而引起密封泄漏；部分备件密封面平面度超标、动静环或O形环的尺寸偏差或硬质合金镶嵌工艺不达标等造成动静环摩擦副、轴套与轴、动环与轴套、静环与静环座之间各密封点或硬质合金镶嵌处出现泄漏；搅拌轴摆动过大等其他故障，造成密封弹性补偿元件追随性不足，甚至造成动静环机械性碎裂；压缩量不当、装配误差等常见原因导致的机械密封泄漏。

防止机械密封泄漏措施：利用炭石墨静环与钢制静环座材质上的硬度差，通过两者对研消除间隙，达到严密贴合的效果，避免炭石墨静环产生机械变形，从而避免密封泄漏；利用光干涉法确认机械密封动、静环平面度符合技术要求（干涉条纹数不大于3条，即平面度不大于0.9μm），对密封件尺寸及技术要求进行复测，避免备件问题造成泄漏；及时处理和消除其他故障，避免对机械密封造成损坏；合理确定弹簧压缩量等技术参数，提高安装质量。

(2) 搅拌轴摆动幅度大、桨叶“变形、磨损或脱落”问题的处理

此类故障发生时会使浆料混合不充分，结晶粒度分布不均，物料结块导致出料不畅，加速了底部轴承或支撑的磨损，甚至击穿罐体钛材衬里，导致搅拌器不能正常连续运转，影响整个装置的生产，同时可能间接造成减速机轴封漏油或机械密封泄漏。故障产生的主要原因为：搅拌器超负荷运行。例如某PTA单元结晶装置原设计负荷为125t/h，经两次扩容改造后实际进料负荷为165t/h。由于绝大部分搅拌器机体并未做相应改造，实际负荷为原设计负荷的1.32倍，因而浆料对搅拌轴和桨叶造成长期较大的冲击，使其发生弯曲、变形；工艺和负荷系统调整过快，罐内物料急进急出，造成液位波动严重。不均匀湍流造成搅拌器负荷变化较大，导致轴摆动大，造成搅拌轴、桨叶变形或损坏；设备结构设计不合理，搅拌轴或桨叶刚度不足产生过大挠度。严重时使搅拌轴脱出下部滑动轴承形成悬臂，或使桨叶扭曲变形，旋转流道和所受反力发生变化，产生剧烈摆动，甚至脱落；工艺介质腐蚀是PTA装置的主要问题，腐蚀介质主要为高温醋酸、溴离子、氯离子等，对桨叶及搅拌轴形成腐蚀，降低了零部件的刚度和强度，使其磨损、变形等损坏加速；由于上游设备故障或管道改造未清理干净等原因使管路中硬质异物进入罐体，对桨叶或搅拌轴产生撞击，造成磨损或变形。

防止搅拌轴摆动及桨叶磨损措施：工艺操作时，防止超温、超压和超负荷运行的情况发生，必要时根据运转实际负荷对搅拌器进行改造；制定平稳负荷调整的措施，按规定曲线提降负荷，严格控制工艺进出料速率，避免负荷的波动对搅拌器的损坏；根据DCS监盘，随时掌握搅拌器运行电流的变化及工艺负荷的变化，以防罐内物料发生沉积和结块，进而对桨叶及搅拌轴产生冲击，增加搅拌器运行的平稳程度；核算轴颈设计尺寸，测量直线度和跳动并做调直处理，对设计不合理的零部件适当加大直径或厚度，增加刚度；零部件选用合理材质，控制罐内腐蚀离子在设计范围内，定期进行检查监测，掌握零部件腐蚀情况，必要时及时更新；施工后及运行中定期清理滤网及管路，防止异物进入。

(3) 齿轮减速机轴承或齿轮损坏问题的处理

轴承或齿轮损坏后，减速机传动精度降低，振动增大、温度升高，甚至发生抱轴，使减速机严重损坏，搅拌器停机。此种故障产生的主要原因为：部分型号减速机二级齿轮上部轴承为带防尘盖轴承，出厂时预先添加油脂后自行润滑，但长期在温度较高、负荷较大情况下运行，润滑脂流失，导致轴承损坏；部分减速机位于罐体底部，罐体密封泄漏时造成减速机进水，润滑油乳化，对轴承及齿轮不能起到润滑的作用，造成减速机损坏严重；运行周期过长，未及时故障防范；润滑管理不当，润滑油变质、乳化、存在杂质、油位过低或假油位等。

避免轴承或齿轮损坏的措施是：将防尘轴承内普通润滑脂改为高温特殊润滑脂，避免油脂流失，解决由于轴承缺少润滑脂而导致轴承损坏的问题；对填料密封进行日常紧固和定期更换，并在密封及减速机间加装挡水甩环，避免物料流入减速机；按照轴承、齿轮运行寿命合理制定检修计划，定期维护建检修；加强润滑管理，做好“五定”（定时、定点、定人、定质、定量）和“三级过滤”，定期监控润滑油质、油位等。

(4) 齿轮减速机漏油问题的处理

齿轮减速机漏油不仅污染设备本体，影响设备外观，使设备无法达到完好标准，还会造成更严重的后果：由于齿轮箱缺油，可能导致齿轮磨损或轴承损坏，增加了设备损坏的概率，甚至会造成整个减速箱报废。此种故障的主要原因为：部分备件安装油封部位的轴或轴套表面加工粗糙，光洁度不够，或耐磨层硬度不足，磨损严重，加速了油封的磨损；减速机箱体 O 形环或胶垫老化、尺寸偏差大，造成检修装配时无法安装到位；油封老化，局部出现龟裂；中分面、视镜等密封面清理不彻底，存在油污脏物影响密封效果；搅拌轴摆动过大等其他故障，造成油封处产生磨损。

防止漏油的措施是：加强垫片、轴封和轴套等备品备件的复验工作，不仅核查尺寸，还要检查外观，确保达到精度要求，对发现有问题的备件坚决不用到机器上，把故障隐患解决在装配前；弹性密封件选材合理，检修时及时更换，消除漏点及设备运行中的安全隐患；对减速器箱体及各个密封面进行彻底地清洗，保证各个装配部位的洁净，提高整机的安装精度；及时处理相关故障，以减小对减速机轴封的影响。

(5) 综合治理技术

对于搅拌器的备品备件，设计选型、技术谈判、入厂检验及安装前复核等前期，尤其要对轴承、机械密封、油封等备件的尺寸、技术控制指标进行检查，保证更换备件的完好，适应长周期运行的要求；检修的过程中，做好中间验收和质量评定，保证每道装配工序的精度，保证检修质量，降低故障率；巡检时，定时观察减速机的油位和油质，用听诊器监听减速机内运行声音，及时消除跑冒滴漏和故障隐患，防止故障劣化；利用装置定期计划停车机会，对搅拌器的搅拌轴、桨叶、减速机轴承、齿轮、机械密封和油封等零部件进行定期检查和维护，对各运转部位做到应修必修，修必修好，不留死角。

对 PTA 装置搅拌器故障分析和改进措施在实践中经过落实，最终使维护的 PTA 装置由三年一修向四年一修过渡。

第5章 废热锅炉的故障处理及实例

废热锅炉与普通动力锅炉一样，都是生产动力蒸汽的一种高温高压设备，所不同的是热源不同。它不是采用煤油、天然气、煤等燃料，而是利用过程生产工艺气中的废热，因此，它既是一种能量回收装置，也是一种处理过程介质的工艺设备。正是由于它的热源是高温工艺气体，所以在操作、维护和故障处理上有其独特性。

5.1 投入运行前的检查

废热锅炉的水包括补充给水及循环炉水两部分。为确保废热锅炉持久安全稳定运行，必须对给水和炉水的水质进行严格处理，使其符合规定的各项指标。它必须是合格的软水，而且要保持水质的稳定性。

对新安装的废热锅炉必须有可靠的水处理措施，方可投入运行。

废热锅炉供水一般采用注水器、柱塞泵和离心水泵，运行前必须对其进行全面检查。要求选用的供水装置的流量与压力满足废热锅炉运行中的要求，而且机械部分运行可靠。为预防给水泵运行中发生临时故障，应设置备用给水泵。

新安装或检修后的废热锅炉，在冷态下启动是一个不稳定的过程，因此，要求锅炉和汽包在进水以前，金属温度应接近于室温。为减少热应力还要限制其进水温度和进水速度，通常，进水温度不得超过90℃，上水时间至少为2～3h。

检查废热锅炉的安全附件，如水位计与安全阀，对其要求是必须齐全、完好、准确、灵敏、可靠。

按废热锅炉安全规程的有关要求，对于蒸汽量＞0.5t/h的锅炉，至少应装两个安全阀。而在运行前，对安全阀应进行调整，使其符合开启的压力要求。

5.2 操作运行中的检查

密切注视、调整汽包水位的波动情况，使其水位控制在允许的波动范围以内。若水位降低到锅炉运行规程所规定的水位下限以下，应加大锅炉给水或采取其他措施；若水位升到规程所规定的上限以上时，应立即停炉。

监视给水压力和给水流量，注意防止自动调节器失效。

监视水循环系统以确保废热锅炉在高的热负荷下不致发生超温而爆炸。

监视蒸汽的品质和压力。在废热锅炉首次运行时，要加强排污，充分换水，逐步提高蒸汽的品质，而且在气压达到额定值以前，加强汽样分析；为避免汽包内产生过大的热应力，在启动过程中，必须严格控制升压速度。

在废热锅炉正常运行时，蒸汽压力允许波动范围规定为额定值$\pm(0.5\sim0.1)\times10^2$ kPa。

定期检查安全阀。为防止运行中阀芯与阀座粘住等失灵情况发生，司炉人员应定期进行自动或手动排汽或水试验，检查安全阀动作的可靠性。

监视废热锅炉的高温工艺气入口温度、分布情况和清洁度。控制高温工艺气入口温度（即废热锅炉的最高温度），可避免蒸汽产量的波动、锅炉水循环的不稳定和锅炉材料热疲劳以及过大的热应力；监视高温工艺气在废热锅炉管束中的分布情况，可避免由于高温工艺气分布不均而产生部分管内偏流、管子过热而导致爆裂；控制工艺气体的清洁度，可控制灰垢在炉管外壁上的沉积程度，以保证锅炉生产周期长久。

废热锅炉在运行期间，应根据负荷大小和炉水的品质来调节排污量。通常采用连续排污来排除污水表面的杂质和含盐浓度较高的污水，采用间歇排污主要用于排除炉水中沉淀的污垢。

5.3　清洗

新安装的废热锅炉在投入使用前，应进行清洗，其目的是除去锅内的氧化皮、腐蚀产物、防护涂层、焊渣、油垢及其他污物杂质。

运行一段时间以后，也需要对其进行清洗，其目的是清除在废热锅炉运行过程中传热面上沉积的污垢层、结焦或金属腐蚀物。

清洗的方法有化学清洗、水力清洗和机械清洗三种。

废热锅炉的化学清洗包括碱洗、酸洗、钝化等化学过程。采用化学清洗时，不必使锅炉解体便可清洗到锅内管程或壳程，以至较小的间隙处。化学清洗剂中加有抗蚀剂，以减少清洗时对钢材的损伤。清洗后，需进行钝化处理，以对金属表面有较好的保护作用。化学清洗剂的选用（品种、浓度、用量）、清洗方法（清洗时的温度、清洗时间长短）要由锅垢样品的试验结果而定，通常对污垢的溶解度以80%较为适宜。

化学清洗的程序为水洗、碱洗、净洗、酸洗、净洗、钝化和净洗。

水洗是用过滤水冲洗锅炉以除去锅内的焊渣、铁锈、粉尘及杂质。冲洗时流速一般大于0.6m/s。

碱洗是用蒸汽将脱盐的软水加热到80～90℃进行循环，然后再加入化学药品，以除去油污和防护涂层。碱洗时流速应大于0.5m/s，冲洗时间为10～12h。

净洗是在排放循环的碱液之后用过滤水冲洗锅炉，使锅内含量$PO_4^{3-}<10^{-6}$。

酸洗是用蒸汽将脱盐软水加热到80～90℃，然后加入化学药品，并用氨水将溶液调至pH=3.5～4。酸洗时速度一般应大于0.3m/s，酸洗时间为5～7h。

净洗是在排净酸液后用过滤水冲洗锅炉，锅内排水的pH=5～6，铁含量$<(20\sim500)\times10^{-6}$。

钝化是在溶剂槽内加入 NH_3、N_2H_4 溶液（pH=9.5～10，浓度为 300～500μL/L），以使锅炉新表面上形成保护膜，钝化的水温为 65℃，钝化时间约 20h。

最后一道工序是净洗，它是在排放钝化液之后用软水冲洗，锅内排水 pH=8.5 左右。净洗时要求将所有的检测管线、排水管、旁通管和加气管统统冲洗干净。

水力清洗是废热锅炉清洗中普遍采用的方法之一。它是用高压水枪去除锅内的污垢。清洗时，高压水从各个方向射向管壁，将污垢除去。

机械冲洗也是锅炉清洗中常用的一种方法。早期的机械冲洗是用一根棒或管插入炉管内手工刮削管垢，并最后用蒸汽或水冲洗。目前采用的是用压缩空气、蒸汽或水力作为动力，驱动各种旋转工具（如刷子、铝头或专用刀片），消除锅炉内的污垢。工业上还采用喷砂法清洗锅内污垢，即使用喷枪喷出压缩空气和砂子（干式喷砂）或高压水流喷砂（湿式喷砂），利用砂子与污垢间的机械摩擦作用去除污垢。

5.4 停炉

废热锅炉的正常停炉过程和在冷态时启动一样，都是一个不稳定的过程。因为在停炉以后，即使中断了高温工艺气体的供给，但炉内仍储存一部分热量，仍能继续使水汽化产生蒸汽，而且停炉时对锅内各部分的降温速度不能要求太快、过急，否则将会在不稳定的停炉过程中产生巨大的热应力而导致废热锅炉损坏。因此，对停炉时进水的速度、温度和上水时间同样应进行严格控制。

锅炉在运行时，遇到下列异常情况之一时应立即停炉，采取必要、相应的措施。

锅炉水位降低到运行规程所规定的水位下限以下时；

不断加大锅炉给水及采取其他措施，但水位继续下降；

锅炉水位已升高到运行规程所规定的水位上限以上时；

锅炉烧干或确认严重缺水时，切记严禁补加冷水；

给水机械全部失效；

水位计及安全阀全部失效；

锅炉元件损坏，危及运行人员安全；

燃烧设备损坏，炉墙倒塌或锅炉构架被烧红，严重威胁锅炉安全运行；

其他异常情况，且超过安全运行允许范围。

5.5 停车后检维修

5.5.1 对于锅筒的管接头

锅壳式废热锅炉，由锅壳、锅筒（汽包）、进出口烟道和管系四大部分组成。装置废热锅炉投入运行一定时间后，若碰到大修需要定期检验（内部检验），则可能发现废热锅炉筒体内表面集中下降管一根管道头角焊缝存在宏观可见表面裂纹，一条裂纹的长 15～20mm。此时，需要经磁粉探伤检查进一步确认锅筒内表面下降管管接头、上升管管接头角焊缝中是否存在表面裂纹。有可能发现：整圈存在表面裂纹，局部存在表面裂纹。

一旦探伤评定级别为Ⅳ级，即检测结论是不合格，则废热锅炉停止运行，必须进行修复处理，监检合格，方能投用。通过查废热锅炉产品质量证明书，可以确认是否符合要求。

锅炉内表面与下降管、上升管管接头角焊缝表面裂纹严重到必须由生产厂家或者专门的厂家返修处理时，首先对筒体内表面管接头有裂纹的角焊缝用砂轮机进行修磨或碳弧气刨将焊缝剔掉并修磨，直至缺陷消除。用肉眼观察未见焊缝缺陷时，对表面进行磁粉探伤检测，确认无缺陷时，修磨成 U 形坡口，修磨处不得有沟槽棱角，圆滑过渡后施焊。

具体措施是：

① 锅筒内表面检测发现筒体与管道接头有表面裂纹的角焊缝，经砂轮机打磨 1mm 左右后，多条表面裂纹消除。如果有裂纹打磨 1mm 左右后未消除，用碳弧气刨刨开清根消除所有裂纹，经表面磁粉探伤检测确认裂纹已全部消除。将缺陷处修磨成 U 形坡口后，圆滑过渡后施焊修复。

② 选用直流焊机，采取直流反接。选用焊条进行补焊。焊条在焊前按规定进行处理。把角焊缝周围 30mm 范围内的氧化物等一切杂物清理干净，并修磨出金属光泽。焊前用火焰对焊接部位进行预热，预热温度 100～150℃，用红外线测温仪对温度进行监测，加热范围为焊缝两侧 100mm。焊接采用多层多道焊，各层（道）焊缝接头错开。补焊好的管接头经外观检查确认合格，用磁粉和超声波探伤对管接头内外角焊缝进行 100%检测，确认达到要求、补焊合格。

③ 锅筒上升管、下降管进行热处理，消除焊接残余应力。热处理一般选用履带式电加热器。热处理一切工作准备就绪后，缓慢加热，升温速度每小时不大于 50℃。当温度达到 600～650℃后，进行均热，然后在 600～650℃之间保温，保温 2.5h 后，停止加热。然后缓慢降温，降温速度每小时不大于 50℃，温度降到 400℃后进行空冷，降温至大气温度时，热处理结束。热处理过程中，升降温时，在温度小于 300℃时，升降温速度每小时≤90℃。

④ 修复处理结束后进行水压试验。若锅筒最高工作压力 4.2MPa，则取水压试验压力 5.25MPa，用锅炉给水泵将锅炉压力缓慢升至 4.2MPa，保压 10min 后，检查各部位无泄漏。继续升压至 5.25MPa，保压 20min 后，检查各部分无泄漏，缓慢降压，才能确认水压试验合格。至此，修复工作结束。

5.5.2 对于换热管与管板连接处

若管箱气体出口处出现锅炉给水、同时壳程蒸汽出口中有少量管箱气体的成分或者明显增高，则怀疑换热管发生泄漏时，必须停车对换热管进行逐根打压的方式检漏，以发现泄漏换热管的数量以及漏点。实践表明，漏点主要集中在管板附近处。

对泄漏点进行观察，发现泄漏点上腐蚀结垢严重时，对腐蚀点进行综合失效分析。

对于 Cr-Ni 型奥氏体不锈钢（例如 0Cr18Ni10Ti 管材）的换热管，根据锅炉给水中 Cl^- 浓度的日监测记录，确认锅炉给水中 Cl^- 浓度的超标程度。

为了分析管板与管子胀接的缝隙内腐蚀产物成分，需要对裂纹区域进行扫描能谱分析，检测发现腐蚀产物主要成分、微量非金属元素。如果分析中能检测到腐蚀产物中含有 Cl，则说明 Cl^- 有诱发不锈钢应力腐蚀的可能。

对腐蚀点进行打磨，确认腐蚀物下是否有凹坑、凹坑附近是否存在裂纹。对于在金相显微镜下观测到的金相组织，可以看到裂纹有裂纹源，并且具有树枝状的扩展形貌，则裂纹为穿晶开裂。将短线状裂纹尖端处沿垂直于轴线的方向剖开，观测裂纹在横截面上的扩展形貌，则可以判断裂纹是否起源于管子外表面。若垂直于管壁向内呈树枝状扩展、有主干、有分支，则裂纹为穿晶扩展，具有不锈钢发生应力腐蚀的典型形态，增加 Cl^- 诱发不锈钢应力腐蚀的可能性。

在实际生产中，水中 Cl^- 浓度是很严格的，如为了避免应力腐蚀而控制 Cl^- 浓度，使其进一步减小，将会使生产成本大幅增加，且即使极低的 Cl^- 浓度也会引起奥氏体不锈钢应力腐蚀的发生。需要指出：引起应力腐蚀的 Cl^- 主要来自锅炉给水，也不排除来自耐压试验用水。工艺气中的硫元素含量高，当S元素以湿 H_2S 存在时，会引起奥氏体不锈钢应力腐蚀。另外，如果在腐蚀性环境中待一段时间，然后再干燥一段时间，再重新处于腐蚀性环境中时，其应力腐蚀速度更快，例如：有的废热锅炉曾停用几个月后没有用氮气微正压保护，重新启用。因此，更换换热管材料是避免奥氏体不锈钢换热管应力腐蚀的最直接有效的办法。

5.6 实例分析

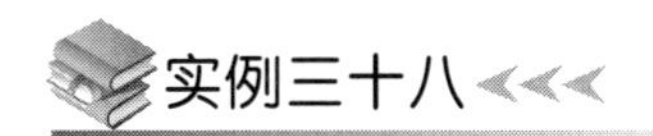
实例三十八

某厂240kt/a的精甲醇装置是由原80kt/a甲醇装置改扩建而成，于2006年10月投产。该甲醇装置采用天然气二段纯氧转化工艺，装置内设有两台并联的刺刀式废热锅炉。它利用从纯氧二段转化炉出来的工艺气余热产生的蒸汽，作为全厂供热、供汽和动力的辅助能源，它占全装置能源总量的69%。因此，该废热锅炉能否正常运行至关重要。该厂自投产以来，始终受天然气供应不足和负荷频繁波动的影响，长期在60%左右低负荷状态下运行，期间不得不调整生产负荷，这对于操作条件苛刻（温度高、产汽量大）、水质要求高、依靠自然循环进行换热的刺刀式废热锅炉而言，保证其安全运行的难度很大。

该废热锅炉在生产运行过程中，发生两次爆管，从事故原因分析看，废热锅炉水质不良是造成事故的主要原因。因此，解决废热锅炉水质控制问题非常有必要。一旦汽包排污不能及时调整，就会使废热锅炉水质指标超限，严重时会造成刺刀管因无法与外界工艺气传热而发生超温爆管。

(1) 存在的问题

该废热锅炉给水溶解氧去除方法采用热力（物理）除氧和化学除氧剂补充除氧相结合的方法。通过现场分析和查看，发现两个问题：除氧器进水温度偏低，只有90℃，离设计值104℃相差较大；进入除氧器的水，有一部分来自废热锅炉和纯氧二段炉水夹套的脱盐水，这部分水经设备夹套后直接进入除氧器水箱，而未经除氧器除氧头物理除氧。该甲醇厂的两台生产中压蒸汽的高参数废热锅炉，蒸发强度大，炉水急剧蒸发，边缘层高度浓缩，局部区域可能会有 OH^- 聚集，而产生碱性腐蚀和苛性脆化。这正是因为消除锅炉内结垢，在炉水中加入了磷酸三钠所致。

由于刺刀式废热锅炉最低点无法排污，要想排除刺刀管内的沉积物，只能通过对刺刀管汽水循环过程中进入汽包的汽水混合物进行排放，在刺刀式废锅汽水循环正常的情况下，这一点至关重要。如不及时排除汽水混合物中的沉渣等物质，一旦带入蒸汽或者随汽包下降管再次进入废锅刺刀管，那么刺刀管内的沉积物会越来越多，轻则影响刺刀管换热，重则发生爆管。

(2) 处理方法及效果

首先提高了除氧水操作温度；其次对工艺流程进行改造，将原先未经除氧蒸汽处理的废热锅炉水夹套冷却用的脱盐水与预热后脱盐水汇合，再与除氧蒸汽充分接触后才进入除氧器水箱。经过实施，废热锅炉给水水质得到了改善，符合设计规定。

由于两台汽包加药点压力不同，通过1台加药泵向两台汽包加药，存在偏流问题，无法有效控制汽包炉水的磷酸根含量，为了有效控制加药量，提高汽包炉水磷酸盐的合格率，技术人员对汽包加磷酸盐的流程进行了改造，实现了1台加药泵只向1台汽包注药，而且还可以继续实现两台泵互为备用。

改变传统的简单的磷酸盐加药法，采用控制炉水的Na^{+}/PO_3^{4-}克分子比法（即R值控制法），也称协调磷酸盐处理法。这种方法既可以解决炉水含盐量高生成水垢的问题，又可以解决磷酸根过量而发生碱腐蚀的问题。在实际运行中，根据化验分析测得的磷酸根含量和水的pH值查曲线图得到相应的R值，从而判断水质。为了防止锅炉被腐蚀，一般将R值控制在2.6～3.0为宜。控制R值比单独控制PO_3^{4-}浓度的办法更合理、更严格。例如当水的pH值（20℃）为9.3、PO_3^{4-}为10mg/L时，如仅从这两个指标看符合工艺卡片的标准，但是查PO_3^{4-}-pH的关系曲线图得到R值就已低于2.5，即水中的总磷酸盐含量中的磷酸氢盐含量所占比例已太高，一旦水质工况稍有波动，很容易发生酸性腐蚀，所以实行水的R值控制更安全合理。

为保证汽包和废锅刺刀管内杂物有效排放，排污量大小是关键。排污量大，炉水杂质可以排出，但浪费太大，排污量小，又会影响排污效果，对于刺刀式废锅炉水排污更是如此。结合该废锅流程的实际情况，在2007年10月装置停工检修期间进行了排污流程改造。在废热锅炉汽包定排线与一段炉烟气余热汽包循环水泵入口线间增加一条跨线，将废锅汽包一部分定排内的杂质经余热汽包循环水泵入口过滤网过滤，这样既改善了废锅汽包的间排排污效果又不会增加外排污水量。

废热锅炉炉水的连续排污以保证炉水质量符合水质控制标准来决定排污量或排污率。按照排污量=排污率×锅炉蒸发量来确定。排污率=（给水某杂质含量－饱和蒸汽中某杂质含量)/(炉水中某杂质含量－给水某杂质含量)×100%。根据计算和经验，以精制脱盐水为补给水的工业用蒸汽锅炉，连续排污率为6%～10%。根据某甲醇厂废热锅炉性质和工况，把汽包的连续排污率控制为8%左右。

加大汽包连排量和间排次数。尽量增大转化2号汽包连排次数，将汽包里的浮杂排至系统之外，防止形成二次水垢；将间断排污从1次/班改为2次/班。

经改造并经一段时间的运行后，2008年11月，在例行的停产检修时，抽出废锅芯检查，刺刀外管外表面干净，没有腐蚀点；用内窥镜逐根检查刺刀外管内壁，未发现杂质和异物，说明改造满足运行要求。

实例三十九

某石化分公司220kt/a乙烯装置6#、7#裂解炉，其炉型为鲁姆斯（LUMMUS）SRT-ⅥHS型，每台裂解炉均配备4台废热锅炉（Transfer Line Exchanger，TLE），从东至西依次排开（位号为：A～D）；其形式为浴缸式双套管结构，由德国阿尔斯通（ALSTOM）公司制造。2012年初，6#、7#裂解炉废热锅炉给水排管（管板）相继发生泄漏，严重影响了裂解炉的正常运行。

鲁姆斯公司和SHG公司合作，把入口封头设计成形似浴缸的形式，因此又称为浴缸式急冷换热器。它的换热单元与传统双套管急冷换热器相同，由椭圆形直排集流管（扁圆管）、内管和外管组成。为了解决传统双套管急冷换热器入口封头因气流返混造成裂解气在高温下停留时间较长和流量分布不均的问题，对浴缸式急冷换热器裂解气入口进行了改进，将传统式双套管急冷换热器采用的单头进料方式改为多头进料，一般每台有2个或4个裂解气入口。裂解气入口通道主要由扩压器、分配空间、分配板（防焦挡板）等组成，大大减小了裂解气入口区域的流动死区，使裂解气可以更均匀地分配到每一根换热管中，提高了换热管的利用率，并减少了裂解气在绝热段的停留时间，与单入口传统双套管急冷换热器相比，流量分配均匀，延长了运行周期。废热锅炉下封头结构如图5-1所示。

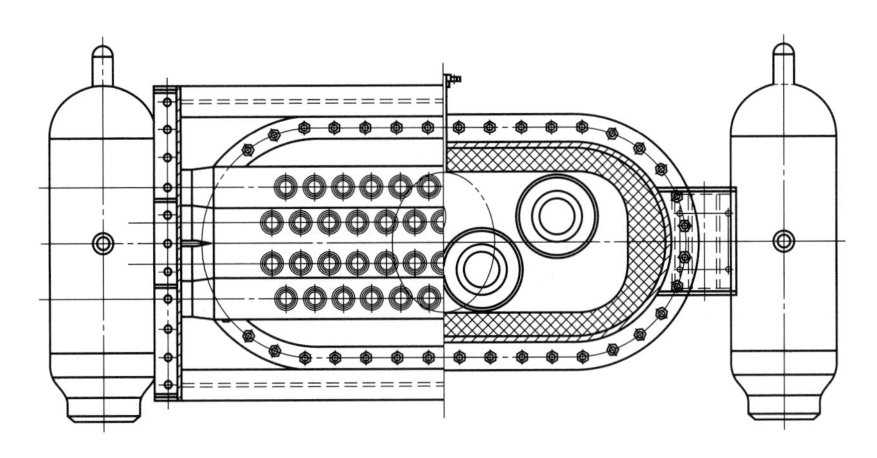

图5-1　浴缸式双套管结构废热锅炉的下封头

(1) 故障类型及泄漏部位

废热锅炉管板（扁圆管）中间部位出现鼓包、裂纹等缺陷，内管与扁圆管焊接部位严重减薄，泄漏部位集中在中间两排扁圆管中部周围。6#、7#炉4台废热锅炉中又以A、D两台最为严重。将管板减薄处磨开，发现壳程底部及内管外侧壁上有大量厚度约5mm的黑褐色层状硬块，个别层状硬块中有灰白色物质。

(2) 垢样分析情况

将垢样送至某研究所，利用德国布鲁克公司的D8XRD粉末衍射仪进行分析，结果是：样品主要成分为四氧化三铁，还有部分钙钠铝硅化合物和铁硅的氧化物。

对层状硬块进行了灼烧减量、酸不溶物和氧化钙、氧化镁、氧化锌等氧化物的测定。测定垢样分析结果表明，壳程底部的层状硬垢70%以上为铁的氧化产物，尤其是黑色层状硬块90%以上是铁的腐蚀产物，腐蚀产物中有微量的钙、镁、磷等结垢性物质。

(3) 泄漏原因分析

废热锅炉下封头内安装的分配板（防焦挡板）曾经损坏，但未能及时更换，不能对进入下封头内的裂解气流进行均匀分配及阻流，裂解气流直接面对管板，造成冲刷，尤其是当裂解炉烧焦时伴随有大量的焦炭颗粒，冲刷会更为严重，中间两排扁圆管焊口处的焊肉由于冲刷已经消失。

新更换的分配板（防焦挡板）形式由原来的方形合金钢改为圆柱形，分配板通道的几何形状发生变化，导致扁圆管中间部位热负荷增大，增加了热应力；同时裂解气体停留时间过长，结焦严重，烧焦时发生局部过烧现象。

锅炉给水中由于加入磷酸钠处理而产生氢氧化钠。在管口焊缝周围，水被蒸发而留下氢氧化钠等杂质，发生氢氧化钠浓缩积累的过程，从而导致局部产生浓碱，当局部氢氧化钠的质量分数大于10%时，金属保护膜被溶解，露出的金属基体进一步与碱反应，随着碱的不断浓缩积累，腐蚀不断进行，在碱腐蚀条件下，由应力产生裂纹。

废热锅炉壳程的水蒸气介质中的微量固体颗粒向下沉积，管箱内表面不够平滑，集束管局部存在下凹现象，点蚀造成下凹处聚集更多腐蚀物，造成固体颗粒流动性较差，在此处形成局部结垢区。当局部结垢区出现后，在疏松多孔的腐蚀物下的金属表面，将会形成垢下腐蚀。随着垢层的增加，下管箱集束管的热导率将进一步降低，从而出现局部高温点。该区域出现垢下腐蚀后，腐蚀产物将进一步增加垢层厚度，如此循环作用，使金属温度进一步升高，集束管材质出现异常，珠光体球化，甚至严重球化，材质的损伤又进一步降低了材料机械强度性能，腐蚀的加剧又导致局部减薄，二者相互作用，当承载能力不足以承受内压时，该部位就会出现鼓包，严重鼓包后会发生裂缝泄漏现象。

此形式废热锅炉因供水管为长方形，中心部位的换热管的供水没有两端的充沛，导致中心部位的几根换热管与扁圆管连接的角焊缝处容易因冷却不充分而泄漏。

6#、7#裂解炉汽包由于排污管设计问题，导致锅炉给水中的 SiO_2 超标，经常通过废热锅炉水给水联箱处的排污，来保证水质合格，而这在裂解炉正常运行中是不允许的，会更容易造成锅炉中间部位缺水，局部瞬时“干锅”；A/D-TLE 位于巡检通道旁，便于排污操作，岗位人员对此两台 TLE 排污频次高于其余两台，造成此处 A/D-TLE 损坏较其余两台要严重。

(4) 修复措施

在无备用设备的情况下，只能对废热锅炉进行焊接修补。对扁圆管鼓包减薄部位采用将腐蚀层打磨后，进行贴补的办法进行修复，管口内部裂纹尽量采取修复的方式进行，无法进行补焊的要进行“堵管”处理。15Mo3 属于珠光体耐热钢，其金相组织为珠光体+铁素体，在焊接过程中易产生冷、热裂纹，而且热影响区易脆化，最初选用热 107（R107）耐热钢电焊条，并采取焊前预热及焊后热处理的方式。因受环境温度（−20～−15℃）及修补位置条件所限制，焊前预热及焊后热处理效果均不是很理想，也可能与焊材的选择有关，重新投运后，修复位置又损坏，修复效果不理想。

重新选用 ERNiCr-3 镍铬钼焊丝与 Ni182 焊条，焊接工序如下：

① 管板表面裂纹修复清理杂物—着色检查—缺陷清除（深度不超过 2mm）—预热（120～130℃，采用氧炔焰加热，范围不得小于 200mm×200mm）—打底补焊（选用 ERNiCr-3 焊丝）—着色检查—再预热—焊接（不得低于母材且不得高于母材 1mm，窄道、多层、多道焊）—后热（采用氧炔焰加热，200℃烘烤 10min 左右）—缓冷—着色检查。

② 堵头焊接清理管内杂物—着色检查—加堵头—预热（120～130℃，采用氧炔焰加热，范围不得小于 200mm×200mm）—打底补焊（采用 ERNiCr-3 焊丝）—着色检查—再预热—焊接（不得低于母材且不得高于母材 1mm，窄道、多层、多道焊）—后热（采用氧炔焰加热，200℃烘烤 10min 左右）—缓冷—着色检查。

③ 管内孔洞补焊清理管内杂物（用氧气吹扫）—预热（120～130℃，采用氧炔焰加热）—焊接（选用Ni182焊条）—后热（采用氧炔焰加热，200℃烘烤10min）—缓冷—焊瘤用直头磨光机修磨—着色检查。

采用此焊接工艺修复后，废热锅炉投用正常，未发生修复部位再次损坏的情况，说明修复成功。

实例四十

某公司航天炉粉煤加压装置变换岗位有四台废热锅炉（简称废锅），从汽化来的粗煤气气体（组分为70.16%CO，20.27%H_2，温度210℃，压力3.4MPa），需要在变换废锅内对该气体进行热量交换从而制得合格的变换气。废锅出现过多次管箱大法兰垫片失效导致气体泄漏燃烧的事件。其原因是：紧固螺栓特别是受到开、停车热胀冷缩的作用，造成预紧力偏小和松动，导致金属缠绕垫片受热后失去弹性，从而使高温、高氢气体外泄引起燃烧；查图纸发现，设备管板厚度220mm。运行时，特别是系统开车过程中，管板气侧表面温度过高，而水侧温度相比较低。在此情况下，管板两侧温差过大，产生较大的温差应力，导致大法兰垫片容易泄漏。

由于密封垫片泄漏损坏，如果更换垫片，需要拆管箱大法兰，非常费时费力。对管板两侧与大法兰密封面连接处进行焊接（图5-2）。如条件允许，对焊缝进行热处理，还改善焊缝所受的热应力影响。

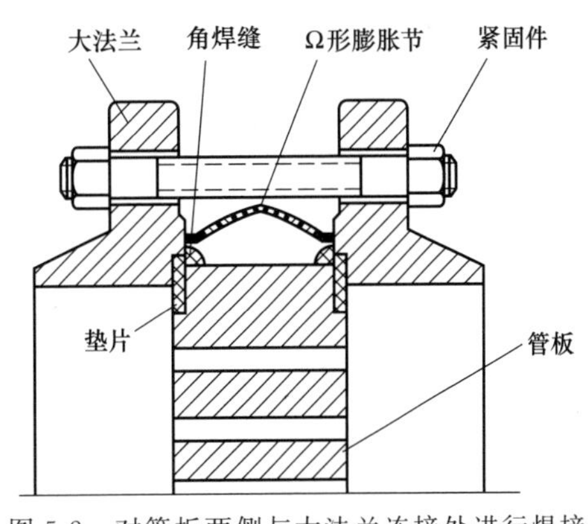

图5-2 对管板两侧与大法兰连接处进行焊接

大法兰与管板焊接处理后，设备运行一段时间，由于焊缝受热应力和操作工况波动影响，焊缝处时常出现小裂纹，也会引起较小的着火现象。为避免影响生产，需要对焊缝裂纹处小的着火进行及时灭火处理。制作一个多孔环管喷射灭火装置，可及时防范小的火情。沿大法兰紧固螺栓上对应管板中间位置装上多孔喷淋环管（图5-3），让喷射孔圆周分布对应在管板与大法兰焊缝处，分别配一根1.3MPa蒸汽管道和一根氮气管道，同时低点设置导淋阀门。当出现管板焊缝着火时，可及时开启蒸汽阀门，迅速打开导淋阀门排净管内积水，然后关闭导淋阀门，开启控制阀门，通过蒸汽和氮气的配合使用，可及时有效地消除管板与大法兰处焊缝的小股着火。然后对泄漏的焊缝裂纹进行补焊处理，为减少焊缝裂纹的产生，应尽量减少焊缝上的热应力，同时提高焊接质量，增强抗疲劳性能。热应力的产生一般有两个条件：一是温差；二是约束。因此需要仔细斟酌焊缝结构，同时做好设备保温等措施，适当降低管板与紧固螺栓的温差影响。

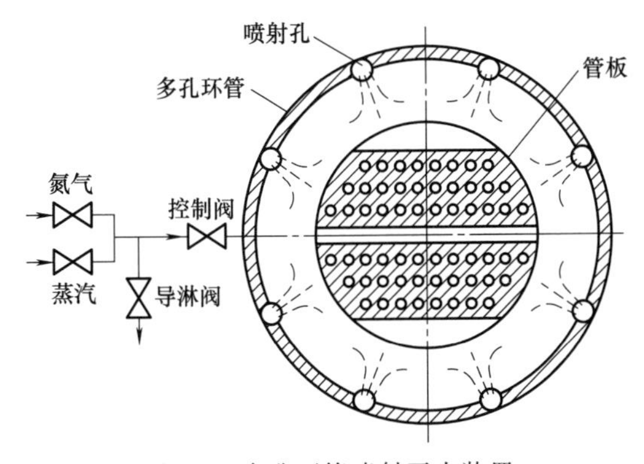

图5-3 多孔环管喷射灭火装置

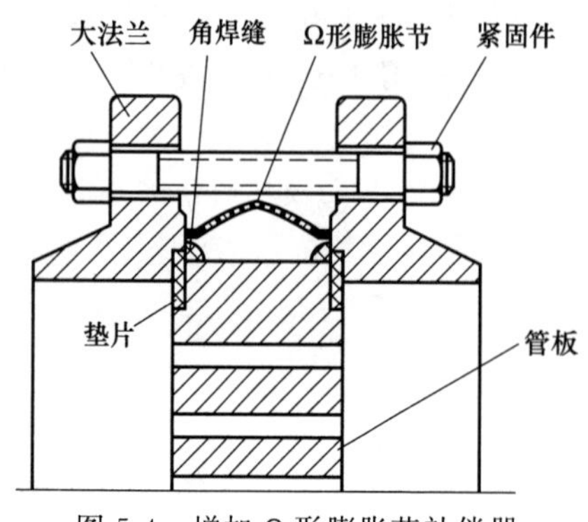

图 5-4 增加 Ω 形膨胀节补偿器

由于管板厚度造成的两端温差影响无法解决，但是大法兰螺栓与设备的热膨胀系数和温度变量不同，焊缝处易产生热应力，在高温蠕变现象的影响下，特别是高温下的氢腐蚀，管板焊缝连接处产生较大的附加应力，也容易造成焊缝裂纹的出现。有时为了生产的连续性，对部分设备焊缝泄漏着火的问题需要彻底消除。为此，将厚度 8mm 的不锈钢 Ω 形膨胀节补偿器，直接焊接在两大法兰管板焊缝外侧的端面。优点是，不锈钢 Ω 形膨胀节补偿器在管板焊缝外侧形成一个密封腔，由于焊接连接可靠，具有良好的气密性，同时承压能力高，可弹性补偿管板热膨胀对焊缝的影响，且在高温高压下，也能保证连接处的紧密性和抗拉脱能力，可有效控制焊缝的泄漏（图 5-4）。缺点是，如果废锅换热管等需要处理，则必须刨开 Ω 形膨胀节补偿器，同时刨开大法兰与管板处的焊缝，才能拆下管箱法兰检修设备。因此，要求操作人员严格按照 TSG 21—2016《固定式压力容器安全技术监察规程》和岗位工艺操作规程进行操作。

第6章

列管式换热器的故障处理及实例

换热器利用两种物料间大量的接触面积进行冷却、冷凝、加热和蒸发等过程中，由于腐蚀、冲刷、振动等作用，使换热器损坏。资料统计表明，换热器的故障率大约占所有化工设备损坏比例的27%，远高于罐、塔、釜的损坏率。换热器的操作条件、换热介质的性质、腐蚀速度和运行周期决定了换热器维护的内容。管壳式换热器维护时，受压元件的维护参照塔釜罐槽类设备。

在查找换热器故障之前，应尽可能多地了解一些设计、制造和运行数据，并将其设计值与运行工况进行比较。检查中如果发现换热能力过大，应弄清是怎样造成的，对正常运行有什么影响。相反，设备也可能设计得过小。但在下此结论之前，应先搞清楚管系和机械布置是否妥当。检查一下平衡关系、放热曲线、不凝物和排气的影响以及沸点升高的后果。还可查查管箱和管束装配是否正确，管箱分程隔板是否存在旁路，壳程是否短路，折流板和壳体间、管子和折流板管孔间有无泄漏，以及密封带或防短路管的安放是否对头。采用仪器和无损探伤技术有助于提高检查缺陷的能力。对管程和壳程间的泄漏检查，可在管板附近查看有无腐蚀、侵蚀、疲劳和振动损害，还应看看管子是否有制造缺陷，浮头密封面是否有泄漏。对法兰泄漏，应看看计算书，隔板垫片压力是否考虑在内，是否有焊接接头收缩和装卸螺栓不当而带来的变形。对膨胀节，应注意排污口和放空口对结构材料抗蚀性的影响，检查其工作时形变的幅度、方向和频率，检查过载后引起的偏移量。对填料函换热器，压盖过紧，浮头体划伤、压盖翘起等都是引起问题的因素。若有泄漏，应更换硬化了的填料。

6.1 启动

首先利用壳体上附设的接管，将换热器内的气体和冷凝液（如果流体为蒸汽时）彻底排净，以免产生水击作用，然后全部打开排气阀。

先通入低温流体，当液体充满换热器时，关闭放气阀。

缓缓通入高温流体，以免由于温差大，流体急速通入而产生热冲击。

温度上升至正常操作温度期间，对外部的连接螺栓应重新紧固，以防垫片密封不严而泄漏。

6.2 运行中的维护

日常检查是及早发现和处理突发性故障的重要手段。检查内容是：运行异常声音、压力、温度、流量、泄漏、介质、基础支架、保温层、振动、仪表灵敏度等。

换热器在运行中气体的轻微外漏，可以直接涂上肥皂水或者发泡剂来检查，也可以根据试纸的变色情况来判断。对于低压换热器，根据换热器外壳表面涂料层的剥落污染情况，可以预测壳体的泄漏。定期对壳体各连接处周围空气的取样分析，也能判断泄漏及泄漏量的大小。此法准确可靠，操作简便，甚至能够实现自动分析、记录和报警。为了发现换热器的内部泄漏，可以用以下方法：管内是压力高的气体、管外是低压的液体时，如果换热管穿孔，则管内的气体窜到管外的液体中，液体侧的压力表显示的压力会上升，由于液体剧烈翻腾造成压力波动大；换热管内部较多的换热管泄漏时，用手摸壳体或者液体出口管，会有振动感。对于冷却器，在冷却水出口阀前的管道上安装取样接管，定期检查有无被冷却的介质混入冷却水中；当被冷却的介质为气体时，在冷却水出口管道的上部安装气体报警器，以此来检测泄漏情况。对于一般的换热器，在出口处对低压介质定期取样，通过检测比重、黏度和成分来判断有无泄漏。

换热器内漏以后，高压流体往往向低压流体中泄漏，使低压流体压力很快上升甚至超压，造成产量损失，并可能损坏低压设备或该装置的低压部分，引起催化剂失效或污染其他系统等各种不良后果。因此，对运行中的高压换热器应特别监视和警惕。系统内部的阀门损坏或者输送流体泵的机械故障，也会使操作压力突然变化。

对于采用法兰连接的密封处，因螺栓随温度上升（150℃以上）而伸长，紧固部位发生松动，因此，在操作中应重新紧固螺栓。

对于高温、高压和危险有毒的流体，对其泄漏要严格控制，应注意以下几点：

从设计角度出发，尽量减少法兰连接，少使用密封垫片；

从安装角度出发，紧固操作要方便；

采用自紧式结构螺栓，这样在升温升压时不需要重新紧固。

对于换热器，温度是其运行中主要的控制操作指标。测定及检查换热器各流体的进、出口温度及变化，可以分析、判断介质流量的大小及换热情况的好坏。换热器的传热系数降低，则换热器的效率也降低。定期测量换热器两种介质的进出口温度、流量，计算出换热系数。换热器操作一段时间后，换热性能会降低，应注意以下几个问题：

传热表面上结污严重，换热系数连续下降并且低于允许的下限值，则应对换热器进行清洗以提高换热系数，以维持换热器的长期运行；

污垢将使管内径变小，流速相应增大，压力损失增加；

产生管子胀口泄漏及腐蚀；

操作条件不符合设计要求，而使材料产生疲劳破坏，例如温度剧烈变化会造成换热器内部的管束与管板的膨胀或收缩的变形不一致，产生温差应力，引起管束与管板脱离、局部变形及裂缝，加速腐蚀并产生热疲劳裂纹。

对于水作为冷流体的换热器，水的出口温度最高控制在50℃。超过50℃，微生物的繁殖加速，腐蚀生成物的分解也加快，引起管子腐蚀、穿孔。同时，结垢情况就越严重。在压降增大和传热系数降低超过一定数值时，应根据介质和换热器的结构，必须选择有效的方法定期进行检查与清洗，使换热器能够长期连续运行。

装置系统以蒸汽吹扫时，应尽可能避免对有涂层的冷换设备进行吹扫，工艺上确实避免不了，应严格控制吹扫温度（进冷换设备）不大于200℃，以免造成涂层破坏。

装置开停工过程中，换热器应缓慢升温和降温，避免造成压差过大和热冲击，同时应遵循停工时“先热后冷”即先退热介质，再退冷介质；开工时“先冷后热”，先进冷介质，后进热介质。

在开工前应确认换热器系统通畅，避免管板单面超压。认真检查设备运行参数，严禁超温、超压。对按压差设计的换热器，在运行过程中不得超过规定的压差。

操作人员应严格遵守安全操作规程，定时对换热设备进行巡回检查，检查基础支座稳固及设备泄漏等。应经常对管、壳程介质的温度及压力进行检查，分析换热器的泄漏和结垢情况。

应经常检查换热器的振动情况。换热器内流体高速流动时，流体的脉冲和横向流动会引起基础支架的振动，一旦支架结构、位置不合适或者螺栓松动、折断等会加剧振动。因此要求控制振动偏差在250μm以下，超过此值，则需要进一步的检查处理。

绝热（保冷）层损坏后，换热器的传热效率会降低。而且，绝热（保冷）层损坏后，在壳体外部就会积累水分，使壳体局部腐蚀。因此，应及时修补受损的绝热（保冷）层，并且采取措施防止水分渗入绝热（保冷）层内部。在操作运行时，有防腐涂层的冷换设备应严格控制温度，避免涂层损坏，保持保温层完好。

6.3 停车

首先切断高温流体，待装置停车前再切断冷流体。当生产需要先切断低温流体时，可采用旁路或其他方法，同时停止高温流体供给。如果较早地切断冷流体，则有可能因热膨胀而使装置遭到破坏。

换热器停车后，必须将换热器内残留的流体彻底排出，以防冻结、腐蚀和水锤作用。

排放完液体后，可吹入空气，使残留液体全部排净。

6.4 检查和清洗

换热器的检查和清洗分两个阶段进行。

对于电厂火力发电机组，高加、低加的主要承压部件容易泄漏，影响机组运行经济性。由于高加和疏水冷却器、蒸汽冷却器由疏水管道等串联，当某处发生泄漏时，传统方法很难及时准确地查出漏点。但是应用声发射技术却可以及时发现漏点。这是因为高、低加管束在高温、高压条件下容易疲劳、腐蚀形成裂纹。裂纹开裂前金属内部的晶粒将发生重新排列及滑移，此时会产生微弱声发射信号。当管子金属应力集中维持到一定程度时，裂纹开裂并释放大量应变能，产生很大的声发射信号。此后管内的高压流体由裂缝处向外喷射，形成高速射流，高速流体对壁面产生激励作用和摩擦，产生声发射声波。这些弹性波沿金属表面传播，在遇到界面后发生反射和折射，最终传播到进出口水管的管壁板上。根据信号的有无、强弱可判断是否产生泄漏及泄漏程度的大小。因此，应用声发射技术可以对发电机组的高、低加进行实时在线监测，准确判断泄漏部位及泄漏时间，为机组实施状态检修提供依据。声发射技术监测的参数主要包括计数率、信号幅度及其分布、频谱和波形等。声发射技术需要将声发射信号与现场环境噪声分离开来。

6.4.1 操作运行中的检查和清洗

定期检查流量、压力和温度等操作记录：如果发现压力损失增加，说明管束内外有结垢和堵塞现象发生；如果换热温度达不到设计工艺参数要求，说明管内外壁产生污垢，传热系数下降，传热速率恶化。

通过低温流体出口取样，分析其颜色、密度、黏度来检查管束的破坏、泄漏情况。如果冷却水的出口黏度高，可能是因管壁结垢、腐蚀速度加快和管束胀口泄漏所致。

定期检查壳体内外表面的腐蚀和磨损情况，通常采用超声波测厚仪或其他非破坏性测厚仪器，从外部测定估计会产生腐蚀、减薄的壳体部位。

操作中清洗一般是指管内侧的清洗。对于易结垢的流体，可定期暂时地增加流量或进行逆流操作，以除去管内壁的污垢；也可根据流体种类注入适宜的化学药品，将污垢溶解去除。

6.4.2 停车时的检查和清洗

检查换热器管内外表面结垢的情况、有无异物堵塞和污染的程度。

测定壁厚，检查管壁减薄和腐蚀情况。例如，某石化公司加氢裂化装置分馏部分低温部位主要是脱戊烷塔（DA-101）顶部和塔顶冷凝冷却系统的设备和管线，由于 H_2S-H_2O 型腐蚀减薄和湿硫化氢应力腐蚀开裂，脱戊烷塔顶蒸汽后冷器 EA-110，壳程为油气，管板和换热管是 316L，腐蚀较轻，折流板和拉杆、定距管为碳钢，腐蚀严重（图 6-1）。

图 6-1 定距管的腐蚀

检查焊接部位的腐蚀和裂纹情况。因焊接部位较母材更易腐蚀，故应仔细检查。管子与管板焊接处的非贯穿性裂纹可用着色法检查。对发生破坏前正在减薄的黑色及有色金属管壁和点蚀情况的检查，国外采用涡流（电磁）测试技术。检查的部位有侧面入口管的管子表面、换热管管端入口部位、折流板和换热管接触部位和流体拐弯部位。

管束内部检查，可利用管内检查器或利用光照进行肉眼检查。对管束装配部位的松动情况，可使用试验环进行泄漏试验检查，根据漏水情况，可检查出管子穿孔、破裂及管子与管板接头泄漏的位置。如果发现泄漏，应再进行胀管或焊接装配。

换热器解体后，可根据换热器的形状、污垢的种类和使用厂的现有设备情况，选用适合的清洗方法。

水力清洗即利用高压泵喷出高压水以除去换热器管外侧污垢。

化学清洗即采用化学药液、油品在换热器内部循环，将污垢溶解除去。此方法的特点一是可不必使换热器解体而除污，有利于大型换热装置的除垢；二是可以清洗其他方法难以清除的污垢；三是在清洗过程中，不损伤金属和有色金属衬里。

常用的化学清洗是酸洗法，即用盐酸作为酸洗溶液。由于酸能腐蚀钢铁基体，因此，在酸洗溶液中需加入一定量的缓蚀剂，以抑制基体的腐蚀，国内常用“02 侵蚀剂”。

机械清洗法用于管子内部清洗，在一根圆棒或管子的前端装上与管子内径相同的刷子、钻头、刀具，插入到管子中，一边旋转一边向前（或向下）推进以除去污垢。此法不仅适用于直管也可用于弯管，对于不锈钢管则可用尼龙刷代替钢丝刷。

6.5 停车后的处理

检修周期，结合企业的生产状况，统筹考虑，一般为 2～3 年。

检修内容：抽芯、清扫管束和壳体。进行管束焊口、胀口处理及单管更换。检查修理管箱及内附件、浮头盖、钩圈、外头盖、接管等及其密封面，更换垫片并试压。更换部分螺栓、螺母。壳体保温修补及防腐。更换管束或壳体。

检修前准备：掌握运行情况，备齐必要的图纸资料；准备好必要的检修工具及试验胎具、卡具等；内部介质置换清扫干净，符合安全检修条件。

检查内容：宏观检查壳体、管束及构件腐蚀、裂纹、变形等；必要时采用表面检测及涡流检测抽查；检查防腐层有无老化、脱落；检查衬里腐蚀、鼓包、褶折和裂纹；检查密封面、密封垫；检查紧固件的损伤情况。对高压螺栓、螺母应逐个清洗检查，必要时应进行无损探伤。检查基础有无下沉、倾斜、破损、裂纹，及其他地脚螺栓、垫铁等有无松动、损坏。

在换热器管束抽芯、装芯、运输和吊装作业中，不得用裸露的钢丝绳直接捆绑。移动和起吊管束时，应将管束放置在专用的支承结构上，以避免损伤换热管；管束内、外表面结垢应清理干净；管箱、浮头有隔板时，其垫片应整体加工，不得有影响密封的缺陷；管束堵漏，在同一管程内，堵管数一般不超过其总数的 10%；在工艺指标允许范围内，可以适当增加堵管数；所用零部件应符合有关技术要求，具有材质合格证；更换的换热管子表面应无裂纹、折叠、重皮等缺陷；管子需拼接时，同一根换热管，最多只准一道焊口，U 形管可以有两道焊口。最短管长不得小于 300mm，而 U 形管弯管段至少 50mm 长直管段内不得有拼接焊接接头，对口错边量应不超过管壁厚的 15%，且不大于 0.5mm。管子与管板采用胀接时应检验管子的硬度，一般要求管子硬度比管板硬度低 30HB。管子硬度高于或接近管板硬度时，应将管子两端进行退火处理，退火长度比管板厚度长 80～100mm。管子两端和管板孔应干净，无油脂等污物，并不得有贯通的纵向或螺旋状刻痕等影响胀接紧密性的缺陷。管子两端应伸出管板，其长度为 (4±1)mm。管子与管板的胀接宜采用液压胀。每个胀口重胀不得超过两次。管子与管板采用焊接时，管子的切口表面应平整，无毛刺、凹凸、裂纹、夹层等，且焊接处不得有熔渣、氧化铁、油垢等影响焊接质量的杂物。管束整体更换应按 GB 151 或设计图纸要求进行。

壳体修补按压力容器维护规程的要求执行。

密封垫片的更换按设计要求选用。

换热器的螺栓、螺母需要更换时，应按设计要求选用。拧紧换热器螺栓时，一般应按顺序进行，并应涂抹适当的螺纹润滑剂或防咬合剂。

采用防腐涂料的冷换设备涂层表面应光滑、平整，颜色一致；并无气孔滴坠、流挂、漏涂等缺陷，用5～10倍的放大镜检查，无微孔者为合格；涂层应完全固化；吊运安装、检修清扫时，不得损伤防腐涂层。

检修记录应齐全准确。施工单位确认合格，并具备试验条件。气密查漏试验值：采用装置的最高工作压力值。试压时压力缓慢上升至规定压力。恒压时间不低于20min，然后降到操作压力进行详细检查，无破裂、渗漏、残余变形为合格。如有泄漏等问题，处理后再试验。

固定管板式换热器的压力试验顺序及要求：壳体试压要求检查壳体、换热管与管板相连接接头及有关部位；管程试压要求检查管箱及有关部位。

U形管式换热器、釜式重沸器（带U形管束）及填料函式换热器的压力试验顺序及要求：壳程试压（用试验压环），要求检查壳体、管板、换热管与管板连接部位及有关部位；管程试压要求检查管箱的有关部位。

浮头式换热器、釜式重沸器（带浮头式管束）用试验压环和浮头专用工具进行管与管板接头试压。对釜式重沸器，还应配备管与管板接头试压专用完体，检查换热管与管板接头及有关部位。管程试压要求检查管箱、浮头盖及有关部位。壳程试压要求检查壳体、换热管与管板接头及有关部位。当管程的试验压力高于壳程压力时，试验压力值应按国标规定，或按生产和施工单位双方商定的方法进行。

螺纹锁紧环式换热器的压力试验要求：壳程试压（试验压力不大于最大试验压力差），要求检查壳体、换热管与管板接头及有关部位。管程和壳程步进试压（试验压力和试压程序按设计规定进行），要求检查密封盘、接管等部位。

换热器试压后内部积水应放净。必要时应吹干。

设备投用运行一周，各项指标达到技术要求或能满足生产需要。设备防腐、保温完整无损，达到完好标准。提交下列技术资料：设计变更材料代用通知单及材质、零部件合格证；检修记录；焊接接头质量检验（包括外观检验和无损探伤等）报告；试验记录。

6.6 实例分析

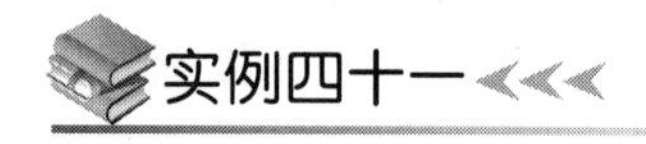

某电厂厂区内共设了四台管壳式热网加热器，四台热网并联运行，正常情况下只有一台运行（三台备用）就可以满足市区的供热需求，在最冷时为两台运行，两台备用。一台热网出现泄漏后，当生产厂家对其进行维修时却发现四台热网虽为并联方式连接，但其蒸汽侧阀门无法关严，由于四台设备为同一蒸汽来源，所以造成在其中一台热网不停运的情况下，都无法对其他几台热网进行维修。后不得已停止了对市区的供暖，对装置进行了抢修，以致造成了很大损失及极不好的社会影响。当一台热网运行时，另外三台热网处于停运状态，但由于蒸汽阀门泄漏，停运的热网内还在不断的通入蒸汽，使装置处于潮湿状态，加速了装置的腐蚀，且蒸汽温度较高，管侧又没有充冷水，靠近蒸汽进口附近的换热管长期处于高温状态。可见，虽然蒸汽及冷凝水中氯离子含量不高，但热网加热器长期处于潮湿、高温且干湿交替的环境中，阀门不严，使管内的水不断蒸发，水不断补充，再蒸发再补充，如此循环，导致换热管内氯离子的聚集，在高温和拉应力共同作用下，最终致使热网加热器不锈钢管的应力腐蚀破坏。

处理方法：为保证供暖的正常运行，必须合理设计系统，并联的设备要保证能单独隔离，当一台出现故障需要维修时，能切换到备用设备对外供暖，且故障设备能隔离出来进行维修。

实例四十二

一电厂热网加热器出现频繁泄漏，将运行参数记录反馈制造厂后，制造厂设计人员发现该电厂存在严重的超设计温度及超设计流量运行的现象。原根据双方签订的技术协议，设备壳侧蒸汽进口最高温度为280℃，设计温度为300℃，而实际运行记录显示蒸汽进口温度均在320～330℃之间，原设定管侧水额定流量为4500t/h，最大流量为5000t/h，实际运行管侧水流量在6000～6600t/h，经计算在实际运行温度下，管板强度及换热管轴向应力均不合格，且管内流速已高达2.7m/s，已接近不锈换热管的极限流速，高流速处造成较大的压力降外，也对换热管造成快速的磨损，寿命大大缩短。超温度及超流量运行是造成该电厂热网加热器快速大量泄漏的主要原因。并且超设计参数运行对装置造成了不可修复的损坏，即使将运行参数降低至设计参数之下，该电厂本采暖期也将是无法正常供暖，将伴随不断的换热管泄漏和停运维修。造成极大的损失及不良的社会影响。

处理方法：确保运行期间热网循环水的水质符合要求，并根据水质情况合理选择换热管材质；其次严禁超设计温度、压力、流量等运行。

实例四十三

某公司尿素车间的化工生产装置为等压双汽提尿素工艺（简称“IDR”），生产能力提高到750t/h。高压圈由合成塔、氨汽提塔、CO_2汽提塔、高压甲铵冷凝器、高压甲铵尾气冷凝器、高压甲铵分离器组成。高压甲铵冷凝器E3是卧式换热器。其高压管箱内部入口分配室下半圆板前方设置了$\delta=8$mm的薄板，薄板开孔与主管孔一一对应，孔内焊有ϕ13mm×1mm×97mm的管子并伸入加热管内。高压甲铵冷凝器作用是把来自于CO_2汽提塔的汽提气与大部分循环回来的稀甲铵液进行充分混合，使大部分NH_3和CO_2冷凝形成甲铵，冷凝时放出的热量用来副产0.7MPa的蒸汽与低压蒸汽减温器蒸汽并网而回收利用。高压甲铵冷凝器是1988年由意大利FMB设计制造，已经运行20多年了，近年出现泄漏现象，严重影响整个尿素装置的安、稳、长、满、优运行。按图6-2的5W2H的分析方法，从机械方面和工艺方面制定了维护措施，效果显著，未出现泄漏现象，确保了尿素装置的长周期运行。

2006年12月24日此装置在运行过程中发现冷凝液氨含量异常上升，经置换后进行取样分析和排查，发现冷凝液氨含量仍然偏高，从而排除操作原因的污染，怀疑列管泄漏，蒸

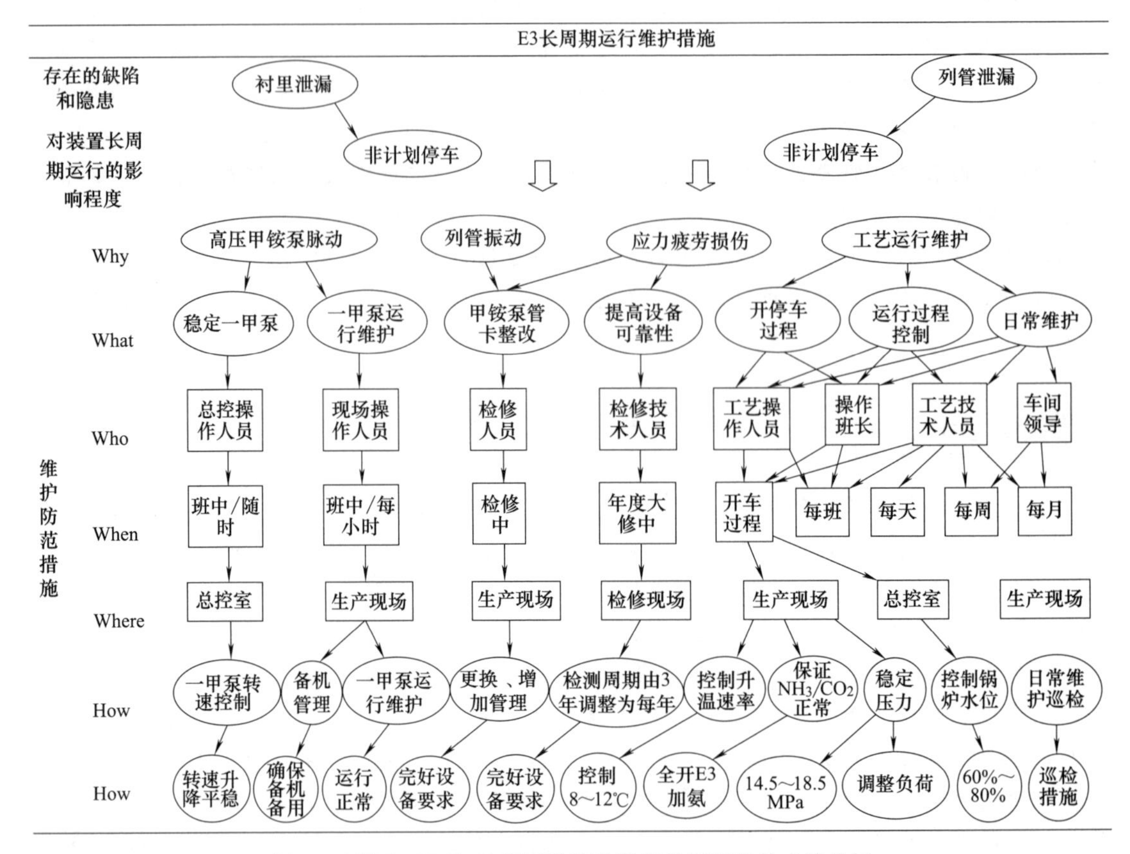

图 6-2　基于 5W2H 的高压甲铵冷凝器泄漏预防技术路线图

汽中氨含量异常，由于当时是设备第一次发生泄漏，无相关经验数据对比，且估算的泄漏量较小，决定观察运行，待大修进行处理。2007 年 12 月装置停车大修，进行氨渗透检查，发现有 5 根列管泄漏；按照图 6-3 的方案进行堵管处理后投入运行到 2008 年 1 月 19 日。

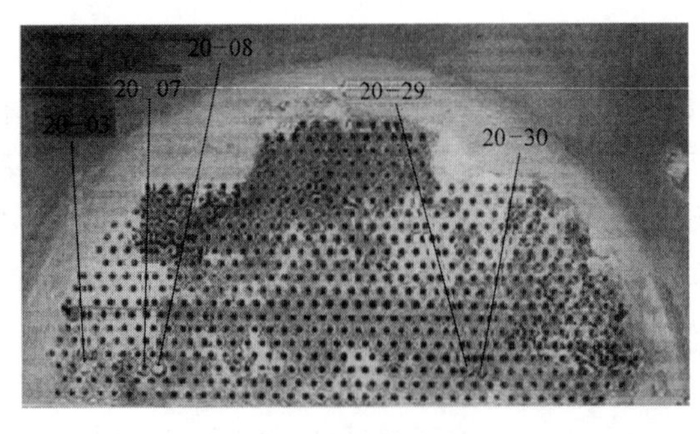

图 6-3　堵管方案

2008 年 1 月 19 日，发现冷凝液氨含量升高，排查蒸汽氨含量，确认为列管泄漏。25 日，系统停车抢修，进行了氨渗透检查，发现有 15 根列管泄漏并处理。2009 年 2 月 18 日，发现冷凝液氨含量升高，排查蒸汽氨含量，确认为列管泄漏。20 日系统停车抢修，进行了氨渗透检查，发现有 5 根列管泄漏并处理。2009 年 2 月 25 日，发现管箱检漏管有甲铵喷出，确认为管箱衬里泄漏。装置立即停车处理，拆开封头对管箱作氨渗透未发现漏点；然后将进气挡板割开，发现假管板与衬里之间的支撑脚多处断裂，并有一处衬里出现裂纹，氨渗透检查确认后处理。如此，经过 3 次堵管后，累计堵管 25 根，换热面积减少 3.75%，从实际生产运行情况来看，现有换热面积还能满足满负荷生产。但若照此堵管频率发展下去，将严重影响装置高负荷生产。为此，实施的综合处理手段如下；

① 从机械方面考虑的手段是：在装置大修时，将锅炉水管道延伸至设备底部，消除锅

炉水对尾端列管的冲击；对假管板的支撑腿全部进行更换，在假管板与管箱间隙塞入支撑块（材料为724L），并与管箱焊接，但与假管板不焊，避免出现应力拉伤衬里的现象；对甲铵管线所有管卡进行检查、更换，增加管卡，减轻甲铵管线振动；检验周期由3年一次调整为每年进行检验，保证设备稳定运行。

② 从工艺方面考虑的手段是：系统开车前高压系统加满水，控制升温速度在8～12℃/h；系统开车投料后，全开加氨，投CO_2前合成液中NH_3浓度需大于20%，保证开车过程高压系统的“NH_3/CO_2”正常，避免出现超温、超压；系统停车后提高壳侧蒸汽压力，控制降温速度小于20℃/h；严格控制高压系统压力在14.5～18.5MPa范围内，避免超压；运行中，严密监控锅炉水液位在60%～80%，同时制定低液位报警后的应急预案，防止干锅；禁止Cl^-进入系统，要求生产中严禁向系统加循环水和一次水，机泵岗位搞卫生严禁用循环水和一次水冲洗机泵、接收处理其他单位废水Cl^-浓度小于0.5×10^{-6}；避免锅炉水Cl^-积累，在尾端增设排放管，前端和尾端每周五定时排放置换，每周对锅炉水Cl^-分析一次；避免系统负荷大幅波动，每次加减负荷不超过2000kg/h，每次加减负荷间隔不少于30min；生产中避免大幅度调整高压甲铵泵转速，同时对高压甲铵泵单向阀出现问题要检查及时，处理及时；现场岗位人员每1h按巡检内容巡检，并填写巡检报表；班长每班不少于2次的巡检，并督促岗位人员巡检，确保质量；管理人员每天不少于2次进行巡检，并抽查班组岗位人员的巡检情况，确保按时、按规定巡检；纳入高点、难点、关键部位的每周检查，由车间领导带队，管理人员参加，每周四进行检查，检查标准按照完好设备要求；每月组织两次检漏管的检查，以确保检漏管的畅通；车间管理人员建立完好的设备动态运行台账，记录设备运行参数，每季进行设备运行状态分析。

实例四十四

某钢铁公司氧气厂7#35000m^3/h制氧机（简称7#机）于2015年3月23日发生一起分子筛蒸汽加热器内漏故障，无法维持正常生产需要停机处理。停机后，经过对分子筛蒸汽加热器一系列的漏点排查和处理工作，最终故障处理完毕并且效果较好，机组恢复了正常生产。

3月23日10时30分，机组空分操作人员在监控计算机画面时，发现分子筛蒸汽加热器污氮气体中含水在不断升高，在线仪表显示由1.6×10^{-6}（平时该点正常数值为2×10^{-6}左右）快速升至10×10^{-6}，之后变为坏值（该分析仪表的最大量程为10×10^{-6}）。机组人员立即将有关情况上报车间有关领导和厂调，同时立即通知化验人员使用便携式漏点分析仪就地进行分析测量，校对在线仪表之前的数值准确与否。经过化验人员现场检测，污氮含水已经达到1000×10^{-6}以上。由于当时该机组的一台再生的分子筛吸附器正处于吹冷阶段，暂时没有影响正常生产，为了进一步验证蒸汽加热器内部是否泄漏，继续对其污氮含水采取了在线和现场检测两种手段进行漏点分析，但一直没有好转的迹象。在此期间，经过厂内有关领导和有关工艺技术人员的分析和判断，蒸汽加热器出现内漏情况，并且蒸汽漏入污氮侧的量值偏大，加之其他两台备用制氧机组正处于冷备状态，因此立即停机对蒸汽加热器进行查漏和检修处理，14时30分7#机停机。

(1) 原因分析

在空分制氧生产中空气纯化系统一旦出现问题将会直接威胁正常生产。分子筛纯化器是空气纯化系统的主要设备，共两支，切换使用，分子筛被填充其中，用于吸附空气中杂质，如水分、二氧化碳以及乙炔等碳氢化合物。经过一定的生产周期后，其中一支分子筛吸附杂质达到饱和状态后需要进行高温低压解吸，脱去分子筛所吸附的杂质以恢复其吸附功能。蒸汽加热器是提供解吸分子筛所需高温气体的换热设备，利用蒸汽热源对来自空分系统低压板翅式换热器的污氮气体进行加热，污氮温度升至170℃左右，然后进入分子筛吸附器对分子筛进行解析处理。分子筛蒸汽加热器是一个换热设备，两种介质即污氮气体和饱和蒸汽在其内部进行热交换，加热器壳体内部的管束称为管侧，其中流通饱和蒸汽；壳体与管束之间的空间称为壳侧，其中流通需要加热的污氮气体，蒸汽加热后的污氮气体用于分子筛纯化系统内分子筛或分子筛及氧化铝解吸再生。分子筛蒸汽加热器的换热管与管板的连接：内部管板采用强度胀，外管板采用强度焊。设备制造完毕，按照相关要求进行整体氦检查漏，并以1.63MPa压力对管束、以0.39MPa压力对壳体进行水压试验，设备出厂前加装封板，并充装0.03MPa压力的氮气封存。

将蒸汽加热器的顶部螺栓松开，将管束从壳体中整体吊装出来，水平放置在地面。查看外观有无明显的漏点或损坏之处，由于管束外侧带有密集的圆形翅片，最终没有发现宏观上的漏点。

在蒸汽加热器的蒸汽入口管道和冷凝水排水管道的法兰分别加装盲板，并在入口管道处盲板上加装一个DN25mm阀门及管段，用以充水和打压使用。在管束的冷凝水出口侧的下封头上部约一米的长度附近有水滴渗出现象，经过半小时后渗水情况又消失，之后再没有出现类似情况。经过分析可能是管束内部压力不足，需要提高外部试验压力。将DN25mm阀门与氮气气瓶相连后开始打压，将管束内部的压力升至1.0MPa（管侧设计压力为1.1MPa，试压压力1.63MPa），没有发现管束有水渗漏现象。此项工作又重复进行一次，依然没有发现漏点。

经过分析，采取水压加气压的试验方法没有查到漏点的原因有可能是：管束漏点是比较短小的裂纹或极细小的锈蚀点，管束内微小的杂质填充到裂纹或锈蚀点，形成堵塞致使水无法从裂纹中漏出；各个管束进水多少不均造成泄漏管束内部产生“气堵”现象，致使水无法到达泄漏点。当时发现蒸汽加热器出现异常情况时，该设备正处于未投用阶段，即加热器管侧通入蒸汽，壳侧没有流通需要加热的污氮。因此，在现场就近接了一路DN25mm蒸汽管并与蒸汽加热器下部的蒸汽冷凝水排水管对接，模拟设备运行时的状态，通入压力为0.75MPa的蒸汽（即正常生产时的蒸汽压力），使蒸汽加热器保持在热状态下运行并进行一段时间的保压，查看泄漏情况。经过反复检查和确认，没有发现蒸汽加热器的泄漏点。

为了进一步保证加强加热气体中含水数据检测的准确性，利用此次检修机会，在污氮出口管道上新增设了一个漏点分析点，并与原有蒸汽加热器漏点分析点切换检测，起到验证数据是否准确的作用。将蒸汽加热器管束的蒸汽入口管道侧上封头切割取下，把蒸汽加热器管束吊回壳体内并将管束的上部和下部螺栓紧固，同时向管束内部充满水，在蒸汽加热器下部气侧（壳侧）排水管接入一股压力氮气（就近取用膨胀机室内的密封氮气），对冷却器壳侧充压至0.15MPa，但由于污氮进出口的两个阀门存在不严情况，造成充入的氮气漏入到管道系统中，无法保压。在污氮进出口管道法兰处增设盲板完毕之后，开始对蒸汽加热器壳侧进行充压，压力严格控制在0.20～0.30MPa（壳侧试验压力为0.39MPa），一般情况控制在0.25MPa以下。当壳侧压力达到0.2MPa时，发现一根内部管束支管有气泡持续不断向上冒出，判断此管束有漏点，经过反复检查和确认，没有发现其他管束有水泡冒出现象。

(2) 漏点处理及效果

3月27日10时开始封堵泄漏的管束，采用合适规格的螺栓插入上下端面的泄漏支管内部并把螺栓的螺母与管束的上下端面焊接在一起，完全堵死该泄漏的支管。堵漏处理完毕之后焊接蒸汽加热器下部的封头，在蒸汽加热器的上部封头开口处向各个管束内部充水，打开查漏气源，再次重复查漏操作，一方面是堵死该泄漏支管后查看有无其他支管泄漏，另一方面查看堵漏支管的焊接质量如何，还有无气泡冒出。经过全面认真的检查，最终确认没有发现其他漏点，焊接蒸汽加热器上封头，拆卸污氮进出口管道所加盲板并恢复连接法兰，同时拆除查漏氮气气源管，为开机复产做准备。修复完毕的7#机分子筛蒸汽加热器，经过当地压力容器检验部门检测和鉴定合格，确定可以投入生产使用。

3月27日14时45分启动7#机空压机进行复产，分子筛吸附器程序投入运行之后，蒸汽加热器污氮含水分析表也相继投运，起初该点含水量现场就地测量为20×10^{-6}左右，可以满足生产需要，机组人员加强监控并制定了相应保产预案。机组的产量指标趋于正常，蒸汽加热器污氮含水指标也逐步下降至10×10^{-6}以下，并最终恢复至故障发生前的正常数值即2×10^{-6}左右。经过设备复产后考核有关工艺参数，验证了此次蒸汽加热器泄漏故障的检查处理效果较好，之前所采取的查漏方法非常合理有效，漏点处理到位，满足了工艺生产的需要，消除了生产隐患。

实例四十五

某石化公司合成橡胶厂ABS树脂生产装置的SAN单元中，单体回收系统主要是对残留单体及易挥发的溶剂进行脱气并经两级冷却后回收。首先经过冷却介质为循环水的脱挥冷凝器一级冷却，然后经冷却介质为－12℃盐水（氯化钠溶液，简称盐水）的U形管冷凝器二级冷凝，回收液送到回收液罐重新参与聚合反应。从SAN聚合釜送来的聚合液，在预热器内被高温热媒迅速加热到210～230℃，以发泡的状态进入脱挥器，控制脱挥器的绝压在4kPa以下，使残留的单体、溶剂乙苯及少量水分等瞬间汽化，并以气体状态进入单体回收工序。挥发气体首先进入脱挥冷凝器（3E2601），被循环冷却水冷却器冷凝后，进入盐水冷凝器（3E2602）中再次被冷却及冷凝，冷凝液冷却到10℃以下后进入油水分离器（3V2601），经分离后，油相（回收单体）经泵送到回收液储罐重新参与聚合反应，盐水冷凝器中部分未冷凝气体被蒸汽喷射泵抽出进行萃取回收，其余未凝气体高空排放。盐水冷凝器为U形管式不锈钢冷却器，外形尺寸：ϕ1000mm×6750mm。经过长时间的运行，盐水冷凝器管束尤其在U形弯曲部位出现沉积结垢及腐蚀现象，久而久之，导致U形弯曲部位管外侧环向开裂而泄漏。盐水冷凝器管束发生泄漏后，由于盐水的压力高于工艺介质的压力，致使部分盐水漏入回收液中，从而影响产品质量。其次由于工艺介质在设备和管线的内壁产生黏附物，管束泄漏后，将杂质带入工艺介质并极易沉积于黏附物中。当黏附物达到一定的量而影响聚合反应转化率时，系统必须进行DMF清洗，一般每150～180天清洗一次，系统清洗后，就有大量盐泥和固态的SAN树脂混合物沉积在输送熔融态SAN树脂的高黏度泵齿轮处。这种混合物在正常开车条件下是不可能熔化并从泵头挤出的，必须解体泵头，清理残存于齿轮、滑动轴承和自润滑密封槽处的沉积物。

(1) 原因分析

盐水冷凝器于2000年6月投入使用。从2003年1月开始，挤压机出口的过滤网上陆续出现一些白色的沉积物，将沉积物用水溶解后，用 $AgNO_3$ 溶液滴定有大量白色沉淀生成，由此判定此沉积物为含 Cl^- 的盐类。经试压查漏，发现盐水冷凝器管束存在泄漏，第一次有14根列管渗漏，一年后增加到36根列管。该冷凝器换热管与管板的连接形式为强度焊接加贴胀。每次检查管板表面完好，几乎无腐蚀痕迹。因此可以推断泄漏就是因为列管破损造成的，且损坏程度与日俱增。2005年10月解体盐水冷凝器，抽出管束检查发现，发生泄漏的列管全部在U形弯曲处，并且全部出现已经穿透的环向裂纹，其余部位管外壁基本无腐蚀现象。

盐水冷凝器管束材质为00Cr19Ni10，规格 ϕ25mm×2.5mm，制造时U形管冷弯一次成功，U形部位进行了去除应力退火处理，退火温度400℃。

为了彻底弄清楚管束失效的原因，取1号—未经过加工和使用的原材料（直管），2号—失效的U形弯管两个样品，从金相组织、断口和腐蚀产物3个方面进行检验分析。

分别检验了1号和2号样品的横向、纵向金相组织和夹杂物分布，结果表明：1号原材料、2号失效件的金相组织同为奥氏体，两个样品纵向和横向的组织形态也相同。

取每个试件左、中、右端的3个点测试其布氏硬度（HB），结果如下：1号，140、143、143；2号，143、146、147。

裂纹为环向，均产生在2号样品U形弯曲部位的管外侧，多条环向裂纹平行分布，并已穿透管壁。裂纹的分布规律与U形管的加工残余应力分布规律是一致的，直管和2号样品管内侧没有发现裂纹。管内有铁锈色和黑色的附着物，易清除，清洗后可见内壁较粗糙，无金属光泽。弯曲半径较小的外侧管表面可见明显的腐蚀坑，壁厚无显著减薄，沿裂纹存在铁锈色附着物。其余部位管外壁无腐蚀现象。此外，宏观检查时发现，在管外壁表面有一条与环向裂纹垂直分布的轴向裂纹状印迹，经磨削检查不是裂纹，是管材在轧制过程中表面留下的痕迹，使用中介质附着于此而产生的结果。打开U形管环向裂纹进行断口分析，发现断口宏观表面粗糙，没有塑性变形，有起伏，有少量腐蚀产物。从断口剖面金相可以观察到裂纹从内壁表面起裂，裂纹扩展以穿晶为主，伴有沿晶扩展。裂纹起源于腐蚀坑底部，U形管断口微观形貌主要表现为穿晶解理，解理面上存在腐蚀坑和现为应力腐蚀特征。从失效管内取附着物进行能谱X射线成分分析，结果表明，产物中除含有不锈钢中所含有的Fe、Cr、Ni元素以外，还有Ca、O、Si、S、K、Cl等化学元素，表明产物中存在有害 Cl^-、金属氧化物和硫化物（或含硫的含氧酸盐）。由于在管子内表面未观察到明显的均匀腐蚀迹象，因此可以判断该附着物是由冷却介质带来的杂质。附着物中含有较高浓度的 Cl^-，促进了不锈钢的点蚀，并形成了不锈钢应力腐蚀的介质条件。

盐水冷凝器换热管的金相组织是正常的，使用前后组织没有发生明显变化。但是，原材料与U形弯管的硬度有差别，U形弯管的硬度略高于原材料，说明U形弯管在冷弯成形后，虽然进行了去除应力退火处理，但不充分，没有达到目的。资料显示，即使在弱的应力腐蚀介质条件下，超低碳奥氏体不锈钢冷加工或焊接后，消除应力热处理温度应为850～900℃，然后进行空冷或急冷；如果为了消除局部应力集中，作尺寸稳定化热处理，温度也应在500～600℃。

盐水冷凝器U形弯管开裂的特征主要是：裂纹数量多，分布有局部性，直管部分没有开裂，裂纹都产生在弯管部位，横向分布在弯管外侧，说明裂纹的分布和走向与管子在该部位的残余应力状态有关。裂纹起源于管内壁表面的腐蚀坑，与不锈钢产生应力腐蚀的敏感介质有关。断面没有塑性变形，裂纹扩展有分叉，以穿晶解理为主，呈脆性开裂特征。以上特征表现为典型的应力腐蚀开裂。管内腐蚀产物分析证明管内介质存在Cl^-和硫化物，说明盐水冷凝器存在不锈钢应力腐蚀的介质条件。换热管采用00Cr19Ni10（304L）超低碳奥氏体不锈钢（碳含量小于等于0.03），就是为了提高其抗晶间腐蚀和抗应力腐蚀性能，但由于冷加工在U形管外侧产生了拉伸残余应力，使管子变形部位的残余应力峰值水平达到屈服点，不适当的热处理又没有能够将残余应力峰值降低到安全线以下，所以使抗应力腐蚀能力下降。由以上分析可以认为，盐水冷凝器U形弯管泄漏是Cl^-引起奥氏体不锈钢应力腐蚀开裂的典型实例。应力腐蚀发生的部位与管子冷加工产生的残余应力有关。由此看来，U形管式冷凝器不适合在盐水系统中使用。

(2) 改造措施及效果

浮头式换热器的一端管板固定在壳体与管箱之间，另一端管板可以在壳体内自由移动，其壳体和管束的热膨胀是自由的，管束可以抽出，便于清洗管间和管内，其缺点是结构复杂，造价高，比U形管式高30%，在运行中浮头处发生泄漏，不易检查处理。U形管式换热器两端固定在同一管板上，管束可以自由伸缩，不会因介质温差而产生温差应力，因只有一块管板，且无浮头，价格便宜，结构也简单，但管子在U形弯曲处不易清洗，管板上排列的管子少，管束中心部位存在空隙，使流体易走短路，物料分布不均，管束中部管子不能检查更换，堵管后管子报废率较直管大一倍，适用于管程介质无杂质且不易结垢的场合。

为了彻底解决盐水冷凝器易腐蚀泄漏的难题，对该冷凝器进行改造，将U形管式冷凝器改造成浮头式。制作和原U形管束等直径的直管束，换热管和管板连接形式为强度胀接加密封焊。换热管采用0Cr18Ni9、ϕ25mm×2.5mm的定尺管，管子长度7000mm，以保证新管束的换热面积达到372.4，从而保证改造后盐水冷凝器冷凝效果满足生产需要。原盐水冷凝器封闭端的椭球形封头被切除，焊接锅圈法兰，并制作与之连接的新封头，新封头处筒体加长400mm，保证新管束和浮头的顺利安装。盐水冷凝器的浮头法兰面和管箱分步做0.7MPa水压试验，确保正常投用。

改造后的盐水冷凝器在使用了18个月后打开封头检查，管板表面完好，无任何腐蚀痕迹，壳程进行0.6MPa的水压试验，无泄漏，达到了预期的目标。

实例四十六

某石化公司化肥一部合成氨装置由日本千代田公司承包，采用英国ICI-AMV工艺，生产能力为1000t/d。各工序产生的工艺冷凝液在冷凝液汽提塔中通过0.4MPa的低压蒸汽加热，汽提塔顶部出来的气体中含有CH_3OH、NH_3等杂质，经过换热器换热后在分离罐中分离出CH_3OH、NH_3等杂质并放空。经过汽提的工艺冷凝液经燃气预热器、换热器、水冷器冷却后送往公用工程回收。一段转化炉燃气在燃气预热器中预热后送往一段转化炉燃烧，为一段转化炉转化反应提供热量。燃气预热器是回收汽提后的工艺冷凝液热量的设备，为U形换热器，管材为碳钢A179；工艺冷凝液走换热器壳程，设计压力为0.28MPa，燃料气走管程。该换热器利用工艺冷凝液加热汽提过程产生的废热对一段转化炉燃气进行预热，提高燃气的热值。从而达到回收废热、节省燃气用量的作用。2011年11月17日，一段转化炉因为燃气压力高联锁跳车。根据各种现象判断为燃气预热器内漏造成的。经过对燃气预热器抽芯检查，发现燃气预热器由于腐蚀而造成列管内漏。此次发生事故的燃气预热器，只是一个回收废热的辅助生产设备，且一段转化炉燃气压力与工艺冷凝液压力相差不大，主观认为对装置的生产影响不大，所以在装置的每次大修中未引起足够重视。自1994建厂投产以来，虽经过多次机械水射流清洗列管，但从未抽芯检查，错过了检查是否有杂物存在燃气预热器壳程内的机会。

(1) 原因分析

在2011年11月17日的停车事故后，通过对一段转化炉燃烧天然气压力、一段转化炉炉膛负压、燃气预热器燃气出口段温度、燃气预热器燃气出口段导淋排水等现象分析，确认此次停车事故由一段转化炉燃气压力高联锁（联锁值为0.35MPa）引起的。经过判断是由于燃气预热器列管内漏，预热器壳程的工艺冷凝液（压力0.28MPa）从内漏处进入预热器管程，由于工艺冷凝液压力略高于一段转化炉燃气压力（0.2MPa），阻断了预热器管程燃气的流通，憋高了一段转化炉燃气压力，从而引起一段转化炉燃气压力高联锁。燃气预热器所走介质为各工序产生的工艺冷凝液，为电解质溶液。燃气预热器利用经汽提后的温度为120℃工艺冷凝液预热18℃的燃气。由于介质温差较大，容易产生热应力，且燃气预热器所走介质为电解质溶液，从而会造成设备的腐蚀。在对燃气预热器抽芯检查过程中，发现冷凝液汽提塔（浮阀塔）中的部分浮阀散落在燃气预热器的壳程中。其中一个浮阀卡嵌在燃气预热器的列管中并与其中一根换热管紧密接触，浮阀与换热管接触处发现一处腐蚀点。其他换热管表面光滑、无摩擦痕迹；焊接接头及熔合线也无腐蚀。判断发生应力腐蚀及晶间腐蚀可能性较小，有可能由于汽提塔塔盘与浮阀的配合间隙较大，浮阀易从塔盘上脱落，随工艺冷凝液进入底部管道，并进入燃气预热器中。汽提后的工艺冷凝液中含有介质CO_3^{2-}、Cl^-、Fe^{2+}等杂质，设计pH值为9.6，满足电解液的条件，再加上换热管与浮阀材质不同，存在电位差，从而形成电化学腐蚀。

(2) 处理方法

对燃气预热器进行查漏：管线充氮置换至氮气含量不小于99.5%后，打开燃气预热器封头。在冷凝液出口管线底部导淋接一氮气管，充氮气压力至0.4MPa，在封头处涂上肥皂水，列管口冒泡的确定为漏管。此次检查只有1根列管漏。

列管堵漏：将检查出来的漏管进行焊接，将管口两端进行堵死。虽堵死了1根换热管，换热面积减小，但不影响工艺要求。

清理燃气预热器：对燃气预热器进行测漏后，将换热器抽芯，把漏入换热器的浮阀清理干净，将腐蚀处锈斑清洗干净，防止加剧腐蚀。

(3) 预防措施

为了防止燃气预热器的再次腐蚀，造成设备损坏、装置停车事故，制定如下的预防措施：

冷凝液汽提塔冷凝液出口处加装滤网，防止塔内脱落的浮阀掉入到燃气预热器内；

对漏管管口进行焊接堵死时应选择同材质的焊接材料，避免因为材质不同而发生电化学反应，造成燃气预热器的内漏；

在满足工艺操作条件下，尽量减少冷凝液汽提塔低压蒸汽加热量，防止低压蒸汽压力过高而造成冷凝液闪蒸塔内浮阀脱落；

尽量降低工艺冷凝液的电导值，防止燃气预热器发生电化学腐蚀；

每次大修时，燃气预热器抽芯检查，检查是否有杂物掉入燃气预热器壳程及检查换热器是否完好。

第7章 管式加热炉的故障处理及实例

作为明火加热的设备，管式加热炉（或称管式炉）是加热炉的一种，广泛应用于石油、炼油、化肥和有机化工工业。其运行时，原料油和燃料的燃爆，人为失误和设备故障时有发生。加热炉是重要的过程设备，因此一旦发生故障，轻则影响生产顺利进行，造成经济损失，重则引起火灾爆炸，造成人员伤亡。

生产装置中的管式工业炉只是生产装置中的一个组成部分。其运行周期的长短主要取决于整个生产装置，而不仅仅是炉子本身。通常，只有当全装置停工时炉子才能进行全面的检查与修理。只要不是离前一次停工检查太近，每次装置停工都应对炉管、管件进行检查。可以通过在线检查与监测来了解炉子的实际技术状况，以此确定炉子是否可以延长运行周期。此种检查与监测可以从各种方面来进行，如宏观目视、光学高温测量、红外热像以及类似的各种温度监测、炉管的长度监测等。对一台已确定了运行工况的炉子而言，炉子运行是否安全和炉子的运行效率，是决定该台炉子是否应停炉检查及修理要考虑的两个主要因素。炉子是否能安全运行是确定炉子的检查周期的首要因素。要从既能保护炉子的操作人员又能保护炉子设备本身两个方面来考虑炉子的安全性。要认真判断炉子的每一个部件，并确定其到底劣化到了什么程度，在此基础上确定何时应进行炉子的停工检查。安全的做法是在炉子按预定的计划停炉时，其最薄弱的部件仍有一定的安全余量。如果炉子的运行工艺指标或炉子的原料、燃料的组分发生变化，就应及时地考虑将新旧工艺进行对比，重新制订出新的检查间隔期。当炉子因某一部分机械故障或误动作造成严重损坏而被迫停炉修理时，还应考虑炉子的其他部分有无类似的可能，并在再次开炉前及时进行处理。炉子的常规检查时间应结合炉子的清洗、吹扫、烧焦或其他工艺上的原因使装置停工相一致。如果在炉子的全面检查间隔期内必须进行清洗、吹扫、烧焦之类的停工处理工作，那么炉子的检查及维修工作可安排在此时同时进行。对于加热炉，主要定期检修和维护环节有：大约60天需要更换磨蚀的烧嘴；定期更换烧蚀的耐火砖，筑炉时间大约1个月。

7.1 点火和熄火

7.1.1 用油作燃料时

(1) 管式炉点火前准备工作

注意切水及换罐。因罐底水分较多，将会使燃料油混入大量的水分，造成燃烧器熄火。

将燃油加热，使油的黏度降低到足以保证燃油在燃烧器中完全雾化。加热的温度根据燃烧器的技术条件确定。加热温度过高，易使燃油分解，产生积炭现象而增加泵的吸入损失。雾化蒸汽过热使火嘴易产生积炭，部分燃油在燃烧器中气化还可导致熄火。

用蒸汽或空气将炉膛彻底吹扫，清除滞留在其内的可燃性气体。

向炉膛吹入蒸汽时，检查疏水器是否正常，并经常用排凝阀切水。

(2) 点火

点火时，将火把插到燃烧器的前方，然后慢慢打开油管线上的阀门，并检查挡板的开度是否足够。

与此同时，将雾化蒸汽或雾化空气的阀门适当开启。

一旦出现熄火时，务必按上述步骤重新点火。

(3) 熄火

熄火时，先关油阀，然后再关闭蒸汽阀和空气阀。

7.1.2 用燃料气作燃料时

(1) 点火前的准备工作

检查燃料气储罐的压力是否合适，其大小足以维持燃烧为宜，压力低时易产生回火。

注意燃料气储罐的液面，切勿使气体管线内存积液体。

滞留在炉膛内的燃料气，若其浓度达到爆炸极限时遇明火则将发生爆炸事故，故点火前，切勿用蒸气或空气吹扫炉膛。

(2) 点火

点火时，将火把插到燃烧器的前方，然后慢慢打开燃料气阀门，待火焰稳定后再逐步增加燃料气量。

经常观察火焰状态，注意避免出现回火。

一旦出现熄火时，务必按上述步骤重新点火。

(3) 熄火

熄火时，先关燃料气阀门，然后再关闭空气阀。

7.2 正常操作

7.2.1 确保最佳的过剩空气率

燃料在燃烧室燃烧时，燃料完全燃烧所需的空气量叫理论空气量，为使燃烧完全和火焰稳定，燃烧过程中实际空气量应大于理论空气量。过剩空气量与理论空气量的比值称过剩空气率。

对于重油燃烧室，过剩空气率为15%～30%；对于燃料气燃烧室，过剩空气率为5%～30%。如果过剩空气率太高，就会相应加热多余的空气而使能耗增加；反之，过剩空气率太低，则燃烧不完全，而且火焰不稳定，出现长焰。

7.2.2 压力和抽力的调节

注视烟道气压力表指针的变化，调节挡板，使炉膛内的压力不高于大气压。否则，烟道气由耐火砖间隙或衬里间隙向外泄漏，以致损坏炉壁。

注视烟道气压力表，勿使抽力（或炉内负压值）过大，否则抽风量增大，过剩空气率增加，从而导致炉膛温度降低、烟气量增大、烟囱热损失加大和炉热效率及处理能力降低。

采用奥氏分析仪或其他仪器分析烟气，调节挡板以确保最佳的过剩空气率。

7.2.3 火焰的调节

火焰状态的调整。对于油燃烧器可由雾化蒸气、一次空气及二次空气量进行调整；对于气燃烧器可由一次空气量及二次空气量进行调整，以使其燃烧完全，火焰稳定。

油燃烧器空气量不足时，火焰长而呈暗红色，炉膛发暗；反之，如果一次空气量过大，则火焰短而发白，略带紫色，前端冒火星，炉膛完全透明，而且还会产生微弱的爆炸声甚至将火焰熄灭；空气量适中，则火焰呈淡橙色，炉膛比较透明，烟气呈浅灰色。如果空气充分，雾化蒸气适当时，如仍出现长焰且烟多，或经常熄火，则属于燃烧器火嘴设计缺陷问题。

气燃烧器空气量不足时，火焰长而呈暗橙色，炉膛发暗并冒黑烟。随空气量的增大，火焰变短，前端发蓝，炉膛透明，烟气颜色变浅。

由于燃烧气较空气轻，浮力的作用使之在炉膛内上升。可采用烟囱闸板调节通过烟囱的流量，即如果开启闸板，炉内压力下降，空气自然吹入炉内，使过剩空气率增大，燃料消耗增加，热效率下降；反之，如关闭闸板，炉内压力增大，可导致火焰从炉缝隙、窥视孔等处喷出。为维护炉内正常压力，保证安全生产和提高热效率，适当地调节烟囱闸板的开启程度也是十分必要的。

竭力避免火焰扑向耐火砖或衬里炉壁及舔炉管。调节炉温时，尽量将火焰调短为宜，否则，火焰扑向炉壁，将会缩短耐火砖或衬里的使用寿命。火焰舔炉管，则出现局部过热现象，不仅会加速结焦，而且还严重损坏炉管外表面，除非迫不得已而需要加热炉超负荷运行。

在燃烧器的外围不得出现燃烧（或称后燃）。加热炉在实际负荷超过设计能力下，有时会出现上述现象。如果在此工况下继续维持操作，同样会损伤耐火砖、衬里、炉管及烟囱。

7.2.4 温度的调节

用温度指示仪或记录仪经常检查炉膛温度。

操作时，切勿使炉膛温度超过规定温度的上限，否则将导致耐火砖或衬里的熔融、炉管及吊架氧化程度的加剧，从而使金属强度随温度上升而下降，增加维修费用。

必须用温度计做不定期检查，避免炉管局部过热而发生结焦现象。局部过热不仅使燃油分解、炉管结焦、热导率降低，同时增大加热炉的压力降，严重时加热炉必须紧急熄火。炉管过热，结焦还会使管内流速降低，从而使处理量大大低于设计生产能力。

注汽可以降低炉管内的结焦速率，但会造成汽化率增加，因此应该控制合适的注汽量。

原料及燃料性质变化的情况下，对烟气露点温度进行测量，在保证尾部传热管温度≥“烟气露点温度＋20℃”的前提条件下，尽可能降低排烟温度，以确保热效率不致降低。

7.3 日常维护检查

管式加热炉的维护检查不同于压力容器、配管等其他设备，它不能在操作运行中进行强度检查，而且其内部破坏造成的危害远比其他设备严重。

日常维持检查主要有炉内观察和炉外检查两项。

7.3.1 炉内观察

(1) 管和管支持部件

观察整体和局部颜色的变化，根据实际操作经验，掌握炉管及管支持部件的正常颜色，一般来说，通常为红黑色，高温下为红色或红白色。如炉管及管支持部件表面氧化皮剥落，管子局部劣化或内壁结焦，会变成粉红色。

检查火焰是否与炉管及支持部件有直接接触。

炉管及支持部件是否弯曲、膨胀和变形。

炉管是否与支持部件脱开。

(2) 燃烧室

观察火焰的形状、宽度、长度、颜色的变化情况。

观察燃烧室衬砖的结焦情况。

各燃烧室燃烧状态是否一致。

(3) 炉膛内壁

观察炉膛内红热部位是否出现裂纹、脱落和突出等现象。

7.3.2 炉外检查

(1) 燃烧室、燃料系统

检查燃料总管压力、燃烧室入口压力及燃料控制阀的开启程度。必要时，为维持稳定燃烧需增减燃烧室的数量。

检查燃料管路的泄漏情况。

检查燃料管内有无凝液（使用气体燃料时，指某些组分的凝结分离物）。如有凝液，必须彻底排除。当使用液体燃料时，还需检查管内有无空气或气体积聚，如有也需排除。

(2) 通风装置

检查炉内压力是否保持负压。

用测氧仪检测过剩空气率是否适当。如发现异常，需适当调节烟囱挡板和通风系统。

(3) 炉框、壳体

检查炉框、壳体有无变形或油漆剥落。

检查烟囱、连接部件等腐蚀情况。

(4) 工艺管路系统

检查工艺管路有无泄漏，振动。

压力及流量调节阀的开启度是否适当。

(5) 吹扫用蒸汽

点火之前，将炉内滞留的气体吹扫干净，并检查疏水器是否正常。

(6) 基础

检查基础是否有裂纹，地脚螺栓是否松动。

(7) 控制室

检查管壁温度和烟道气温度是否正常及波动情况。

检查管内流体流量和进出口温度是否正常。

7.4　定期维护检查

清焦就是清除炉管（或称加热管）内的积炭。通常采用蒸汽清焦，故称热法清焦。清焦的方法是将蒸汽通入结焦的炉管内，同时管外壁在燃烧室加热，使管内结焦与蒸汽发生反应，并使散裂的结焦随蒸汽由管端吹除，少量的结焦可通入空气而除去。

操作程序如下：

燃烧室点火后，炉管温度达到150℃时，以90kg/(m^2·s）的管内速率通入蒸汽，并加热到规定的温度。一般情况下，燃烧室的燃气温度控制在700～750℃，蒸汽出口温度为550～600℃。在清焦操作中要依据炉管材质、结焦程度确定其温度范围。

散裂的结焦随蒸汽排出，因其温度很高，故可采用水急冷使之除去。如果清焦效果差，则可采取增减蒸汽量、改变蒸汽流向等方式，对结焦进行冲击来提高清焦效率。

如果用蒸汽清焦基本无效，可将蒸汽量减至1/3，慢慢通入空气，空气量约为蒸汽量的1/10。此时，需注意竭力避免因通入空气的流速过快发生氧化反应而损坏炉管。

检测排放气中CO_2含量，当其达到0.1%～1.0%时，则可认为清焦完成。

7.5　常见故障原因与对策

加热炉的运行应遵照《管式加热炉运行规定》的要求执行。

操作中应严格遵守操作规程及加热炉工艺指标，保证加热炉在设计允许的范围内运行，严禁超温、超压、超负荷运行，并尽量避免过低负荷运行（过低负荷一般指低于设计负荷的60%）。

在提高加热炉热效率的同时，应避免烟气露点腐蚀。要合理控制物料进料温度，确保炉管壁温高于烟气露点温度。

为了节能降耗，加热炉运行应控制以下指标：最终排烟温度一般应不大于170℃。如燃料含硫量偏离设计值较大，则应进行标定和烟气露点测试，然后确定加热炉合理的烟气排放温度；为了保证燃烧完全，应尽量降低排放烟气中的CO含量，一般应不大于100×10^{-6}；对流室顶部烟气中的氧含量，燃气加热炉应控制在2%～4%；燃油加热炉应控制在3%～5%。

为了保护环境，减少设备腐蚀，应采取有效措施控制燃料中的硫化物含量，减少排放烟气中的SO_2、SO_3等硫化物含量。燃料气中总硫含量应不大于100×10^{-6}；燃料油中总硫含量应不大于1%。

生产人员应做好下列工作：每日至少对本装置管辖范围内加热炉的运行情况进行一次巡检；每周应做一次炉效分析工作；每月应编写本装置加热炉运行情况分析报告；应加强加热炉的日常维修，特别是对引风机、烟道挡板、吹灰器等附件的维修。发现问题要及时修理，排除故障，不得影响加热炉的正常运行。

操作人员应按以下规定进行巡回检查：

每1～2h检查一次燃烧器及燃料油（气）、蒸汽系统。检查燃烧器有无结焦、堵塞、泄漏现象，长明灯是否正常点燃；油枪、瓦斯枪应定期清洗、保养，发现损坏及时更换；

备用的燃烧器应关闭风门、汽门；

长时间停用的油枪、瓦斯枪应拆下清洗保存；

每1～2h检查一次加热炉进出料系统，包括流控、分支流控、压控及流量、压力、温度的一次指示是否正常，随时注意检查有无偏流；

情况异常必须查明原因，并及时处理：每班检查灭火蒸汽系统。检查看火窗、看火孔、点火孔、防爆门、人孔门、弯头箱门是否严密，防止漏风。检查炉体钢架和炉体钢板是否完好严密，是否超温。每班检查辐射炉管有无局部过烧、开裂、鼓包、弯曲等异常现象，检查炉内壁衬里有无脱落，炉内构件有无异常，仪表监测系统是否正常。每班检查燃烧器调风系统、风门挡板、烟道挡板是否灵活好用，余热回收系统的引风机、鼓风机是否正常运行。发现问题应及时处理。有吹灰器的加热炉，每班至少吹灰一次，并检查吹灰器有无故障，是否灵活好用；使用蒸汽吹灰器的，应经常检查蒸汽系统有无泄漏，吹灰前须先排除蒸汽凝结水。每天应检查一次仪表完好情况。每季度至少应对所有氧含量分析仪标定一次，发现问题及时处理。应定期检查避雷针和接地线的完好状况。加热炉的控制保护、联锁应符合有关规定。操作人员应精心操作，保持加热炉良好的运行状态。要加强三门一板（油门、汽门、风门，烟道挡板）的调节，保证炉膛明亮不浑浊，避免燃烧器火焰过长、过大、冒烟，严禁舔炉管。要尽量保持多火嘴齐火焰，维持高效运行。在火焰区停用的火嘴应稍开蒸汽保护。

加热炉的运行维护中，要特别注意防止以下意外事故故障的发生：

炉管破裂，炉膛着火；

熄火，爆燃；

炉衬烧损、塌落；

火焰偏斜、舔炉管和二次尾燃；

突然停电、停汽、停风。

发生事故时，要按照安全操作规程和事故预案的规定，在避免事态扩大的前提下，尽可能地保护设备，减少损失。

加热炉的开停工必须严格按照工艺操作规程执行。开停工前必须制定详细严谨的开停工方案并经有关部门审核会签。停工时特别要注意防止硫化物在对流室内自燃，防止连多硫酸造成奥氏体不锈钢炉管应力腐蚀开裂。

进入炉子本体、烟道、烟囱之前，首先必须做好安全防护工作。一般情况下，这些安全措施包括用加盲板或拆卸的办法使进入炉子的燃料管线及紧急事故蒸汽管线与炉子分离。如果两台炉子共用一个烟囱，要将停工的炉子的烟道口堵死，以防止正在运行的炉子的烟气窜入停工的炉内，总之，要停工检修的炉子要与其他所有的管线及设备隔离。通常会有铁锈以及含酸的物质在炉子的某些部位积存下来。如果使用的燃料中含有有毒的添加剂，问题会更加复杂。应该采取有效的防毒措施，要确认所有的设备都得到应有的妥善的保护。如果铁锈中含钒，那么对炉子内的有关仪表的保护，尤其要予以重视。在拆开炉子的原料预热炉管、辐射炉管之前，安全方面的考虑同样要予以重视。对垂直管排的炉管，其安全方面的要求尤为重要，因为这种结构使管内的介质很难被置换或排放干净。总之，对原料系统，无论是液相的，还是气相的，都要将其来源以盲板隔离，并将管束内的存油、有毒物质及可燃气体置换干净。

在可以对炉子开始检查及开展工作之前，应认真检查所用的检查工具的可靠性及准确性。这些工具同样应包括与人身安全有关的工具及设备：在人员开始工作之前，首先要安装报警设施。注意：不允许铝制踏板、铝制梯子等铝制工具、器具与HK、HT之类的高温合金炉管接触。用于涂刷在奥氏体不锈钢上的漆应是低氧的，不应含铝、锌、铅或硫，因为这些元素能渗入并损坏金属。在开始进入炉内进行检查之前，还必须通知所有在炉子周围工作的人员及与炉子水、电、汽有关的工作部门及人员，告诉他们炉内将有人进入作业。通常，炉外应有一个监护人始终站在炉子的入口，既可担任安全监护，又可以指导及记录检查的结果。炉外的检修作业情况应随时通知炉内正在检查的人员，使其对炉外传来的各种声音能心中有数。在炉内进行检查时，炉管及炉体应尽可能地减少振动，以免因耐火砖掉下来伤人。介质为氢及硫化氢的混合物的不锈钢管束，其表面有一层很薄的硫化铁膜，当其暴露于湿气及含氧气氛时，这层膜会发生水解，变成连多硫酸。某些管材，如1Cr18Ni9之类的奥氏体不锈钢，在其残余应力高的部位，在连多硫酸环境下，存在产生沿晶间开裂的敏感性。防止引起这种开裂的方法有两种：常用的一种是向管内充入惰性气体，如果需要上盲板，那么在打开法兰期间以及装上盲板之前，炉管内始终要保持正压；第二种方法是向管内注入少许氨作为中和介质。保持正压的目的是防止空气及水汽进入。如果炉管或分叉管、集合管，或其他部件必须打开时，应先用苏打水进行内部冲洗。最好用循环的方式进行冲洗，冲洗时要想方设法带出管内的气体，内表面都要被冲洗液浸到。也可以在冲洗液中加入0.5%质量的硝酸钠，以防止氯引起的应力腐蚀。清洗完成后排出的清洗液可以用于其他管道及炉管的清洗。2%质量百分比的浓度足以在被清洗的表面形成一层苏打粉末层。如果浓度太低就不易形成这种保护层。该保护层是碱性的，它可以中和任何的硫化铁与空气、水的反应。应记住，在整个停工阶段，要始终保留好这层苏打粉保护层，不要将其冲洗掉。检修结束后，对大多数装置而言，可以不清除掉这层保护层而直接投用。如果投用前必须清洗掉这层保护层，那么在开工时应先通入惰性气体，然后进行冲洗。

7.6　实例分析

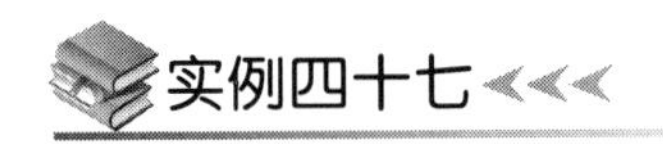

实例四十七

加热炉是石脑油加氢装置的主要设备，炉型为立式管式加热炉。炉体直径ϕ4010mm，炉总高度274520mm；炉衬里部分辐射段和对流段，炉墙厚度200mm，自内向外为蛭石水泥＋重质耐火黏土砖；炉顶厚度220mm，为100mm陶纤毡＋陶纤针刺毯折叠结构，采用网状锚固法固定，烟道厚度为75mm，炉底采用180mm耐火混凝土。该加热炉是装置主要的耗能设备，耗能量占整个装置的60%左右。因此，减少散热损失和节省燃料消耗是提高装置效益的技术措施。石脑油加氢装置自1997年7月投入运行以来，加热炉运行较为平稳，到1999年6月出现加热炉西侧、南侧炉体外壁及炉顶部分保温漆脱落，炉膛负压值低，并有热风外泄，炉外壁温度最高达到165℃，严重超标。在环境温度20℃、风速3～4m/s时。1999年8月装置停工改造检修期间，对加热炉炉膛内和急转弯头及炉顶等部位进行了全面的检查，通过检查发现加热炉北侧下部炉壁保温衬里基本完好，只有耐火砖膨胀缝间少量塞缝岩棉脱落，而南、东、西侧墙保温衬里则破坏严重，尤其是炉顶的保温衬里严重脱落，造成散热损失增大，保温效果变差。为满足石脑油加氢反应的温度要求，势必要增大火焰，提高炉膛温度，造成能耗增加，同时由于石脑油加氢加热炉炉管材质为Cr5Mo，设计上要求炉膛温度≤750℃，制约了石脑油加氢装置处理量的增大，形成提高加工汽油处理能力的“瓶颈”必须进行治理。

为了合理的应用耐火纤维，在保证使用质量的前提下降低材料费用，经过车间现场调查，对加热炉衬里进行改造。将原加热炉辐射端墙加厚50mm，炉顶旧保温脱落全部拆除厚220mm及辐射室转对流室的拐角处，全用喷涂普铝耐火纤维，采用保温钉固定，辐射室炉墙为U形保温钉，材质为1Cr18Ni9Ti圆钢，直径4mm，等腰三角形排布，间距300mm×300mm；炉顶用L形保温钉，材质为1Cr18Ni9Ti圆钢，直径6mm，等腰三角形排布，间距200mm×200mm；拉不锈钢丝网，上快速卡子。喷涂用水为符合工业用水标准，高温结合剂为北京某公司专利产品，牌号为YS-J-700。

喷涂前对炉顶钢墙钢板表面除锈，清除油污，不得用水冲洗，标准St3级；喷涂材质为普铝耐火纤维，用量为12.98m^3，$p=28MPa$。衬里施工严格按标准进行执行。焊接U形保温钉，焊接时保温钉根部两面焊满无咬肉，经锤击逐个检查焊接质量，保温钉垂直偏差≤5mm；高度偏差±2mm；间距偏差±5mm。炉顶钢板表面喷刷YS-J-700粘贴剂和防锈漆，形成均匀涂层。使用纤维喷涂机进行炉衬喷涂施工，喷涂自上而下进行。根据衬里材料及厚度要求，沿衬里厚度方向分层喷涂，使喷涂衬里表面覆盖保温钉。用木塞或牛皮纸将加热炉内所有接管内孔及燃烧器孔全部封堵严密。分层喷涂过程中严禁使用回弹料，不锈钢丝网紧密牢固，衬里覆盖保温钉20～30mm。炉顶施工也是沿厚度方向分层进行，在螺柱上装上不锈钢垫片和螺母，再喷最后1层耐火纤维至需要厚度200mm以上，让锚固件全部埋入纤维层中，减少烧损。平整衬里内表面，不准抹面，形成相对平整，致密的衬里表面。喷涂后，在烟气流速较大的部位，如炉顶至对流室的过渡段表面刷1层1～2mm厚的专用高温强化剂涂料，干燥后形成1层较硬且光滑的硬壳，以加强过渡段耐烟气冲刷能力。特别注意拐角，看火孔周围，炉管出入口等异型部位的施工。耐火纤维喷涂衬里成形后严禁机械碰撞。

石脑油加氢装置的加热炉保温衬里喷涂耐火纤维由北京某公司施工，历时6d，在加热炉开工投用过程中未再进行烘炉操作，直接按石脑油加氢装置的加热炉开工升温曲线操作，经实践证明，新喷涂保温层附着性能良好，未发生衬里脱落现象，并且炉外壁温度明显降低。经3个月使用，炉外壁保温漆完好，亦证明保温衬里保温效果良好。改造前炉辐射室的炉墙表面温度平均96.4℃，改造后炉辐射室的炉墙表面温度平均25.4℃，下降71℃，降低73.7%；改造前炉顶平均温度120℃，改造后炉顶平均温度32.25℃，下降87.75℃，降低73.1%。辐射室炉墙表面热流量由623.25W/m^2降至100.25W/m^2，下降了523W/m^2，降低率为83.9%；炉顶平均表面热流量由1055W/m^2降至114.5W/m^2，下降了940.5W/m^2，降低89.1%。整个施工过程5人施工6d，如采用修补砖结构加耐火纤维毡形成衬里，则12人需要35d。

石脑油加氢装置的加热炉辐射室、炉顶两处墙保温衬里经纤维喷涂施工后，多次测试表明，在生产处理量不变情况下，辐射室、炉顶外壁的温度分别下降为25.4℃、32.25℃；辐射室、炉顶散热损失减少，减少量为351240W/h，每年按8000h计，每年可节约燃油217.6t，则每台可节约11.424万元/年。纤维喷涂是通过专用纤维喷涂设备制作1次成形的高性能三维网络结构炉衬或耐火保温层的先进施工技术。它施工简单、工期短、节省人力、整体性强、隔热性能好、炉墙薄、质量轻、异型部位易处理、无接缝、使用寿命长。该技术已广泛在常减压装置、酮苯、糠醛、合成、加氢和裂解装置等加热炉上使用，均达到预期的效果。

第8章

板式换热器的故障处理及实例

板式换热器是受容易拆卸的板框压滤机启发，在热交换器领域而被开发出来的换热设备。薄板冲压成型的板式换热器在20世纪的20～30年代开始投入工业应用。由于传热系数较高，因此在工业中应用越来越广泛。1965年，兰州石油化工机器厂独立开发了中国第一台板式换热器。目前，与国外同行业相比，国内板式换热器的研发能力仍较薄弱，国内多数板式换热器厂在制造板式换热器上仍依赖于参考国外同行业的设计结构。例如，法国帕奇诺（ALFA LAVAL PACKINOX）公司生产的焊接板式换热器用于连续重整装置进料换热器；瑞典ALFA LAVAL公司生产的板式换热器用于合成氨装置脱碳系统中的两台二氧化碳冷却器。

板式换热器又称为板框式换热器，由若干张具有一定波纹形状的换热金属板片相互平行叠装而成，在板片的四个角上开有作为介质流道的角孔，由相应材质的弹性密封条将板片的周边及角孔处完全封闭，上下有挂孔。每块板的四个角上有一个孔道，借助与垫片的配合是两个对角方向的孔与板面上的流道接通。而另外的两个孔靠垫片与板面上流道隔开。除了两端的外每个板面都是一个换热面。

板式换热器的主要形式有框架式（可拆卸式）和钎焊式，板片形式主要有人字形波纹板、水平平直波纹板和瘤形板片。其中，人字形波纹的板式换热器的传热系数相对较高、流体阻力大、承压能力好，因此在世界上使用最为广泛。

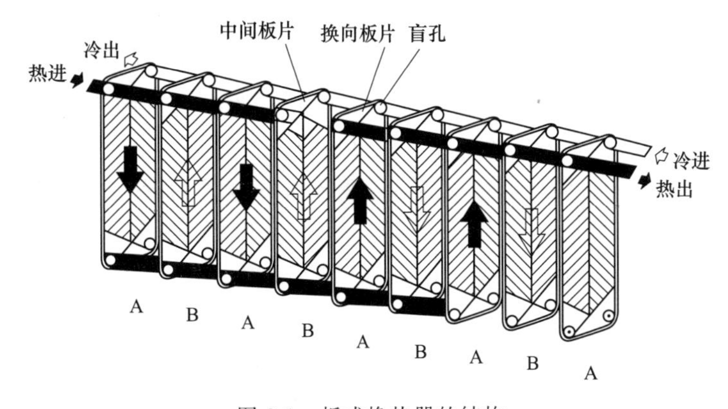

图8-1　板式换热器的结构

板式换热器的结构由固定压紧板、活动压紧板、板片（用螺栓夹紧在固定压紧板及活动压紧板两个之间）、密封垫片、压紧螺柱和螺母、上下导杆、前支柱等零部件组成，见

图 8-1。其中，板片以叠加的形式装在固定压紧板、活动压紧板中间，然后用夹紧螺栓夹紧而成。工作时，密封胶垫把流体密封在换热器内，且使加热与被加热介质分开，冷热介质在相邻两个板间流动，进行热对流和导热实现热量交换，具有体积小、热流密度高、有效换热面积大、热阻小等优点。板式换热器是液-液、液-气进行热交换的理想设备。

板式换热器只有传热板的外壳板暴露在大气中，因此热损量小，不需保温层。在相同的流动阻力和泵功率消耗情况下，由于板面的特殊设计及其组合构成复杂的流道，传热面上有凹凸波纹，使流体能在较低的雷诺数（$Re=50\sim200$）下也能形成湍流，板式换热器的传热系数比一般钢制管壳式换热器高 3～5 倍。与同样换热能力的管板式换热器相比，板式换热器的占地面积只相当于管壳式的 25%左右。板式换热器重量一般只有管壳式换热器的 1/5 左右，使得冷换钢结构框架更小、更紧凑。对于传统的管壳式换热器，热物流进口和冷物流出口或冷物流进口和热物流出口的最小温差至少保证 10℃，限制了换热网络窄点处的最小接近温差；而对于板式换热器，热物流进口和冷物流出口或冷物流进口和热物流出口的最小温差可以到 5℃，在窄点处可以回收更多热量，而设备投资并不一定增加，很好地解决了减小窄点处的最小接近温差必须增大换热面积、增加设备投资之间的矛盾。板式换热器不像管壳式换热器需要预留出很大的空间进行管束检修，通常为 1m 左右。板式换热器内部充分湍动，所以其结垢系数仅为管壳式换热器的 1/10～1/3。

随着大型化制造技术的提高，在适用的范围内板式换热器有取代管壳式换热器的趋势。例如制氧机配套的离心压缩机的油冷却器、中间冷却器、末端冷却器由管式改为传热效率高、结构紧凑的板式换热器后，出气量大大增加。当前，板式换热器用于锅炉房内、热力换热站供暖、啤酒生产、石油、化工（氮氢气压缩机、二氧化碳压缩机及螺杆冰机的油冷却系统中的板式换热器）、造纸、油脂、船舶、冶金（例如用在钢铁公司炼铁厂的焦化工段）、核电站以及近海工程等领域，可以用作加热器、冷凝器、蒸发器、再沸器等。如氨合成塔中的下部热交换器、合成氨装置的脱盐水预热器、脱碳系统贫液冷却器、精馏塔底部的再沸器和顶部的回流冷凝器等。随着过程工业处理的介质越来越苛刻，耐腐蚀的钛制板式换热器也得到应用：在蒸氨系统中，氨气从蒸氨塔出来，就需要直接进入耐腐蚀的钛板冷凝器，经冷却后进入氨分离器，分离出的气体去吸氨塔，冷凝液入母液桶与母液同返蒸氨塔；在制盐工艺中，地底下抽上来的卤水用高温冷凝水加热，提高卤水的浓度，用钛板加热器；在炼油中，对含盐酸特别是带有氯离子的聚合物介质常采用钛制板式换热器。

板式换热器也有薄弱环节，由于板片间通道很窄，如流道堵塞造成换热效果不佳、密封处泄漏等，严重时不得不解体维修。因泄漏造成检修次数占的比例较高。结垢影响换热量，也影响到被换热的工艺流体的处理流量。有报道，当换热器流道中的水垢厚度在 0.3mm 时，其换热效率降低 21%。换热器结垢后，不得不进行频繁的拆洗，维护工作量成倍增加，拆洗过程中操作不当极易造成换热板片的损伤，缩短其使用寿命；经常切换清洗时，一旦由于清洗不当而造成换热器内漏，甚至会引起生产波动或生产事故。

国内曾报道，某厂锅炉房内的 1 号汽-水板式换热器，换热面积 $6m^2$，有 10 年没有进行过清垢，传热板片、密封胶垫未进行过更换，而且未出现过渗漏现象。该厂 2 号汽-水板式换热器安装在生活区换热站，换热面积 $120m^2$，负荷生活区的采暖，运行 8 年来清垢 2 次，平均清垢周期为 3 年，传热板片、密封胶垫未进行过更换，在每次清垢后，出现渗漏，主要原因是夹紧螺栓没有夹紧；3 号汽-水板式换热器安装在换热站，换热面积 $12m^2$，负荷采暖，2001 年投运至 2005 年，清垢 2 次，平均清垢周期为 3 年，传热板片、密封胶垫未进行过更换，2006年运行中，清垢次数达4次，其中，最短清垢周期不足1月，因经常更换，致使密封胶垫及部分传热板片发生损坏，漏水严重，还出现汽-水介质混合现象，遂对密封胶垫及部分传热板片进行更换。由此可见，需要选择合适的维护，尤其是大型板式换热交换器的应用还不很普遍，其现场解体检修的经验不太多，如何降低其维护频率，延长板式换热器的检修周期，这也是板式换热器维护技术人员关注的。

8.1　故障原因及发现故障的方法

板式换热器堵塞的原因可以是结垢、机械堵塞。板式换热器经常出现结垢问题。板式换热器结垢后，必须清洗。

8.1.1　结垢的原因

结垢机理可以解释为：流体中的一小部分悬浮颗粒呈微粒状态悬浮在流体中，随流体流动，当它们经过板式换热器时，因为温度降低，再加上流速减慢，这些微粒就会析出并沉淀在换热器板片上，影响换热效果和流通量。

对于用循环冷却水冷却工艺流体的板式换热器，循环冷却水在热交换过程中，温度上升，原来溶于水中的 $Ca(HCO_3)_2$ 和 $Mg(HCO_3)_2$ 在温度的作用下析出 CO_2 生成微溶于水的 $CaCO_3$ 和 $MgCO_3$，由于 $CaCO_3$ 和 $MgCO_3$ 的溶解度随温度的上升而下降，从水中结晶析出的结晶物不断地沉积于换热器表面，形成水垢。水垢的产生主要是由于水的硬度而引起的。水的硬度越高，板式换热器结垢频率越高。为防止板式换热器结垢，冷却循环水最好采用经过软化处理后的软水硬度通常控制为140μmol/L以下。

对于重整焊接板式换热器，低温部分结盐原因是：预加氢汽提塔原料中的氮若以有机态存在，汽提塔无法脱除，经过重整反应系统后转化为无机态的 NH_3，过量的 NH_3 与重整循环氢中高浓度的HCl结合生成大量的氯化铵，氯化铵随重整循环氢进入板式换热器入口，在低温部位析出并沉积下来，造成板式换热器冷流进料侧堵塞。系统压力越高越容易结盐。一旦压力增加到一定值以后，即使氮含量和HCl浓度没有变化，结盐速率也可能会成倍增加。原料氮含量越高，生成铵盐所需要的临界HCl浓度越低。原料氮含量超过指标范围，结盐的可能性越大。进料温度越低，结盐反应发生的可能性越大。

对于重整焊接板式换热器，胶质聚合物结焦原因是：重整原料如果干点过高或稠环芳烃含量高，其中的不饱和烃，特别是二烯烃在一定温度下易聚合生成大分子的胶质，进一步生成焦状物，积结在板式换热器表面。此类胶质聚合物结焦若不能被油带走，也会造成堵塞现象。

对于牛奶杀菌机，由于各加热处理段不同的温度条件，生成的锅垢成分、性状、量等也不同。在第二热交换部和加热部出现的锅垢主要是白色的附着物，很容易脱落，其主要成分是钙、磷质灰分。这些灰分常会脱落混入传热板，造成运转停止。原因是：在第一处理段保温5min，使容易变性的蛋白质充分变性，而在第二处理段却形成蛋白质污垢，但此时量并不多；传热板表面粗糙则锅垢不容易脱落。液态乳制品中都溶有一定比例的空气，必须进行脱气处理。由于溶存的空气是可逆的，一旦温度升高，空气就会溢出。倘若滞留于换热器内，可发生局部过热和流体的偏流，极易使板式换热器内部焦化或锅垢生成。

8.1.2　机械堵塞的原因

过滤器滤芯安装不当或滤芯丝网、密封圈出现破损，原料中的铁锈或其他固体异物（如泥沙焊渣、循环水系统塑料填料碎片、絮状物和腐化物）、铁锈等硬质颗粒随着原料一起进入板式换热器，由于板式换热器通道截面积很小，换热器内的沉淀物和悬浮物聚集在角孔处和导流区内，导致该处的通道面积减小，从而堵塞板束。

板式换热器的流体通道出口调节阀芯脱落，也可能造成堵塞故障。

上游设备内的分子筛、催化剂、填料等工作时间过长，效果差，造成分子筛、催化剂、填料穿透，导致堵塞故障。对于空分设备里的板式换热器，上游分子筛加热系统及冷水机组出现一些故障，使分子筛纯化器未能清除 H_2O、CO_2，造成 H_2O、CO_2 结晶体进入板式换热器造成通道部分堵塞。

管线法兰连接处存在泄漏时，雨水可能从法兰泄漏处进入汽体管线中，从而导致板式换热器堵塞故障。

停车排液阶段，如果排液阀关闭不及时，将有可能导致凝结水汽进入，从而导致板式换热器堵塞。

上游设备长期停车，密封气要求一直未停，一旦密封气漏点不合格，如果存在阀门内漏现象，将会有部分不合格气窜入板式换热器中，若板式换热器处于低温状态，则 H_2O、CO_2 会结晶析出，导致板式换热器冰堵故障。

8.1.3　泄漏的原因

板片与板片之间的密封处渗漏和泄漏时，需要停用设备。

夹紧尺寸不到位，各处尺寸不均匀，尺寸偏差大，或长期在高温作用下使用，导致板面受力不均，引起夹紧螺栓松动而泄漏。板片发生变形，组装错位引起跑垫，在板片密封槽部位有裂纹。也可能是各夹紧螺杆的螺母松脱。

个别密封垫脱离密封槽，或者密封垫面有脏物；系统开车初期，设备运行不稳定时，板片之间的密封垫破损或老化、龟裂、脆硬或变形松动形成严重的泄漏，丧失密封作用。

压力较高一侧的物料窜入压力较低一侧的物料中，系统中会出现压力和温度异常。如果物料具有腐蚀性，还可能导致装置的腐蚀。此种泄漏的原因是：板材选择不当；板片冷冲压成型后的残余应力和装配中夹紧尺寸过小（不符合设计要求）；操作参数不符合设计规定，长时间超温或超压。

板式换热器用不锈钢板冲压成型的传热板使用多年后可产生破裂或堵塞，使异物混入到制品中或引起灭菌失效，其原因是：钢板被冲压成形后产生较大的残余应力；操作时运行压力过于集中在传热板的边缘部分而产生内应力；清洗时，作为酸洗剂或灭菌剂使用的 Cl^- 的影响；在加工、清洗、灭菌、停车等各工序中，温度、压力反复改变所产生的应力。

8.1.4　查明故障的方法

设备运行前，应检查各夹紧螺栓有无松动。打开设备接管处的各介质出口阀门；在流量、压力均低于正常操作的状态下，缓缓打开冷侧的进口阀；观察设备之异常。

现场的板式换热器上仪表显示的换热介质温度、压力异常，说明板式换热器存在问题需要处理。板片表面结垢严重时，被冷却的流体出口温度偏高甚至越来越高。

堵塞是板式换热器经常遇到的现象。堵塞与结垢在成因上虽然不同，但在板式换热器上的影响现象是相同的，造成压降太高，热交换性能显著降低。由于不干净介质的原因而造成的板式换热器传热表面出现低热导率的垢层，会随时间的推移越积越厚。在这种情况下，若工艺依然要求维持原有的热交换效率，则必须在提高换热介质进口压力的同时加大进入板式换热器的换热介质流量，即双重的能耗增加。在运行中，流量不变的情况下，结垢和堵塞会使换热器的阻力显著增大。因此，实时监控换热器进出口的压力降（通道的阻力）的显著变化，能够诊断出换热器的结垢或堵塞故障。换热流体侧进出口压力表显示的压力降显著增大，需要增大换热流体量才能满足被换热的工艺侧介质的换热要求，可判断换热器板片污垢挂壁的严重。换热板片附着较大面积的污垢时，说明换热板片的表面需要清洗。

局部压力波动大，或喷洒液量无法控制时，必须解体维修。

换热器泄漏主要表现为质量流量突然减小，通过实时监控换热器进出口流量的显著变化，能够诊断出换热器的泄漏故障。需要指出：环境温度变化时，板式换热器上会流下冷凝水，须认真辨别，切不可轻易当作垫片松动来处理。

对于应用在氯乙烯的冷凝装置中的板式换热器，氯乙烯介质为极度危害气体，这样的介质是不允许泄漏的。作为工业原料的氯乙烯，其中含有微量的氯离子，只有在板式换热器的板片采用不锈钢板片时，要注意氯离子的腐蚀问题，应当采用耐氯离子腐蚀的不锈钢材质，如316L等，或直接采用价格低廉的碳钢。由于氯乙烯难溶于水，所以可以通过定期检测冷却水一侧氯乙烯含量的方法进行监测，以发现氯乙烯介质是否泄漏。为防止板片组装不到位时发生泄漏，可以采用对冷却水加强监测的方法。

检查夹紧螺杆的螺母是否松动及夹紧尺寸是否与设备安装图相符，如螺母松动一般夹紧尺寸偏大，可重新拧紧螺母使夹紧尺寸与图纸相符。设备经常运行时，在信号孔发现有介质流出，应进行分析：如果是螺栓松动或由于长期热交换而伸长，按要求重新夹紧，但不得过紧以免压坏板片；如果是密封垫片老化应予更换。

板式换热器流体出口调节阀处于不正常状态时，同时通过打开出口排放阀进行排放，验证调节阀是否处于异常状态。

对换热器进行打压试验，合格后方可使用。板式换热器液压试验的液体一般采用水，试验冷水压力为板式换热器额定压力的1.5倍以上。水温应不低于5℃，水中Cl^-含量应小于25×10^{-6}。要求对介质的两个侧程分别进行试压。试压时，应缓慢升压至规定的试验压力，保压30min无内、外泄漏为合格。禁止用污水进行水压试验，以防影响寿命。为了查明板片是否存在穿透缺陷，可以选择单侧试压法：单侧通过水试压，如果另一侧最低处有水，迅速检查板片的湿润处。

对离线的板式换热器进行整体试漏，检查有无内漏（介质由高压侧向低压侧渗漏）：将板式换热器两侧介质排尽，对需要清洗的一侧充氮气至操作压力后保压，另一侧留一打开的导淋或排气孔。若压力不降，说明其密封性能很好。或检查板式换热器的各个有可能产生泄漏的地方，如果查明有内漏，则板式换热器板片需要解体修复或更换。

由于板式换热器的结构和寿命限制，难免会发生裂纹。通常裂纹在短时期内不可能在多数或所有的板上发生，而是慢慢地、一点一点逐步出现。因此，一旦板上出现了裂纹，可以通过增大制品侧的压力，使其大于热媒侧的流体压，以防止热媒进入制品，以此延长操作期限。当裂缝不断扩大，会使制品进入热媒侧的流体中，使得热媒回流受阻，由此可断定板上出现了裂隙。

利用停车机会定期检查时也可以发现换热器翅片有无腐蚀、堵塞、结垢及翅片变形等损坏现象。换热器解体后，用透光法（板片的一侧放有光源，人在另一侧检查）或重新单侧交替打压查找板片裂纹。板片清洗干净后要严格地逐片进行宏观检查，必要时须进行透光、着色或渗透检测，任何板片不得存在缺陷：表面不允许有超过厚度公差的凹坑、划伤、划痕、压痕、毛刺等；波纹深度和垫片槽深度偏差应不大于±0.1mm；板片换热部分和密封槽均不得存在腐蚀穿孔或裂纹。板片有缺陷，必须更换；新板片厚度不均匀偏差不超过板厚5%，板面平整光滑，翘曲变形量不得大于1mm。

日常检维修实践表明，垫片是板式换热器最薄弱的环节。密封垫检查要求：保证表面光滑，厚度均匀不得有横向裂纹，纵向裂纹深度不大于0.2mm，不得有气泡、缺肉、老化、局部搭接、对接的接缝痕迹。

橡胶垫在与板片装配时两者的密封中心线对正效果越好，越不容易发生胶垫错位或松动，从而保证产品的密封性能。

8.2　故障排除的方法

故障排除的方法可以细分为：不拆卸板式换热器的处理方法；拆卸板式换热器的处理方法。

若采用不拆卸板式换热器机械反冲洗方法，应事先在物料进、出口管路上接一管口，将设备与机械清洗车连接，把清洗液按物料流动的反方向注入设备，控制好物料循环流速和清洗时间。

当系统运行时间较长而板片严重结垢时，选用适合的清洗液，控制好清洗温度，将板片在清洗液中浸泡，用软刷刷掉板片表面的结垢，最后用清水清洗干净残留清洗液。

8.2.1　不解体处理的方法

投运前，将过滤网中的杂质清除干净后再使板式换热器并网运行。

换热器运行时，为防止一侧超压，进换热器冷热介质的进口阀应同时打开，或者是先缓缓地注入低压侧流体，然后再缓缓地注入高压液体。在管路系统中应设有放气阀，开车后应排出设备中的空气，防止空气停留在设备中，降低传热效果。同时稍开冷热介质进水阀门，排净换热器内气体后缓慢升压，直至全部打开进口阀门，然后再缓慢同时稍开冷热介质出水阀门。

在运行期间，规范上游装置的操作，保证进料杂质含量在指标范围内，严把换热介质质量关，严密监测原料杂质和干点，确保换热介质合格，方可注入板式换热器；换热介质的温度、压力不正常时，应调整上游系统过来的换热介质的温度，使之符合要求。

有时对拆开的板式换热器的检查，发现其换热介质侧几乎没有结垢现象，结垢主要发生在被换热的工艺流体侧。例如，全消光PET生产工艺采用低温、低停留时间、高真空度。由于反应中更多的小分子物被抽吸到循环喷淋EG系统中，造成循环喷淋EG系统温度较低的板式换热器更易堵塞。在换热器的板片数、换热面积无法减少的情况下，提高板式换热器冷介质的温度、通过适当提高循环喷淋EG系统中EG的循环量提高热介质乙二醇的流速，来提高板式换热器的使用周期。当然，循环喷淋EG系统中EG的循环量过大，反而加重板式换热器的堵塞。

8.2.2 不解体反吹的方法

设计再生式冷却系统，就是在板式换热器同一流体的进出口管线之间增设管道和阀门，然后通过阀门的调节变换两流体的流向，使之反洗，以消除积存在板片上的杂质。在循环水侧关闭原进出口阀门、打开所增设的阀门时的反洗工艺流程，可以使板式换热器在正常运行过程中大大地减轻杂质对板间通道的堵塞。

对于空气压缩机组，在板式换热器冷却水侧设置的反吹管线，可以把带进换热器各翅片上中的机械杂质、泥巴、较大颗粒杂质和虫子、杂草吹除，有利于使中间冷却器空气排出温度下降，空压机出气量增加；油冷却器传热系数恢复到设计值。

不停车反吹操作时，做好反吹前的准备工作；

关闭换热器进水阀和回水阀，全开反吹排放阀，把换热器中水放掉；

渐开反吹进口阀，开始反吹，此时有较多的土黄色污水，由反吹排放阀排出；

反复开关反吹进口阀 2～3 次，当反吹排放阀排出全都是清水时，吹出结束；

关闭反吹进口阀和反吹排放阀，迅速全开换热器进水阀和回水阀；

检查工况情况，如无异常现象转入正常运行。

在不停车反吹时，要逐个进行。不能几台换热器一起反吹，以避免工况变化太大发生超温事故。反吹间隔期，根据工况恶化情况而定，可以暂定 15 天左右反吹一次。但要注意防止吹坏换热器翅片。应控制：反吹水压，反吹时间，反吹水流速。吹出后检查阀门开关情况，防止冷却水走近路。

8.2.3 不解体清洗

板片间结垢堵塞后，选择合理的清洗方法就成为提高换热效率、延长使用寿命且降低维修清洗费用的必要手段。换热板片附着较大面积污垢时，使板式换热器从工艺流程中脱离运行，在不对板式换热器进行解体的前提下，在两种介质回路中分别使用药剂泵添加不同药剂打循环，形成在线循环冲洗，直到达到规定的要求停止清洗。如清洗无法达到要求，必要时必须解体进行人工清洗。

与人工清洗相比，此种清洗方式又称为整体化学清洗或者循环清洗。对板式换热器进行热水（50℃左右）冲洗，控制清洗泵的出口压力及流量在板式换热器允许的条件下运行，尽可能冲洗出附着在板片上的垢，直到板式换热器出口的水无明显浑浊为止。用热水冲洗既有利于降低化学药剂的用量，也可缩短化学清洗的时间。通常取除垢剂和钝化剂作为化学清洗药剂。除垢剂应该高效、安全、环保，清洗效果良好，而且对换热器板片无腐蚀，能够保证板式换热器的使用寿命。钝化剂则对清洗后的板片起到钝化保护作用。

酸溶液清除水垢的基本原理：酸溶液容易与钙、镁、碳酸盐水垢发生反应，生成易溶化合物，使水垢溶解；酸溶液能溶解金属表面的氧化物，破坏与水垢的结合，从而使附着在金属氧化物表面的水垢剥离，并脱落下来；酸溶液与钙、镁、碳酸盐水垢发生反应后，产生的二氧化碳气体在溢出过程中，对于难溶或溶解较慢的水垢层，具有一定的掀动力，使水垢从换热器受热表面脱落下来；对于含有硅酸盐和硫酸盐的混合水垢，由于钙、镁、碳酸盐和铁的氧化物在酸溶液中溶解，残留的水垢会变得疏松，很容易被流动的酸溶液冲刷下来。

(1) 除垢剂清洗的方法

对装置全面检查，确认无问题；

根据系统的压差，确定除垢剂的合适比例；

用管路将泵、水槽及被清洗水系统进行连接，形成闭路循环系统；

根据闭路循环系统的实际容量，先行注入清水并进行循环，检查系统有无泄漏，确认正常后，再徐徐注入原液，使之达到预定稀释比例。循环 20 余分钟后测量 pH 值，若 pH 值大于 2，应适当补充除垢剂原液。使 pH 值保持在 2 以内的状态下，连续循环 2h 后，采取浸泡法泡制 12h，然后进行循环，每一小时检测一次 pH 值。若 pH 值在 1h 内仍无变化，则说明垢已除净，便可将废液的 pH 值中和至 6～8 后排放；

如果仍不能达到目的，可以选择酸洗。酸洗结束后，板式换热器表面的水垢和金属氧化物绝大部分被溶解脱落，暴露出崭新的金属，极易腐蚀，因此在酸洗后，采用清水进行水洗，对换热器板片进行钝化处理。也可以酸洗结束后，用 NaOH、Na_3PO_4、软化水按一定的比例配制好，利用动态循环的方式对换热器进行碱洗，达到酸碱中和，使换热器板片不再腐蚀。碱洗结束后，用清洁的软化水，反复对换热器进行冲洗 0.5h，将换热器内的残渣彻底冲洗干净。酸洗前，先对换热器进行开式冲洗，使换热器内部没有泥、垢等杂质，这样既能提高酸洗的效果，也可降低酸洗的耗酸量。

(2) 酸洗过程

酸洗液配方：硝酸用量 3%～5%，缓蚀剂用量 0.1%，温度为常温。

在酸槽内加入循环冷却水和缓蚀剂进行溶解。

启动泵打循环，20min 后分次加入硝酸配成 3%～5%酸洗液。同时在酸槽中挂入不锈钢挂片 3 块，以测定腐蚀速率。酸洗时间以 2～3h 为佳，一般不超过 3h。终点的判断，若以碳酸钙为主的水垢，可视泡沫消失，槽中液面下降，浊度不再上升，酸液浓度稳定情况确定清洗终点。清洗结束时应及时取出挂片观察腐蚀情况并计算平均腐蚀速率。

酸洗结束后，将系统残留酸液排至临时储槽进行中和排放。

向槽内加入大量清水进行循环清洗，边排边补水至 pH 值趋于中性后，停止补水及排放，酸洗完毕，用氮气或压缩空气吹干设备。

漂洗是进一步将板式换热器中的残留酸液置换出来。

如果板式换热器板片存在垢下腐蚀，则需要进行系统评估，再确定清洗方案或其他措施。

化学清洗过程中的分析项目及频率。总铁：酸洗前分析 1 次，以后 2 次/h；酸浓度：2 次/h；浊度：2 次/h。

对于特殊合金制造的板式换热器，除垢时还要兼顾材质不因为清洗而劣化。此时，应该通过水垢样本的化学试验、酸液浸泡试验筛选适合的清洗液。换热器材质为镍钛合金时，如果使用盐酸为清洗液，容易对板片产生强腐蚀，缩短换热器的使用寿命。此时，选择弱酸性的甲酸作为清洗液效果更好。在甲酸清洗液中加入缓蚀剂和表面活性剂，能够有效地清除附在板片上的水垢，并可降低清洗液对板片的腐蚀。酸洗温度、酸洗液浓度、酸洗方法及时间应该通过反复试验来评价。提升酸洗温度有利于提高除垢效果，如果温度过高就会加剧酸洗液对换热器板片的腐蚀，酸洗温度控制在 60℃为宜；酸洗液应按甲酸 81.0%、水 17.0%、缓冲剂 1.2%、表面活性剂 0.8%的浓度配制，清洗效果极佳；酸洗方法应以静态浸泡和动态循环相结合的方法进行。酸洗时间为先静态浸泡 2h，然后动态循环 3～4h。在酸洗过程中应经常取样化验酸洗浓度，当相邻两次化验浓度差值低于 0.2%时，即可认为酸洗反应结束。

在线清洗法的典型流程见图 8-2。具体过程是：做好确认，关闭板式换热器进出口阀门 A_1、A_2、B_1、B_2；打开 a_2、b_2，排净板式换热器内部水；在药箱内配制清洗用药剂，并在药箱内装入药泵，连接管路到 a_1、a_2、b_1、b_2 侧；分别打开 a_2、b_1 阀门和 a_1、b_2 阀门，启动药泵，往板式换热器内打药，待完全充满药剂后，关闭 a_1、b_1 和 a_2、b_2 阀门，停泵 1～2h；分别打开 a_1、b_1 和 a_2、b_2 阀门，启动药泵，使板式换热器内药剂循环，此时，可根据实际情况往药箱内补充药剂，循环 1～2h，停泵，排空内部药剂；恢复板式换热器运行。在线清洗结束后，要对换热器进行打压试验，合格后方可使用。

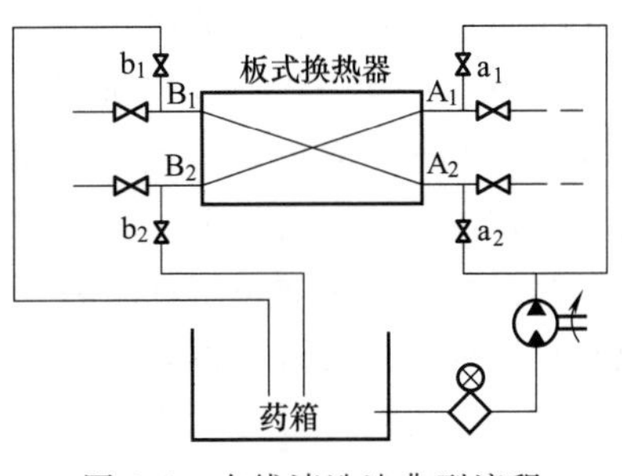

图 8-2 在线清洗法典型流程

8.2.4 解体维修

板式换热器的解体检修必不可少。板式换热器的解体检修周期一般为 2 年。要确保检修一次成功是比较困难的。因此，板式换热器的解体故障分析与处理技术环节比较严格。

要想保障板式换热器的正常运行，就必须要做好拆装清洗维护工作。在故障处理中必须进行拆卸清洗，以保证板片表面的清洁干净。污垢层在空气中暴露，其内部的水分会蒸发，污垢层变干，减小了同板片的黏着力，会自动发生脱落的现象，脱落的污垢在循环系统的作用下会顺着水流流出。对于一般污垢，采用化学清洗法或机械（物理）清洗法即可，而对于硬厚污垢层，则必须采取先用化学清洗法软化垢层，再用机械（物理）清洗法除去垢层的综合清洗法清洗。化学清洗的效果持续时间短，只能使换热器的换热效率在短时间内恢复。可使换热器在长时间内保持较高换热效率的清洗方式是人工清洗，属于机械清洗，又称为拆开人工刷洗，是由人工对板式换热器进行解体，将板片逐片取下，使用柔软的毛刷清理板片表面并用清水或者高压多孔旋转喷射水枪清洗的方式，之后再对板片恢复安装。在正常情况下，多名维修人员用好几天清洗完毕一台板式换热器。由于板式换热器密封垫片在高温环境下容易老化，人工拆除容易造成密封垫片损坏或配合不紧密，造成密封垫片更换较多。此方法在重新组装时对换热器的夹紧尺寸要求较高。因此多数板式换热器的用户，都是请原设备厂家或专业公司进行维修和清洗的。否则，板片恢复安装后容易发生泄漏情况。由于板片密封垫费用较高，一台板式换热器平均需更换密封垫好几十条，人工清洗每台板式换热器所需的费用高。因此，能进行化学清洗方式，就不要进行人工清洗。用软刷和氯浓度小于 300×10^{-6} 的流动水清洗板片，在任何情况下对不锈钢板片不得使用盐酸清洗。如果该方法清洗不干净可以用化学清洗：氢氧化钠或碳酸钠溶液，最大浓度 4%，最高温度 80℃，添加少量次氯酸盐或络合物形成剂和表面活性剂，可以明显提高清洗效果。

停车检修时，应先缓慢关闭换热器两侧流体阀门，使两侧压力同时缓慢下降，放空残液后再松开拉紧螺母。必须待系统气体、压力、温度等参数达到维修要求（温度降至室温）后方可进入现场施工。换热器已经具备安全拆卸的条件是：换热器中介质已退净，置换后，经化验合格。为此，在拆卸前，将介质进口阀关闭，且应首先缓慢关闭进口侧（高压侧）阀门以降低最高压力；停泵；而后关闭两个出口端阀门，如果换热器温度太高，使换热器缓慢降温至适合温度后进行排放，然后拆除相连管道，整体吊离才能进行。板式换热器板数多，且要逐片清理，全部更换新垫，所以解体时一般采用软绳索捆绑板式换热器外围支架上整体吊离安装位置，在一个合适地点预留足够场地解体大修。严禁钢丝绳索捆绑内部换热片，否则，会对板式换热器造成严重损坏。

卸下与活动盖板连接的所有弯管，使活动盖板能在支承杆上自由移动；检查支承杆的滑动面，并擦拭其表面；检查活动盖板的滑动辊；移开夹紧螺栓上的塑料罩，用铁刷刷螺纹处；在螺纹处刷一薄层润滑油；在金属板组件外面做一对角线记号，或按顺序给金属板编号；测量并记录金属板组件组装尺寸；拧下不带轴承盒的螺栓；带轴承盒的螺栓应交替地，成对角线地成对打开。拆开活动盖板时，在宽度方向板的歪斜不可超过 10mm（每个螺栓 2 圈），长度方向不可超过 25mm（每个螺栓 5 圈）。金属板的拆卸与插入：将活动盖板推向支柱；拆卸金属板。

对换热器本体，拿下压紧螺栓保护套管，对所有的螺栓除锈涂油；检查上梁滑动表面，并擦拭干净；检查活动压板上部辊轮，使其转动灵活；测量并记录板叠长度，重装时应保证此尺寸不变。先拆除接管，然后按对角线的方向依次松开固定螺栓。在拆卸过程中，活动压板宽度方向偏移、垂直方向偏移不超过允许值，应始终保持活动压板基本处于平行状态移动。拆下板片时，使板片向一侧倾斜 15°～20°，向上稍举即可拆掉，不得强行拆卸，以防上部定位凹槽变形或损坏，然后按片块安装顺序依次码好。

相对保持平衡的同时拆下紧固螺栓，缓慢地将板片一张张取下来（保持板片的平整度），水平放置于平面上。若板片换热部分存在穿孔或裂纹，可采用氩弧焊仔细焊补并打磨的方法进行修复。

密封胶条与板片间使用双组分冷固化环氧胶黏剂粘接，结合强度高。千万不能用金属锐器（如螺丝刀等）强撬，以免造成板片变形、损伤甚至报废。可以用大功率（3kW 以上）手持式热风机从胶条背面进行加热，热风温度约为 350℃，当板片温度达到 150～180℃时，胶黏剂软化，胶条即可容易地揭去。其缺点是效率低，2～3 人一组需 10～15min 才能揭完并清理干净一片。有条件的单位可采用液氮冷冻法清除胶条。焊接一个箱槽，将板片直立码放进去，每箱以 80～100 片为宜，然后将箱槽盖盖严，箱槽一侧用金属胶管通入液氮，对侧开一氮气排放口，通液氮 10～15min，因冷缩系数不同，胶片将整体脆硬脱落，板片密封槽只局部残留少量胶黏剂。该法速度快，对板片的损伤小，还省时、省力、高效。板片密封槽内残余的胶黏剂一般用不锈钢丝刷在热风机配合下刷除，严禁使用碳钢丝刷，以免使不锈钢板片遭受不可挽回的碳转移铁污染；板片加热温度要控制在 230℃以下；严禁使用氧-乙炔焰等明火进行加热。

撤下胶条后，用清洗剂或蒸汽对板面进行清理，同时检查板片的完好程度（包括平整度），这个过程缓慢但很重要。否则，影响使用效果。

对于外漏部位，事先做好标记，将换热器解体，逐一排查，更换破损的垫片或板片，对板片变形部位进行修理。在没有板片备件时可将变形部位板片暂时拆除后重新组装使用。

异物杂质和沉积物的清洗：采用机械（物理）清洗法，用柔软刷子和清水进行人工洗刷。

重新组装拆开的板片时，应清洁板面，防止污物黏附于垫片密封面。

硬厚垢层的清洗：根据板片规格制作一个内部空间为 1200mm×350mm×500mm 的水槽，将所拆板片放入槽中，常温下用 5%的硝酸溶液浸泡 8h 左右，捞出后用软毛刷和清水清洗干净即可。对于结垢不很严重的板片，或者检修时间很短时，采用不锈钢丝刷或不锈钢清洁球和清水仔细刷洗，也能将板片基本清洗干净。

板式换热器多采用以粘贴剂将垫片粘贴在板片的垫片槽内的“粘贴型”密封结构。用于板式换热器的密封垫片与板片间黏结的黏结剂为用于粘接塑料和橡胶的瞬干胶，它与钢板片的结合强度适中。板片密封槽的清洗：更换垫片时，将板片平放在平板上，用螺丝刀撬起垫圈，轻轻撕下。对于垫片槽中的残胶，采用不锈钢丝刷或不锈钢清洁球配合丙酮仔细地轻轻刷洗，而后用清水冲洗即可。

等待板面清洁且干燥时，进行胶条粘接处理。板片检查合格后，开始新胶条的粘接：用干净布将密封垫和板片密封槽擦拭干净，必要时再进一步用电吹风对板片密封槽进行吹干吹净，确保垫片上和板片密封槽内没有水分、砂子、油污、铁屑和焊剂等杂物，以免损坏密封，引起泄漏；把粘接剂均匀连续地涂在密封槽底部；迅速将干净的新垫片轻轻展开，按正确的方位放入板片密封槽内，贴合均匀，并用手轻轻压实；把粘好密封垫的板片逐片整齐地叠放在平台上，盖上平板并以 2kPa 的压力压以重物，在阴凉、通风的地方自然干固 3h；固化结束后逐片进行检查，对局部余胶予以清除。胶条密封线不得存在横向缺陷。对于胶条脱槽、流动、扭转的应进行重新清理、粘接。注意所有粘接处密封胶要连成一起，否则易形成漏点。胶条每一根的质量把关一定要严格，弹性、厚度不均匀的坚决不用。密封垫所使用的粘接剂应在有效期内。有一种两组分、冷固化环氧胶黏剂，这种胶粘接的密封垫拆除时，需要对密封垫背面板片加热到 280℃左右或者用液氮冷冻，即可拆除。重新粘贴密封垫时，两份配在一起，加热到 80℃左右，温度太高粘接剂变稀，温度太低粘接剂固化，需要快速涂胶快速粘好密封垫，把粘好的板片平放整齐，在 40℃的环境温度下，上面均匀压上 2t 重的东西固化 24h 即可。还有一种单组分橡胶基溶剂胶黏剂，使用于工作温度低于 95℃的板式换热器，通常以不固化状态存在。粘接密封垫后应在 120℃条件下固化 1h，可以获得最大的粘接强度。此种胶粘接的密封垫拆除时，不需加热和冷冻，稍一用力即可拉出密封槽。

全部粘接完成后，开始安装，对位结束后慢慢紧固螺栓。组装前，事先根据换热片数来计算紧固后所有板片的总距离，以控制紧固程度在合理的范围内。组装时，对于换热器固定夹紧板与活动夹紧板，由固定夹紧板侧，使金属板的背面（即无垫片的一面）朝向活动盖板，按照 A、B 板（以板片粘胶垫的一面为正面，按导流槽的方向区分，将导流槽为某一方向的板定为 A 板，则导流槽为另一方向的板即为 B 板）交叉排列的规定顺序将 A、B 板交替挂到支承杆（框架导杆）上按顺序组装金属板。这道工序应仔细确认，不得挂错挂反。在夹紧螺杆紧固过程中，先用手按照对角交叉的顺序分组均匀地将螺母拧到不能再紧为止，然后用扳手按以上顺序将每个螺母均匀拧进大约 7mm（M30 夹紧螺母为 2 圈）。组装板片紧固螺栓时，控制好板在宽度方向的偏移、垂直方向的偏移必须不超过允许值；等板片四周都达到公称宽度之前，使用检修专用工具（专用转矩扳手）控制好紧固螺栓的转矩，在全部螺栓上紧后，测量两条相邻螺栓处板片宽度偏差确保在允许的范围内。将螺母均匀紧固到需要的两压紧板之间的距离（B 值），并要求一边紧固一边细查，注意是否有垫片、板片发生错位的现象。该 B 值则按设备标牌上给定的 B_{max}、B_{min} 和解体前所测量的 B 值以及检修过程中密封垫片更换的多少等因素确定。在任何情况下均严禁 $B<B_{min}$，以防板片接触处损坏。相邻螺栓的夹紧长度当夹紧尺寸小于等于 1000mm 时误差不超过 2mm，大于 1000mm 时误差不超过 4mm。活动盖板倾斜宽度方向应不超过 10mm，长度方向应不超过 25mm。在无压状态，按制造厂提供的夹紧尺寸夹紧设备，尺寸应均匀一致，2 个压紧板间的平行度应保持在 2mm 以内。

8.3 技术改造

8.3.1 外围装备的改造

若脏物堵塞，对于新运行的系统应该在上游管道上安装过滤器密闭循环多次，彻底清除堵塞物，正式开车后及时拆除过滤装置，防止管道压力差损失。

对于板式换热器，板片间的距离受到传热工艺要求的限定。杂质进入板片间后极易造成阻力增大或堵塞，所以尽量保证工艺介质的“纯度”。尤其是开式循环水中的水生物对板式热交换器的危害更大，极易导致堵塞。在板式换热器解体维修时若发现换热片之间存在杂质，则在技术改造时可以考虑在介质入口处增设滤网，或者在换热器前端的管路上安装管道过滤装置进行二次截流，且当过滤器的前后压差较大时，或者隔一段时间定期从滤网或者管道过滤装置中清出杂质。在过滤器前后均需要安装压力表，通过对过滤器压力降的变化判断过滤器滤网是否需要清洗或更换。

对于供暖换热站用的板式换热器，由于氧腐蚀无处不在，为避免换热器氧腐蚀，可以考虑增加除氧设备。

为了不影响企业整套装置的连续运行，换热负荷大、容易堵塞时，板式换热器可以设计为一用一备，即 1 台设备检修时，另 1 台设备通过阀门切换投入运行。在装置负荷提高时，也可以 2 台设备同时开启，以提高装置的操作弹性。有的企业技术改造时，在 3 台板式换热器的基础上，现场再增加一台换热器，可以做到 3 开 1 备。当生产负荷为 60%～80%时，即仅开两台的情况下使用效果也能满足现场要求。

对于空分装置，在开车初期，无论是热态开车还是冷态开车，分子筛的工作状态宜采用初化并联状态，而不宜采用单台分子筛工作，以减轻分子筛的工作负荷，减少分子筛工作时二氧化碳、水穿透分子筛导致板式换热器堵塞的可能性。

8.3.2 本体的改造

板片是板式换热器中的核心部件，属于传热元件。传热板片的设计直接关系到板式换热器的传热性能、承压能力和使用寿命。延长使用寿命主要应从板自身因素考虑，如采用优质的 1Cr18Ni9Ti 以提高耐腐蚀性；采用残余应力小的波纹形状，或冲压后进行有效的去应力处理；也可以采用强度大的波纹形状；还可以通过改良密合面形状来分散运行时板的周边应力。

提高板片成型质量，保证板式换热器的使用性能。板式换热器的板片在加工过程中其表面往往经过精致处理，以达到一定的光洁度。一般而言，传热板的表面越光洁，垢就越难黏附，所以从阻垢的角度出发传热面应尽量光洁。金属波纹板片制造时，加工生产中出现的裂纹，影响板式换热器的最终换热效果、薄矩形流道两侧的承压能力以及流体在流道间的阻力情况。板片深度是板片最重要的考核指标之一，因为板片深度超差会影响当量直径和板片间的流道截面积以及流体在板片间的流速，也会影响单板式换热器热面积，可在平台上进行校平。单板式换热器热面积小于等于 0.3m^2 时允许偏差为±0.10；单板式换热器热面积在 0.3～1.0m^2 时偏差为±0.15；单板式换热器热面积大于 1.0m^2 时偏差为±0.20。人字波板片在压制成形过程中槽深会出现回弹现象，尤其是单片面积较大的板片。回弹量大，影响板片的深度。在板片设计时，在人字波的中间添加图 8-3 所表示的浅波纹，可以减少人字波的回弹量，而且还可以提高板片刚性以及提高换热器承压效果，对流体在板间的流动状态几乎没有什么影响。

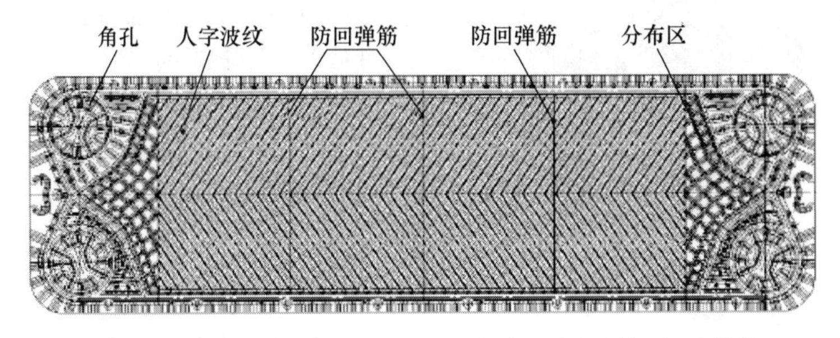

图 8-3　板式换热器波纹板片在人字波的中间添加防回弹筋

板式换热器存在最大设计压力和最大设计温度的限制；全焊接板式换热器对冷热流体两侧压差有要求，否则板片会产生应力疲劳而减短设备使用寿命；在有水锤工况或操作流体黏度大时，须安装加强型的折流板。

运行中，板间距变小，缩短了板式换热器的使用时间。对于含有纤维、黏稠以及固体颗粒的介质换热，宽间隙板式换热器的板间距是常规板式换热器板间距的 2～3 倍，宽间隙板式换热器可以保证固体颗粒在其流道内自由流动，没有堵塞，垢层聚集慢，极大地减少设备维修工作量。

板片的密封槽和橡胶密封垫片共同构成了板式换热器的密封系统，密封系统的密封强度决定了板片的刚性、板式换热器的承压能力、密封性。合理的密封槽设计应使密封垫片在受压、受热的条件下，在设计的位置上不发生位移，并且基本保持原有的压缩比，保证密封性能。二道密封是板式换热器承压的薄弱区域。早期设计的板片采用点焊加强条的办法来增加二道密封的刚性，随着模具加工水平的提高以及冶金水平的提高，目前通常采用压制反向加强筋的办法（成型时局部的冷作硬化）来提高二道密封的刚性。密封圈是板式换热器的主要密封部件，使用几年后会老化损坏，是易损件。密封圈的数量极多，需要大量的维护工作量。对于在用的板式换热器，不同供货渠道来的密封垫厚度不同，耐酸碱度不同，膨胀系数不同等等，虽然表面检查和安装没有问题，可使用不了多长时间就会形成泄漏，因此采购时一定要严格审核供货商的生产工艺水平，确保无质量异议。防护区也叫泄漏区，橡胶垫片在该区域的相应位置设计有泄漏槽，如果板片有裂纹等缺陷，则试压时介质会从泄漏槽流出，便于确定泄漏位置和检修。

板式换热器由于本身结构的局限性，可拆卸式板式换热器的使用压力不超过 2.5MPa，使用温度不超过 250℃，并且存在流体与密封垫片的相容性问题。因此，为了提高板式换热器的使用温度和压力，国内外陆续开发、制造了多种焊接板式换热器，这些焊接板式换热器分为全焊式和半焊式两大类。焊接板式换热器的材料性能比普通板式换热器要好，焊接不锈钢板片结构可使其具有较高的腐蚀耐受能力，与垫片式板式换热器相比，减少了均匀腐蚀及磨损腐蚀的发生。对于焊接板式换热器来讲，板片为水平叠置，每两张相邻板片为一组，一组对边采用焊接结构，另一组对边为介质通道入口，介质流入板束的方向与板片平行。这种结构减少了板式换热器中的橡胶密封垫，密封性能良好。

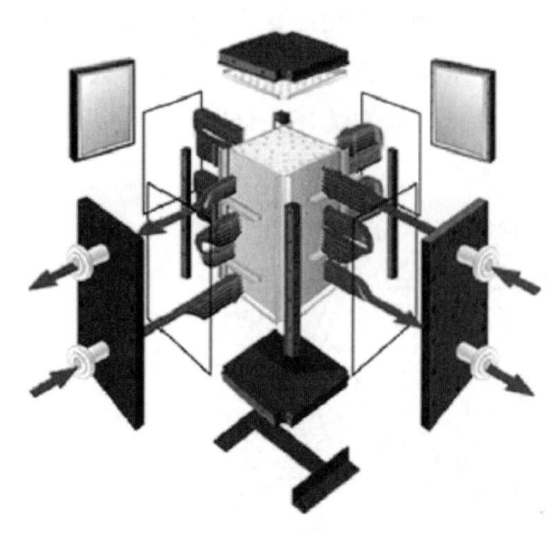

图 8-4 可拆式全焊接板式换热器

传统板式换热器板片之间不是永久性连接，而是通过预紧力夹紧的，所以有时会出现泄漏和串液问题，但半焊式板式换热器则完全解决了这一问题。半焊式板式换热器将相邻的两块板片的四周边缘部分由激光焊接组焊在一起，形成一个薄薄的腔体，四周密封，只留下两对供液体进出的端口。板片的边缘为激光焊接区域，四个圆形板孔为物料的进出口，这样物料可以在激光焊接成的板片腔体内流动，只剩下板片正反面 A、B、C、D 四个圆形板孔的八个泄漏点，与传统的板式换热器相比，大大减少了物料的泄漏点，把若干这样通过激光焊接组成的双板片组合到一起，板片的另一侧为冷却水，其这一侧的密封方式依然采用传统板式换热器的密封方式，最后组装成的半焊式板式换热器依然保持了板式换热器的原有优点，即：传热效率高、易拆卸、维修焊接等特点。

可拆式全焊接板式换热器（见图 8-4）的全焊接结构的板束被放置在 4 块靠螺栓固定的板框之间，上下部分别有维持压力的顶板。4 个面板上带有流体进出口的连接管嘴。全螺栓连接结构使得板框可以快速拆卸，进而方便对板束进行清理和维护。由于板与板之间通常采用激光焊接，不使用垫片，其最高工作压力可达 4.5MPa，工作温度可达 400℃。

8.4 实例分析

实例四十八

某氧气厂的氧气和氮气产量均为 10000m^3/h，采用可逆式板式换热器切换制氧、全低压全提取空分装置。其中，4$^{\#}$ 机的板式换热器运行 25 年后，发生氮气产品纯度超标现象。为此，通过“移动式氮气纯度分析仪”对“氮气产品出板式换热器单元的热端支管上开孔”的氮气纯度进行检测并与正常生产时的氮气纯度（含氧）数据分析对比，判断出：4 单元和 5 单元有泄漏情况，5 单元相对较严重。由于换热器冷段的冷端经受低温，怀疑其损坏的可能性较大，对空分塔内板式换热器侧冷箱的珠光砂扒至板式换热器冷段和热段的结合部位，经过研究论证，最终将 R4 和 R5 两个单元冷段的冷端和热端的氮气支管分别切割一道缝隙，分别插上堵板。制定了两套试压查漏方案：一是利用仪表风机进行试压查漏；二是利用空压机进行试压查漏。由于仪表风机风量小，试压查漏效果不理想，因此启动空压机进行试压查漏。启动空压机前，首先关闭空气进出板式换热器的相关阀门以及氮气总管输送阀门，打开空气回路旁通阀 V26（空气出板式换热器后直接返至污氮通道），切换阀采用人为控制方式分组进行试验，投运空气预冷系统和干燥器，然后启动空压机并将其出口压力设为 0.52MPa，利用干燥器后的不饱和空气对板式换热器 R4 和 R5 两个单元进行试压查漏。最终经过试验确认，发现两个单元冷段的热端堵板以下的换热器有气流吹出，判断两个单元的热段泄漏。因此将板式换热器冷箱内剩余的珠光砂全部扒净，再想办法查找换热器内部哪些通道有泄漏。为此，把 R4 和 R5 两个单元热段的冷端封头分别切割开，但发现每个单元的 13 个氮气通道基本全有气体排出。经过分析，空气泄漏到氮气通道后进入板式换热器出口氮气总管，由于出口阀门处于关闭状态，泄漏的气体又返顶回换热器内部的各个通道内。之后又将 R4 和 R5 两个单元热段的热端两个封头切割开，避免泄漏的空气通过出口总管返顶回换热器其他通道。通过查找原始设计资料，板式换热器每个单元分为 114 条通道，序号分别为 0～113。其中，氮气通道有 13 条，分别与空气和污氮相邻。最终经过查漏，发现 R4 单元的 13、21、67、93 通道泄漏，R5 单元的 13、21 通道泄漏，此外 R4 和 R5 两个单元换热器封头衬板内部下边缘分别发现一处（通道 66 和 67 之间）和两处漏点（通道 13 和 21）。漏点，对氮气产品纯度造成较大影响。通过查阅设计资料和技术论证，并邀请 4# 机的设计单位专家现场进行技术交流和咨询，由于设计方面考虑一定的余量，采取板式换热器修复措施不会对其正常生产运行产生太大的影响，对产量和换热的影响也基本可以忽略不计，最终采取焊接手段对泄漏的 6 个氮气通道和焊接接头进行修复封堵。修复工作完成后，重新启动空压机进行了仔细查漏，确认无问题后对前期切割开的板式换热器封头恢复焊接。在 4# 机的计算机系统上增设了氮气纯度声光报警。

冷箱装砂结束后，14 时 58 分转 4# 机空压机进行系统加热，22 时 10 分转膨胀机，21 时 40 分氧气合格，22 时氮气含氧在 10×10^{-6}～20×10^{-6}，纯度合格送入管网。至此，4# 机板式换热器内漏故障处理结束。虽然泄漏的氮气通道得到了封堵，但由于返流气体所携带的冷量减少不多，对板式换热器自清除效果有影响。

第9章

离心泵的故障处理及实例

在过程工业中，离心泵作为工艺管道内介质和公用工程内流体的储运和运输工程中的动力源，在抽吸液体和输送液体的过程中提供输送动力，具有良好的吸入和输出性能，且机构简单，运转平稳，操作方便，易于维护，所以占有非常重要的地位。

在过程装备内，离心泵是最为常见的一种，仅在石化行业中就占泵类产品大约70%的份额。例如，苯酐泵属于离心泵的一类，它就是比离心泵多了一个伴热管，内部结构基本相同。它输送的是高温介质苯酐，并且连续化，需要高温伴热蒸汽的不间断支持。苯酐泵多依赖进口，国内装置一般选择德国KSB公司、美国DURCO公司等的产品。此类泵采用密封式电机或具有焊接结构，不得不送到工厂去维修或者重新更换一个昂贵的体内部件。

对于核电站，循环水泵是一个关键重要的设备，向冷凝器及常规岛辅助冷却水系统提供过滤的冷却海水。如果机组运行期间该设备故障，将导致机组降负荷50%，严重时导致停机停堆。该泵的大部分部件可以在大修期间进行单独检查和更换。只有叶轮固定螺栓、泵壳密封圈、转轴等部件必须在对泵进行全面解体的情况下，才能进行有效的检查和更换。国内核电厂循环水泵的全面解体维修周期为2年。海水含沙量大，导致叶轮磨损严重，需要每2年进行1次定期更换。循环水泵结构复杂，全面解体维修工期长达30d。法国GRAVELINES核电厂和BLAYAIS核电厂循环水泵的全面解体检查周期为10～15年，其主要目的是更换磨损的轴套。

中国大概有50万套锅炉设备，分布在：工业用锅炉；电厂用锅炉；民用锅炉。必须配置的锅炉给水泵（离心泵），是锅炉水位自动控制系统可靠运行的基本条件。锅炉给水泵若出现故障，会使锅炉停止运行，更为严重时，可能发生极其严重的安全事故。

离心泵一般用电动机拖动。对于离心泵进行必要的维护保养，有利于节能环保，也确保离心泵的长周期平稳运行，杜绝一切不应发生的事故。只拥有先进的泵是不够的，还要有正确的操作方法和合理维修维护方法。例如，磁力驱动的离心泵在运行过程中较其他离心泵难以维护，易发生故障，其维护技术更具有特殊性。

做好离心泵的运行维护，及时排查故障，是运维技术人员需要解决的问题。合理的使用和调节方法是保障离心泵正常运行的基础。泵的操作方法随其类型和用途不同而有所差异，特别是石油化工用泵与工艺过程和输送介质的性质有密切关系。正确的维修和维护方法是延长离心泵使用寿命的关键。

对离心泵启动前的准备工作不够重视，执行暖泵、盘泵和灌注泵等一些基本操作的时候不够彻底，从而造成经常出现一些泵汽蚀的情况，同时还会出现泵噪声变大、振动增大，效率降低的后果。

由压力、流量、温度、电流、功率、噪声等特征信号识别电站水泵故障，模型比较多，有51种。以下是水泵及电动机的10类51种故障模式。

① 机械低频振动：油膜涡动、油膜振荡、水泵旋转失速、叶轮盖板与导流器盖板之间周向间隙引起的振动。

② 工频振动（包括不平衡、A类松动、结构1倍频共振）：水力不平衡、初始不平衡、断叶片、轴上的部件飞脱、转轴（瞬时）热弯曲、轴永久性弯曲、轴上部件缺损、电动机转子导条或端环的断裂或脱焊、结构1倍频共振、基础刚性差、基础变形、底脚螺栓松动。

③ 两倍频振动（不对中、轴承座故障、B类松动）：偏角不对中、平行不对中、轴承不对中、热态不对中、轴承座螺栓松动、轴承座开裂、轴承支撑刚度相差过大。

④ 分频振动（动静碰磨、C类松动）：径向碰磨、轴向碰磨、轴承松动、叶轮在轴上松动。

⑤ 叶片通过频率振动：叶轮叶片与导流器叶片的径向间隙引起的振动、叶片通过频率引起共振、壳体和叶轮中心不重合、叶轮叶片或导叶叶片损坏。

⑥ 滚动轴承故障：严重磨损、疲劳剥落或疲劳点蚀、塑性变形或断裂、胶合或烧损、安装不当或润滑不良。

⑦ 两倍电源频率振动：定子偏心、定子绕组短路、定子铁芯松动、电源接头松动、转子偏心及碰磨。

⑧ 转子导条频率振动：转子导条或端环的断裂或脱焊、转子铁芯短路、转子导条松动或脱开、电动机转子热弯曲、转子绕组开焊和断路。

⑨ 水力低频振动：系统压力波动、水锤（水击）、泵内密封间隙漏流。

⑩ 水力高频振动：汽蚀、冲击波引起振动。

9.1 启动前的准备

运行前必须首先清洗配管中的异物、焊渣，切勿将异物掉入泵体内部。通过在吸入管的滤网前后装设的压力表，监视运行中滤网的堵塞情况。

检查：泵的出入口管线、阀门、法兰、压力表接头、润滑油液位等是否安装到位；冷却水是否畅通；泵的各连接螺栓与固定泵底座处的地脚螺栓有无松动现象。因此，应该处理好固定泵底座处的螺栓松动问题。盘根密封的松紧度控制在：滴液每分钟大约十五到二十滴，最低不能连成液线。

检查配管的连接是否合适，泵和驱动机中心是否对中。对于处理高温、低温液体的泵，配套连接管件的膨胀、收缩有可能引起轴心失常、咬合等，因此，需采用挠性管接头等。

小型、常温液体泵在停止运行时，进行泵和电动机的定心使两轴心一致；而大型、高温液体泵运行和停止中，轴心差异很大，为了正确定心，一般加温到运转温度或运行后停下泵，迅速进行再定心以保证转动件双方轴心一致，避免振动和泵的咬合。

启动前卸掉联轴器，用手转动转子是否有异常现象，并使电动机单独试车，检查其旋转方向是否与泵一致。转动泵的转子1～2转，检查转子是否有摩擦或卡住现象。用手旋转联轴节，可发现泵内叶轮与外壳之间有无异物，盘车应轻重均匀，泵内无杂音。为确保泵的安全运行，开机前，先用手缓慢盘车，即慢转联轴器或皮带轮，观察泵转向是否正确、转动是否灵活、平稳；观察泵内是否有杂质，轴承运转是否正常，皮带松紧是否合适；检查泵上所有螺丝是否紧固；检查机组周围有无妨碍运转的杂物；检查吸液管淹没深度是否足够；有出液阀门的要关闭，以减少启动负荷，并注意启动后应及时打开阀门。盘泵的作用有三个：防止泵内生垢卡住；防止泵轴变形；盘车还可以把润滑油带到各润滑点，防止轴生锈，轴承得到了润滑有利于在紧急状态下马上开车。特别是多级离心泵泵轴长，轴上装了很多叶轮，在重力的作用下轴会向下弯曲，所以经常不运行的泵要是不盘泵的话，久而久之轴就产生了弯曲。在泵运行之后，泵就产生振动，加剧了泵内部叶轮口环和导液口环之间的磨损，使其间隙增大，使泵的流量降低，降低了泵的效率，减少了使用寿命。所以要对停运的泵进行盘泵。对于停运超过 24h 的离心泵盘泵，每天在停运泵的轴上做不同颜色的规定标识。

启动油泵，检查轴承润滑是否良好。确保及时更换轴承润滑油、损坏的轴承、磨损的轴套。

9.2 启动

离心泵在启动时，若预先没注满液体，则离心泵腔体里充有气体、密封腔出现负压，机械密封中动静环端面没有形成液膜而造成密封端面干摩擦，导致机械密封损坏。因此，不允许泵在未排净气体的情况下启动。泵的相关管路布置在启动前应彻底排净气体，以确保泵的进口不存在气体。启动前先使泵腔内灌满液体，将空气、液化气、蒸汽从吸入管和泵壳内排出以形成真空。必须避免空运转，同时打开吸入阀，关闭排液阀和各个排液孔。

泵常规启动前，应在泵壳和吸水管内灌满被输送的液体，确保入口及出口气体全部排空，进口管路的阀门全开，出口管路的阀门打开 1/5～1/4 的情况下进行。其中，出口排气虽不如入口排气重要，但是出口排气可以确保泵体内气体排尽，防止泵出口发生气阻以及压力和流量的异常波动。事先在入口阀下游的高点处应当设有排气阀；入口阀本身开启方式由手动和气动两种方式进行切换。应当先用手动方式缓慢开启入口阀。如果发现存在气体，少量的气体进入泵的入口，则使其从入口的排气阀排出。

对于安装在水仓液面以上的离心泵，则灌泵时应当事先通过检修处理好吸水管底阀可能存在阀板关闭不严、漏水的故障。如有必要，则必须更换底阀。

设置合理的预热工艺。对预热不彻底，运行后部温差过大，当温差应力足够大时，就会在薄弱处最先出现裂纹。对于输送高温液体的离心泵，在入口阀开启过程中首先关闭暖泵线，只有在入口阀完全开启后，再开启暖泵线阀门进行灌泵。开启暖泵线充液时应当遵守缓慢开启、逐渐开大的原则，通过控制升温速度（确定）在 1～2℃/min、泵壳表面和介质的温差＜40℃，保护暖泵线上容易损坏的限流孔板，避免受热不均匀引起机械密封泄漏、轴承抱轴等故障。

泵的运转方向应按制造厂规定的方向运转启动，否则会造成泵内温度骤升、叶轮脱落，导致泵严重损坏的后果。

开泵前应先打开泵的入口阀及密封液阀，检查泵体内是否已充满液体；在确认泵体内已充满液体且密封液已流动正常时，启动离心泵。慢慢打开泵的出口阀，通过流量及压力指示，将出口阀调节至需要开度。

准确地选择流量、扬程，可以确保离心泵在使用过程中处于最佳的性能状态。若离心泵在低流量状态下运转，在离心泵内会造成环流漩涡，并产生径向力，使叶轮处于不平衡状态，轴承负载加大，引起密封和轴承受损，严重的低流量还能使流体温度升高、涡轮和泵壳受损，并增加泵轴的偏斜，甚至使泵轴发生疲劳断裂。若生产上无法提高流量，可以考虑从工艺配管上增加回流，以达到调节流量的目的。因此，流量变化平缓，一般不做快速大幅度调整。

对于磁力泵，泵的安装位置低于液面（呈灌注状态），启动前应先关闭排出管路的切断阀，然后打开（全开）吸入管路的切断阀，使输送液体充满泵腔和转子室，并打开放空阀，排净泵内的气体，再关闭放空阀，将排出管路的切断阀稍打开一点后启动泵。如果泵的安装位置高于液面（呈真空状），启动前也应先关闭排出管路的切断阀，然后打开（全开）吸入管路的切断阀，采用真空泵抽真空或进行灌液，使泵腔和转子室吸入管内充满液体，并用排空阀排净泵内的气体，再关闭排空阀，将排出管路的切断阀稍打开一点后启动泵。如果泵系第一次启动或维修中拆卸过电动机电缆，则启动前应先点动以检查和判定电动机的相位是否符合泵转动方向的要求，避免反转。按泵体上标示的箭头方向判明转动方向正确后，再行启动。泵启动后，应缓慢打开出口管路切断阀，使泵平稳的进入正常工作状态，调节出口阀的开启度，使泵工作在所需的工况范围。切忌急速打开出口切断阀，并严禁将切断阀全开。一般来说泵的正常工作范围在出口切断阀1/2～2/3开启度之间。在出口切断阀关闭情况下，泵运转的时间不应超过1min。泵启动后，要仔细观察泵的运转情况，观察泵进出口压力是否正常平稳，电动机的电流是否在额定范围内，泵头部分和电动机部分的声音、振动是否正常。确认泵的运转一切正常，操作人员再离开现场。如发现有汽蚀、噪声、振动过大现象，应立即停机，重新排气或排除故障后再启动泵。

检查油箱、油杯油位；确认进口阀全开，泵已经灌液排气合格；过滤器无堵塞，进出口压力表正常；泵盘车一周以上无卡涩，泵送电完成；暖泵合格，特别是输送介质温度较高的磁力泵，要防止暖泵不充分，膨胀速度不均而产生热应力，造成泵体各部分变形、振动等问题。通常在出口阀关闭的情况下不能连续运行超过2min，防止温度过高而使轴承损坏，在启动前最好打开1/4出口阀。启动泵，观察电流，迅速开大出口阀，注意速度先快后慢，直至全开。泵运行后注意监护泵，电动机的运行情况。

开机后，应检查各种仪表工作是否正常、稳定，电流不应超过额定值。压力表指针是否在设计要求范围内，温度是否正常，电流是否是额定值；检查泵出液量是否正常，是否有漏液的部位；检查轴承温度；观察泵是否有异响或异常振动。检查填料压紧程度，通常情况下，填料处宜有少量的泄漏（每分钟不超过10～20滴），机械密封的泄漏量不宜大于10mL/h（每分钟约3滴）；滚动轴承温度不应高于75℃；滑动轴承温度不应高于70℃。并注意有无异响、异常振动，出液量减少情况；及时调整进液管口淹没深度；经常清理拦污栅上的漂浮物；通过皮带传动的，还要注意皮带是否打滑。

离心泵机组这一典型的旋转机械，描述其振动特性的特征参量一般表现为：振幅、振动频率、相位、转速、时域波形、轴心位置（径向位移）、轴向位置（轴位移）等。其检测数据一般有振动位移、振动速度或振动加速度等。设备故障诊断测点的选择，遵循的两个一般原则是刚性原则和接近振源原则。用于振动监测的测点通常有水平、垂直及轴向三个测试方向。所以在机组的测点选择时遵循尽量靠近轴承、尽量在水平、垂直及轴向三个方向上设置测点、给测点位置做好记号，以保证测量数值的稳定性和可比性、必要时可将泵表面进行处理等原则。常规定期监测采用测振仪进行振动测试，主要检测振动速度及位移。发现异常则用预测维修系统的数据采集器不定期采集数据，然后用振动诊断分析仪软件进行频谱分析、频域幅值分析和时域分析，根据振动特征确定故障部位和原因。

打开轴承冷却水给水阀门。填料函若带有水夹套，则打开填料函冷却水给水阀门。若泵上装有液封装置，应打开液封系统的阀门。如输送高温液体泵没有达到工作温度，应打开预热阀，待泵预热后再关闭此阀。若带有过热装置应打开自循环系统的旁通阀。

启动电动机，逐渐打开排液阀。泵流量提高后，如果不可能出现过热时即可关闭自循环系统的阀门。如果泵要求必须在止逆阀关闭而排出口闸阀打开的情况下启动，则启动步骤基本相同，只是在电动机启动前，排出口闸阀要打开一段时间。

9.3 运行和维护

为了使泵正常运行和维护。妥善管理好下述有关文件极为重要：泵管理卡；图纸；泵的特性曲线、试验报告及检查记录；使用说明书；润滑油一览表，对泵的注油点、油的种类、注油量及注油时间等列表进行管理，以适时适量添加适宜的润滑油，使其处于良好的润滑状态；日常检查记录，主要检查项目为泵运转的噪声、轴承温度、填料函泄漏量、流量、压力和功率等；维护和检修记录；备件清单；泵事故履历表，根据发生事故的记录，以便事故分析和研究事故处理措施。坚持泵的检查（日、半年、年度）和大修制度，定期监视泵的运行状况。

在离心泵的运行过程中，为了防止重大安全事故的发生，应当时刻保证各类仪表稳定工作。电动机过载时，会因电流过大而自动断电停车。其中，电流表的读数即配套电动机的额定电流，如果出现超上限现象，必须停车检测。同时，要定期对轴封填料盒的温度情况进行检测，防止其发热；同时要注意离心泵和电动机之间的轴承的温度应该在周围环境温度35～75℃之间。出现异常时，都需要立即停车检测。当发现油温过高、噪声过大、振动剧烈等现象时，应当及时停机处理以免造成严重后果；及时检查润滑油、压力表等是否在允许的范围运行。

备用泵每班盘车一次（180°），定期切换。滤油器和润滑油每半年换一次。油冷器每半年清理一次污垢等杂质。

冬季停车后，应注意防冻。

9.4 停车

停机前应先关闭出口阀门再停机，以防止泵内液体倒流损害泵的机件。具体的停泵程序是：慢慢关闭泵出口管路切断阀；按动电动机按钮关闭电源，停止电动机运转；关闭泵进口阀及密封液阀，关闭进出口管路的压力表阀门，泵在灌注状态下还要关闭进口管路的切断阀。若环境温度低于液体凝固点时，应放净泵内的液体，以防止介质在泵内凝固，影响泵的再次启动。若输送的介质易沉淀、结晶和凝固，停机后还应及时清洗。装有 A、B 泵的工位，在使用中不宜轮换使用，尤其是输送易沉淀、易结晶、易凝固介质的泵，更不宜轮换使用。不然就失去了装备A、B泵的意义，备泵只有在工作泵出现故障后使用。长期停止使用的泵，除将泵内的腐蚀性液体放净外，还要用清水冲洗干净，最好是泵拆下清洗保养，封闭好进出口妥善保管。

打开自循环系统上的阀门。关闭排液阀。停止电动机。若需保持泵的工作温度，则打开预热阀门。关闭轴承和填料函的冷却水给水阀。停机时若不需要液封则关闭液封阀。如果是特殊泵装置的需要或是要打开泵进行检查，则关闭吸入阀，打开放气孔和各种排液阀。

通常，汽轮机驱动的泵所规定的启动和停车步骤与电动机驱动泵基本相同。汽轮机因有各种排水孔和密封装置，必须在运行前后打开或关闭。此外，汽轮机一般要求在启动前预热。还有一些汽轮机在系统中要求随时启动，则要求进行盘车运转，因此，运行者应根据汽轮机制造厂所提供的有关汽轮机启动和停车步骤的规定进行。

9.5　倒泵操作

泵入口管线是两台泵公用时，为防止泵入口流量不足，产生汽蚀，需先停运行泵，再启动备用泵，这个过程停留时间稍长，会对系统产生很大影响，因此需要配合操作。例如，某化肥厂水煤浆制气装置的原烧嘴冷却水泵为一开一备运行模式。在运行期间1台烧嘴冷却水泵故障检修时，易发生因烧嘴冷却水泵再次故障而造成的系统停车。大检修改造中，新增1台烧嘴冷却水泵，运行模式为一开两备，联锁设置为：主泵停运或出口压力低于1.7MPa时，2台备用泵同时自启。

9.6　运行中的检查及在线处理

记录泵的各个部件故障、更换时间与次数。获取泵各个部件故障的发生时间，方便受损零部件的更换，防止零部件受损以后，因运维技术人员不能及时处理而形成一定的安全隐患。

泵不允许在小于或大于额定流量30%的条件下长期工作，只允许在正常流量范围内运行。泵在远离规定流量范围运转时，会导致轴向力的失衡，引起轴向止推轴承的负载过高而很快的磨损。过大的流量会引起汽蚀，使泵不能正常工作。泵内无输送介质空运转时，泵内的轴承、密封隔离套、内磁转子失去介质的冷却润滑作用，使涡流热急剧升高，导致高温退磁，导致这些零部件很快磨损、毁坏。因此，磁力泵严禁空转。通常条件下，泵的加热和冷却速率不应大于每分钟10℃。因为泵在过急的热冲击下，可能导致滑动轴承系统的过早损坏。泵在运行中必须监控过程环路中的温度变化，不能使泵超过额定的温度偏差。在正常工况条件下，磁力驱动器不会出现退磁滑脱现象。因此要特别注意出口阀的开度。当泵过载，或操作温度高于永磁体的许用温度时，磁力驱动器就会出现滑脱、退磁现象，因此磁力泵必须按正常工况条件操作运行。输送的介质不允许有铁磁性物质和硬质颗粒。为了消除铁磁性杂质引发磁力泵的损坏，可在泵入口过滤器内装上磁棒，用于吸附铁磁性杂质。磁力泵入口滤网使用的目数过少，开车过程中将出现碳化硅轴承破碎情况。为了消除杂质进入泵体，通过分析颗粒大小，将磁力泵入口滤网改进，磁力泵损坏情况将大大减少。注意监控泵入口滤网的压差、入口压力、电流、出口流量等，来判断入口滤网堵塞情况，可通过及时清洗过滤器来处理，防止由于入口堵塞流量过低而使磁力泵损坏。磁力泵有负荷高、低限停泵保护，流量调节范围较离心泵窄。泵均未设计返回管线，在开车过程中，当磁力泵负荷低于其低负荷下限时，得手动停泵，或由于泵的保护会联锁停泵，这使得在开车过程中带来很大的不便。因此，可在泵出口增加回流管线返回泵的入口，在系统低负荷时，通过调节泵的返回量从而保证磁力泵在系统低负荷下的稳定运行。磁力泵在运行过程中，一旦发生汽蚀现象，首先要进行停泵处理，避免造成泵的损坏。当系统波动，或负荷调整得过大，而引起泵入口压力突然下降，流量减少时，容易发生汽蚀。所以，对系统的调整要缓慢平稳，防止系统波动。保证磁力泵在操作和运行中正常运行，减少发生损坏的可能，必须注意：输送的介质不能超过允许温度，防止泵内部温度过高；避免泵罐液不满发生气缚；避免输送流量过小或过大；严禁空转。

磁力泵在运行中应经常检查电流、温升、是否渗漏、进出口压差是否正常、运行是否平稳、噪声和振动是否正常。发现异常及时处理。

润滑脂有润滑、减震、冷却的作用，因为泵在运行过程中，轴承始终在高速运转，轴承在运行过程中会产生很小的铁屑颗粒，在加注新的润滑脂过程中就会把旧的润滑脂挤出来，旧的润滑脂将会带走细小的金属颗粒，这样就会减少轴承磨损，延长轴承的使用寿命。同时轴承在运行过程中会产生高温，润滑脂会对轴承冷却降温，防止轴承因高温损坏。轴承中的润滑脂不宜过多，润滑脂多了不但浪费，而且是有危害的。轴承的转速愈高，危害性愈大。润滑脂填充量愈多，摩擦转矩愈大。同样的填充量，密封式轴承的摩擦转矩大于开放式轴承。润滑脂填充量相当于轴承内部空间容积的60%以上，摩擦转矩不再明显增大。这是由于，不但开放式轴承中的润滑脂大部分已被挤出，而且密封式轴承中的润滑脂也已漏失的缘故。随润滑脂填充量的增加，轴承温度直线提高。同样的填充量，密封式轴承的温度又高于开放式轴承。一般认为：密封式滚动轴承的润滑脂填充量，最多不得超过内部空间的50%。滚动轴承以20%～30%最为适宜。

对于屏蔽泵，为了监视轴承磨损状况，一般都装有机械或电磁式轴承监视器。监视器指针指示黄色区域时，应分解检查轴承；指针指示红色区域时，轴衬的磨损量已经过极限值，一定要更换石墨轴承，否则有可能造成定转子屏蔽相互摩擦，直至屏蔽套损坏，导致液体介质浸蚀到定子绕组等处，造成电动机损坏。石墨轴承、轴承和推力盘磨损或润滑液短缺发生干磨损而损坏。造成定、转子屏蔽套损坏的原因，主要是轴承损坏或磨损超过极限值，其次由于化学腐蚀造成焊接接头等处产生泄漏。

所有机械问题及电气问题均会产生振动讯号，如果能掌握振动的大小及来源，就能在泵组尚未严重恶化之前，事先完成检修工作，以避免造成设备更大的损坏，而影响生产或增加维修费用。振动大小与设备问题的严重性息息相关。

9.7 停机后的维护

介质中有少量的固体颗粒，固体颗粒容易嵌入到机械密封的密封环的密封端面，加快端面的磨损速度，并且固体颗粒的硬度比摩擦副的硬度大，导致密封失效。每次停机后应及时清理泵体及管路上的油渍，特别是定期清理泵入口过滤器，保持泵体及连接管路外表面的清洁，及时发现隐患；特别是冬季停机后，要立即将泵内液体放净，以防冻裂泵体及内部零件。在使用季节结束后，要进行必要的维护。

每年至少1次对停运泵的联轴器进行泵和电动机的对中校正。泵和电动机的联轴器所连接的两根轴的旋转中心应严格的同心，联轴器在安装时必须精确地找正、对中，否则将会在联轴器上引起很大的应力，并将严重地影响轴、轴承和轴上其他零件的正常工作，甚至引起整台机器和基础的振动或损坏等。因此，泵和电动机联轴器的找正是安装和检修过程中很重要的工作环节之一。在安装新泵时，对于联轴器端面与轴线之间的垂直度可以不做检查，但安装旧泵时，一定要仔细地检查，发现不垂直时要调整垂直之后再进行找正。

离心泵的定期维护保养主要内容如下：检查泵进口阀前的过滤器，滤网是否破损，如有破损应及时更换，以免输送物料中的颗粒物进入泵体，并定时清洗滤网；泵壳及叶轮进行解体、清洗、重新组装，调整好叶轮与泵壳间隙，叶轮有损坏及腐蚀情况的应分析原因并及时处理；清洗轴封、轴套系统。更换润滑油，以保持良好的润滑状态；更换填料密封的填料，并调节至合适的松紧度，实在不行，将密封形式改为机械密封，采用机械密封的更换动环和轴封润滑油；对于电动机，长期停车开工前，应将电动机做干燥处理；对于现场仪表，其指示是否正确、灵活好用，对失灵的仪表进行更换。

泵的流量不足的原因是：泵叶损坏；管路堵塞；管路泄漏。若泵是皮带传动系统，还应注意传动皮带是否打滑。然后检查系统管路，清除管路堵塞、封堵泄漏，若仍出现流量不足时，则需要检测叶轮是否完好。

9.7.1 泵的检修

90%以上的液体依靠离心泵的正常运转维持全生产过程的安全运行。随着过程工业的发展和流程泵技术的可靠性提高，近代设计大都选用单系列机器和设备。所以在正常的生产时，对流程泵的维修和大修期间保证检修质量尤为重要。这就要求维、检修工掌握故障分析与处理技术，保持机泵有恢复到规定功能的能力。

离心泵是工厂提高经济效益的物质基础，通过检修，消除泵所存在的缺陷和隐患，意味着夯实了工厂的物质基础，也就保障了工厂安全稳定长周期满负荷运行。当离心泵的累积运行时间达到1万小时的时候，要对离心泵进行大范围的维修，只有这样才可能恢复离心泵的效率。

一般对常用的离心泵的检修应包括以下几点：

复查驱动机和泵的对中，如和原始数据差异较大，须重新调整；

解体检查泵的转子、轴、轴承磨损情况并进行无损探伤；

对泵的零部件进行宏观检查和检验；

安装转子之前，对转子连同叶轮进行动、静平衡校正，并在机床上作端面跳动检验，保证其跳动在规定的范围内；

检查口环，消除磨损的间隙，提高泵的效率；

调整叶轮背部和其他各部间隙；

检查和更换密封；

清理和吹扫泵内脏物；

消除泵及辅助部分的跑冒滴漏，检查润滑油系统；

对整台机泵保温、除垢、喷漆。

生产厂中有备机的离心泵，其零部件和检修标准、检修规程通用性较强。故障分析与处理技术的专业性也不太难，比较容易掌握。

根据离心泵的结构，通常检修以下几个部位：

(1) 轴承轴瓦

泵运行时如有振动首先解体检查轴承或轴瓦的磨损和几何形状的变化。一般应检修以下内容：

轴承或轴瓦的圆度，不能大于轴颈的千分之一，超标应该更换；

轴颈表面粗糙度应达到要求；

用红丹研磨轴颈和轴瓦的接触面积，表面不应有径向或轴向划痕；

轴承内外圈不应倾斜脱轨，应运转灵活；

轴瓦不应有裂纹、砂眼等缺陷；

轴承压盖与轴瓦之间的紧力间隙不小于规定值；

滚珠轴承的外径与轴承箱的内壁不能接触；

径向负荷的滚动轴承外圈与轴承箱内壁接触应采用规定配合；

不承受径向载荷的推力滚动轴承与轴的配合，轴采用 k6；

主轴与主轴瓦用压铅丝法测间隙，其两侧间隙应为上部间隙的 1/2；

外壳与轴承、轴瓦应紧密接触。

(2) 齿形联轴器

齿形联轴器挠性较好，有自动对中性能。检修时一般按以下方法进行：

检查联轴器齿面啮合情况，其接触面积沿齿高不小于 50%，沿齿宽不小于 70%，齿面不得有严重点蚀、磨损和裂纹；

联轴器外齿圈全圆跳动不大于 0.03mm，端面圆跳动不大于 0.02mm；

若须拆下齿圈时，必须用专用工具，不可敲打，以免使轴弯曲或损伤，当回装时，应将齿圈加热再装到轴上，外齿圈与轴的过盈量一般为 0.01～0.03mm；

回装中间接筒或其他部件时应按原有标记和数据装配；

用力矩扳手均匀地把螺栓拧紧。

(3) 转子

小型离心泵多为单级叶轮或单级双吸式转子。检修时首先检查叶轮外观并清洗干净，不管是更换备件安装新叶轮，还是清洗旧叶轮，回装后均要做静平衡，必要时还要做动平衡。安装叶轮时键和键槽要密切接触。对于转子部分的轴颈允许弯曲不大于 0.013mm。对于低速轴最大弯曲应小于 0.07mm，但高速轴最大弯曲应小于规定。对于转子部分的轴，检修后轴颈圆跳动不大于 0.013mm。但对于结构较复杂的离心泵数据根据泵的状况标准也不一样。

(4) 密封部位

小型离心泵的动密封是指叶轮口环部位的间隙，一般半径方向应控制在 0.20～0.45mm，若间隙太小，组装后盘车困难；间隙太大，容易造成泵的振动。轴套和衬环间隙半径方向一般为 0.2～0.6mm。

静密封部分包括泵体剖分结合面、轴承压盖与轴承箱体的结合面，润滑油系统的接头，进出口管的法兰等。如检修不能保证无泄漏，也同样使泵不能运行。只要根据介质选准适用的胶粘剂和垫片，即能保证无泄漏。现一般使用的剖分结合面胶黏剂为南大 703、南大 704。

对机封检修时应先用专用工具正确拆下机封的动、静环，并检查端面磨损情况，凡是装机封的泵的转子，不管功率大小均应做动或静平衡试验。为保证密封面不泄漏，可在钳工平台上把动静面压紧，倒上水做渗漏试验，如果静态水不漏，说明密封面的表面粗糙度和平面度均符合要求。安装时端面垂直度偏差不大于0.015mm。安装后其轴的轴向窜动量不大于0.45mm。机械密封按要求装好后，一定要盘车并检查冷却水部分是否可靠，防止启动后泄漏或损坏机封端面。

小型离心泵的机械密封大多为单级、双级、串联式密封布置，但不管哪种密封布置均不能有泄漏现象。单级密封安装时，必须保证动、静环平行，轴套、轴颈部位不应有毛刺和划伤。双级布置密封安装时一定保证定位环尺寸和间隙，并一次推到位置，O形环不能脱出凹槽，否则损坏机封密封面。

9.7.2 密封失效后的处理

根据不完全统计，泵的非计划停车事故的60%与密封故障造成泄漏有直接联系。

机械密封失效的原因主要有弹性元件失效、动静环失效、密封圈失效。有的泵故障频繁，尤其是机械密封部位经常泄漏，不得不进行检修，消耗了大量的人力、物力，给装置的安全和环保造成隐患。

机械密封安装调试好后，一般要进行静试，观察泄漏量。如泄漏量较大时，则表明动、静环密封圈存在问题。在初步观察泄漏量、判断泄漏部位的基础上，再手动盘车观察，若泄漏量无明显变化则可判定式动、静环摩擦副存在问题：如泄漏介质沿轴向喷射，则动环密封存在问题居多，泄漏介质向四周喷射或从水冷却孔中漏出，则静环密封存在问题居多。

泵用机械密封经过静试后，运转时高速旋转产生的离心力，会抑制介质泄漏。因此，试运转时机械密封泄漏在排除轴间端盖密封失效后，基本上都是由于动、静环摩擦副受破坏所致。引起摩擦副密封失效的原因主要有：操作中，因抽空、气蚀、憋压等异常现象，引起较大的轴向力，使动、静环接触面分离；安装机械密封时压缩量过大，导致摩擦副断面严重磨损、擦伤，使弹簧失去调节动环端面的能力；动环密封圈过紧，弹簧无法调整动环的轴向浮动量；静环密封圈过松，当动环轴向浮动时，静环脱离静环座；工作介质中有颗粒状物质，运转中进入摩擦副，擦伤动、静环密封端面；在试运转中经常出现，有时可以通过适当调整静环座等予以消除，但多数需要重新拆装，更换密封。

泵在运转中突然泄漏，少数是因正常磨损或已达到使用寿命，而大多数是由于工况变化较大或操作、维护不当引起的。主要原因：抽空、气蚀或较长时间憋压，导致密封破坏；泵实际输出量偏小，大量介质泵内循环，热量积聚，引起介质汽化，导致密封失效；回流量偏大，导致吸入管侧容器底部沉渣泛起，损坏密封；较长时间停运，重新启动时没有手动盘车，摩擦副因粘连而扯坏密封面；介质中腐蚀性、聚合性、结胶性物质增多；环境温度急剧变化；工况频繁变化或调整；突然停电或故障停机等。

相对而言使用新机械密封的效果好于旧的，但新机械密封的质量或材质选择不当时，配合尺寸误差较大会影响密封效果：在其工作的介质中，静环如无过度磨损，还是不更换为好。因为静环在静环座中长时间处于静止状态，使聚合物和杂质沉积为一体，起到了较好的密封作用。

机械密封的冲洗状况不符合使用要求时，必须采用有一定压力和一定流量的冲洗液进行冲洗，否则固体颗粒会加速密封副的磨损，以及影响密封副磨损后的自动补偿而发生泄漏。对于弹性元件断裂失效，造成断裂的原因有可能是焊接不牢固或者相关热处理不合理，对于此类问题多进行弹性元件更换，查找泵抽空和振动的原因进行消除。弹性元件的失弹主要是高温环境中有部分由于元件间隙的结垢造成，可以通过封液（油）冲洗以及软化水方法来解决；另一种是弹性元件在高温下因弹性元件材质、焊接工艺及焊接后的热处理等问题而形成的失弹，解决此类问题可以通过弹性元件的材质和波形设计改善来解决，如选用耐高温、耐腐蚀的合金材料。多弹簧双端面机械密封有助于改善润滑条件和平衡压力，提高密封性能。碳化硅对石墨的摩擦副不如耐磨损的碳化钨对碳化钨的摩擦副。对于碱性腐蚀介质，辅助密封件材料可以选择更为耐腐蚀的聚四氟乙烯。对于机械密封，不仅配置冲洗管路，还要加装压力表和流量计，保证冲洗液的压力和流量满足使用要求。机械密封在安装时，严格控制弹簧的压缩量，合适的压缩量确保动环和弹簧装上后能够在弹簧座内灵活移动，将动环压向弹簧后应能自动弹回。动环和静环的密封端面之间应涂上润滑脂，防止在泵开车前，因密封端面之间的干摩擦而造成磨损。安装动环密封圈的轴（或轴套）端面及安装静环密封圈的密封压盖（或壳体）的端面应倒角并修光，以免装配时碰伤动静环密封圈。采用测振仪对轴承进行检修，检查轴承的振动情况。轴承的损坏会使泵轴产生轴向窜动，这也会造成机械密封泄漏。用测温仪等仪表，检查泵的温度，保证机械密封的工作温度不超过其规定值。

在高温介质下，密封环的镶嵌结垢形成松动和脱落。动静环的这种失效通常可以采用整体结构和堆焊硬质合金来解决，如果因摩擦副配对而无法改变镶嵌结构时，可以通过适当的过盈量、密封胶无机粘接或是改善环座材料来解决，装配前还需做好缺陷和松动的检查。在泵启动过快预热中产生应力裂纹，导致运转中泄漏发生，在泵出现抽空和振动等情况过多后，动静环的石墨环会出现脱离而造成破碎，形成轴封的失效。泵在长期运转下弹性元件压缩比过大以及端面间压力过大造成摩擦副静环出现严重磨损而导致失效。

密封圈失效的原因可能是老化和嵌入沟槽造成。密封圈的材质如果与介质不适当，就容易产生体积膨胀而出现过多的摩擦热，加速材料老化，一般在中、高温介质中采用氟橡胶等耐热材料可以得到有效解决。在密封圈遇冷时会出现暂时的硬化，这也会出现断裂，这种硬化会在温度恢复后恢复，对特殊环境使用就需要选择耐寒材料。另外由于密封圈属于易损件，保存过程中应尽量避免阳光直射和高温，放置在防潮袋中，在阴凉处存放。

泵用集装式串联干气密封比普通串联机封和单级机封的安全和环保上的优势强很多，包含了静环、动环组件（旋转环）、副密封O形圈、静密封、弹簧和弹簧座（腔体）等。静环位于不锈钢弹簧座内，用副密封O形圈密封。弹簧在密封无负荷状态下使静环与固定在轴上的旋转环——动环组件配合，它是由介质侧机械密封和大气侧干气密封前后串联布置的结构。第一级的机械密封为主密封，第二级干气密封为安全密封。第一级机械密封基本上承受全部的压差，该密封工作在泵输送的工艺介质中。干气密封在一定的压力下可以更理想的运行，同时缓冲气还可对少量漏出的介质气起到稀释作用，由于其摩擦副始终保持在非接触状态下运行，没有任何磨损，在一级机械密封损坏前能够一直处于理想的运转状态。“干气”不“干”会影响机封的寿命，甚至会酿成机泵损坏事故，所以要尽量保证干气不带水，一旦发现有干气带液的现象，在加强管线倒淋排凝的同时，排查是否有蒸汽线互窜液是很有必要的。往往管线内的一些积水无法排掉，就要将进密封系统管线加伴热确保水蒸气不会在干气密封系统中凝结，而是直接和干气一起进入低压管网。在冬季运行，干气密封出现问题较多，一般是氮气管线中由于开工或是投用蒸汽扫线时不慎将少量的水积攒存留在管线中，无法完全将其排出，到了冬季后这部分积水冻结在氮气总管线内，由于结冻的冰不断地升华成水蒸气，和氮气混合到一起造成了“干气”不“干”的现象，这些干气随着管线进入一级机封与二级机封间的腔体内，一部分水蒸气凝结到密封的密封面上致使机泵无法盘车。如果此时强行盘车，就会造成密封面损坏，如果是一级密封面冻结，便会造成机封泄漏等问题。在冬季干气密封中的水蒸气会在流通干气密封系统中的各部位凝结，在系统中各个管件入口的调压阀为阀芯直径不到 1mm，水蒸气很容易在阀芯处凝结把干气管路堵塞，干气机封摩擦副就会进行干摩擦，轻者减少机封寿命，重则机封直接烧损。水进入机械密封中由于水的润滑性不好会导致加速摩擦副的摩擦降低机封寿命。

9.7.3　电动机类故障的处理

电动机类故障主要是转子类不平衡故障、偏心转子故障、声音异常或振动过大。

当电动机出现过热现象时，需要停止机组运行，对其进行严格的检修。由于电压使得电动机过热时，需要对供电系统进行一一排查，恢复电动机的正常可靠供电方可继续启动机组。电动机传动不畅时，会使电动机负载增加，电动机的过渡过载使得温度急剧上升。此时需对泵的传动设备进行严格排查，传动轴承的检查是工作的主要部分。机组的通风系统是最易出现故障的地方，主要原因在于：风扇损坏；通风孔道堵塞；轴承磨损等。对于该种情况，需要对机组的通风系统进行逐项检测，恢复机组的正常通风。

泵的转子部件质量偏心、转子部件出现缺失而造成的故障一般称为转子的不平衡，这种故障在旋转类机械较为常见。通常是装置的一个转子为一根轴与几个轮盘组成的，轮盘上都可能存在质量的偏心，对于两个及以上的轮盘有可能将多质点的质量偏心合成一个或者多个矢量，造成转子的不平衡类问题或造成偶不平衡型平衡类问题，以及力与偶负荷型不平衡问题。

定子与转子之间由于不同心产生的故障被称作偏心。当泵存在几何偏心时，除了将有一阶频率振动外，有可能还会由流体不平衡造成的叶轮叶片通过频率倍频的振动。由偏心造成的激振力与负荷有关，而与转速没有直接关系，所以，对偏心故障的诊断，一般需要改变负荷情况，进行对比测试才能肯定。

泵在正常运行时，整个机组应平稳，声音应当正常。如果机组有杂音或异常振动，则往往是泵故障的先兆，应立即停机检查，排除隐患。泵机组振动的原因很复杂，从引发振动的起因看主要有机械、液力等方面。机械方面：叶轮平衡未校准，当即刻校正；泵轴与电动机轴不同心，当校正；基础不坚固，臂路支架不牢，或地脚螺栓松动；泵或电动机的转子转动不平衡。液力方面：吸程过大，叶轮进口产生汽蚀；液流经过叶轮时在低压区出现气泡，到高压区气泡溃灭，产生撞击引起振动，此时应降低泵的安装高度；泵在非设计点运行，流量过大或过小，会引起泵的压力变化或压力脉动；泵吸入异物，堵塞或损坏叶轮，应停机清理。进油池形状不合理、龙其是当几台泵并联运行时，进油管路布置不当，出现漩涡使泵吸入条件变坏。共振引起的振动，主要是转子的固有频率和泵的转速一致时产生，应针对以上故障原因，做出判断后采取相应的办法解决。

为避免和减少屏蔽泵的突然损坏事故，如遇到轴承监视器“报警”，须立即进行现场检修。解体的步骤是：卸下螺栓，拔出外筒组件；卸下导叶周围的紧定螺钉，卸下导叶支撑体（导叶支撑体的左旋螺纹需用专用工具）；抽推叶轮，测定轴向尺寸，并作记录；叶轮固定住拉开紧固螺栓的止动垫圈，拔出叶轮；拧开紧定螺钉，将轴承座向右方转动后取下，轴承一起拔出；取下端盖应缓慢拔出，注意电动机腔内的残留液体流出；拔出转子组件注意水平抽出，一定不要碰伤转子屏蔽套；打开轴承止动垫圈，把螺栓松开，拔出轴承，取出推力盘。测量的步骤：石墨轴承的孔径和轴承的轴颈，并查看它们的配合面的粗糙度；如石墨轴承和轴套的配合间隙超过检修标准规定；配合面粗糙度不良时，须根据情况更换轴承轴套或推力盘，检查定子和转子屏蔽套表面的磨痕和腐蚀（尤其注意焊接接头处有无异常情况），校对转子部件的跳动值，必要时对定子与转子做无损探伤；经过长期运行后，转动部分的平衡情况有变化，必须对转子连同叶轮等旋转零件组装在一起做动平衡试验；测量检查叶轮口环与蜗壳的配合间隙是否在检修标准给定的范围，超差时需要更换零件或采取其他措施使配合间隙达到规定要求，否则将影响泵的性能、流量、扬程、平衡力等。组装前必须对定子、转子等零部件认真清洗、完全干燥，否则会使定子、转子、屏蔽套表面及轴承磨损。组装的步骤是：按解体逆顺序进行，装配时注意下列事项：为了防止轴套旋转，一定要核实与键的准确固定；推力盘的焊面，一定要对向轴承侧进行安装；轴套组装后要把止动垫圈正确地锁紧；组装后的轴向间隙，如果超过功率与轴向窜动量的标准，将上部端盖取出，用调整垫圈把间隙调整好；润滑油涂在导叶的外螺纹上；各段间的密封靠导叶螺纹间的金属接触进行。因此导叶应紧固到周围的止动螺钉，防止叶轮转动；屏蔽泵各部螺栓紧固力矩值一定要符合要求；密封垫圈之类的零件，确认无有害的伤痕和污物后方可组装；装配完成后，用手转动转子，转动应均匀、灵活。

泵体过热是由于机组润滑油油质下降或因泄漏而缺失引起的；还有传动轴承损伤，使得摩擦力上升而引起的。因而当泵体出现过热现象时，第一步需要检测机组的润滑油油质以及是否有泄漏，然后再检测传动轴承是否完好。若通过两步检查工作以后，泵体仍出现过热，则需要检测泵的传动轴是否出现弯曲或者两传动轴不同心，并检测泵的叶轮是否平衡，进而确保泵传动轴和其叶轮之间的平衡转动。

故障泵的传动轴承若出现振动故障，会使系统流量降低，泵体因过渡发热也损坏。其故障的原因有 2 个：系统润滑油油质下降、润滑油缺失；运行过程中，机组严重振动。机组过度振动受三方面原因的影响：泵传动轴与电动机转动轴发生形变；传动轴承受损；机组固定螺栓出现松弛。当机组出现严重振动时，第一步需要检测机组的固定螺栓，确定其完好固定；第二步检测传动轴承，若出现受损需要及时更换。若机组仍然过度振动，则可判断泵传动轴与电动机转动轴发生了形变。其该种形变一般属于临时性形变，是因局部过热引起的，待温度下降以后停机，该现象会消失。

9.8　实例分析

实例四十九

某气化厂空分分厂，2005 年 5 月 3 日 15 时 30 分左右，1# 10000m^3/h 空分设备的液氧泵在运行过程中，现场突然传来“砰”的一声异响，中控室声光报警显示液氧泵轴温过高联锁停机。操作人员急忙奔赴现场，发现液氧泵附近有珠光砂溅出，泵上方冷箱有变形，液氧泵电机烫手。用手转动电动机轴承，发现有严重的卡阻现象，必须进行拆泵检修。

在拆泵过程中发现，泵轴承处的密封室有黝黑且燃烧过的痕迹，密封垫圈破损较严重，密封室微小变形，电动机轴承微小扭曲，电动机及泵体等其他部件未损坏。经仔细分析，可燃物是轴承润滑脂，微量的油脂或油蒸汽可能进入靠近轴承处的密封室。助燃物氧气来自液氧泵本身，泄漏到密封室。明火源：迷宫密封间隙过小，尤其是在低温状态下发生变形，在启动运转时金属相互摩擦产生火花；电动机受潮漏电，也会产生火花。措施：液氧泵冷却启动前，应将吹除阀打开，先对迷宫密封通以常温氮气吹除10～20min，一方面将氧气驱走，同时使密封恢复到常温间隙；先通入密封气，调整到合适压力，再打开泵的进、出口阀，让液氧入泵冷却，此时密封气压力必须高于进口压力0.05MPa左右；盘车，确定无故障后，启动泵。注意泵的进口压力是否稳定，如压力波动或出口压力不上升，可能产生汽蚀现象，必须打开泵体上部排气阀，继续冷却液氧泵，压力趋于稳定后，再控制密封气压力比密封前的压力高0.005～0.01MPa。液氧泵运转中不得关闭进口阀，密封气不得中断，应随时进行调整。每1h检查1次进出口压力及密封气压力，流量是否正常，是否有气液泄漏情况。每1h检查1次泵侧轴承温度及电动机温度，轴承温度应控制在－25～70℃。每2h检查1次液氧泵的运转情况。

实例五十

尿素装置里，尿素熔融泵是蒸发系统的关键设备，其能否实现稳定运行，直接关系到尿素产品的质量和产量。该泵的作用是将尿液升压后，送至造粒塔进行造粒。试车以来，尿素熔融泵主要问题有机封泄漏、尿液进入轴承箱体、泵轴断裂及叶轮背帽损坏等。其中，机封泄漏、更换频繁是造成其不能长周期稳定运行的主要原因。据检修统计，更换一次机封一般只能运行10～15d；有时备用泵未检修完，运行泵又因机封泄漏导致蒸发系统停车。因机封泄漏过于频繁，备用泵机封未检修完，运行泵因机封泄漏不能运行，导致尿素高压系统由满负荷减至70%负荷、蒸发系统停车抢修尿素熔融泵达3次。检修熔融泵时，发现：叶轮背帽上有缺陷；叶轮背帽从上背帽的螺纹根部断裂；尿液进入熔融泵轴承箱体，致使润滑油变质。请专业的机封厂家将尿素熔融泵机封由原来的动静环密封形式改为集装式，主机封材质由原来的硬质合金改为碳化硅。并在机封水靠轴承箱端增加弹簧结构形式的机封进行密封(即双密封形式的机封)，当机封泄漏后，尿液泄漏到机封水中，机封水将尿液带出，第2道机封保证尿液不沿泵轴泄漏，避免尿液进入轴承箱体，造成轴承损坏及润滑油变质。将熔融泵入口液位计位置改到距二段蒸发出液管视镜200mm的位置（将其安装标高由EL114897mm提高至EL122594mm，使其与泵之间的距离由6147mm增大至13844mm)。增大了液位计与泵之间的距离，当LIC1135检测到液位低时，液位计与泵之间的管路中介质的量比原来要多，为LV1135动作预留足够的时间，能及时稳定液位，杜绝泵抽空现象。另外，在泵入口视处（二段蒸发分离器液相出口管线上的视镜）增加一摄像头，将其监测的液位情况引至中控操作界面，操作人员也可根据屏幕上显示的视镜液位进行控制，保持视镜液位在1/3～2/3。原设计中控操作画面上没有电流显示将尿素熔融泵电流由配电室通信到中控操作画面上，电流记录由原电工记录改为操作人员记录。并根据运行情况（尿素熔融泵正常运行电流的经验值为75～85A，低于75A泵开始振动）设置高低报警，加强工艺指标的管理。现场巡检，由以前的2h巡检1次改为0.5h巡检1次。备件到厂后必须进行验收检查，并由设备技术部出具质量鉴定报告。保证泵各种配件至少在3套以上，并24h全天候抓好备机工作。检修人员作业时，设备技术员一直跟踪检修，直至检修完毕，并在检修后进行试运行。对检修过程中不能解决的问题及时反馈至设备技术部，并请其协调解决。严格控制一段蒸发分离器内压力在－40～－35kPa和二段蒸发分离器内压力在－70～－65kPa，不允许操作偏离工艺指标。

实例五十一

合成氨装置净化系统输送碳酸钾溶液的贫液泵主要作用是将再生塔底部出来的碳酸钾溶液（温度71～82℃，泵入口表压力0.08～0.11MPa，出口表压力3.59MPa）提压后输送到吸收塔顶部，向吸收塔提供足够的碳酸钾溶液，同时保证吸收塔和再生塔液位的稳定。某石化公司化肥厂原贫液泵（1110JA/B/C）是由美国BINGHAM公司制造，系汽轮机驱动的卧式、单级悬臂式离心泵。一共有3台，两开一备，每台泵流量为181.6m³/h。

2008年，其中的1110JA更换为电动机驱动两级单吸双支撑式耐腐蚀离心泵。新泵的工作转速2980r/min，泵流量为315m³/h，电动机功率500kW，电流57.9A，电压6000V。泵出口阀开度在22%，流量达到285m³/h，能满足正常生产要求，但是效率降低，能耗较高。生产中依靠关小泵的出口阀来调节流量，导致泵出口压力增大，改变了泵原来的设计运行工况，泵出现振动，造成管线泄漏，泵密封泄漏，轴承损坏，泵叶轮断裂。

2012年3月，1110JA的水平振动达到5.8mm/s，造成泵出口阀门的副线与出口管线的焊口开裂，泵的出口引压管焊口开裂。

泵是集装波纹管密封，采取硬对硬密封（碳化硅和碳化钨），密封带有减压套，采取外供密封冲洗水。密封泄漏后拆开检查，发现密封面磨损严重。原因是泵振动大，引起密封面运行不稳，造成磨损。

推力轴承为成对安装的向心推力球轴承7311，径向轴承为外圈无限位圆柱滚子轴承。推力轴承经常发生过热和油黑现象，拆开检查发现泵滚珠磨损。

该泵是单吸双级叶轮，振动高导致一级叶轮入口处断裂。该泵的转速为2980r/min，回转频率为49.6Hz。从泵联轴器处水平方向的谱图上能看出出现低频及倍频成分，现场测得轴向振动小，可以判断是叶轮与壳体摩擦导致。拆开检查发现叶轮口环断裂，二级减压套处有叶轮碎块与轴摩擦产生低频振动成分。泵设计流量大，依靠泵出口阀节流调节，造成泵和管线振动大，轴承、密封损坏。从一级叶轮入口导叶损坏情况看，泵入口存在汽蚀。液体就像弹头连续地打击金属表面，金属表面会因冲击疲劳而剥裂，对金属起电化学腐蚀作用，加速了金属剥蚀的破坏速度则进一步加剧了材料的破坏。由于泵的设计流量（315m³/h）远远大于正常操作流量（285m³/h），需要对该泵出口进行节流来降低流量到正常工作水平。泵的出口压力增大，泵的振动升高，泵密封、轴承频繁损坏。泵流量大，再生塔液位波动时，不易调节，易造成汽蚀。所以对叶轮进行切割来降低流量，从而消除节流调节。

对叶轮进行切割后，同在285m³/h情况下，叶轮改进前的出口阀门开度22%，叶轮改进后的出口阀开度40%；在叶轮改进前的电流43A，叶轮改进后则下降到37A。切割前的泵功率393kW，切割后384kW，节能13%。而且该泵的工作阻力变小，引起的交变径向力和轴向力变小，减少了泵的振动，减少了轴承和密封的损坏。

实例五十二

某石化公司化工厂年产30kt高压法三聚氰胺装置在2008年运行过程中，发生多起熔融尿素升压泵断轴事故，断裂部位都在泵轴端螺纹退刀槽处，并且叶轮螺母及叶轮表面多处出现蜂窝状穿孔，致使设备检修及切换频次高，备品备件消耗大，劳动强度大，严重地制约装置的平稳生产。2008年8月6日20时50分，发现熔融尿素升压泵电流发生异常（电流只有10.5A，正常生产期间电流19.5A），检查电流变化原因，现场检查机泵的声音、振动没有发现异常，但发现泵的出口压力只有0.1MPa（正常生产期间0.8MPa），检查尿素浓缩真空系统二段液位、温度和真空度都正常，反应器出口压力和阀位也没有出现太大波动。初步判断是叶轮损坏或者是泵轴断裂。

(1) 原因分析

将泵体解体后发现泵轴从叶轮安装位置断裂，轴套与轴抱死无法拆卸，叶轮螺母与叶轮表面多处出现蜂窝状穿孔。重新更换泵轴1件、叶轮1件、叶轮螺母1件、轴套1件、机械密封1套（CM4B-060）、轴承3套（2套7307、1套6307）、叶轮螺母1件、O形圈6件（165mm×5.3mm 2件、45mm×4.5mm 2件、38mm×5.7mm 2件）。

宏观观察和分析泵的吸入口叶轮表面与叶轮螺母多处出现蜂窝状穿孔，可以判断是出现汽蚀，轮毂表面存在明显摩擦痕迹。叶轮前后表面密布蚀坑，铸造组织也比较疏松。从整体装配来看，叶轮失重穿孔部位与轴端疲劳裂源点相对应。对失效泵轴断口部位进行宏观观察，宏观断口表面可明显分为3个区：疲劳裂源区、疲劳裂纹扩展区和最后断裂区。仔细观察轴的边缘可看到有几个一次疲劳裂纹台阶，说明该断口的疲劳裂纹源有多处，这些疲劳裂纹源反映了轴端退刀槽处应力集中比较严重。疲劳裂纹扩展区占断口总面积的大部分区域，最后断裂区域很小，说明此轴肩处所受的拉应力较小。由于此处过渡圆角半径R非常小，会产生较大的应力集中，循环载荷作用在应力集中最大的螺纹退刀槽部位，产生了严重的缺口效应，形成了很高的局部应力集中，使泵轴发生疲劳断裂。循环载荷系叶轮失重引起的动不平衡产生的轴向冲击力，造成泵轴频繁断裂。泵轴材质为马氏体不锈钢3Cr13，最高硬度达到56.5HRC，而轴端安装叶轮位置较细（直径16mm）且较长（长度20mm），叶轮螺母安装位置轴颈只有14mm，泵轴叶轮处台阶没有倒角，存在应力集中，属于设计缺陷，致使泵轴断。泵轴结构不合理是泵轴断裂的主要原因。

装置负荷较低，尿素浓缩真空系统二段内部缩二脲含量高出正常值（设计缩二脲含量4.5%，最高时28%），真空系统二段顶部气相管线堵塞严重，真空度差，通过不间断地对真空系统进行冲洗，真空度波动大（正常冲洗时－10～－4kPa，有时达到－20kPa），液位波动大（10%～90%），尿液中水含量随真空降低而增加（－4kPa时水含量0.2%），由于真空系统二段内部介质温度145～150℃，熔融尿素升压泵进出口管线及泵体有夹套，并且机械密封吹扫方式采用API02/62，吹扫介质为0.6MPa的低压蒸汽，尿液中0.2%的水含量易产生微量水汽造成泵的汽蚀；同时真空系统二段吹扫时，块状缩二脲容易从顶部脱落，当液位低时就会进入熔融尿素升压泵入口管线，造成升压泵的叶轮等转动部件卡涩。

(2) 处理方法及效果

尿素浓缩真空系统不好的情况下，为避免熔融尿素升压泵出现汽蚀，在操作上做了调整：尿素浓缩真空系统二段的液位尽可能高控，保持60%以上；真空度不小于－4kPa时，每班按照定期操作要求对真空系统二段气相吹扫，吹扫过程中两人配合，一人吹扫，另一人观察液位变化，现场液位在上部视镜的中上部，中控控制液位不小于90%；现场巡检发现真空系统二段内部有块状物，立即通知中控升高液位，以满液控制，确认块状物溶解后控制液位在60%～80%；严格执行现场不间断巡检制度，对运行设备除了每2h对所有参数记录1次，巡检时发现设备运行参数发生变化，及时调整，避免出现设备损坏。

前期装置停工退料后，由于尿素浓缩真空系统需要热煮，将管线和设备内部的结晶物清洗干净，通常将两端浓缩器充满液后加热至140℃，保持熔融尿素升压泵与浓缩器循环，经常出现泵的汽蚀而振动大。目前采用在尿素浓缩真空系统热煮时停止熔融尿素升压泵，而保持浓缩系统不断充液并保持溢流，来冲洗管线和设备的结晶物。

由于轴端存在应力集中点，且轴颈较细，对熔融尿素升压泵泵轴进行改造。将泵轴叶轮安装位置轴颈加粗，由原来的16mm增加到20mm；叶轮螺母安装位置轴颈加粗，由原来的14mm增加到18mm；对叶轮安装位置增加退刀槽过渡圆角半径2mm，以改善该部位应力集中的程度；为了保证轴承安装顺利，将原来安装轴承位置35mm、长191.5mm轴，改为两段31mm、长140mm和35mm、长51.5mm的台阶轴，并增加倒角；将叶轮内径增加，轴套内径增加；为了保证轴套与轴更好的安装，使得轴套内部增加倒角；由于叶轮螺母安装位置轴颈增加，重新加工配套叶轮螺母。对新加工的泵轴严格按照要求进行热处理，保证泵轴获得良好的综合力学性能。在安装叶轮时，在叶轮螺母与叶轮之间安装柔性垫片，螺母的预紧力要适当，不宜太大；泵体安装联轴器后找中心（联轴器采用弹性膜片联轴器），偏差严格控制在0.1mm以内。

通过对升压泵断轴原因分析，解决了泵运行的瓶颈问题，进行设备改造和工艺调整，熔融尿素升压泵在装置不同负荷下的运行周期有了显著的延长，再未发生断轴事故。

实例五十三

某石油化工公司3.3Mt/a柴油加氢装置的循环氢脱硫系统中的贫胺液升压泵P-2104B是节段式多级离心泵，型号为TDF160-120×7，设计流量为148m^3/h，出口压力为8MPa，驱动采用增安型三相异步电动机，型号YAKK450，功率2560kW，转速2970r/min，双支撑球型轴瓦，甩油润滑，泵机联合焊接底座。运行初期，发现：电动机有间歇性杂音，并伴有顶部冷却器和前（联轴器侧）、后轴承箱振动大，轴瓦温度高等明显的故障状态。特别是在连续运行0.5h后，以上症状明显加剧。

(1) 故障现象

装置单机试运行阶段，每次启动该泵时，在0.5h内泵与电动机的运转状况勉强维持在容许运行的标准范围内。在开车0.5h内对泵及电动机进行检修，P-2104B的具体测点布置见图9-1。其中A点是轴向方向，H点是水平方向，V点是垂直方向。测试得到的振动数据（随电动机间歇性杂音而脉动的振动峰值）表明，当运行超过0.5h后，电动机开始发出间歇性杂音，两侧轴承箱及结构框架振动明显增大，噪声增大，噪声集中在电动机上方的冷却器位置，轴承温度曲线上升明显，电动机的振动情况开始恶化，但此时由于泵采用的膜片联轴器具有减振作用，机泵的运行状态还是相对平稳，流量、压力值基本正常。泵的运行相对平稳，由于电动机轴瓦和定子温度能够稳定在一定的范围，振动数值也没有继续升高，对工艺生产运行影响不大。在加强监控和巡检情况下，电动机维持缺陷状态运行。

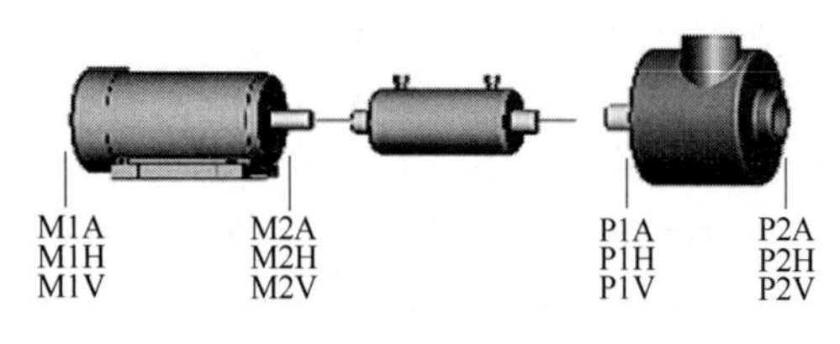

图9-1 P-2104B振动测点位置

(2) 故障原因分析

首先，查阅装置建成后生产准备时单机试车记录。由于流程限制，该泵水运行试车时间只有12min，无论电动机单机试车还是联动水运行，电动机振动均小于2mm/s。检查地脚螺栓，发现紧固正常；复查设备对中情况，对中良好，无超差；联轴器螺栓、膜片完好；泵配管无应力复查合格；泵运行中流量、扬程均在设计指标内。故障查找排查过程中发现机泵电动机联合底座电动机下方中心位置缺少灌浆约500mm×400mm×120mm（发现后即刻补灌浆，保养）；电动机冷却器占总数1/4的风管有松动迹象（发现后即刻补焊加固）；电动机中间花板和列管也有相同的松动，但因条件限制暂时无法加固；前后轴瓦磨损正常，润滑油色泽发黑，无明显金属磨粒或巴氏合金碎屑；拆卸转子校动平衡合格，检查过程中排除了所有转子动静间隙偏差和碰擦的可能；修刮轴瓦，接触角为120°，接触面积合格，间隙为0.20mm，在标准范围内，瓦背与瓦座接触面积良好（70%以上）；更换润滑油；复校中心。经过全面认真排查检修后重新试车，电动机振动明显减小，轴瓦温度也有所降低，但0.5h后电动机开始发出和原来相同的间歇性杂音，伴随间歇性杂音振动值同步略有增加，在观察运行了1个月后，振动和杂音始终存在。检修与检修前对比数据可知，电动机经过检修虽然在振动数值上明显小于检修前，但对于运行工况稳定的新电动机来说，振动显然较高，而且杂音没有消除，说明除了灌浆和冷却器松动的缺陷外故障点仍然存在。

为了进一步查明电动机振动产生的原因，通过与P-2104A泵的运行进行比较，并对P-2104B泵电动机空负荷及带负荷进行对比，并采集振动数据加以分析，得到的频谱图情况非常相似。发现无论在哪种情况下，该电动机工频的1、2、3、4、5、6倍频分量突起明显，通过分析显示存在部件松动的可能。在试运行过程中因电动机前轴瓦温度超过电动机轴瓦温度最高容许的运行参数85℃，发生泵组联锁没有收集到GA2104B电动机负荷工况的数据。P2104B带负荷运行初期，电动机1～6倍频最大振动值4.70mm/s远大于560kW电动机的完好标准值1.80mm/s。P2104A电动机负荷状态下最大峰值1.80mm/s。完全符合电动机完好标准。P2104B电动机在空载和单试的情况下电动机1～6倍频的振动值相对来说比较大。通过对比分析可以得出，此振动现象属自励振动，与常见的轴晃动、油膜涡动、油膜震荡有明显的不同，轴抖动通常伴随轴瓦的明显磨损，油膜涡动和油膜震荡的次谐波非常丰富，而经过检查电动机轴瓦没有发现明显磨损，频谱图中也没有发现半频波和其他谐波。根据1～6倍谐波的存在来看，电动机存在部件松动的可能。再次对电动机进行解体检查和检修，更换冷却器；更换机座，消除偏心；更换转子，确保动平衡数值达标。采取以上措施后，重新上试验台进行负荷试车，经过2h连续运转，杂音改变了频率，并减弱（电磁振动产生的杂音已经消除），但测到的频谱中1～6倍频突起依然存在，电动机发生振动的根源仍然没有找到。

根据转子部件松动导致振动故障的机理，机组的振动大小是由激振力和机械阻尼共同决定的。转子支承部件一旦松动，会使连接刚度下降，机械阻尼降低，这是松动振动异常的原因。当轴瓦与瓦座配合具有较大间隙时，轴承套受转子离心力的作用沿圆周方向发生周期性变形，从而改变了轴承的几何参数，影响油膜的稳定性；由于轴瓦结合面上有间隙，系统发生不连续的位移，产生了激振力。通过检查电动机所有主要部件特别是与传动轴相关的组件，对可能引起电动机发生振动的各种可能进行逐一的排查与检修消除，但仍然在频谱图中发现与故障初期相似的情况。振动产生的主要根源集中到了轴瓦与轴瓦座的紧力上。经过检测，前轴承箱球形轴瓦紧力为－0.14mm（标准是－0.05～－0.025mm），轴瓦的这一超差直接造成转子支撑松动，从而引起振动谐波的产生，这就完全符合1～6倍频突起这一现象。通过调整轴瓦紧力，测到的频谱图中没有发现以上情况，电动机的振动检测数值下降到

1.0mm/s 以下，整个机组运行平稳良好，噪声也随之彻底消失。

(3) 故障消除的方法

电动机振动震源是由联轴器侧轴瓦与瓦座紧力偏差引起的，这一超差直接造成转子支撑松动，从而引起振动谐波的产生。电动机制造厂家更换联轴器侧轴瓦与瓦座并将紧力调整控制到标准范围−0.003mm，考虑到长时间运行润滑油温度上升会引起轴瓦与瓦座结构尺寸产生微小变形所以选择偏下限控制。经过电动机单机试验和现场联动运行，振动和噪声现象彻底消除，轴瓦温度也大大降低，在正常使用范围内，经过连续长时间运行监控和检测，电动机的振动数值一直小于 1.0mm/s，联轴器侧油温始终低于 65℃。经过故障原因查找分析以及排除后，P-2104B 运行状态平稳良好。

第10章

离心机的故障处理及实例

离心机的结构形式不同，故障防范方法也不完全一样，但是仍然有一些共性的处理技术。

10.1 启动前的准备

离心机周围不能有障碍物。

所有离心机转子（包括转鼓、轴等）均由制造厂做过平衡试验，但如果在上次停车前没有洗净残留在转鼓内的沉淀物，将会出现不平衡现象，从而导致启动时振幅较大，不够安全。一般采用手拉动三角皮带转动转鼓进行检查，若发现不平衡状态，应用清水冲洗离心机内部，直至转鼓平衡为止。

启动润滑油泵，检查各注油点，确认已经注油。

将刮刀调节至规定位置。

检查刹车手柄的位置是否正确。

液压系统先进行单独试车。

“假”启动，短暂接通电源开关并立即停车，检查转鼓的旋转方向是否正确，并确认无异常现象。

离心机在启动前，必须进行下列检查，检查合格后方可启动：

电动机架和防振垫已妥善安装和紧固；

分离机架已找平；

皮带轮已经找正，并且皮带张紧程度适当；

传动皮带的防护罩已正确安装和固定；

全部紧固件均已紧固，且紧固的转矩值适当；

管道已安装好，热交换器、冷却水系统已安装好；

润滑油系统已清洗干净，并能对主轴供应足够的冷却润滑油；

润滑油系统控制仪表已接好，且仪表准确、可靠；

所使用的冷却润滑油（液）均符合有关规定；

所用的电器线路、保安线路均已经正确接好；

主轴、转鼓的径向跳动偏差在允许范围之内。

10.2 启动

驱动离心机主电动机。

调节离心机转速，使其达到正常操作的转速。

打开进料阀。

10.3 运行和维护

在离心机运行中，应经常检查各转动部位的轴承温度、各连接螺栓有无松动现象以及有无异声和强烈振动等。

离心机在正常运行工况下，噪声的声压级不得大于85dB（A）。

离心机设计、安装时，应根据情况采取防振、隔振措施，减少机器的振动和噪声。

原来运转时振动很小的离心机，经检修拆装后其回转部分振动加剧，应考虑是否系由于转子的不平衡所致。必要时需要重新进行一次转子的平衡试验。

空车时振动不大，而投料后振动加剧，应需检查其布料是否均匀，有无漏料或塌料现象，特别是在改变物料性质或悬浮液浓度时，尤其要密切注意这方面的情况。

离心机使用一段时间后，如发现振动愈来愈大，应从转鼓部分的磨损、腐蚀、物料情况以及各连接零件（包括地脚螺栓等）是否松动诸方面进行检查、分析研究。

对于成品已经使用的离心机，在没有经过仔细的计算校核以前，不得随意改变其转速，更不允许在高速回转的转子上进行补焊、拆除或添加零件及重物。

离心机的盖子在未盖好以前，禁止启动。

禁止使用任何物体、以任何形式强行使离心机停止运转。机器未停稳之前，禁止人工铲料。

禁止在离心机运转时用手或其他工具伸入转鼓内接取物料。

进入离心机内进行人工卸料、清理或检修时，必须切断电源，取下保险，挂上警告牌。同时还应将转鼓与壳体卡死。

严格执行操作规程，不允许超负荷进行；下料均匀，避免发生偏心运转而导致转鼓与机壳摩擦产生火花。

为安全操作，离心机的开关、按钮应安装在方便操作的地方。

试验台必须保证离心机安装正确，并有安全保护装置。

外露的旋转零部件必须设有安全保护罩。

电动机与电控箱接地必须安全可靠。

制动设备与主电动机应有联锁装置，且准确可靠。

10.4 停车

关闭进料阀。一般采取逐步关闭进料阀，使其逐渐减少进料，直到完全停止进料为止。

清洗离心机。

待进料完全停止后，停电动机。

离心机停止运转后，停止润滑油泵和水泵运行。

10.5 日常维护

要保证离心机的长周期稳定运行，必须要做好离心机的日常维护保养和维修工作。

对离心机主轴承温度、振动值、电流值、功率定时记录，详细记录运行规律。

及时检测分离固体的含水率，调整差速，不要造成离心机螺旋超负荷运行。

调整好时间继电器，离心机在油泵启动运行 2min 后，主机才能启动，以确保油预热与预先供油。在主机关闭 2min 后，油泵电动机才能关闭，以保证主机在惯性作用下的转动过程中仍有供油。

用红外测温仪测量齿轮箱温度，若发现齿轮箱的早期故障，必须及时停机排除故障，防止造成设备和齿轮箱更大的破坏。厂家一般要求齿轮箱温度不超过 80℃。根据生产实践，在夏季环境温度较高（达到 35℃）时，齿轮箱温度可达 87℃，如果保持稳定，也可正常运行。

为防止润滑脂干涸、变质，要选用优质耐温润滑脂，约每 3 个月就加注新润滑脂。加注时，要保证新润滑脂将旧润滑脂顶出、新润滑脂从出口排出为止。而且要加强管理，确实分清加油嘴和排油嘴，切不可混淆。

要确保油位在十点半位置，花键输出轴处的油封位置比较隐蔽，如果发生泄漏不容易被发现，所以要注意检查，防止因此造成缺油而损坏齿轮箱。

离心机通常在几次晃电后会出现变频器报警的情况，此时可以重新启动恢复加以解决，如还是不行，则须重新核对变频器的参数即可消除。

10.6 事后维护

沉降式离心机的故障绝大多数是由齿轮箱引起的：正确选用优质润滑油。以前使用过壳牌极压工业齿轮油 150、壳牌 C150、美孚 SHC630，效果都可以，现在使用美孚 SHC630。

在生产实践中，因为离心机不可避免有振动，有时机壳的应力集中部位，或者小缺陷处可能出现局部小的疲劳裂纹，使机器发出异常声音。这时要停机打开机壳仔细检查才能发现小裂纹。一般只须补焊裂纹处即可消除异常声音，排除故障，恢复正常运行。

如果能耗突然增加，可适当增大转速差，如调节后仍继续增加，则应停车进行检查；如果能耗在一段时期内不断增加，则说明可能是螺旋输送器有了比较严重的磨损，应及时予以修复或更换。

在罩壳顶部转鼓的上方引出一段 PP 管短节，经 PP 管将雾气引向一处回收桶排放，观察解决转鼓内物料处理情况的难题和处理后物料排除不畅的问题。在转鼓外沿对称安装两个刮刀，制止分离后的固体在转鼓外沿的结料现象。在罩壳上加装一个喷嘴，通过调节水阀的开启度，使水注喷在结料处，可以消除结料现象，又不影响整机运行。

沉降式离心机开车操作过程中，因自动阀反应有滞后性，为防止离心机因瞬间进料量过大而损坏，须采取限制开始进料量可能过大的措施，如自动进料阀设置高限、手动阀关小、开车时离心机自动阀暂时手动控制等。

沉降式离心机下料后用螺旋输送机送料，螺旋输送机要与离心机联锁。一旦下游螺旋输送机出现故障停止运行，应及时自动切断离心机进料阀，停止进料，防止物料逐渐堆积至离心机处造成离心机损坏。

换油时，要注意新加入的润滑油与放掉的润滑油不要有过大温差，不能加入温度过低的润滑油，尤其是在冬季。因为齿轮箱内铜瓦间隙很小，加入温度过低的润滑油，容易造成间隙过小抱死或者润滑油润滑效果不良而损坏齿轮箱的后果。

因为齿轮箱可能发生突发故障，而离心机在连续生产装置中的作用较关键，为防止因为齿轮箱故障造成长时间停车，管理上应考虑配备齿轮箱备机，以应对突发故障。

10.7　定期维护

每天必须用注油器给离心机转鼓前后轴承加注 3# 锂基脂 50g 左右，每周必须从差速器输入轴中心注油孔注入 3# 锂基脂 500g 左右，每半年清洗换油 1 次，保证润滑。

与普通的冲洗管相比，带毛刷的冲洗管对上清液返流管冲洗得更彻底。上清液返流管清洗周期一般在 50～100h 之间。

离心机前的污泥螺杆泵，必须定期进行清理，避免离心机正在运行时因污泥螺杆泵被毛发堵塞，造成离心机被迫停机，污泥螺杆泵的清理周期一般在 50～100h 之间。

催化剂中含有大量金属性的粉尘颗粒，这些颗粒物质极易造成变频器的通风散热不畅，导致变频器报警，对此，需要加强对变频器的日常清扫工作，同时严格保证离心机控制室的密闭性。

冲洗间隔时间因物料性质而定，一般污泥一个月冲洗一次为宜，也可用测离心机转鼓振动的方法来判定是否需要冲洗。

沉降式离心机每次开停车都要保证将转鼓内物料冲洗干净，防止因此造成离心机损坏。

在每次离心机运行结束后应加强对离心机转鼓的水冲洗。否则，在下次开机时，转鼓会因受力不均匀，造成动平衡的破坏，导致离心机强烈振动。

在每次清洗上清液返流管完毕重新安装液位挡板时，应注意必须确保所有的液位挡板都在相同的高度上，并应保证液位挡板高度的公差为±0.25mm，否则将会导致离心机受力不均匀，产生剧烈振动。

定期拆开清洗齿轮箱内的油泥，尤其是新机器，磨合的金属屑和油泥会因离心力沉积在齿轮箱内壁上，要及时清除。

每半年对装置检查 1 次，一年进行 1 次大修。

根据平时离心机出现的问题，制定了检查维护明细，包括每日、每周、每月、每年、每两年及每三年的维护明细。

每天维护包括：检查离心机分离结果、产品流量平均、冲洗离心固体物料室和固体物料轴的清洁、离心机操作条件、检查润滑油循环系统及检查清洗和清洗液。

每周维护包括：从排油阀取润滑油样品，同时排掉可能有的油箱中的任何水分；检查油过滤器、滤芯过滤器，检查差压和污染情况。

每月维护包括：检查固体物料排放溜槽的磨损情况；检查固体物料室中的撞击区的磨损情况；用油检查过滤器的污染；检查V形皮带和V形皮带轮。

每六个月的维护主要为检查，如有必要更换离心机薄的金属段。

要定期调整各级推料块与转鼓筛网间的间隙，防止料层不均，其间隙根据生产条件和物料特性而定，按与Ⅰ级转鼓间隙0.30mm、与Ⅱ级转鼓间隙0.20mm进行调整。

由于长时间腐蚀会造成密封老化，为防止物料泄漏，每年必须及时更换填料箱的密封。每两年，应更换液压液体和油过滤器滤芯。

离心机通过液压系统在中心润滑，第一次试运转之后9个月必须更换润滑油和油过滤器滤芯和清洗油入口滤网。电动机轴承在工厂已用油脂填充，每隔半年更换一次润滑脂。

每天检查1次机座的振动（振速<4mm/s），如振动偏高应及时安排进行离心机的正反洗。同时检查主轴承及回油温度（不超过95℃），如油温过高应及时停车检查主轴承。油冷器出口温度应低于回油温度20℃左右，否则应清洗油冷器。每天检查1次油位，如油位下降太快应及时检查出泄漏点。在检查时如发现油压偏低或油泵电动机温度偏高应及时切换油过滤器，并清洗切换出的过滤器。正常情况下离心机每半月反洗1次，利用反洗机会对机体密封及螺旋轴承进行加脂，同时排出旧脂。对双联轴承座也要进行加脂。每月对主轴承润滑油进行一次分析，如分析不合格应及时更换，每半年必须更换1次。每半月对液力偶合器及差速器油位进行检查，油位偏低时应及时补加。

10.8　检修要求

拆卸螺旋时，若无专用拆卸工具（需向原厂家订购，价格昂贵），只能从垂直方向拆卸，但必须事先预设计并制作一个承重架。

输送螺旋表面堆焊耐磨层的零部件的最大磨损量（径向）应≤10mm。

检查靠近机体迷宫密封密封环的轴封磨损情况，如果轴瓦上的划痕或沟槽深度超过0.1mm，需更换轴瓦和密封环。

转子组体修复后，转鼓和输送螺旋必须进行同心度检查。端轴颈最大径向偏差0.02mm，固体端螺旋轴颈和进料端平衡轴颈的最大径向偏差0.02mm。

调整筛缝时，先用少量黄油涂抹在推料片表面，将推料片粘在推料槽中，装推料压盖，将0.2mm厚的铜片筛入推料片与转鼓的间隙中，用四氟棒轻敲压盖，目的是让粘在推料槽中的推料片压住铜片，然后把紧螺栓，从而保证筛缝间隙量为0.2mm；挡料环与大筛篮间隙的调整、连接环与大筛篮间隙的调整，应保证环向间隙均匀，若不均匀，用锉刀打磨螺栓孔，调整间隙。

保证螺栓按规定转矩对角拧紧，实心轴与二级筛篮，空心轴与大筛篮皆为止口定位、配合，同一筛篮螺栓用统一转矩拧紧保证了筛篮间的间隙均匀。不需要转矩扳手拧紧的螺栓，同一备件的一圈螺栓建议由同一人拧紧，以保证转矩均匀。

筛篮紧固螺栓、螺纹孔需用对应板牙、丝锥清理残留密封胶。零件的配合面需用白布擦净，有磨损部位，需用砂纸打磨清除毛边等。

实心轴装入三种衬套中（轴承衬套、密封衬套、导向衬套），需有一定阻力，若很滑地装入，则说明衬套磨损或实心轴已经磨损。

为了提高工作效率，离心机检修工具系统化，并将专用工具保存在现场；由于离心机检修空间较为狭窄，拆卸螺栓最好使用风扳手或棘轮等；离心机图纸需摆放在靠近装置的箱柜中。离心机检修常用密封组件、推料片等，需置于设备现场较干燥的箱柜中保存；可先预制离心机实心轴及空心轴密封，将密封备件事先装入密封腔中，需更换密封时，整体更换。离心机螺栓种类较多，可备用一套，减少清理螺栓卫生时间。

在转鼓的起吊及翻转过程中，吊绳选择柔软的尼龙纤维环型吊绳，则避免通常使用钢丝吊绳对装置的外壳因摩擦挤压产生的损伤。平衡梁的使用减少吊装绳具在起吊过程中产生的夹角应力，解决因空间限制所产生吊点选择困难的问题，减少转鼓起吊时所承受的吊绳夹角应力，也避免壳体的变形。抽芯工作时由于螺旋和转鼓之间的间隙太小，所以要求在指挥操作过程中，行车的走位必须精确，否则，在抽取过程中螺旋就会与转鼓壁之间产生摩擦而损伤输送螺旋。拆卸、转运及输送螺旋的抽取等都应做到精确计算和精心指挥，才能保质保量地完成整个拆卸工作。

只有在正式安装之前才能把螺旋端面密封取出，以保证高精度表面不被损伤和污染。

固体侧采用便于成对安装的角接触球轴承，轴承安装时应保证轴承内圈的高轴肩相互成一直线。液体侧采用普通滚柱轴承，安装新轴承时，应使用新的调整垫片。

同心度检查完后，对螺旋和转鼓分别做动平衡试验。动平衡转速应接近运行转速。

10.9　实例分析

实例五十四

某选煤厂引进澳大利亚约翰芬蕾公司两台VM1300MK卧式振动离心机。该设备自投入使用以来在生产中发挥了重要作用。但随着时间增长，该设备渐入老化期，离心机的故障停车变得越来越频繁，平均运行3个月就要停车进行故障处理，每次检修就要花费3～4d时间，给生产带来了很大影响。

卧式振动离心机主要由工作系统、回转系统、振动系统和润滑系统等部分组成。工作系统主要由入料管、筛篮、筛座、机壳组成；回转系统主要由主电动机、大胶带轮、小胶带轮、主轴总成、支撑装置、密封装置组成；振动系统主要由振动电动机、弹性元件组成；润滑系统的作用是对主轴承进行润滑、冷却及对润滑油的过滤净化。卧式振动离心机的运行原理是：物料由入料管进入筛篮，受离心力和轴向力的综合作用，锥形筛篮在高速旋转的同时兼做轴向快速振动。筛篮的快速振动克服了物料之间以及物料与筛条之间的摩擦力，促使物料层松散并以一种流态化的形式沿筛篮斜面运动至出料口；筛篮产生的巨大离心力使物料表面的水分透过料层和筛缝，甩向机壳四周，最后汇集到出液口排出。

(1) 密封装置介质泄漏故障问题的处理

VM1300MK卧式振动离心机主轴两端分别有一个密封装置。该装置由非接触式迷宫密封和接触式油封密封组合而成，一方面是用来防止主轴承箱内润滑油泄漏；另一方面是用来防止环境中的煤泥水及粉尘进入主轴承。在VM1300MK卧式振动离心机的后期维护中，密封装置经常发生密封介质泄漏故障，造成润滑油严重浪费和机械设备损耗，还增加了维护维修费用和维护量。

在拆检图10-1的回转系统时，主轴两端处密封装置经常发现以下问题：①O形橡胶圈已挤坏，O形橡胶圈压板侧面翘曲变形；②外侧骨架密封圈唇部磨损严重并附有煤状颗粒；③内侧骨架油封唇口光滑，整个唇口硬化，唇口已发生龟裂；④主轴油封配合部有环状啃伤。

漏油主要原因有：环境湿度大，粉尘颗粒多，水仓体内煤泥水飞溅，而且有较强的冲击；密封点多，密封措施不得当；主轴工作时，轴向窜动量（3～5mm）较大。O形密封圈在工作过程中，频繁脱出、挤入密封槽，被密封端盖锐角边咬伤。外侧骨架油封唇口工作时得不到润滑，在干燥状态下滑动，与主轴产生异常磨损。由于外侧骨架油封与主轴的干摩擦，致使主轴温度迅速升高。内侧骨架油封受其影响唇口处温度也迅速升高，当温度超过骨架油封的耐热极限时，骨架油封失效，出现唇口硬化及龟裂现象。

图10 2的密封装置改进措施如下：迷宫密封处结构尺寸进行重新调整，提高密封效果；取消了O形圈及挡圈，减少密封点；设计浓尘密封结构，防止煤泥水及粉尘进入；取消外侧骨架油封，防止此处干摩擦；内侧选用带副唇结构骨架油封，提高密封效果；选用高质量的密封元件。

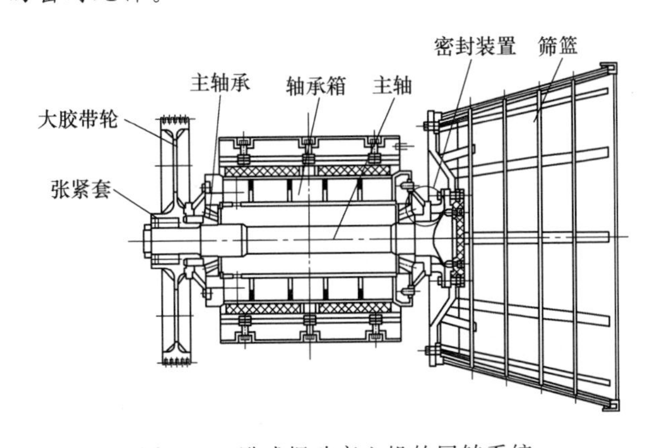

图10-1 卧式振动离心机的回转系统

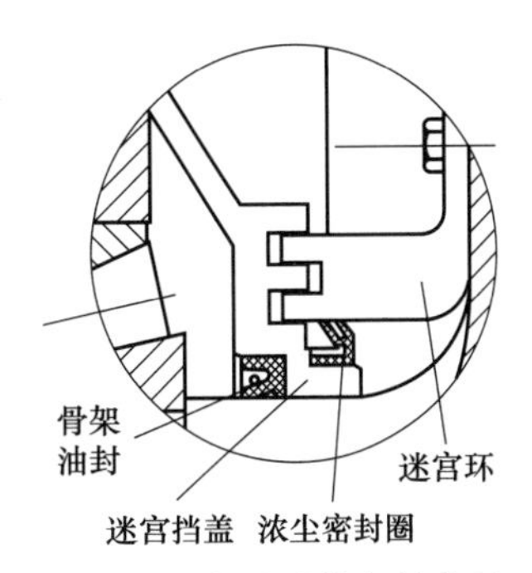

图10-2 改进后的密封装置

VM1300MK卧式振动离心机密封装置改进后，经过一年的运行，未发现主轴处密封介质泄漏，轴承温升正常，润滑油路流量、油压均正常，还有效地降低了工人的劳动强度，同时还为设备使用单位节约了大量的维修费用。该密封装置中的浓尘密封，在工作过程中不需要添加任何润滑剂，既保证了密封的稳定可靠，还便于现场维护。

(2) 入料部分堵料及分料不均故障问题的处理

VM1300MK卧式振动离心机入料部分由分配盘、筛篮、入料管组成。通过频繁维修入料管路，发现如下问题：①入料粒度大于12mm时，机体噪声较大，入料管分配盘处出料口易堵塞；②入料管分配盘出料口处磨损严重，且三个出料口的磨损程度不均，出料口大小差别较大；③分配盘端面磨损严重。

故障原因如下：入料管分配盘处出料口太小，出料口直径小于12mm，当有直径大于12mm的物料通过时，易造成出料口堵塞，分配盘随筛篮高速旋转，产生不平衡惯性力，从而使设备产生有害的振动及噪声；分配盘上布置分配锥，原设计目的是降低物料对筛篮底部的冲击，将物料均匀洒入筛网上；实际由于物料的不断冲击常常使分配盘产生不均匀磨损，

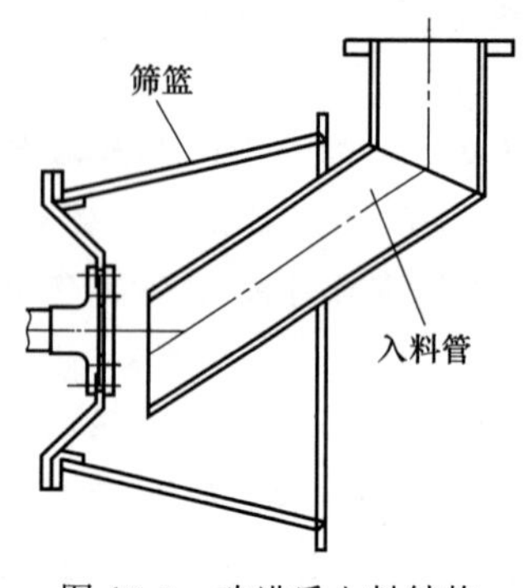

图 10-3 改进后入料结构

物料很难实现均匀洒入筛网；分配盘采用铸造结构，属于薄壁旋转件，由于材质不均、毛坯缺陷、加工和装配误差均可造成工作时偏心，使设备产生有害振动及噪声。

如图 10-3，改进后入料结构的特点是：

入料管由原来的弯管改成对折管结构，采用优质无缝钢管焊接而成，内衬耐磨陶瓷以减小物料对管壁的摩擦力，提高其使用寿命；

取消分配盘，简化结构，加大对物料粒度的适应范围；

入料管的中心线下移。防止入料时，物料对筛篮冲击过大，引起机体振动。

实践证明，VM1300MK 卧式振动离心机入料部分改进后，入料更加通畅，扩大了设备对入料粒度的适应范围，入料管使用寿命有效提高，使离心机的处理量及产品水分达到最佳效果。

第11章 压缩机组的故障处理及实例

压缩机组处理不当，往往会引起事故。对于尿素装置，紧急停车时，往往是二氧化碳先断，而合成塔仍然有液相进料。如果合成系统进二氧化碳管线单向阀关闭不严，易导致二氧化碳管线倒液事故，结晶堵塞管道，甚至损坏机组。因此，停车处理时，一旦机组跳车或氨泵跳车，主控人员应立即退出二氧化碳，联系现场关闭二氧化碳角阀。可见，压缩机组问题产生的原因比较复杂。

11.1 离心式压缩机组的维护

11.1.1 启动前的准备

对运行人员来说，首先要了解离心式压缩机的结构、性能和操作指标。

检查管路系统内是否有异物（如焊屑、废棉纱、砂石和工具等）和残存液体，并用气体吹扫干净。初次开车前对管路系统进行吹扫时，应在缸体吸入管内设置锥形滤网，经吹扫运行一段时间后再拆除，以防异物进大缸内，导致严重的事故。

检查管路架设是否处于正常支承状态，膨胀节的锁扣是否已打开。应使压缩机缸体受到的应力最小，不允许管路的热膨胀、振动和质量影响到缸体。

检查润滑油和密封系统，油系统在机组启动前应确认油清洗合格，油箱的油量适中且经质量化验合格；油冷却器的冷却水畅通，蓄压器按规定压力充氮，以及主轴泵及辅助油泵是否正常输油和密封油是否保持液封等。

检查电气线路和仪表风系统是否完好。各种仪表、调节阀门经校验合格，动作灵活准确，自控保安系统经检查动作灵敏可靠。

检查压缩机本身。如大型机组都设有电动机驱动的盘车装置，小型机组配置盘车杠，启动前应通过盘车检查转子是否顺利转动，有无异常现象；检查管道和缸体内积液是否排尽，中间冷却器的冷却水是否畅通。

拆除所有在正常运行中不应有的盲板。

11.1.2 启动

和其他动力机械相仿，主机未开辅机先行，在接通各种外界能源（如电、仪表、空气、冷却水和蒸汽等）后，首先启动润滑油泵和油封的油泵，使其投入正常运行。

检查油温和油压，使其调整到规定值。油温开始较低，特别是冬季开车，应用油箱底部的蒸汽盘管进行加热。油温要求在15℃以上时允许启动辅助油泵进行油循环，加热到24℃以上时方能启动主油泵。停辅助油泵并将其放在适宜的备用位置。油泵的出口压力一般调整到0.147MPa（1.5kgf/cm^2）。

启动可燃性气体压缩机时，在油系统投入正常运行后应首先用惰性气体（如氮气）置换压缩机系统中的空气，使氧含量小于0.5%后方可启动。然后再用工艺气置换氮气到符合要求，并将工艺气加压到规定的入口压力。

启动前将气体的吸入阀门按要求调整到一定位置，对于不同的机组要求不一样。对电动机驱动的压缩机，为了防止在启动加速过程中电动机过载，因此应关闭吸入阀，同时全部打开旁路阀，使压缩机空负荷启动且不受排气管路负荷的影响。十几秒钟后压缩机达到额定转速，然后再渐渐打开吸入阀和关闭旁路阀。而对汽轮机驱动的压缩机来说，转速由低到高逐步上升，不存在电动机驱动由于升速过快而产生的超负荷问题，所以一般是将吸入阀全开，防喘振用的回流阀或放空阀全开。如有通工艺系统的出口阀，应予以关闭（如CO_2压缩机通工艺系统的出口放空阀按现场经验开启为50%左右较适宜）。

启动前，全部仪表、联锁系统投入使用，中间冷却器通水。

对汽轮机暖管、暖机。暖管结束后逐渐打开主汽阀在500～1000r/min下暖机，稳定运行半小时，全面检查机组。检查内容包括：润滑油系统的油温、油压和轴承回油温度；密封油系统、调速油系统、真空系统、汽轮机的汽封系统和蒸汽系统以及各段进出口气体的温度、压力是否异常；机器有无异常响声等。当一切正常，油箱油温已达到32℃以上时，则可开始升速。油温升高到40℃时，可切断加热盘管蒸汽，并向油冷却器通冷却水。其中，调速系统部件出现漏油问题的关键是解决油的质量问题，在实际生产中，要将油的过滤标准提高，应该安排专门人员对管路系统进行定期检查和清洗以减少漏油故障的出现。还应对系统中的不合适部件进行更换，以解决系统逆止阀不严的问题。焊接箱体也要保证其结构的合理以确保其顺利工作。汽轮机调速系统部件出现卡涩故障较容易解决，只要在生产中经常检查蒸汽质量、要保证油质量的级别，只有这样才能使其高效正常工作。

当汽轮机驱动的压缩机转速达到500r/min以前，应按照暖机运转的程序进行，然后全部打开最小流量旁路阀，按预先制定的机组负荷试运升速曲线进行升速。从低速500～1000r/min到正常的运行转速的升速过程中，中间应分阶段作适当停留，以避免因蒸汽突然变化而使蒸汽管网压力波动。但注意在通过临界转速区（临界转速的±10%）时不要停留，以防转子产生较大振动，造成密封环迷宫凿片和轴承等间隙部位的损伤，甚至可能导致密封严重破坏。通过临界转速区进入调速器起作用的转速器（最低转速一般为设计转速的85%左右）时可较快地升速，使机组逐渐达到额定转速。在升速的同时对机组的运行状况要进行严密监视，尤其注意机组的异常振动。

11.1.3 运行和维护

建立一套完好的操作记录。压缩机的操作记录是记载压缩机运行状况的依据，是避免不必要修理的好办法。操作记录的项目大体包括：压缩机轴承温度，各级的振动情况，各级进、出口的气体温度和压力，润滑油、密封油的油温和油压，油箱的油位高度，中间冷却器、油冷却器和后冷却器进出口冷却水的温度以及电动机的安培数等。必要时测试、记录冷凝液的 pH 值。各项记录数据，无论是用目测或用自动方式连续记录而得到的，都要经过核实和校正才能使用。在正常操作情况下，机器每一个零部件的使用寿命决定于操作者的工作是否谨慎、细致。

操作者最好将本装置与其他类似装置中所列举的正常操作压力、温度等控制值列成表格。此外，还应将最大允许偏差值列入表内，以便于比较。

运行时，为保证压缩机在苛刻条件下长期安全运转，防止事故发生，运行中的监视是很重要的维护项目。运行中的监视项目主要有：异常喘振和振动监视、诊断（主要监视项目），密封系统的异常诊断（其中包括气体泄漏检测、密封压力差、密封油的喷淋量和工艺过程的压力、温度变化的监视），其他监视项目（轴承温度、润滑油、密封油的压力、温度和油质状态）。

大容量压缩机设有许多保护装置和调节系统，其重要性与压缩机相当，因此，在压缩机的启动中或运转中，都要监视保护系统和调节系统是否正常。

在压缩机运行中，随着出口压力的调高，汽轮机的转速可能有些下降，此时要进行调整，必须使机组在额定转速下运行。

如果两台压缩机并联运行，应首先熟悉并联机组的运行特性，并对各机流量作妥善的分配。如果气体需要量很小，为防止出现喘振现象，应使一台作全负荷运行，而另一台停止使用。如果需气量增加，则可两台投入管网运行。需要注意的是在没有出口止逆阀（或称单向阀）时，第二台机要在达到全速和额定出口气压后才可打开通往管网送气的阀门，以免管网气压高于压缩机的出口压力而造成倒流。如果第二台设备有本系统的放空阀，在小流量时应把阀门完全打开，以防喘振。

11.1.4 停车

压缩机的正常停车顺序与开车顺序相反，其程序如下：

接到生产车间的停车通知后，关闭送气阀，同时打开出口防喘振回流阀或放空阀，使压缩机与工艺系统切断，全部自行循环；

关闭进口阀，启动辅助油泵，在达到喘振流量前切断汽轮机或电动机的电源；

通过调速器使汽轮机降速。降到调速器起作用的最低转速时，打开所有的防喘振回流阀或放空阀。开阀顺序应为先开高压后开低压。阀门的开、关都必须缓慢进行，以防止因关得太快而使压力比超高造成喘振；也要防止因回流阀或放空阀打开太快而引起前一段入口压力在短时间内过高，而造成转子轴向力过大，导致止推轴承损坏；

用主汽阀手动降速到 500r/min 左右运行半小时（注意快速通过临界转速）；

利用危急保安器或手动停车开关停机；

关闭压缩机出口阀，防止管网工艺气体倒流至机器中；

在停机后要使油系统继续运行一段时间，一般每隔 15min 盘车一次。当润滑油回油温度降到 40℃左右时再停止辅助油泵，关闭油冷却器中的冷却水以保护转子、轴承和密封系统；

关闭压缩机中间冷却器的冷却水。

如果工艺气体是易燃、易爆或对人身有害的，需在机组停车后继续向密封系统注油，以确保易燃、易爆或有害气体不漏到机外。如机组需要作长时间停车，在把进、出口阀都关闭以后，应使机内气体卸压，并用氮气置换，再用空气进一步置换后，才能停止油系统。

11.2　螺杆式压缩机组的维护

11.2.1　启动前的准备

打开油气桶底部的泄油阀，将停机期间的冷凝水排出，一旦有油流出，应立即关闭泄油阀。

针对螺杆空气压缩机24h连续运转、高温高热的环境下作业的现状，务必在每周至少一次停机10h以上，并且调整机体排气温度在75～95℃之间，主要目的是避免油乳化、机头轴承烧毁、油细分离器寿命缩短。

打开水分离器或后冷却器排污阀，排出冷凝水。

检查油位是否正常，润滑油量应适中，不足时应予以补充。严禁混用不同牌号的润滑油。混用不同牌号或非生产厂指定的润滑油，会造成机头卡死的严重后果。补充润滑油时，应确定系统内已无压力时方可打开加油口盖。

观察油位应在停机10min以后进行，此时系统中流动的油基本上已回流至油气桶，运转中的油位可能较停机时之油位稍低。

11.2.2　试车、开机

接上电源线及接地线，测试主电压是否正确，三相电源是否无误。

检查油桶内油位是否在H与L之间，以确保开机正常运转时的油位。

试车前，应向进气阀内加入0.5L左右的润滑油，并用手转动螺杆式空压机数转，防止启动时空压机主机因失油而被烧损，尤其特别注意，切不可让异物掉入压缩容积内，以免损坏主机。

检查冷却系统（主要针对水冷式机型），打开水路，确认水压在0.15～0.5MPa之间。

检查排气管路是否畅通，避免开机后因空气压力迅速提高而造成憋压。

按下“ON”按钮启动后2s内，立即按“紧急停止”按钮，检查转向是否与机头端面（转轴伸出端）的箭头方向一致，若转向不对，应调换三条电源线中的任意两条。

按下“ON”按钮，螺杆空压机开始运转。

观察仪表及指示灯是否正常，注意各报警指示灯是否有异常指示。

若发现有异常声音、异常振动或漏油等现象时，应立即按下“紧急停止”按钮停机检查。

检查机体排气温度（观看排气温度表）是否保持在75～95℃之间。

11.2.3　运行维护

在运行中，特别注意螺杆式压缩机是否超出规定参数值，如进气压力过低、排气压力增加、进气温度上升、排气温度上升以及轴承温度过高等。

检查转动件之间是否有接触故障发生及轴承是否损坏。螺杆式压缩机阴阳转子间隙过大时，在高速旋转的阴阳转子高强度挤压下，对啮合面产生破坏性磨损，表面出现大小不一的凹坑和凸点，加剧阴阳转子的异常跳动，同时急剧升温，最终造成转子高温烧结。

当运转中发现有异常响声或异常振动时应尽快停机。因螺杆压缩机噪声很大故难以发现异常声音，当突然停车和保护装置动作停止时，必须在查明原因之后，经过旋转和空负荷过程方可重新开车。

吸入的气体被腐蚀性气体污染时，因污染的气体的冷凝会腐蚀转动部件，应调节冷却水量，使二段入口气体温度在 15～20℃的大气温度范围内。

运转中管路及容器内均有压力，不得松开管路或塞头以及打开不必要的阀门。

在动力润滑的条件下，黏度过低的润滑油不易形成足够强的油膜，会加速阴阳转子的磨损。此外，由于空载运行时间较长，运行温度较低，空气中的水分容易凝露造成润滑油的乳化，进一步降低润滑油的润滑效果。为了确保润滑油的质量，定期更换润滑油，建议更换周期为 1 年。在运行时必须保证压缩机不能有过多的杂质混入，所以需要定期更换油气分离器、空气过滤器、油过滤器。

在长期运转中，若发现从观油镜中观察不到油位，应立即停机。停机 10min 后观察油位，若油位不足，等待系统内压力降至为零时，将油位补充至 H 偏上位置，以确保开机正常运转时油位保持在 H 与 L 之间。

后冷却器及水分离器含有凝结水，应把排污阀微开。装一台自动排污器，否则水分将流到系统中。

运转中应每 2h 检查一次仪表，记录电压、电流、气压、排气温度和油位值，供日后检修时参考。

油过滤器在第一个累计运行满 150h、或以后每累计运行满 2000h、或油过滤器报警指示灯亮（表明需更换滤芯）、或在每次更换润滑油时，都必须更换。注意：环境恶劣时应缩短更换周期。

气滤清器滤芯投用 300h 后先用干净的压缩气由里向外吹净污物和灰尘，以后间隔 200h 清洗一次，2000h 更换。注意：清洁或更换时，严防异物掉入进气阀内，以免主机卡死烧毁。

油分离器芯子两端压差达到 0.1MPa 时应予以更换；分离器芯子两端压差数值为零，表明芯子有故障或者气流已走短路，此时应及时检查、更换芯子。

润滑油的更换必须及时，通常在累计运行 2500h 后换油，但是在一年中如运行不足 2500h，1 年后也必须换油。排放润滑油应在压缩机停车之后立即进行；这样可使悬浮在油中的微小颗粒随着润滑油一起排到机外。

每天检查润滑油油位，油量不足要及时加油；每三个月清洁冷却器外表面风扇叶片和机组周围灰尘；每年清洗电机前后轴承并重新加注润滑脂。

11.2.4　停机

停机时，按下“OFF”按钮，泄放阀立即自动排气，延时 10～15s 后，电动机才会停止。

如此设计是为了避免螺杆式空压机在重负荷状况下立即直接停机。

长期停机时，应严格遵循下列方法处理，特别是在气温低于 0℃以及高湿度的季节或地区。

(1) 停机 3 周以上

电动机控制盘等电气设备，用塑胶纸或油纸包好，以防湿气侵入。

将油冷却器、后冷却器的水完全排放干净，避免冷却器冻裂。

若有任何故障，应先排除，以利将来使用。

两三天后再将油气桶、油冷却器、后冷却器内的凝结水排出。

(2) 停机2个月以上

除上述程序外，另需做如下处理：

将所有开口封闭，以防湿气、灰尘进入。

将安全阀、启动盘等用油纸或类似纸包好，以防锈蚀。

停用前将润滑油更新，并运转30min，两三天后排除油气桶及油冷却器内的凝结水。

将冷却水完全排出。

尽可能将机器迁移至灰尘少、空气干燥处存放。

(3) 重新开机程序

除去空压机上所有的塑胶纸或油纸。

测量电动机的绝缘电阻，应在1MΩ以上。

其他程序如试车所述步骤。

11.3 轴流式压缩机组的维护

11.3.1 机组试车前的准备

试车前必须完成油系统的冲洗工作，并对油质进行理化检验，其指标应合格。采用直观方法进行检查，可用200目滤网检查回油管道上以及滤油器的滤网上不能存在的硬质颗粒。在相同温度条件下，滤油器前后压差在6h内应保持稳定。

确认机组各部位安装到位，各机构精度符合技术文件要求。

确认油、水、气系统管道连接具备了使用条件，气管路系统应清理干净。

检查各仪表、阀门是否打开，各仪表的灵敏度以及精度标定合格。尤其是对油压低报警、低低联锁和轴承温度高报警、高高联锁，以及轴位移报警、联锁系统反复进行试验，确认功能正确、信号可靠，这是试车的关键。

作好试车前的人员组织准备，由安装工程师编制出试车方案，包括试车步骤及试车中人员的组织安排，做到各负其责。

11.3.2 机组试车

大型机组试车一般都是分部进行，即先作单元试车，然后机组逐步连起来试车。对于三机组往往是先试电动机，然后电动机与齿轮箱，电动机、齿轮箱及轴流压缩机联合试车。烟气轮机要先单独试验合格后方可参与整个机组的试车。

首先启动润滑油系统，调整各部达到运行要求，包括调整油压，使各供油点压力达到各单机要求，调整油温到(40±5)℃。各冷油器、滤油器的备用件上充满油，作好切换准备，高位油箱充满油，且回油正常。

将电动机与齿轮箱联轴器脱开，启动电动机，判别旋转方向正确后，作0.5～1h的空运转。

试验盘车电动机使之运转正常。

电动机与齿轮箱联动试车。连接电动机与齿轮箱的联轴器，脱开齿轮箱与轴流压缩机联轴器，启动盘车电动机，检查各部位运转正常且无刮碰撞击声。启动电动机运行 1～2h，检查各轴承温度是否正常，齿轮箱振动检测是否正常，停电动机时观察盘车电动机是否能自动投入。

电动机—齿轮箱—轴流压缩机联动试车。断开烟机联轴器，将静叶角度调整到最小启动角，确认自控仪表柜上各启动条件均已经满足。关闭排气管道上的排气阀，打开防喘振管路上的防喘阀。启动动力油站并调整使其正常。当运转至工作转速后，不宜作长久运行。确认各参数正常后，操作静叶释放，使静叶角度调整到 22°，运行 0.5～1h，记录各项参数。然后根据试车方案要求，如果安排了性能测试，则此时内自控工程师以及操作工配合进行防喘振性能曲线的标定。然后进行风机设计性能点运行 24h 或 72h 试验，考核机械运转及气动性能。试车过程中要注意记录各种状态下的参数以便当机器出现问题进行分析时参考。

烟气轮机的单独试车应按烟机的出厂说明书的规定进行试验。

机组联动试车。连接烟机联轴器，按有关机组开车的规程操作，因不同配置的机组开车方案不同，有的机组电动机启动能力足够，可由电动机直接驱动整个机组，有的机组在试车时需先由烟气轮机将机组拖动到 70%～80%工作转速时，再主电动机合闸，拖动到工作转速，所以，要按照机组配置的实际状况确定试车方案。

11.3.3　运行和维护

机组运行后主要关注各轴承的温度、各转子的振动情况，再者是确定叶片的检验时机、叶片裂纹的检验及轴流压缩机其他项目的检查。

轴承的温度取决于轴瓦在运行时润滑条件形成的好坏。轴流压缩机采用的是椭圆瓦轴承，其结构简单、刚性较好，只要润滑条件良好，一般都能很好地运行。良好的润滑条件是指轴瓦间隙合格，供油压力流量充足，并且油质合格。只要具备了条件，轴瓦温度就不会太高。轴瓦温度的测量通常都是采用铂热电阻埋入轴瓦，距离轴瓦合金很近。因此，所测得的温度就能真实地反映轴承的实际温度。一般轴承温度应小于 80℃，高报警值为 95℃，高高报警值为 105℃。

轴流压缩机止推轴承与径向轴承温度的报警值相同。只要轴承型号选用合适，也就是说具有足够的止推面积，一般情况下轴承温度比较低。

为了测量转子振动情况，目前大部分采用非接触式位移传感器监测两轴颈附近转子轴心的位移。

轴流压缩机的叶片作为做功元件，加之结构特点，有可能成为压缩机一个最薄弱环节。轴流压缩机在正常运行一年左右时间，必须要进行首期解体检查与维修。对于叶片，首期检修（验）叶片裂纹时间为正常运行 8 个月后进行；正常检修（验）叶片裂纹时间为每 2 年进行一次。

轴流压缩机叶片的损伤通常有腐蚀、侵蚀、频繁喘振等形式，无论何时，只要压缩机发生喘振、逆流等故障有可能对叶片造成破坏、损伤时，都要进行专门的检验。

叶片裂纹检验的范围：对于动叶检验第一、二级及倒数第一、二级所有叶片的叶身及叶根过渡区；对于静叶检验“0”级导叶及第一、二级和倒数第一、二级的叶身及叶根过渡区。

叶片裂纹的检验方法：通常采用着色探伤或磁粉擦伤的方法进行裂纹检验。

着色检验时，加工表面应符合要求，表面不得有妨碍探伤的刮伤、铁屑、毛刺等异物存在，检验前要将叶片的叶身、叶根过滤区认真清理干净。

为防止探伤液进大叶根槽或静叶轴承，探伤时应将转子的叶根与轴槽结合缝用胶带纸保护起来。静叶探伤时，将叶片轴承缸直立在地面上，且保护轴承孔，以免探伤液进入，此外，所有的检验液不得使用氯化物。

叶顶、密封、油封和轴承间隙的检测。

叶片顶部间隙如因磨损等原因造成过大时，会影响气动性能，因此，要结合叶片探伤结果和整机气动性能的状况综合考虑何时更换叶片。

密封和油封间隙超差，可进行密封片和油封片的更换。

轴承间隙超差达到一定值时会造成机器振动，从而影响生产，即使目前尚能运行，也应更换轴瓦备件；当轴瓦内表面发现磨损、轴瓦合金龟裂、脱壳等缺陷时，应及时更换以消除其隐患。在更换轴瓦时，一定要注意查找原始安装时轴心的位置记录，要使更换轴瓦后的轴心处于原来组装时的中心上，以确保密封间隙、叶片间隙。

静叶可调机构的检查时，打开伺服马达后盖，检查缸体磨损情况、伺服马达上的两个球螺母松动情况。

每级拆开 1～3 个静叶，检查其上的 O 形密封是否完好。

检查调节缸导向机构的 DU 板和 DU 套是否有严重磨损，检查所有滑块上的 DU 板是否损坏。

联轴器检查时，主要检查联轴器的磨损情况，尤其是齿式联轴器，应仔细检查内外齿套上轮齿的磨损。磨损严重将是一个十分严重的设备事故隐患。

油系统的检查，包括对油质进行理化性能化验、滤油器的检查清洗、更换损坏的过滤网、清理冷油器冷却水管内的结垢及沉积物。当油质检验发现水分过多或冷却水中有油时，应对冷油器的芯子做水压试验。

检查所有的阀门，应启闭灵活、开关到位，尤其是涉及安全运行的阀门更应认真检查。

压缩机复装后，对联轴器重新打表找正，并作相应的调整，然后恢复仪表及辅机的组装试车。

11.3.4 机组的停车

压缩机组作为过程装置的核心设备，其运行状态和运行周期对过程装置的经济技术指标和运行周期起着决定性的作用。

压缩机要定期保养，不能等到压缩机磨损到一定程度才意识到保养的重要性。要谨记“养修并重，预防为主”，压缩机的维护与保养是一个长期的工作，要深刻认识到量变达到质变的道理，只有定期保养才能延长机器寿命。同时，要正确处理“养”与“修”、“养”与“用”的关系，只修不养或只用不养都是徒劳的。

（1）紧急停车

试车或运行中如发生意外情况时，需要紧急停机，停机的操作按机组自控设计的流程进行。

出现下述情况时应紧急停机：

机组突然剧烈振动，已经超过跳闸时；

机壳内部有碰刮声响或不正常的摩擦声时；

任一轴承或密封处出现冒烟情况，或某轴承温度急剧上升时；

油压低于低报警值且无法恢复正常值时；

轴位移出现持续增长，达报警值时；

因装备流程等原因需紧急停机时。

轴流压缩机紧急停机后，静叶角度会自动关至最小启动角，排气阀自动强制关闭，防喘阀迅速打开。因此，此时应注意观察这些动作是否能够实现。

(2) 正常停机

随机组配置不同，停机操作要求不同。通常首先将静叶角度调至最小工作角，打开防喘振阀，关闭排气阀，关闭主电动机。主电动机停机后盘车电动机应自动投入，至少盘车一个班次使机器充分冷却后停止盘车电动机。

11.4　活塞式压缩机组的维护

活塞式压缩机组系统主要分为驱动机、传动系统、压缩机单元、冷却系统、润滑系统、控制和监控系统及启动系统等组成。其中，压缩机安装厂房只有屋顶遮雨，机组经常处于潮湿和粉尘兼有的环境，造成驱动机同步电动机静子绕组线圈老化绝缘差的现象。振动、异响或噪声发生与关键部件轴承（主轴承、连杆大瓦、连杆小瓦）、十字头、连杆、活塞体、气缸等部件有关，例如往复压缩机活塞导向套磨损、填料支撑环磨损、气阀损坏或漏气、滑动轴承磨损或润滑不良、设备异常振动等故障。

11.4.1　启动准备

检查压力表、温度计、电流表、电压表等计量仪表是否齐全、完好，是否超过校验时间。

检查安全阀、爆破板等安全设备，调整和检查启动联锁装置、报警装置、切断装置（自动切断或自动切换）、自动启动等各种保护装置，以及流量、压力、温度调节等控制回路。

检查传动设备是否连接可靠，安全罩是否齐全牢固。

打扫现场，拆除妨碍启动的一切障碍物，检查设备、配管内部有无异物（如工具等）和残液。

检查外部油油箱、冷却油油箱和内部油油箱是否加入了足够的油量；天气寒冷时，油温下降，还要用蒸汽进行加热。

启动辅助油泵或与机组不相连的其他油泵（如外部齿轮油泵、内部气缸注油器和冷却油泵），向备注油点注油，并使其在规定的油压、油温下运转。

启动内部油泵，调节流量。特别注意气阀设在气缸头部的高压气缸。若启动前注油量过多，当压缩机启动时，残存在气缸内的润滑油就会对活塞产生液体撞击，导致活塞破坏的重大事故。

向气缸冷却夹套、油冷却器及各级中间冷却器通水，检查气缸排水阀是否已关闭。

新安装或大修后的压缩机，试车前必须对整个机组及系统管路进行彻底吹除。

启动可燃性气体压缩机时，为使空气不残留在气缸配管中，首先要用惰性气体置换其中的空气，确认氧的含量在4%以下之后方可启动。

启动氢气和乙炔气压缩时，经惰性气体置换后，氧含量的最高限度为2%，而且应根据压缩机性能和操作规程规定的压力进行试车，不得超过。

盘车一圈以上或瞬时接通主电动机的开关转几次，检查是否有异常现象，取下电动盘车装置的手轮，装上遮断件并锁紧。

11.4.2 启动

启动前各岗位应联系好，确认无问题后，报告工长、调度人员，经同意后方可开车。启动的程序如下：

启动主电动机；

调整外部齿轮油泵的油压在规定的范围内；

检查气缸注油器，确认已经注油；

调节压力表阀的手轮，使指针稳定；

检查周围是否有异常撞击声；

监视轴承温度及吸入和排出气体的压力、温度，并与以前的记录进行比较，是否有异常现象；

启动加速过程中，为避免电动机超负荷，应关闭进排气阀，全开旁通阀，进行空负荷启动；

当压缩介质为易燃易爆气体时，如果关闭进气阀进行空负荷启动，吸入管就会呈负压状态，吸入空气而发生危险。此时，要全开入口阀，注入氮气等惰性气体；

正常运转之后，要逐渐升压，全开吸气阀。当出口压力接近规定压力时，再慢慢地打开出口阀；

升压过程中要关闭排气阀，压力达到平衡时，关闭旁通阀，使其进入正常负荷运行。

11.4.3 正常停车

压缩机停机时，要卸压达到空负荷状态，除去余压和冷凝液，即净化系统内部之后方可停止驱动机。

压缩机密封部位、轴承温度下降之后，必要时停止给油。关闭给水阀，排除压缩机内冷却水。

压缩机正常停车之前，应放出气体，使压缩机处于无负荷状态，并依次打开分离器的排油阀，排尽冷凝液，然后再切断主电动机开关。要将冷凝液排尽。系统内可封大干燥氮气。适当转动机器，以防止轴承和滑动等部件生锈。尤其在寒冷地区，停机时要排除冷却水以防止冻结。

当压缩机安全停转后，依次停止内部注油器、冷却油泵和外部齿轮油泵。

待气缸冷却后停止冷却水，停止通向外部油冷却器和油冷却器的冷却水。

冬季停车时，必须采取可靠的防冻措施，以防冻坏管道、设备。

正常停车时，应为下次启动做好充分准备工作，如检查联锁装置是否完好，避免由于误操作引起的突然启动。

11.4.4 事故停车

当压缩机出现报警，压缩机、电动机及附属设备在运行中发生人身、机械事故时，应立即进行事故紧急停车。但在压缩机停车时，应尽可能查明不正常现象前后的状况，以便进行事故分析，确认事故的原因。

在发生事故紧急停车时，除按正常停车程序停车外，还应采取为制止事故事态扩大和消除事故所必须采取的其他措施。

11.4.5　运行和维护

压缩机在运行时，必须认真进行必要的检查和巡视，监视压缩机运行状况，密切注视吸、排气压力及温度、排气量、油压、油温、供油量和冷却水温度等各项控制指标，注意异常响声，并每隔一定时间记录一次。

操作中严防工艺气体由高压缸串入低压缸和其他气体管道，严防带油、带水、带液。

禁止压缩机在超温、超压和超速下运行。

遇有超压、超温、缺油、缺水或电流增高等异常现象时，应认真排除故障，并及时向工长或调度人员报告。

遇有下列情况之一、危及人身及设备安全时，操作人员有权先紧急停车，然后向工长、调度人员报告：

发生火灾、爆炸，大量漏气、漏油、带水、带液和电流突然升高；

超温、超压、缺油、缺水，且不能恢复正常；

机械、电动机运转有明显的异声，有发生事故的可能等。

易燃、易爆气体大量泄漏需紧急停车时，考虑非防爆型电气开关、启动器禁止在现场操作的情况，应通知电工在变电所内切断电源。

压缩机大、中修时，必须对主轴、连杆、活塞杆等主要部件进行探伤检查。其附属的压力容器应进行检验，发现问题及时处理，确保安全运行。

压缩机大、中修时，必须对可能产生积炭的部位进行全面、彻底检查，将积炭清除后方可用空气试车。严防积炭高温下引起爆炸。有条件的企业可用氮气试车。

检修设备时，生产工段和检修工段应严格履行交接手续，并认真执行检修许可证和有关安全检修的规定，确保检修安全。

添加或更换润滑油时，要检查油的标号是否符合规定。应选用闪点高、氧化和碳析出量少的高级润滑脂；注油量要适当，并经过过滤。禁止用闪点低于规定的润滑油代用。还应根据压缩气体的种类选择润滑剂，如乙炔气体采用非乳化矿物油；氯气采用浓硫酸；氧气采用水或稀释甘油水溶液；乙烯气体采用白油。

特殊性气体（如氧气）压缩机，对其设备、管道、阀门及附件，严禁用含油纱布擦拭，不得被油类污染。检修后应进行脱脂处理，还应设置可燃性气体泄漏监视仪器。

压缩机房内禁止任意堆放易燃物品，如破油布、棉纱及木屑等。

移动式空气压缩机应远离排放可燃性气体的地点设置，其电器线路必须完好、绝缘良好，接地装置安全可靠。

安全装置、各种仪表、联锁系统和通风设施必须按期进行校验和检修。

压缩机的试运转、无负荷试车、负荷试车和可燃性气体、有毒气体、氧气压缩机机组、附属设备及管路系统的吹除和置换，应按有关规定进行。

空气压缩机开车前，应检查吸入管防护罩、滤清器是否完好，防止吸入易燃、易爆气体或粉尘，避免积炭和引起燃烧爆炸事故。

禁止使用吊车进行盘车。

11.5　实例分析

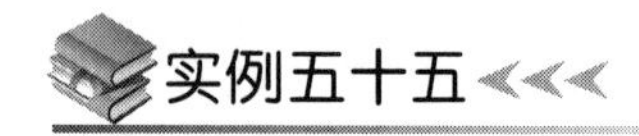

实例五十五

某石化公司乙烯厂空分空压车间的大型离心压缩机，分别用于压缩氮气、原料空气和仪表空气。空分空压车间使用的离心压缩机中，有采用外置级间冷却器的，也有采用内置夹套型（以下简称：内置式）级间冷却器的。采用外置级间冷却器的离心压缩机，在安装时已预留好冷却器抽芯清洗的间距，按照要求定时清洗（必要时抽芯），基本可以满足生产的需要，达到所需的换热效率。但是，冷却器气体出口温度持续升高时，气体压缩能力大大减小，偏离设计流量，并频繁发生喘振现象，甚至导致联锁停车。特别是高温天气，经常发生高温联锁停车和喘振联锁停车，设备故障率很高。因此，不得不清洗。水硬度很高时，形成硬度极高的水垢层黏附在压缩机机级间冷却器表面，大大降低换热效率，同时增加水的流动阻力。级间冷却器长期工作在警戒温度的边缘，濒临联锁停车中断供气的危险。即使没有导致停车，由于其换热效果不理想而使压缩机实际压缩气体的能力大幅度降低。压缩机采用列管式冷却器，管程通气体，壳程通冷却水，冷却水结垢全黏附在壳程即铜管束的外表面。用机械法不可能清除水垢，采用化学药剂循环酸洗法，从根本上解决压缩机级间冷却器结垢带来的各种问题，并降低运行成本。级间冷却器采用的列管束为铜管，如果使用盐酸为清洗液，容易对板片及铜管产生强腐蚀，严重情况下会击穿铜管，缩短冷却器的使用寿命，甚至使冷却器毁坏。请水处理厂的工作人员前来指导并使用 HT-201 酸洗剂。配制好的 HT-201 酸洗剂具有清除污垢彻底，清除速度快，性能稳定，安全可靠，费用和对金属腐蚀率低的特性。原来的清洗系统流程是：酸洗前必须拆开各级冷却器水侧的进、出口管道，将酸洗水箱内的酸洗泵用消防带连接到一级冷却器出口，再用消防带将一级冷却器进口连接到下一级冷却器出口，使三个级间冷却器和一个油冷却器组成一个回路。这样流程的工作量大、前期准备工作时间长、管道连接复杂，现场杂乱。对原有流程进行改造后的流路是在各级冷却器水路进、出口总阀后分别加装一个反冲洗阀，利用消防带将酸洗箱和两个反冲洗阀连接起来，并将原来的酸洗泵更换成潜水泵，使之压力更高、连接更简单。水压的增高使酸洗液对管壁的冲刷力度增加，在更短的时间内即可将水垢清理彻底。

酸洗时，首先要确保总上水阀和总回水阀关闭。酸洗液被泵送到出口总管上，反向进入一级冷却器出口，从入口出来再进入下一级冷却器，最后从油冷却器进口排到总进水管道，最后进入水箱，形成回路。四个冷却器可以同时酸洗，也可逐级酸洗。如果逐级酸洗其中一个冷却器，那么可以关闭其他冷却器的回水阀，酸洗液流向一个冷却器，水路冲刷力度加大，冲洗效果更好。由于氮压机此次结垢比较严重，因此，酸洗时采取逐级清洗的方法。采用反向清洗的好处是：如果某些地方存在杂质堵塞流路，反向清洗可轻易将堵塞处冲开。准备工作：酸洗水箱清洗干净；连接好新消防带；潜水泵试运行良好；准备好 pH 试纸及对照表、两个眼罩和浊度测试仪；准备 9 桶 HT-201 酸洗剂。酸洗过程：酸洗前，加 HT-201 酸洗剂至酸洗箱，和水配置均匀，控制 pH 值在 1.5 左右。启动潜水泵，随时测量酸洗液的

pH值，酸度不足时及时补加酸洗剂，确保酸洗效果。隔30min测量酸洗液浊度，当浊度达到86mg/L后不再上升且呈稳定状态，可确定清洗结束。排掉酸洗液后，用清水冲洗10min左右，清洗残留的酸洗液体和杂质，以防在系统中残留的酸腐蚀管路，并在正常运行时进入空分系统。按此方法重新配置酸洗液，依次对其他冷却器进行酸洗。

采用内置式级间冷却器的离心压缩机，在清洗过程中遇到了一些困难，使机组工作在非正常状态下，影响生产平稳性。内置式级间冷却器芯体材质基本为铜，换热效率高，但换热管束管径小（8mm、10mm和12mm），易发生堵塞。氮气压缩机曾发生循环水夹带的填料堵塞换热管板的故障，管壁薄，冷却器体积小，对循环水水质要求相对较高。在冷却器的高温侧易产生水垢，而又由于是铜管，不便于高压冲洗，即由化学清洗来解决结垢问题，但往往除垢不彻底，运行半年左右需再次清洗。由于管径小，循环水中破碎的填料也经常造成换热管、管板堵塞，使换热效率下降，甚至因换热管堵塞使得换热后的排气温度达到联锁值，导致压缩机联锁停车。在内置式级间冷却器中，换热管的外壁壳程设有换热翅片，内部管程也有翅片结构，这样可以进行充分的热交换。可是，由于这种换热管的内、外带翅片结构，会使介质水和空气中的杂质极易在翅片的表面结垢，若不及时清理，会大大影响换热效果。

采用内置式级间冷却器的空压机出现因振动值过大且间歇性波动而发生跳车的故障，影响空分装置的安全、稳定运行。为了消除故障，将造成跳车故障的冷却器芯子外表面门形橡胶密封垫更新、固定完毕，并清洗各级叶轮上的污垢，对叶轮等关键部位进行打磨清理。

在检修过程中，为了检查冷却器内芯门形橡胶密封垫片位置和彻底清洗内部管束外表面，需抽取夹套冷却器内芯。在内置式级间冷却器的抽芯过程中，由于冷却器芯子结构紧凑，重量大，抽取过程还要保持水平，否则容易损坏里面的水路门形垫片。检修冷却器的专用工具缺乏，有一种抽取冷却器内芯的专用工具（应用于某型压缩机）：截取两根长的槽钢，按照冷却器管板表面拉杆一头的螺丝中心距离钻孔，控制好每对孔的中心距，便于使用中调节，特将孔用铣刀把孔左右各扩大5mm。在抽芯过程中，利用芯子本体拉杆一头的螺丝扣作为起吊抽芯着力点，用材质稍差的螺母拧紧，注意拧紧时一定要用力适当，否则极易在抽芯时滑扣，使抽芯失败。采用这个专用工具，可以节省检修时间，保证检修质量。

故障处理中发现，压缩机各级冷却器内芯外表面的门形橡胶密封垫是采用强力胶水固定在冷却器内芯不锈钢（铜）皮外表面。此种结构难以长时间抵抗压力循环冷却水的冲击，门形橡胶密封垫经常会发生移位，循环冷却水会从进水流程（口）直接“短路”流到出水流程（口）。改用双重固定的方式，一方面用胶将门形橡胶密封垫黏在冷却器内芯不锈钢（铜）皮外表面上；另一方面用0.3mm厚的不锈钢皮做一个与门形橡胶密封垫形状相似的固定件，并将其附着在门形橡胶密封垫上，再用铆钉将固定件连同门形橡胶密封垫一起铆在换热器内芯不锈钢皮外表面上。这样不但保证密封作用，杜绝门形橡胶密封垫移位现象，还延长密封垫的使用寿命。而且，还将有些内置式级间冷却器内芯不锈钢皮外表面的上、下两个（进水口和出水口各一个）单一门形橡胶密封垫进行改进，连接成一个整体垫。

压缩机气缸内置式级间冷却器管板的两道O形密封圈老化造成循环冷却水部分进入缸体，也是引起压缩机振动值过大造成跳车的原因之一。还有，冷却器内芯安装时，由于芯子可能与气缸壳体密闭内腔发生摩擦，管板的两道O形密封圈安装时容易产生轴向移位，而壳体内腔的密封结构使从外部无法发现移位的O形密封圈，这样循环水密封就得不到保障，很容易产生循环水内漏现象。在检修安装时，对O形密封圈进行润滑处理，在管板和O形密封圈上都涂三号锂基脂，以有利于冷却器内芯顺利进入壳体内腔，同时保证O形密封圈就位正确，确保O形密封圈的密封效果。

离心压缩机，都有必要在1～3年进行一次冷却器的抽芯清洗工作，不论任何情况都要在3年以内抽芯清洗。否则，长时间没有抽芯清洗，循环冷却水中的泥沙和黑色的积垢几乎将管束“固定”在机壳内腔上，加上管板上的。O形密封圈老化粘连，用了很大的力气才将芯子抽出。而使用起吊螺孔也存在同样的问题，经常因阻力太大将螺孔拉滑扣。而且，由于机组冷却器管径小、管壁薄，材质多数采用铜基材料，高压清洗极易造成管束和管束附着的翅片等变形，影响热传递；而化学清洗很难解决泥沙问题，几乎没有化学清洗剂对泥沙有效。

大排气量的压缩机选择采用内置式级间冷却器，抽芯作业相当困难。如果有机会在机组选型时进行改造，排气量大的压缩机的内置式级间冷却器改为外置式，运行周期延长，维护、检修工作量也减轻。

实例五十六

在石化行业，往复压缩机其工况复杂，易损件较多，故障率高，其日常的运行管理与故障分析标准高。某石化公司的经验表明，往复压缩机的故障大多发生在气阀、活塞环、填料以及管路等部件上。

吸气阀泄漏或者密封垫片损坏主要表现为：阀温升高，阀盖发热；对应的排气阀温度升高；阀所在级与前一级间压力升高；压缩机排气量下降；进气温度升高。气体经过压缩后温度上升，吸气阀泄漏或者密封垫片损坏后，高温气体返回进气腔，造成阀温升高。进气温度上升，从而再次被压缩后排气温度升高；另外，压缩后的气体回流造成前面压力升高，压力越升高，排气量下降就越多。

排气阀泄漏或者密封垫片损坏主要表现为：排气阀温度升高，阀片发热；排气压力下降；压缩机排气量下降。由于排气阀泄漏或者密封垫片损坏，在气缸吸气过程中部分压缩后的高温高压气体回流至气缸使混合气体温度升高，再次被压缩后温度更高。回流还造成流量下降，排气压力下降。

负荷调节机构卡涩主要表现为：负荷调节指示器不动作；对应的进气阀温度升高，阀盖发热；对应的排气阀温升高；阀所在级与前一级间压力升高；压缩机排气量下降；进气温度升高。

活塞环常见的故障有：活塞环断裂；活塞环涨死，失去弹性，不能自由膨胀；活塞环过度磨损，间隙增大。活塞环不能起到密封作用的主要表现形式为：该级排气温度升高；该级排气压力降低；压缩机排气量下降。对于双作用往复压缩机，即气缸内一侧在压缩时，另一侧在吸气，当活塞环损坏或者涨死时，不能起到密封作用，使得盖侧（或轴侧）被压缩的高压高温气体通过活塞环窜入轴侧（或盖侧）低温低压气体中，与吸入的低压低温气体混合，混合之后气体温度升高。又由于压缩气体通过活塞环互窜，使该级的排气压力下降，压缩机的排气量也随之下降。

活塞杆与填料摩擦磨损严重，填料中有粉状沉积物，填料环箍紧，弹簧失弹或断裂，造成密封失效故障，这也是密封失效的主要原因。夹带颗粒物有时会发现在压缩机气缸及填料密封腔体中有大量沉积物，这些沉积物是由工艺介质夹带过来的微细固体粉尘或结焦的炭粒组成，其硬度往往很高，其在密封腔处的沉积必然会造成密封填料严重的磨损，从而大大缩短填料密封环及活塞杆的使用寿命。通过调整工艺使压缩机参数达到设计要求，必要时可加气固分离器。活塞杆组合密封环紧箍力过大或弹簧失弹往复式压缩机活塞杆与填料密封处于相对运动状态，填料环通过抱紧活塞杆来实现对介质的密封，活塞杆与填料环抱紧力越大，磨损特别厉害。当填料对活塞杆的抱紧力趋于减小，填料环与活塞杆之间的缝隙增大，介质泄漏量增加，最终密封失效。解决办法：更换活塞密封环，调整活塞密封环与缸体之间的间隙，或采用具有自润滑性能、耐磨性能更好的材料制作活塞环和填料环，再者可适当降低弹簧紧箍力。弹簧的失弹大多是由于弹簧疲劳所导致。

填料密封盒部位的温升主要是由于填料环与活塞杆剧烈的摩擦引起的，这些摩擦热量应被及时带走。由于填料密封盒用水与缸套用水基本都采用并联形式，填料密封处的管程长且压降大，因而导致填料盒冷却水流量不够，摩擦热量不能被及时带走。因此应当增大循环水压力及流量，控制填料盒处的温度不大于 60℃。

填料密封处注油量过大容易造成过多的油炭化，形成沉积物；过小则填料环润滑效果不好，磨损速度加快，影响使用寿命。注油量的确定除了按厂家的标准注入外，还应该在试车初期，通过检查密封环处的运行情况，确定一个合适的量。试车结束后，打开检查填料处活塞杆上有无炭状物，以判断注油量的大小。

管路振动的原因、往复压缩机及其管线振动的原因主要有两类：一类是由机组运动的不平衡或基础设计不当而引起。另一类是由管线内气流脉动引起。系统管线弯头太多，管线受到的冲击力就会很大，如果弯头处缺少固定支点，将会产生剧烈振动。当流体运动方向在管线断面突变处变化时使管线内局部压力变化，产生一定的脉动，诱发振动。这些变化诱发的振动，其频率与管系固有频率重合或接近时，则产生共振。消除共振的最基本的方法是将气流脉动压力减小并将其固定在允许的最小值之内，使激发频率不等于管路固有频率。具体方法有：在紧靠压缩机每一级出入口处各设置一个缓冲罐，改变管系的气柱固有频率。经验表明其应该比气缸行程容积大 10 倍并尽量靠近气缸。在管系的适当位置，特别是管线的弯头处增设固定支撑。并在管线与支点间加垫硬橡胶板，以改变支撑弹性，并改变管系的振动频率。在管线的适当位置增设孔板，以改变管系的振动频率。用孔板减振会伴有较大阻力损失。

撞缸是往复机组的重大恶性事故，主要表现为缸体内发生巨大的撞击声，严重时导致机组多处损坏，如缸盖撞飞，大小头瓦断裂，甚至发生爆炸。撞缸分为液击和金属撞击两种，液击声音比金属撞击声要沉闷一些。防范措施主要是防止大量带液。

压缩机维护保养工作包括：日常维护保养、装置的润滑和定期加油换油、防备性试验、定期校正精度、装置的防腐和一级保养等。要保证往复压缩机长周期地安全运行，日常操作应注意以下几点：加强对润滑油的监测：定期对润滑油进行指标分析；控制油压、油温、油位；要注意备用机组负荷调节器的完好，以保证负荷调节器灵活好用；定期做好备用机组的盘车，在开启润滑油泵之前盘车；往复压缩机一级入口和级间不可避免地会带液，要及时排掉，防止造成液击。有时大量带液会使入口过滤器差压升高，此时应及时清理堵塞的过滤器；冷却的好坏关系到零部件的寿命，机组的长周期运行，对工艺介质、气缸、填料、润滑油的冷却要密切注意，防止超温。日常维护保养的具体要求是：操作者应严格按操作规程使用设备，常常观察设备运转情况，并在班前、班后填写记录；应保持设备完整，附件整齐，安全防护装置齐全，线路、管道完整无损；要常常擦拭装置的各个部件，保持无油垢、无漏油，运转灵活；并按正常运转的需要，及时注油、换油，并保持油路畅通、安全防护装置完备可靠，来保证设备安全运行。每日保养内容：检查空滤芯和冷却剂液位；检查软管和所有管接头是否有泄漏情况；检查记录，如果易耗件已经到了更换周期必须停机予以更换；检查记录，若发现分离器压差达到0.6bar以上（极限1bar）或压差开始有下降趋势时应停机更换分离芯；检查冷凝水排放情况，若发现排水量太小或没有冷凝水排放，必须停机清洗水分离器。对压缩机的日常维护，还可根据“听”“看”来辨别工作情况是否正常，如果发现不正常的声音要立即停车检查。因为压缩机运转时，它的响声应是均匀而有节奏的。观察机身油池的油面和注油器中的润滑油是否低于刻度线，如低时应及时加足。注意电动机的温升、轴承温度和电压表、电流表指示情况是否正常，电流不得超过电动机额定电流，若超过时，要找原因或停车检查。要经常检查电动机内有无杂物甚至导电物体，线圈有否被损坏，定子、转子有否摩擦，否则电动机启动后会使电动机烧坏，水冷式压缩机若断水后不能立即通入水要避免因冷热不均发生气缸裂纹，冬季停车后要放掉冷却水以免气缸等处冻裂。还应检查压缩机是否振动、地脚螺钉有无松动和脱落现象，压力调节器或负荷调节器、安全阀等是否灵敏。

每月保养内容：检查油冷却器表面，必要时予以清洗；清洗后冷却器；清洗水分离器；检查所有电线连接情况并予以紧固；检查交流接触器触头；清洁电动机吸风口表面和壳体表面的灰尘；清洗回油过滤器。

每季保养内容：主电动机加注润滑脂；清洁主电动机和风扇电动机；更换冷却剂；更换油过滤芯；清洁油冷却器；检查最小压力阀；检查传感器。要注意压缩机和所属设备和环境的卫生，储气罐、冷却器、油水分离器都要经常放出油水，所用润滑机要沉淀过滤，冬季与夏季压缩机油要区别使用。因为灰尘和杂物油污，不但能污染润滑油，增加机件的磨损和锈蚀，甚至会引起机器的故障。

半年度保养的内容是：检查压力表是否合格，压力控制器的动作值是否在规定范围内；检查压缩机的各运动机构是否正常运转，动作值是否灵活；检查储气罐的安全阀的性能，以保证其在最高压力时在安全使用范围内及时打开；仔细清洗压缩机的外部以及储气罐的内腔部分，查看压缩油机和吸气过滤器是否干净以及是否需要更换；对管道进行仔细检查，以防止其漏气；对电动机、电器进行检测，保证其正常工作。

每年保养内容：更换冷却剂；检查止逆阀；检查冷却风扇；检查液压缸或步进电动机和步进限位装置；安全阀校准（送指定单位强制检验）。

装置的安全运行与日常的维护保养、检修质量密不可分。要做好装置的日常巡检工作，及时安排检修，不让设备带病运行，是实现预知维修的必要条件。应用仪器仪表对装置定期进行检修，是做到预知维修的必要手段。油品的定期化验，可以及时发现装置的不正常磨损，避免烧瓦拉缸等事故发生。电动机的定期诊断，可以掌握轴承等部件运转情况，避免滚珠疲劳断裂等事故的发生。要检查热对中，测曲轴变形。对缸体、气阀、螺栓等要定期做无损探伤，及时发现问题，避免事故。零部件要做好记录，不超期使用。压缩机在启动前，气缸和冷却器的水套先进水。在气缸水套未完全冷却前，不得进水，以免气缸壁发生裂缝。进入水套的冷却水，应由特设的具有水压落差的盛水槽放入，水槽上装设水平面指示标尺，在水平面降至限度以下时，信号装置即起作用；也可以采用离心泵进水；不要直接利用自来水管进水，因为难以看出进水与否。由气缸水套或冷却器水套排水，必须用开放的液流，以便检查所有冷却装置的不间断作用和测量排水温度。排水温度较进水温度不得高出20～30℃。为避免超压而引起爆炸，在压缩机装备上应设有经校验合格的压力表及安全阀。当必须把压缩空气导入压力较低的系统时，必须装置减压器。当检查和修理时，须特别注意，避免有擦拭材料、木块等落入气缸、储气桶及管内，因为此类物质可能起火。在清洗气缸壁时，要用煤油，不得用汽油，擦拭的布浸油不能过多，经洗净后，须将气缸盖打开，使煤油完全挥发。这样就会延长压缩机的使用寿命和确保机器正常运转。

实例五十七

与机械密封相比，干气密封具有如下优点：省去了密封油系统及其附加功率负荷；大大减少了维修费用和停车概率；避免了工艺气体被油污染；密封气体泄漏量小；密封运行费用极低；密封驱动功率消耗小；密封寿命长，运行稳定可靠。

在某化工公司，氨压缩机采用中间带迷宫的串联式集装式干气密封，设计了严格的防范故障的操作规程。开机前，先投用干气密封控制系统，然后再投机组润滑油系统。其中密封控制系统先投用一级密封气，再投用二级密封气；隔离气在油运开始之前至少 10min 投用。油运开始后，隔离气就不能停止，否则会造成密封损坏。跑油阶段，如果机壳内不带压，一级密封气、二级密封气都可以关闭，只需通入隔离气即可。需要停机时，先停机组润滑油系统，油运停止至少 10min，回油管线确认无油流动且无热油雾后，方可切断隔离气，后停二级密封气，最后停一级密封气。如果机壳内带压，则一级、二级密封气都不能关闭直至机内无压。

对于串联式干气密封，压缩机必须在带压条件下开车，必须保证机壳内压力不低于 0.2MPa，且机壳内压力高于火炬背压至少 0.1MPa。该干气密封是单向旋转的，绝对禁止反向旋转损坏密封。开车前须用洁净的低压氮气吹扫密封腔体，防止压缩介质中杂质或检修赃物进入密封腔体，在开车过程中瞬间造成密封面损坏；吹扫完毕后应及时关闭阀门，防止氨气反窜到低压氮气管网。压缩机停车后再次开车前，都应该对外界气源（氮气、工艺气）管道进行低点排凝操作，确认没有液相存在后，方可送入干气密封控制系统。防止因停车后，管道内积液，开车时进入干气密封引起密封损坏。在压缩机出口关闭的前提下，通入一级密封气（可以建立起压力），关闭二级密封气，对一级密封进行静压试验。此时低压缸非驱动/驱动端一级进气流量、低压缸非驱动/驱动端二级进气流量、高压缸非驱动/驱动端一级进气流量、高压缸非驱动/驱动端二级进气流量应为 0。如果流量超过 $0.5m^3/h$，应分析查找原因。当密封气投用后，低压缸非驱动/驱动端一级进气流量、低压缸非驱动/驱动端二级进气流量、高压缸非驱动/驱动端一级进气流量、高压缸非驱动/驱动端二级进气流量超过 $8m^3/h$ 则说明密封静压有问题，应分析原因，直至问题解决。压缩机的最低转速不得低于 1000r/min。但在压缩机刚开车阶段，由于转速较低，动静密封面间的动压力也较低，动静环是接触摩擦，所以采用干气密封的压缩机，低速运行的时间不宜过长。

干气密封运行时，必须确保一级密封气流量稳定。维持一级密封气稳定和不间断是干气密封正常运行的基本条件。当一级泄漏气流量和压力测量值突然增大时，开流量计旁路阀使测量值下降减少报警及停车，防止偶尔流量增大而联锁停车，但经过三次开关其旁路阀而测量值还是高时应停机检查。当火炬背压高时，给一级泄漏气体造成一定的堵塞，此时应直接排向大气。当一级密封过滤器压差或二级密封过滤器压差高报警时或者使用一年，二者哪个先到达，就应更换滤芯。更换时应缓慢投用备用台，以防开阀过快，对滤芯造成瞬间压力冲击而损坏或者差压变送器承受高压差。稳定后再切除运行台；更换时应注意防护，过滤器内残留的氨气对人体有害。过滤器最大压差为0.4MPa，超过该值会引起滤芯硬损坏。密封介质（氮气和压缩机出口气）必须是非饱和状态，严禁凝结液或油进入密封腔体，否则会导致气膜破坏，造成气体泄漏，甚至使螺旋槽损坏，必须设加热设备或排凝装置。氨气过滤器应每天进行现场巡检并排凝，排凝应缓慢，防止突然泄压。控制系统盘柜管线多、球阀多，易造成误操作，应在每个管线阀门上要有明确标识。机组操作尽可能稳定，避免快速升降转速或压力变化造成压差波动，影响气膜刚度变化。流量计投用前建议先开启旁路阀，再开启流量计前后阀，然后再缓慢关闭旁路阀，防止转子受瞬时气流冲击卡住。在隔离梳齿密封和干气密封之间设置有排凝口，其作用是防止机组试车、跑油、机组油压不稳定或其他故障时造成大量油滴经过隔离密封进入干气密封区域污染密封，所以要求在机组试车、跑油阶段，此排凝口需处于开放状态，当机组正常运行时处于关闭状态，但需要定期检查管线中是否有油，若有则排尽管线中的油并查找、排除原因，一般正常可接受的量为小于6滴/min。当高低压缸一级密封气压差调节阀的阀杆上下波动频繁时，则说明气源压力不稳定，此时开此阀的旁路阀来辅调。判断密封是否正常工作主要通过对一级泄漏气的监测来进行。一级密封如出现意外失效时，一级泄漏气出口端压力和流量会急剧增大；二级密封如出现意外失效时，则一级泄漏气的压力和流量会急剧减小。但引起泄漏量变化的因素很多，如工艺气的波动、轴窜、喘振、压力、温度和转速，以及介质组分、分子量的变化等。只要不持续上升，则认为密封运行正常；但如泄漏量出现不断上升的趋势，则预示着干气密封出现了故障。

为保证密封面所形成的刚性气膜的相对稳定，因此需要气源应相对稳定，不应该有过大的压力、流量波动。每天需观察密封器的压差表，确保过滤器洁净达到过滤目的，以免有杂质进入密封断面诱发导流槽和密封堰破坏。其中，密封堰的位置是在动环上面开的由深而浅（外缘到内缘）的螺旋槽的尾部。切换密封气过滤器时应注意先开下游阀，避免压力瞬时过大导致滤芯变形。每次开车前要先通入隔离气，以阻止润滑系统的润滑油进入密封断面导致破坏。压缩机开车时，应先用公用工程的氮气或外接介质气体充当一次密封气，因为此时压缩机的出口压力尚不能完全打开动静密封的贴服，造成密封断面磨损。监护人员应主要观察密封的泄漏量，泄漏量变化说明密封端面形成的气膜在瞬时变化，如泄漏量持续缓慢增加，意味着端面正缓慢地破坏。每隔两个小时对密封系统进行检查，并重点记录密封气的压力和泄漏量，密封气的压差，以及时对出现的问题进行分析和处理。

实例五十八

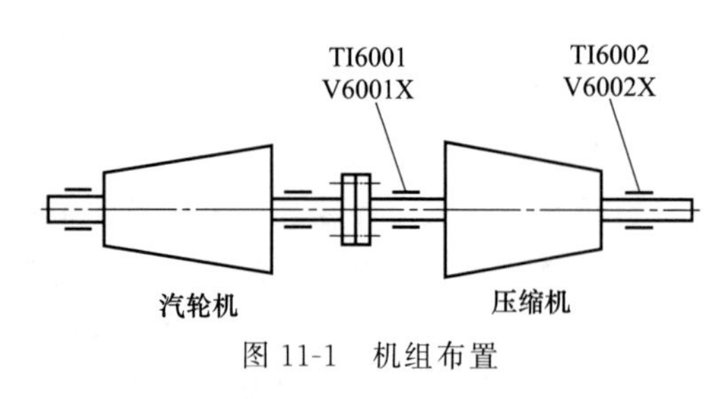

图11-1 机组布置

某石化公司烯烃部乙烯制冷压缩机从2001年3月装置改扩建安装到2005年5月，已安全运行4年3个月，机组的运行参数均在正常的范围内，其中压缩机1号轴承温度（测点TI6001）最高在97℃。压缩机轴瓦温度、振动测点位置见图11-1。该机组在2005年6月大修中，对压缩机的轴瓦进行了更换，机组运行后，TI6001轴瓦温度较检修前在相同工况下升高了10℃左右，影响压缩机的正常运行。

提高轴瓦上油压力后，轴瓦温度以及两个轴瓦处的轴振幅影响较小。TI6001轴瓦温度与环境温度、转速之间存在关系。在操作工况基本不变的情况下，TI6001轴瓦温度伴随环境温度的下降而上升，最高温度达到114℃。该压缩机径向瓦轴颈为100mm，轴瓦顶间隙设计标准值为0.12～0.16mm。检修更换新轴瓦，压铅丝法检测瓦顶间隙为0.12mm，为轴瓦设计值下限。操作润滑油冷后温度在45℃上下，该轴瓦设计温度报警值为115℃，停机联锁值为125℃，机组额定转速12000r/min。瓦顶间隙值偏小，引起轴瓦运行间隙的降低，从而导致摩擦系数增加。轴承中的热量是由摩擦损失的功转变而来的，因此摩擦系数的上升又导致轴承温度的增高。为了降低摩擦系数，对特定的轴承和生产情况，转速和瓦间隙润滑油平均动压力是不能改变的，只能适当降低润滑油的黏度。该机组使用的润滑油为“美孚DTE中级-涡轮机/循环系统油”，其40℃时的黏度为46mm²/s，100℃时的黏度为6.7mm²/s，黏度指数不低于95。在实际工作中，根据环境温度的变化，将机组润滑油冷却器后温度由原来的45℃提高到57℃，并采取在润滑油冷却器后增加电伴热线和保温措施，以维持轴承上油温度在57℃左右。润滑油黏度降低而使摩擦系数下降约25%。提高润滑油冷却器后温度后，轴瓦运行温度大部分在110℃以下，仅有一点在114.1℃且持续时间较短。从该轴瓦润滑油回油处采样作铁谱磨粒分析，没有发现轴承合金及碳钢异常磨粒，说明最小油膜厚度大大超过轴瓦和轴表面粗糙度之和，轴承处于完全液体润滑状态。滑动轴承的使用寿命主要是受轴瓦合金的疲劳因素影响，因此可以判断轴瓦在110℃以下运行，是不会出现破坏性损坏的。

实例五十九

某石化公司重整循环氢压缩机是重整装置的关键设备，型号为441B8，从美国DRESSER-RAND公司成套引进。该压缩机组由单级背压汽轮机驱动。试机阶段，DRESSER-RAND公司派专业技术人员对压缩机进行了现场调试。但该机组在以后的运行过程中曾多次出现停机事故。机组停车将导致整个装置的停运，每次停机都给装置本身及下游加氢装置的安全生产造成影响。重整循环氢压缩机组，包括一台离心式压缩机、一台蒸汽透平机。机组密封是机械密封、迷宫密封和辅助密封的组合式密封；压缩机与驱动透平机的连接由一个KOP-弹性膜片联轴器完成；压缩机和汽轮机的润滑，以及离心压缩机的密封油，共用一个润滑油站系统。

(1) 压缩机带液问题的处理

压缩介质严重带液，造成压缩机轴位移过大而停机。由于重整循环氢压缩机与重整预加氢增压机，都是从同一集合管取氢气。预加氢增压机为往复式压缩机，一开一备。入口缓冲罐内压缩机入口管线高出罐体内壁37mm，没有脱液流程，造成入口缓冲罐内积液，积液到一定量时，超过罐内入口管线高度，积液就混入气体进入压缩机气缸内，使压缩机进气温度、排气温度急剧上升，存液汽化倒流回集合管，因集合管温度低，汽化介质冷却成液体后随氢气进入循环氢压缩机，使压缩机带液，轴位移报警联锁停机。因此，应该严格控制重整气液分离器的液位在设计指标内，尽可能将重整反应产物温度控制在工艺指标的下限，使分离效果更好，减少雾沫夹带。其次增加气液分离器、压缩机入口分液罐除雾器的厚度，加强压缩机入口分液罐的脱液。最后在增压机入口缓冲罐加设脱液流程，定期脱液，防止压缩机带液。

(2) 压缩机入口过滤器差压报警

压缩机入口过滤器差压报警，经现场压力表检测证实过滤器堵塞，拆下发现已被垢物堵塞。由于现场没有备用过滤器可切换，致使机组停机。利用检修过程，在机组入口增设了一组过滤器，过滤器前后设计了压差计，当一组过滤器压差达到一定值时，切换到另一组过滤器，该组过滤器切除处理后再投入备用。通过改造，在催化剂再生过程中备用过滤设备发挥了重要作用，进入机体的再生气体得到了净化，保证了再生过程连续稳定进行，同时机组密封系统得到了有效保护，延长了密封的使用寿命，有效地保证了装置长周期运行。

(3) 润滑油、封油系统进水

当装置扫线时，管线内的打压水就通过放空线窜入油箱、脱气槽、油气分离器中，造成润滑油、封油的严重污染，经脱水处理无效后不得不人为停机，重新清洗油箱，更换润滑油。原设计润滑油箱、油气分离器、脱气槽均与装置的低压瓦斯系统相连接。这一问题是设计中存在的，没有考虑到由于装置其他系统的操作或波动，极易造成润滑油系统的波动，甚至造成润滑油的污染，以及不必要的损失，影响机组安全运行。为抑制其他介质倒窜油箱、脱气槽、油气分离器，解决润滑油的污染问题，将润滑油箱、油气分离器和脱气槽与装置的低压瓦斯系统彻底分开；单独放空；脱气槽单线充氮。

(4) 机组振动报警

压缩机在开车过程中，当转速升至8000r/min时，汽轮机前端支承瓦振动突然增加，而且随转速的增加振动加剧。当转速升到8500r/min时，振动值因达到146μm而停机（停机设定值为51μm）。拆开该轴瓦检查，发现轴瓦上还包有塑料布，有两个定位销钉松动。打开后端轴瓦也同样有塑料布存在。由于供应商供货时明确表示机组在出厂时已经单机安装并调试好，现场没有必要再解体检查。在现场试机时未进行检查，留下了隐患。拆除了塑料布后重新开车，两端的轴瓦温度明显下降，较前阶段下降了20℃以上，振动消失。

(5) 联轴器组件损坏

1999年12月9日，仪表PLC保险烧坏后启动信号无法送到现场，满足不了启车条件，因采用人为手动控制启车速度，使启动过快导致联轴器组件损坏。压缩机与汽轮机之间的联轴器是KOP弹性膜片式联轴器，机组使用说明书要求在排放管线上有一放空阀，在启动前应全开，当压缩机运动达到一定转速时慢慢关闭。但是由于重整装置工艺性质决定，该机组在开车时不能打开放空系统，只能带负荷启动，启动负荷较大，联轴器承受的转矩较大。该机组的开车是通过手动打开蒸汽主汽门实现的，开车难度大，控制不好极易造成因为启动过快使联轴器在开始转动的瞬间承受了巨大的转矩。针对联轴器扭断的问题，首先重新核算、设计，将KOP弹性膜片式联轴器做了改进，增加了设计强度；然后在压缩机出入口管线设置连通线，降低机组启动负荷，满足了带负荷启机的条件。

(6) 调速汽门失去调节作用

调速汽门在机组运行中发现失去调节作用，转速波动较大，影响机组运行，被迫停机。经检查发现阀杆与定位套之间的间隙太小，因为受温度的影响二者互相“抱死”。后经计算，将调速汽门的阀杆与定位套之间的间隙加大0.01mm，同时又要保证蒸汽不外漏。

(7) 密封系统泄漏

压缩机密封系统采用的是组合式密封（迷宫密封与机械密封组合），密封系统以自身工艺气（氢气）为缓冲气，润滑油系统提供的封油共同防止压缩气体的泄漏。平衡盘差压报警、轴位移报警，封油严重内漏，被迫停机检修。解体检查发现静环的密封面出现划痕，密封腔内有较多的积垢，迷宫密封梳齿磨损严重、间隙过大、积垢较多。通过采样分析该部分积垢主要来源于重整催化剂再生过程中产生的未完全烧尽的炭和高温高氧情况下产生的氧化杂质。由于机组入口过滤器的网目较小，杂质进入机体使密封件受损，造成封油内漏。经过与过滤器生产厂家协商，增大了过滤器目数及提高过滤精度，防止过多杂质进入机体，损坏内部零部件，延长了密封的使用寿命。

(8) 控制监测系统故障及解决措施

DRESSER-RAND 公司为压缩机组提供了控制系统，包括蒸汽透平调节器、逻辑停车、逻辑启动及润滑油泵的控制。其控制由“热备用”冗余组态中的可编程逻辑控制器（PLC）来执行。在实际应用过程中，由于探头、电缆、继电器、专用二次仪表的零部件精密复杂及安装质量低等原因，造成接头松动、电缆绝缘层爆裂、接地异常，以及其他监测设备质量问题，都会引起仪表控制监测系统发生故障，产生误报警、误联锁，致使循环氢压缩机组停车。

汽轮机速度变化率报警后，经检查，调速汽门定位器凸轮工作面磨损及杂物黏结，使定位器输出信号异常，造成调速汽门行程变化较大，因此速度变化率报警。通过更换表面硬度较大的定位器凸轮及重新密封定位器壳体，使调速汽门灵敏、平稳。

封油、参考气差压波动后，缓冲气、参考气压差的变化直接影响封油、参考气的压差。经检查，发现缓冲气、参考气压差调节阀两取压点接反。改正后，使之保持在设定值，保证了压缩机的运行。

机组开机后曾经出现过一次因保险烧坏和一次电源开关跳闸而导致的停机事故。经过严格的检查，发现是 24V 串口接地和 220V 安全接地混接造成的。经过重新安装接地线，消除了隐患。

假信号检查发现由于许多仪表线端子处接触松动，经常被碰掉或因振动而产生假信号导致停机事故。针对这种情况，对仪表柜内的所有接线端子进行了检查并重新紧固。彻底解决了因接线松动经常出现假信号的问题。

供电系统的稳定运行也是影响重整循环氢压缩机组长周期运行的主要因素。曾因供电系统故障（晃电）多次停机。为了仪表电源不受电网波动的影响，在仪表供电电源上加设 UPS 稳压包，免除供电系统干扰。

(9) 公用工程系统故障及解决措施

循环氢压缩机在实际运行过程中，除了受工艺、设备、仪表、供电因素影响外，还受外界公用工程系统的蒸汽、循环水、仪表风、氮气波动影响。如：中压蒸汽温度和压力大幅下降引起透平蒸汽能量严重不足、循环水供水异常引起润滑油封油温度过高、仪表风中断会产生机组联锁停机。

蒸汽压力和温度的波动，对汽轮机和离心压缩机的影响是相当大的，将导致机组轴位移、轴振动等参数的变化，从而造成机组运行的异常，严重时引起机组速度变化率过大造成停机。解决办法就是要严格控制好中压蒸汽的压力和温度，使蒸汽压力尽可能的平稳，温度尽可能地接近指标。循环水、仪表风、氮气系统严格按照设计指标操作，才能保证机组安全平稳运行。

优化蒸汽系统管线流程汽轮机出、入口蒸汽管线配制放空线，防止水击的发生；在暖机跨线上安装一个阀门，防止管线存水后进入机体；重新安装出口止回阀；中、低压蒸汽之间设置减温、减压器，在暖机过程中，因中压蒸汽不放空，可将减温、减压器并入 1MPa 蒸汽管网，使能耗降低。

通过实施各项改进措施，压缩机运转正常，维修工作量大大减少，减低了生产成本，安全生产得到了保证。

实例六十

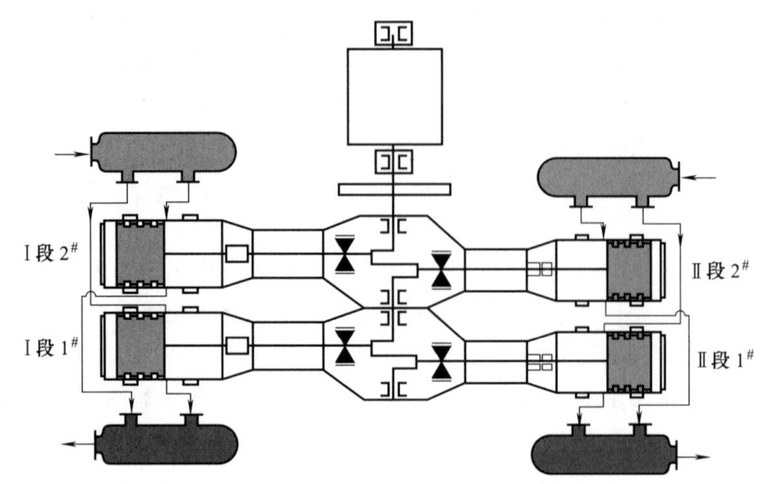

图 11-2　氢气增压往复式压缩机组简图

氢气增压机机组把重整反应产生的氢气，经过压缩增压输送给联合装置的预加氢单元、歧化异构化单元使用，还有部分氢气经过压缩增压供加氢裂化装置使用。该机组的稳定运行决定着其他几套装置生产负荷的稳定性，是生产装置的关键设备。某石化公司化工部氢气增压往复式压缩机（见图 11-2），型号为 4M-40 系列，是四列二级对称平衡型压缩机，1999 年 6 月由国内某气体压缩机厂制造。此系列产品为引进德国某公司的专有技术，电动机驱动，压缩介质分二级进行压缩，Ⅰ级为低压段，Ⅱ级为高压段。该往复式压缩机的形式为二级双作用、无油润滑，轴功率 2283kW，转速 300r/min，输送介质为 H_2（87%），传动方式采用刚性联轴节直接驱动。

(1) 故障经过

该压缩机 2013 年 4 月 9 日经检修重新安装后，运行至 2013 年 8 月 9 日，驱动侧第二列连杆、连杆螺栓断裂并打碎机身滑道及十字头。

(2) 故障原因分析

断裂的连杆用 35 钢锻制而成，它由连杆体与连杆盖组成，两者通过两根由 35CrMoA 材料制成的连杆螺栓连接成一体，连杆大头瓦为中分式，小头衬套为整体式，与连杆小头孔过盈配合，其工作温度在 50～60℃，安装时用 110MPa 的力拉伸到（0.75±0.05）mm，连杆螺栓规格为 M48×3。对断裂连杆取样分析。其化学成分分析结果基本符合标准要求。断口金相组织为索氏体，未见明显异常。

宏观检验表明，螺栓断裂于定位凸台圆滑过渡处，该部位处于大头瓦中分界面。见图 11-3，断裂螺栓发生约 45°弯曲，螺母上有撞击痕迹，与螺栓弯曲方向一致，是由于螺栓先发生断裂并部分脱出螺孔后，螺母和螺栓端头与缸体内壁发生碰撞导致。见图 11-4，断口有缩径现象，由外径 ϕ43mm 缩减到 ϕ38～39mm。断口表面肉眼未见明显疲劳条纹，但在 20 倍的体式显微镜下可见少数疲劳条纹，并明显可见机加工痕迹。事故源头应为连杆螺栓塑性拉伸变形后疲劳断裂产生的联锁反应。断口存在明显的疲劳辉纹，疲劳裂纹源处起源于机加工刀痕，随后疲劳裂纹进一步扩展，当承受载荷超过材料的极限时，发生瞬间断裂，瞬断断面存在明显韧窝，说明此瞬断属于韧性断裂。

图 11-3　未使用的新螺栓和断裂螺栓

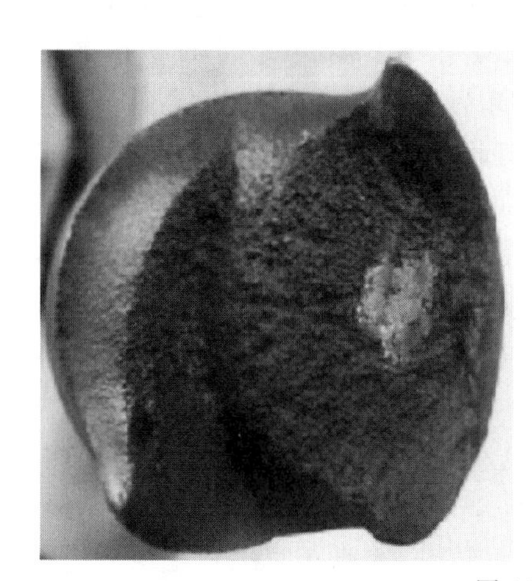

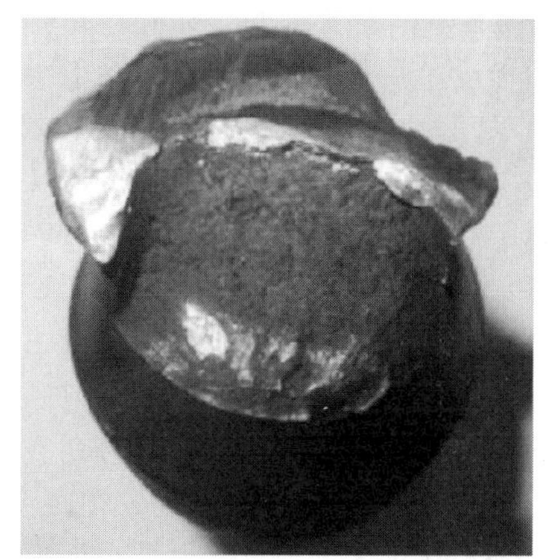

图 11-4　断口

螺栓断裂可能的原因有：

① 连杆螺栓由于初始预紧力不够或假预紧。设计要求安装时用110MPa的力拉伸到(0.75±0.05)mm，该螺栓安装时用110MPa的力预拉伸到0.80mm，处于预拉伸伸长量的上极限。设备运行一段时间后，预紧力逐渐丧失，进而产生交变冲击载荷，达到材料屈服极限，导致事故件产生塑性拉伸变形。假预紧可以由连杆与连杆螺栓连接定位面存在的锈蚀、磕碰、划伤等情况造成。

② 运行过程中长期存在循环氢气介质中带液现象。介质带液造成运行过程中产生冲击、加大载荷，达到材料屈服极限，导致产生塑性拉伸变形，加速螺栓断裂。

③ 零件表面粗糙度低，存在刀痕，加速疲劳断裂。螺栓本身的质量存在缺陷，造成正常使用过程中容易在机加工痕迹等较大应力集中处萌生裂纹并扩展发生疲劳断裂。

(3) 故障防范策略

① 加大机组定期维护检查频次，以不高于检修规程所规定的大中小修周期为限，并将中、大修中的重点检查项目与日常小修和维护检查工作紧密结合。

② 重要部件、备件的上机前、使用过程中，适当增加无损检测项目，如着色、硬度、超声检测等，及时发现存在的缺陷。螺栓的预拉伸量，避免处于标准要求的上限。

③ 恢复机组曲轴箱在线振动监测探头监测设施，为应急处置和状态分析提供依据。

④ 从生产工艺上，避免压缩机介质带液。

实例六十一

某石化公司加氢改质装置设置2台新氢压缩机组K-3101/AB，是装置生产运行的核心设备，运行条件一开一备，采用三列三级压缩，其作用是保证系统氢气压力，参与加氢反应。该机组于2012年4月投入运行，K-3101/A机采用HydroCOM无级气量调节作为装置运行的主机组，K-3101/B机作为备用机运行。

2013年8～9月份，K-3101/A机一级缸严重异响后，K-3101/B机成为主力机运行。K-3101/B机运行后，一年内陆续发生5次排气阀阀片断裂，同时K-3101/A机也发生了2次排气阀阀片断裂问题。

为此，通过对比机组工艺运行参数和气阀原始设计参数发现：气阀原始设计工况和实际运行工况介质组分H_2含量发生了变化，由于H_2分子量小，H_2含量的少许变化将造成介质气体摩尔分子量的成倍变化，使气阀运行时阀片的运动参数偏离原始设计，气阀延迟关闭，造成阀片关闭时撞击过速进而导致阀片最薄弱的边缘位置断裂。

2014年8月23日K-3101/B机组运行时DCS画面趋势显示一级缸排气压力由3.85MPa上升到4.05MPa、排气温度由85℃上升到95℃，二级排气温度略有下降，其余各级排气温度、压力正常。现场实测二级盖侧排气阀阀盖温度100℃，轴侧排气阀阀盖温度90℃，二者温差达到10℃，机组紧急停机，拆检盖侧排气阀，发现阀片边缘对称位置有2处断裂。同时查看2013～2014年检修记录发现，自2013年11月K-3101/B机作为主力机运行后陆续发生过5次排气阀阀片断裂故障，断裂时间分别为2013年11月18日、2013年12月26日、2014年1月21日、2014年8月11日、2014年8月23日，气阀平均使用寿命严重不足。

根据现场拆检情况来看，这5次阀片断裂的位置，均发生于二级缸盖侧排气阀边缘对称位置，如图11-5所示。

图11-5 K-3101/B机组排气阀阀片断裂部位

2014年12月22日，K-3101/A机组运行时DCS显示三级缸排气温度突然由90℃跳升至98℃，HydroCOM无级气量调节三级手操器负荷器从81%自动增加至95%，现场实测盖侧排气阀阀盖温度95℃，轴侧排气阀阀盖温度85℃，二者温差达到10℃，紧急停机后拆检发现盖侧排气阀阀片圆周边缘断裂一块。对气阀进行了更换，23日开机后发现三级缸排气温度为97℃，仍然偏高，此时一级缸排气温度81℃，二级缸排气温度为88℃，并且现场实测K-3101/A三级缸盖侧排气阀阀盖温度90℃，轴侧排气阀阀盖温度80℃，说明此阀仍然存在泄漏，31日停机后拆检发现盖侧排气阀阀片圆周边缘断裂2处。

原因分析：针对K-3101/B机，由于二级盖侧排气阀阀片断裂后被压缩后的高温气体不能被完全排出，通过气阀内漏回流的方式又返回到气缸内，造成盖侧排气阀阀盖温度偏高。

由于二级气阀泄漏后排气效率降低，造成一级出口压力憋压偏高，一级压缩比增大，一级缸排气温度上升。一级出口压力增大导致二级入口压力随之增大，二级压缩比减小，所以二级排气温度会略有下降。

该机组每个气缸均设置上、下两个注油点，各点注油量如下（滴/min）：一级上 20、下 12；二级上 11、下 15；三级上 4、下 17～18。拆检的故障气阀内外表面油膜分布正常，根据注油量和气阀拆检情况来看，二级气缸注油量是正常的。查看压缩机温度、压力等运行参数稳定，因此排除压缩机操作因素造成气阀阀片断裂。从阀片断裂总是固定发生于二级盖侧排气阀来看，问题可能由于系统因素，而不是某些偶然因素造成，因此可以排除气阀批次质量等偶然因素造成气阀故障。重新审核二级气阀原始设计数据，排气阀主要参数，如阀片开启关闭时的撞击速度、弹簧力、阀片关闭角等均在正常范围。阀片正、反面与阀座、阀盖的撞击痕迹均比较轻微，表明气阀工作时，无论是开启还是关闭，撞击速度均正常，阀片断裂不是设计因素造成。压缩机介质 H_2 是由制氢装置生产的高纯度氢和一部分重整装置生产的重整氢混合而成。从故障前后压缩机介质组分的分析结果可知，介质氢含量在 92.456%～98.477%之间变化，根据车间工艺卡片要求，装置新氢 H_2 含量只需大于 92%就满足工艺要求，对比气阀原始设计工况和实际运行工况，压缩机实际运行参数接近原始设计参数，唯一变化明显的是介质气体的摩尔分子量，设计介质组分为：$H_2$98.92%、$CH_4$1.039%、C_6H_{14}0.041%，摩尔分子量为 2.19g/mol，而 2014 年 8 月 12 日的介质组分，摩尔分子量达到 5.55g/mol，变化超过一倍。分别用 H_2 含量 98.48%、95.36%、92.46%的介质组分校核各级气阀主要的设计参数，发现二级盖侧排气阀片撞击速度分别为最大允许撞击速度的 92.7%、93.5%、95.4%，阀片关闭时的撞击速度，随摩尔分子量的增加而逐渐增大；同时，关闭弹簧力则随摩尔分子量增加而变得越来越弱；更严重的是当介质气体中 H_2 含量从 98.48%向 92.46%变化时，二级盖侧排气阀模拟运行时的关闭角越来越大，并有二次关闭的情况，二次关闭的关闭角均超过 180°，气阀实际延迟关闭；二级轴侧排气阀上述参数则正常（轴、盖侧排气阀的差异，主要由于轴侧气缸有活塞杆的影响）。

为了适应现场实际工况，采用 CS 型非金属网状阀替换原阀。其特点如下：①选用 PEEK 材料阀片（与原阀片材料一致），抗冲击性能强；②该阀型槽道宽、通流性好，阀损低；③相对于同尺寸的其他阀型，CS 气阀弹簧数量多，布置均匀，保证阀片平稳开启和关闭；④利用计算机模拟气阀的运动，可精确设置合理的弹簧力，尤其对介质组分变化有更宽的适应范围。

第12章

风机的故障处理及实例

风机的操作方法依风机的结构形式和用途的不同而异，故其试运转、正常运行的具体操作方法应根据风机出厂技术说明书的规定进行。

12.1 离心式风机的维护

离心式风机虽依据增压大小、输送介质和用途不同，在风机的主要部件如叶轮、机壳、支承与传动方式的具体构造方面有许多差异，但因相同的工作原理，维护方式基本相同。

由压力、流量、温度、电流、功率、噪声等特征信号识别风机故障，模型比较多，有45种。风机及其电动机的10类45种故障模式有：

① 不平衡（包括A类松动和结构1倍频共振）：初始不平衡，断叶片、轴上的部件飞脱，电动机轴（瞬时）热弯曲，轴永久性弯曲，轴上部件缺损，叶片磨损及结灰，电动机转子导条或端环的断裂或脱焊，结构1倍频共振，基础刚性差，基础变形，地脚螺栓松动。

② 不对中：偏角不对中、平行不对中、轴承不对中、热态不对中。

③ 动静碰磨（包括C类松动）：径向碰磨、轴向碰磨、轴承松动、叶轮在轴上松动。

④ 轴承座问题（包括B类松动）：轴承座螺栓松动、轴承座开裂、轴承支撑刚度相差过大。

⑤ 滑动轴承油膜涡动和油膜振荡：油膜涡动、油膜振荡。

⑥ 滚动轴承故障：严重磨损、疲劳剥落或疲劳点蚀、塑性变形或断裂、胶合或烧损、安装不当或润滑不良。

⑦ 叶片问题：叶片通过频率引起共振、壳体和叶轮中心不重合、叶轮叶片或扩压器叶片损坏。

⑧ 旋转失速和喘振：旋转失速、喘振、旋转脱流引起壳体或风道振动。

⑨ 异步电动机定子故障：定子偏心、定子绕组短路、定子铁芯松动、电源接头松动、转子偏心及碰磨。

⑩ 异步电动机转子故障：转子导条或端环的断裂或脱焊、转子铁芯短路、转子导条松动或脱开、电动机转子热弯曲、转子绕组开焊和断路。

12.1.1　启动前的准备

关闭进风调节门，使出风调节稍升。

检查风机机组各部件的间隙大小，转动部分不允许有碰撞现象，所有固定零件螺栓需拧紧。

检查轴承滑润油是否充足完好。

检查联轴器是否安装可靠，风机轴与电动机轴的同心度是否符合技术规定。

对有水冷却轴承的风机，应检查冷却水系统是否完好。

检查电气线路及仪表安装是否正确。

12.1.2　启动

用手或工具扳动联轴器旋转 2～3 转，检查风机转子转动是否灵活，有无“憋劲”“卡住”现象。

打开出口阀门，待风机启动后逐渐打开进口阀门。

合上电源开关，电动机启动后，扳动电阻箱手轮，使风机达到正常转速，同时，将电动机滑环扳手扳到运行位置。

根据风机技术性能规定，进行负荷运转试验。

12.1.3　运行中的维护

在电动机启动过程中，应严格检查机组运行情况，发现有强烈的噪声或剧烈的振动，应立即停机，检查其原因并予以排除。

当风机启动特性达到正常状态时，逐渐开大进口调节阀，直至满足规定为止。

倾听转子运转声音是否正常，有无摩擦现象。

检查联轴器螺栓有无松动。

检查轴承温度是否符合技术文件规定。离心风机首次运行一个月后，应重新更换润滑油或润滑脂，正常情况 1～2 个月更换润滑油或润滑脂（根据实际情况更换润滑油或润滑脂）。

检查冷却水系统是否畅通。

检查轴封部位有无漏气现象。

检查电器与仪表装置，有无损坏或失灵。

注意观察气体的温度变化，是否有超过风机允许的最高温度现象。

运行中，如有转子与机壳摩擦、风机突然强烈振动、轴承温升突然超过规定值、电流突然升高、水路堵塞和冷却水中断等现象时，应紧急停车。定期检查温度计和油标的灵敏性。

如发现流量过大，不符合使用要求或短时间内需要较少的流量时，可利用调节阀门进行调节。

定期清除风机内积尘、污垢等杂质且防止生锈。

只有在风机设备完全正常的情况下方可启动投入运行。

停车后，应检查转子的轴向位移、转子与机壳之间的间隙、叶轮与进风口的间隙等，检查其与试车前有无变化。

在风机开车、停车和运行过程中，如发现不正常现象时应立即进行检查，若是小故障应及时查明原因设法排除，如是大故障应立即停车检查。

经检修后启动时，应检查风机的各个部位是否正常。

除每次检修后更换润滑剂外，正常运行情况下，仍应根据实际运行状态及时更换润滑剂。

风机的维修、维护应在停车时进行。

12.1.4 检修要求

拆除风机外罩及与机壳连接的其他部件和管道。

拆除入口叶片调节装置和电气、仪表接线。

拆除主轴两端的轴承盖、法兰、螺钉。

拆下联轴器。

拆除机壳。

拆下风机、轴端的密封。

吊出转子，放在鞍形支架上。

取出下瓦或轴承。

组装时与上述程序相反。

(1) 机壳和基础

机壳的固定螺栓不应有松动、变形，机壳或支架不应有裂纹。基础不应有偏移下沉现象，均匀下沉不应超过 0.8～1mm。

机壳水平偏差应小于 0.05mm/m。

机壳上下壳体中分面贴合后，局部间隙最大不应超过 0.05mm。

机壳内应清洗干净。

(2) 轴承

对于滑动轴承应进行无损探伤，不应有裂纹、损伤、划痕，内衬薄壁巴氏合金不应有脱壳、夹渣、气孔、沟槽、脱落、过热、偏磨等缺陷。

轴承的止推接触痕迹应沿圆周均匀接触，甩油环应光滑无毛刺，圆度公差应小于 0.5mm。

用压铅法测量轴承间隙和瓦背过盈量。瓦面与轴颈的接触角应为 60°～90°。铅轴向接触面积不少于 80%，用红丹油检查接触点每平方厘米不少于 3 点。瓦与轴承座的压紧过盈量应在 0.03～0.05mm 范围内。轴瓦与轴颈之顶间隙应为轴颈尺寸的 0.15%～0.20%，侧间隙应为顶部间隙值的 1/2。上下轴瓦中分面应接触良好、均匀。止推瓦与轴端止推面接触应均匀，接触面积不应少于 70%。两侧止推总间隙通常为 0.30～0.40mm。

对于滚动轴承，内外圈滚动应灵活，轴承支架不偏斜、不变形。滚珠表面无缺损、锈斑、脱皮等缺陷，且运转无杂音。

(3) 转子组件

常用的风机转子组件有悬臂式；单级双吸双支承；多级单吸双支承。

清洗和检查转子，叶轮焊接接头应无裂纹，焊接接头不应开焊，叶片和轮盘无脱落，叶轮与轴的连接螺栓和防松垫圈应完好、无松动现象。铆接叶轮的铆钉不应松动和脱落，如叶轮叶片被腐蚀、开焊进行修理后，一定做转子动平衡。精度不低于 ISO G2.5 级。

检查转子各部径向跳动和端面跳动。

检测主轴纵向水平度偏差，不应大于 0.2mm/m（水平仪精度不应低于 0.02mm/m）。

主轴表面不应有裂纹、划伤等缺陷，轴颈表面粗糙度 Ra 应低于 1.25μm。

主轴最大直线度偏差应符合要求。

转子组件应进行无损探伤。

(4) 密封

检查叶轮密封口环的腐蚀及磨损情况，按照密封的结构形式不同，技术要求也不一样。一般密封与机壳的配合为间隙配合。但对于梳齿密封的每个齿顶为“刺刀”式，梳齿齿顶不应磨秃、倾斜、变形。对于胀圈密封的胀圈应能沉入槽内，其侧间隙应在 0.05～0.08mm 的范围之内。内表面与槽底应有 0.2～0.3mm 的间隙。

(5) 联轴器

常用的是弹性柱销联轴器，但也有用齿轮联轴器的。弹性柱销联轴器具有可移性和缓冲、吸振作用，并可补偿因对中找正而发生的偏移。

在脱开联轴器之前，应复查 Y 值（径向位移为 0.3～0.6mm）和 X 值（轴向位移为 2～6mm）及偏角（应小于 1°）。

检查弹性环、螺栓、中间隔套和半联轴器应无裂纹、变形等缺陷。

对于齿套式联轴器，应脱开内外齿圈进行清洗，并检查齿顶和齿套的内外表面磨损情况，作理化探伤。

(6) 对中找正

用单表或双表均可对风机进行对中找正。

对于弹性柱销联轴器对中找正时应将风机一侧找水平，保证风机轴中心线和电动机轴中心线在同一中心线上，偏差不应大于 0.05mm。

对于齿轮联轴器的对中找正，沿轴向方向移动齿轮联轴器，以便使得两侧联轴器自由移动。

转动齿轮联轴器，应选择 4 点进行测量即上、下、左、右侧，齿轮联轴器内外齿圈不同心度应小于 0.06mm，两联轴器的平行度偏差应小于 0.05mm。

12.2 实例分析

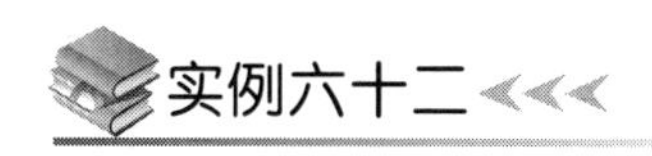

实例六十二

某公司蒸汽动力 3 台 170t/h 循环流化床锅炉采用的是布袋除尘器，利用 6 台引风机抽吸燃料在炉膛燃烧后形成的烟气，每台锅炉配 2 台引风机。引风机型号 AYX170-12N022.4D。介质为烟气。轴承箱采用水冷布置。在实际运行中，引风机输送的是含有飞灰而且温度较高的烟气，工作条件比较恶劣，容易出现振动过大、轴承温度过高等故障现象，平均每年发生故障 4 次左右，导致锅炉非计划停运或减负荷运行。引风机运行中的主要故障有：振动过大和轴承温度过高；旋转失速和喘振；严重时还会发生叶片飞出和烧坏轴承等事故。此外，由于电动机故障和跳闸而引起引风机停止运行，或因调节挡板卡住，都会影响锅炉长周期运行。

(1) 引风机振动

引起引风机振动的原因有：在检修时静平衡或找中心不准确；在运行中焊在叶轮上的平衡块脱落；叶轮非工作面积灰，失去平衡引起引风机振动；引风机与烟道共振导致引风机的振动，轴承支架不牢固；动、静部分相碰等均可以引起引风机振动过大。引风机轴承振动也是运行中常见的故障。引风机的振动会引起轴承和叶片损坏、螺栓松动、机壳和风道损坏等故障。振动同时也可能发生撞击和异声：有时也会出现转子与外壳相摩擦或引风机轴与外壳轴封的相碰，以振动表测量振动时，其值已超过允许值范围。

叶轮非工作面积灰引起的振动现象主要表现为引风机在运行中振动突然上升。这是因为当气体进入叶轮时，与旋转的叶片工作面存在一定的角度，根据流体力学原理，气体在叶片的非工作面上有一定的旋涡产生，于是气体中的灰粒由于旋涡作用会慢慢地沉积在非工作面上。当积灰达到一定的重量时，由于叶轮旋转离心力的作用，将一部分大块的积灰甩出叶轮。由于各叶片上的积灰不可能完全均匀一致，聚集或可甩走的灰块时间不一定同步，结果因为叶片的积灰不均匀导致叶轮质量分布不平衡，从而使引风机振动增大。这种情况下，通常的处理方法是临时停炉后打开引风机机壳的检查孔，电源断电，确认安全后检修人员进入机壳内清除叶轮上的积灰后，叶轮将会重新达到平衡，从而减少引风机的振动。人工清灰不仅环境恶劣，存在不安全因素，而且检修时间长，劳动强度大。如果在机壳喉舌处（径向对着叶轮）加装一排喷嘴（5～6 个），将喷嘴调成不同角度。喷嘴与冲灰水泵相连。将冲灰水作为冲洗积灰的动力介质，降低负荷后停单侧引风机，在停引风机的瞬间迅速打开阀门，利用叶轮的惯性作用喷洗叶片上的非工作面，打开在机壳底部加装的排水阀门将冲灰水排走。这样就实现了不停炉处理引风机振动的目的。用冲灰水作清灰的介质和用蒸汽和压缩空气相比，具有对喷嘴结构要求低、清灰范围大、效果好、对叶片磨损小等优点。

烟、风道的振动通常会引起引风机的受迫振动是生产中经常出现且容易忽视的情况。引风机出口扩散筒随负荷的增大，进、出风量增大，振动也会随之改变，而一般扩散筒的下部只有 4 个支点，另一边的接头石棉帆布是软接头，这样整个扩散筒的 60%重量是悬吊受力。轴承座的振动直接与扩散筒有关，故负荷越大，轴承产生振动越大。针对这种状况，在扩散筒出口端下面增加一个活支点，可升降可移动。引风机负荷变化时，只需微调该支点，即可消除振动。经过现场实践，效果非常显著。此种情况在风道较短的情况下更容易出现。

动、静部分相碰引起引风机的振动。在生产实际中引启动、静部分相碰的主要原因是：叶轮和进风口（集流器）不在同一轴线上；运行长时间后，进风口损坏、变形；叶轮松动使叶轮晃动度大；轴与轴承松动；轴承损坏；主轴弯曲。

(2) 引风机轴承温度过高

引风机轴承温度异常升高的原因有 3 类：润滑不良、冷却不够、轴承异常。引风机的轴承置于壳体外，若是由于轴承疲劳磨损出现脱皮、麻坑、间隙增大引起的温度升高，一般可以通过听轴承声音和测量振动等方法来判断，若是润滑不良、冷却不够的原因则是较容易判断的。另外，轴承安装、检修质量差，如轴与轴承安装不正，引机轴与电动机轴不同心等；引风机振动过大；排烟温度过高等都可以引起轴承温度过高。实际工作中应先从以下方面解决问题：应当按照定期工作的要求给轴承箱加油。轴承加油后有时也会现温度高的情况，主要是加油过多，这时现象为温度持续不断上升，到达某点后（一般在比正常运行温度高10～15℃）就会维持不变，然后会逐渐下降；检查冷却水是否畅通；确认不存在问题后再检查轴承箱。

(3) 旋转失速与喘振

旋转失速是气流冲角达到临界值附近时，气流会离开叶片凸面发生边界层分离从而产生大量区域的涡流造成引风机风压下降的现象。喘振是由于引风机处在不稳定的工作运行区出现流量、风压大幅度波动的现象。这两种不正常工况是不同的，但是它们又有一定的关系。引风机在喘振时一般会产生旋转气流，但旋转失速的发生只决定于叶轮本身结构性能、气流情况等因素，与风烟道系统的容量和形状无关。喘振则是与引风机本身和风烟道都有关系。旋转失速用失速探针来检测。喘振用U形管取样。两者都是差动信号开关报警或跳机。

在实际运行中有两种原因使差压开关容易出现误动作：烟气中的灰尘堵塞失速探针的测量孔和U形管容易堵塞；现场条件振动大。该保护的可靠性较差。由于引风机发生旋转失速和喘振时，炉膛风压和引风机振动都会发生较大的变化。在引风机调试时通过动叶安装角度的改变使其正常工作点远离不稳定区。随着设计制造水平的提高，可将引风机跳闸保护中喘振保护取消改为“发讯”，当出现旋转失速或喘振信号后，通过调节动叶开度使引风机脱离旋转脱流区或喘振区而保持引风机连续稳定运行，从而减少引风机的意外停运。

实例六十三

某化工公司循环水装置第三循环水由于烯烃中心增加了C_4装置，冷却效果不能满足生产要求，导致夏季高温季节必须降低生产负荷，影响公司产量。为此，对第三循环水风机叶片进行技术改造。

使用的国外进口风机叶片，叶片为5片式。以ϕ9.14m风机为例，玻璃钢材质单片约55kg，同等尺寸外形的碳纤维叶片仅25kg左右，整体风机叶片质量减小了一半以上（按8片计算，玻璃钢叶片为440kg，而碳纤维材质叶片仅200kg，减少了240kg）。由于碳纤维叶片质量轻（比玻璃钢叶片轻一倍以上），叶片数量相同时也会减轻风机的质量，使风机的电耗减少，在同等风量、同等电压下，电流会减小，一般节约电能15%～20%。叶片采用力矩平衡法，使每叶片平衡误差控制在3g以内，不但使风机运行平稳（运转振动值仅2.5～4mm/s之间，标准6.3mm/s），而且叶片之间具有互换性。一旦叶片在使用过程中发生损坏，可单独更换其中任意一片。改造后叶片选择的碳纤维叶片：根部粗且同材质，强度大；叶片外形大、强度高；带螺旋角，风量大。轮毂选用双层优质钢板加工成形，直径尺寸1.2m。经过严格的动、静平衡校正，运转起来非常平稳。轮毂与减速机之间采用碳纤维轴连接。改造前风机轮毂硕大（直径2.1m），无效通风面积大（4m^2），通风量小。改造后叶片根部为0.3m，形大、带螺旋、角风量大，无效通风面积小（1.13m^2，与原风机叶片相差4倍）。在风量、风压一定的情况下，叶片数量的增加会导致叶片的弦长变短（即叶片变窄）这样会降低翼型叶片的升力系数，也就降低了风机的效率。使用8片碳纤维叶片最大的优势在于，因为质量减少一半以上，宽大的叶片使螺旋角更为合理，所以风机效率可达到87.8%（即风机轴功率可达到150kW）；而玻璃钢叶片因质量大，风机效率最高到82%（即风机轴功率可达到139kW）。风机轴功率越大，提供的风量越大。经过实塔测试一、三循的风机风量偏小，叶片安装角度偏小，由于三循风机配套电动机均为200kW，电动机允许的最大风机轴功率可达173kW，三循原风机轴功率均为140kW以下，说明风机做功不足。原叶片冷却效果为设计值的73.54%；采用碳纤维叶片后，冷却效果为设计值的103.98%。

通过更换碳纤维风机叶片，冷却塔风量有了大的增加，提高了冷却塔的冷却效果，降低了能耗，节约了投资成本。

2001年7月4日20:40，某电厂6号炉12号送风机运行中发生肢解损坏事故，造成6号炉因无法维持送风量，被迫停运。此送风机的蜗壳多处撕裂，整体变形，1块重约100kg的叶轮前盘板带着3块叶片击破蜗壳飞出并将机房墙壁击出2个大窟窿，被墙中的水泥梁挡住而嵌在墙上，击碎的墙砖飞逸至磨渣泵房配电间，并将配电间的门砸坏。叶轮轮毂处铆钉全部拉断，轴弯曲翻出，轴承箱破裂，联轴器螺钉拉脱，电动机前端盖裂开，后轴承盖崩飞，轴承座和电动机座的地脚螺栓处崩裂。蜗壳出口方弯头和出口伸缩节被撞开，整个送风机除进口挡板以前部分，其他全部损坏报废。

事后检查发现：飞出去的叶轮前盘板有一条总长445mm的焊缝存在缺陷，焊缝顶端有145mm长的旧裂痕，焊缝中间240mm长存在未焊透缺陷，尾端60mm焊缝有密集气孔、夹渣；整条焊缝存在明显缺陷，为不合格焊缝；损坏的送风机叶轮的其他焊缝也存在焊接质量不良的问题。

7月4日上午事故发生前，12号送风机测振检查：各轴承的振动值正常。12号送风机事故是在短时间内发生的，并且不是因为轴承座或电动机座振动等原因造成的。从飞出去的叶轮击破蜗壳，又击穿墙壁的严重程度上看，只有当其在高速旋转中撕裂飞出才有可能产生这么大的能量。飞出的叶轮前盘板存在严重焊接缺陷，又使其在离心力的作用下撕裂飞出成为可能。

造成此次送风机严重损坏的原因是：叶轮前盘板焊缝存在严重焊接缺陷，在运行进程中，焊缝开裂并逐渐扩展，当裂缝继续发展到不足以抵抗叶轮高速旋转产生的离心力作用时，叶轮机片焊缝迅速撕裂而飞出。一块叶轮撕裂飞出后，受其反作用力使整个叶轮失去平衡，导致轮毂铆钉全部拉断，蜗壳反方向出口伸缩节处被撞开，轴变曲，轴承箱、电动机、机座等全部损毁，整个送风机严重肢解损坏。

12.3 旋涡风机的维护

旋涡风机（旋涡气泵）与其他类型风机相比，维护相对比较简单，主要是注意轴承的维护和安全阀的正常使用。

12.3.1 启动前的准备

旋涡风机应放置在较平稳的地方，周围环境应清洁、干燥、通风。

旋涡风机旋转方向必须与风扇罩壳上所标箭头方向一致。

进出气口外连接必须采用软管（如橡胶管、塑料弹簧管）。

12.3.2 启动

旋涡风机的启动方法与电动机启动方法相同。

电动机功率在4kW以上，启动时先将绕组做星形连接，此时每相绕组电压为220V，待转速接近稳定值时，迅速将绕组转换为三角形连接，即星三角启动。

电动机功率小于4kW时，可通过启动按钮直接启动。

12.3.3 运行和维护

旋涡风机运行时，工作压力不得大于规定的正常压力，以免使旋涡风机产生过大的热量和电动机超电流而引起旋涡风机损坏。

轴承安装方式主要分为两类：第一类，旋涡风机端的轴承安装在电动机机座和叶轮中间的壳体内，此类旋涡风机平时不需要加润滑脂，只要像一般电动机一样定期维修和给两端轴承清洗加润滑脂即可；第二类，旋涡风机端的轴承安装在风机盖中间，此类旋涡风机轴端的轴承应定期加润滑脂（3 种二硫化铝锤基脂或 7018 高速润滑脂），通常每周加一次，对于三班连续工作的旋涡风机应适当增加加油次数。此类旋涡风机电动机风扇端的轴承按第一类旋涡风机维护保养方法进行。

更换轴承必须由熟练的修理工操作，其更换程序是：先拧松风机盖上的螺钉，然后按顺序（不同型号风机更换轴承顺序不同），逐个拆卸零件，拆下的零件应经过清洗，按反顺序进行装配。拆卸时，不能采取硬撬叶轮的方法，而应使用专用拉马将其拉出，同时不要遗漏调节垫片的拆装，以免影响制造厂产品出厂时已调整好的间隙。在更换轴承前，应先将新轴承进行清洗，烘干并涂上二硫化铝锤基脂或 7018 高速润滑脂。

旋涡风机在运行中，严禁固体、液体及有腐蚀气体进入风机内。

为避免在旋涡风机运行中因设备和管路的阻塞，而使风机无法正常排气，引起旋涡风机压力剧增致使旋涡风机发热、损坏，故凡电动机功率在 4kW 以上的旋涡风机在风机壳体出气口上面，均设置了一个压力控制口，在需要控制使用压力时，可使用安全阀。

安全阀的安装使用方法如下：

使用旋涡风机前，先拆去风机出气门上部的菱形盖板，装上安全阀。

安全阀的正常压力在产品出厂时已调整好，切不要随意更动设定好的安全阀开启压力，旋涡风机工作时负荷超过设定好的保护压力时，安全阀阀门就会自动打开，气流便从安全阀排气孔排出，保护旋涡风机正常运行。

由于设备保养或因其他原因使调整好的压力出现走动时，应重新调整其压力。其步骤如下：

启动旋涡风机；

拧松锁紧螺母；

一边观察压力表一边按顺时针（设定压力增高）或逆时针（设定压力减低）方向旋转调节螺杆，直至需设定的保护压力点排出气体为止；

锁紧螺母。

12.3.4 停车

停车方法与电动机停车方法相同。

12.4 罗茨鼓风机的维护

12.4.1 启动前的准备

彻底清除罗茨鼓风机及进风管道内混入的粉尘杂物。

紧固所有的连接部位，接好冷却水。

将润滑油加注到油箱油标两线中间稍高的位置（所有的油箱外部均设有油标，日常操作中应保证油位处于规定的两油标线之间）。

全开进出风管路中的闸阀，并用手动盘车，以感觉轻松为宜。

12.4.2 启动

确认各部安装正确，连接可靠。

在无负荷状态下接通电源，启动罗茨鼓风机，核实旋转方向，进入空载运行。

检查润滑系统是否正常，有无异常响声（听音棒）及局部发热现象。如发现有现象发生，查明其原因且消除故障后重新启动。

逐步加载到铭牌上的工况点，并注意电流表读数不得超过电动机额定电流值。

注意机体的温度及振动情况，在没有异常情况且系统准备就绪后方可投入运行。

12.4.3 运行和维护

在正常运行中，应经常注意轴承温度、声音、振动情况，检查油标油位、油温、进排气压力、电流表读数等。

注意罗茨鼓风机运行中压缩热引起的气缸温度上升、温升和压升相对应的情况，如发现产生局部温升太高而致使风机外表的喷漆烧焦时，应立即停车检查是否有异物吸入或间隙太小。

对于输送煤气的罗茨风机，罗茨风机喘振停机事故同时造成罗茨风机进出口补偿器破裂，泄漏煤气，被迫检修更换。为此，煤气发生切断事故时，一般依赖在工艺管道进出口总管设置的回流管和调节装置，防止罗茨风机出口压力迅速上升而造成的喘振停机事故。

每月定期检查皮带传动罗茨鼓风机窄 V 带的张力。

每季度定期清洗过滤器，更换一次润滑油，并采取相应的除垢措施。

每年应定期清洗罗茨鼓风机的齿轮、轴承、油密封、气密封，检查转子和气缸内部的情况，校正各部间隙。

12.4.4 停车

停车时必须先卸压减载，再切断电源，切不可负载停车。

长时间停机必须排净冷却水，尤其在寒冷地区使用更应引起高度重视。

12.4.5 检修要求

(1) 中修内容

检查测量和修理轴承及密封。

检查测量轴颈及传动部位的径向跳动及端面跳动公差。

检查测量各部密封。

检查和测量齿轮啮合情况。

检查各部螺栓紧固情况。

(2) 大修内容

包括中修全部内容。

拆除与风机连接的外部连管、电源和仪表。

解体壳体，拆除联轴器。

宏观检查转子、叶轮、主轴、齿轮，并进行无损探伤。

检查修理或更换各部密封。

检查轴承磨损和油封。

检查测量转子与壳体的间隙和磨损情况。

检查同步齿轮啮合状态。

检查测量传动部位径向和端面跳动、轴颈表面粗糙度等状况。

对中找正的检查和调整。

① 转子故障分析与处理技术要求

转子不应有砂眼、气孔、裂纹等缺陷。

转子组装时，两端轴颈平行度公差应不小于0.02mm，两端面与墙板的平行度公差应小于0.05mm。

调整转子压力角间隙，即当风机进出口方向和主动轴位置不变时，其间隙应在转子与水平线成±45°位置上调整。D为两转子总间隙，当转子在−45°时间隙应为1/3D，当转子在+45°时间隙为2/3D。

转子应进行静平衡和动平衡试验，计算允许残余不平衡质量矩M。

② 传动轴故障分析与处理技术要求

检查轴表面不应有划伤、点蚀、锈斑等缺陷。

轴颈的圆度应不大于轴颈公差的1/2，其弯曲度应不大于0.02mm。

轴与转子垂直度公差应不大于0.05mm。

③ 轴承故障分析与处理技术要求

罗茨鼓风机一般采用滚动轴承，其内外圈转动灵活，轴承支架无倾斜，无变形。

④ 密封故障分析与处理技术要求

迷宫式密封两端的平行度公差应不大于0.01mm，密封环座与轴套间隙一般为0.2～0.5mm。

对于涨圈式密封侧间隙应为0.05～0.08mm，内表面与槽底有0.20～0.30mm的不变间隙。

⑤ 同步齿轮技术要求

同步齿轮运行应平稳，无杂音，两齿轮安装固定后，径向位移不应大于0.02mm，齿顶间隙应为0.2～0.3mm。

12.5　实例分析

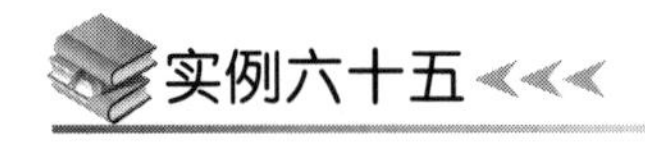

实例六十五

某燃气厂球团煤气加压站内设置3台IRT-400BJM1Mech型罗茨鼓风机，正常生产开一备二。2010年6月，罗茨风机开始投入运行，开始供给球团厂焦炉煤气，供给压力要求为

55kPa，流量在10000m^3/h左右，供给距离约2.5km。在球团厂投产初期，煤气用量比较大，压力比较高，生产也不稳定，经常发生大的增减量，也经常发生因其他故障联锁紧急切断煤气事故，造成罗茨风机出口压力迅速上升，多次造成喘振停机事故，同时造成罗茨风机进出口补偿器破裂，泄漏煤气，被迫检修更换。

由于罗茨风机属于容积式风机，不能依靠进口调节流量，原工艺管道进出口总管设置了DN200mm回流管和调节装置，调节采用比例积分（PI）控制方式，以应对小的流量波动，稳定出口压力，满足球团生产；当球团出现大的流量波动和联锁紧急切断煤气时，该回流不能满足卸压、稳压要求，为此，增加了一套DN400mm回流管和调节装置，调节采用气动控制方式，12s内可实现快开或快关，并且与球团煤气快切阀联锁，以实现自动控制，可以避免出口压力超压，击穿水封、排水器，避免压力突然升高使气体倒流罗茨风机喘振，避免了紧急停机。罗茨风机出口运行压力55kPa偏高，罗茨风机出口压力与机组本身要求60kPa停机联锁太接近，当用量出现小的波动时，因操作和DN200mm回流跟踪调节不及时，出口压力升高出现报警停机，也影响了球团生产。与球团厂关于煤气运行压力参数进行商讨，达成共识，罗茨风机出口运行压力设定50kPa，改设低压45kPa、高压55kPa报警，停机联锁不变。经过2年的生产运行，没有发生罗茨风机超压联锁停机事故，说明改造是成功的。

第13章

膨胀机组的故障处理及实例

膨胀机作为一种能量回收的重要装置，用来制取低温液体温区的冷量和生产低温液体，作为空气分离设备、天然气（石油气）液化分离设备和低温粉碎设备等获取冷量所必需的重要部件，愈来愈多地应用于化工行业的气体液化、低温分离等。对于大型空分设备，每套设备配套2台膨胀机，采用一开一备运行模式（即一台正常运行，另一台始终保持加温合格备用状态）。一旦透平膨胀机停止运行，如果处理不当就会导致联锁造成空分装置停车，迫使下游工段停产。当运行中的膨胀机发生故障停车后，必须在15min内将备用膨胀机成功启动，否则“膨胀机长时间停”联锁将联锁整套空分装置停车。

膨胀机工作在非常高的转速下，主要由轴承室、转子（叶轮和主轴）、喷嘴、扩压器、热密封座、气体轴承、径向止推油轴承、止推油轴承、供油供气接口、转速计、回油罩和外围几个绝热块等部件组成。其仪表监测系统可以考虑轴径向振动监测、速度监测、轴承温度监测、轴向推力监测等。监测系统都有相应的显示、报警和超报自动联锁停机功能，可自动停机保护膨胀机，以防止极限情况下继续运转造成各种损坏。

13.1 损坏及停机检修

膨胀机在启动过程中咬死损坏之处一般都在气体轴承供气孔附近，是由于气体轴承刚度与油轴承刚度匹配存在问题，导致转子做圆锥摆动、气体轴承承载力不够或转子轴承系统出现“半速涡动”等因素，导致膨胀机损坏。

一般的维修工作程序为：换主轴，视气体轴承损坏程度，决定是否需要更换气体轴承，径向油轴承一般不磨损或磨损很小，不需更换，可以继续用。气体轴承与轴承室冷装后，与径向油轴承一起珩磨至同一尺寸，保证同轴度与尺寸公差。然后测量内孔尺寸，根据此测量尺寸，研磨主轴，保证主轴与轴承的各个配合间隙（主轴与气体轴承、油轴承、热密封处等）。这样既可以保证气体轴承与油轴承的同轴度和尺寸公差，还把主轴与轴承配合的加工公差全合并到主轴上，降低了轴承室与主轴的配磨难度。

对于止推间隙，根据止推垫片尺寸，配磨主轴止推盘厚度，同样可以降低主轴止推盘加工难度。

止推盘外圆还需进一步磨削，以方便主轴后期动平衡实验。

所有零件加工、装配完毕后，接下来要进行零件清洗与转子动平衡实验。零件清洗一定要及时，并保证清洗干净，这是装配前的关键步骤。动平衡实验是先平衡主轴，然后主轴与叶轮放在一起再整体做动平衡。整体动平衡合格后，叶轮与主轴拆开，再装上，反复几次，保证拆开前后动平衡剩余不平衡量差异少于 2mg。确定转子剩余不平衡量小于 5mg。

清洗转子，确认所有供气、供油孔全通畅，开始装配。

主轴与轴承的径向间隙、止推轴承与主轴止推面的配合间隙都是通过加工保证的，也一定是满足要求的，在装配时可以不考虑。

叶轮与扩压器之间的间隙通过扩压器底座与气体轴承之间的调整垫片来调节。

13.2 启动准备

在现场，首先需要拆开密封气管吹除干净，保证密封气管路通畅；检查减压阀能否有效地将密封气压力调节到要求压力。膨胀机在运行过程中由于操作不当，导致密封气减压阀底部的一个 O 形密封圈被吹出，导致密封气泄漏，最终不得不停车处理，这个问题本来完全可以避免的。止回阀同样需要检查，保障密封气管路通畅，防止杂质堵塞，造成不必要的损失。此外，必须保证密封气压力达到设计要求。

开车前需要清理油箱，一般使用面团粘除油箱里的杂物。其次，检查油站上的油泵、阀门、仪表、油冷却器、囊式蓄能器、油雾分离器及电加热器等是否有效。膨胀机调试现场，油冷却器的封头在检修过程中被撞击会导致细微裂缝，如果当时没有发现，则在开车后注水加压后裂缝扩大喷水，不得不将正在裸冷的空分停下来更换损伤部件，使得开车时间延后。膨胀机使用的是汽轮机油，注入润滑油后先打外油循环，以过滤网（150 目）上无杂物（硬颗粒）为干净，然后接机身开始打内油循环，滤网可夹在窥视镜前或油过滤器后法兰处适当位置，同样以滤网上没有杂物为干净，在膨胀机开车前必须要检查润滑油的黏性以及水分、机械杂质等特性，一切合格后，才能允许开车。

增压膨胀机由增压端蜗壳、膨胀端蜗壳、转子、喷嘴调节机构和机身等组成，膨胀机在组装完成后到正式开车前，由于运输、天气等原因，可能造成各种隐患的存在，所以在开车前必须拆检膨胀机，保证这些零部件满足设计要求，否则不允许开车。

在膨胀机运输、存放、管道安装等过程中，增压端蜗壳、膨胀端蜗壳和里面可能进入焊渣等杂物或者生锈，而这些杂物对于高速旋转的叶轮来说无疑是最大的安全隐患。膨胀机调试现场，对膨胀机存放不当，导致增压端和膨胀端蜗壳里面进水，蜗壳内表面上有一层浮锈以及焊接管路造成的焊渣等杂物，导致最终不得不解体膨胀机清洗所有零部件，对损害严重的零部件予以更换。所以，在膨胀机开车前必须拆检膨胀机，除去增压端蜗壳和膨胀端蜗壳里面的杂物和浮锈，排除隐患。膨胀机在现场存放不当，容易导致转子生锈，生锈严重的会破坏转子动平衡，导致膨胀机运行时振动大，所以需要拆解后返厂检查处理，并重新做动平衡；如果转子生锈不严重，则清理浮锈后可继续使用。安装过程中需注意装配间隙应符合图纸设计要求。在拆检过程中需要确认一下喷嘴调节机构闭合与气动薄膜执行机构配合程度，确保膨胀机气动薄膜执行机构能够精确地控制喷嘴调节机构。

膨胀机机身上一般有轴温、振动、转速几个测点，并且膨胀机开车前必须做联锁试验，否则不允许开车。空分膨胀机在裸冷过程中，膨胀机的转速突然提高，但是观察轴温及工况判断出空分设备运行正常，判断问题出在测速探头，但是经检测间隙电压在正常范围内，排除测速探头失效的可能，参考以前出现类似情况的处理经验，判断是测速探头受到干扰导致 DCS 显示的转速失真，解决方法是在测速探头输出端并入一个 100Ω 的电阻，滤掉干扰波，然后 DCS 显示的转速恢复正常。

膨胀机开车前，保证外围管道必须吹扫干净，检查外围管道、吸入过滤器也很重要，在吹扫管道前，需将管道内的突出在管道的焊瘤焊渣打磨干净，避免在长期运行中脱落而进入膨胀机导致叶轮损毁；检查增压端入口的吸入滤芯器上的滤网是否完好，尤其膨胀机增压端一侧是否干净；外围吹扫必须达到设计要求，否则不允许开车。例如，空分膨胀机裸冷期间，膨胀机平稳运行约 10h 后，膨胀机突然联锁停车。在联锁停车前，国产膨胀机的轴温、转速运行平稳，没有大的波动，而振动则瞬间由 15μm 跃过 50μm 联锁停车值，导致膨胀机联锁停车，是膨胀机增压端蜗壳进入杂物撞击叶轮，导致膨胀机振动瞬间变大后联锁停车；解体膨胀机后发现增压叶轮上有 2 片指甲盖大小的焊瘤，增压叶轮损坏，轴承完好。为了找到撞击叶轮杂物的来源，拆解膨胀机增压端入口过滤器后发现，膨胀机增压端入口过滤器的滤网上有一个焊瘤冲破小洞，过滤器上焊瘤未打磨干净导致焊瘤进入膨胀机增压端撞击叶轮后联锁停车。

气体轴承供气压力一次性供到位（对应供气阀门全开)。为了方便启动，制动油压一般先供到规定值；在低转速下，把油压逐渐增加到规定的最高值，以后就无须再增加。

启动过程制动油压参数设置可以遵循这样的规律：在开始启动前的油压供的不要太高；否则，制动过大不利于启动，等转速加到一定值以上时再根据转速波动情况、进口压力增大时转速波动情况再来调节制动油压。若没有飞车现象，则油压没有必要供的太高，否则会加剧气体轴承与油轴承刚度的不匹配程度，更易引起转子的圆锥涡动，导致转子-轴承系统稳定性变差。热密封压力在开始启动时供到适当数值，以后根据回气结霜情况，逐步增加，一般不超过最高值。对于热密封压力设置遵循如下的规律：启动前可以供给适当数值，等转速到适当值时根据回气结霜情况，逐步增加，最终保证回气有轻微结霜，比较适宜，热密封压力不能太高，否则影响气体轴承排气压力，影响气体轴承性能；若热密封压力过高，热气窜到膨胀端，还会影响膨胀机的整机热效率。

13.3　启动过程

转速、流量（若进口温度降低，流量会变大)、进口压强、出口压强、进口温度达到规定值。为了防止透平膨胀机出口带液和气体节流后液化，通过旁通阀门，故意把进口温度调高。在此进口参数下，稳定运行 48h 左右。

整个启动过程大概花费 150min（2 万～3 万转每分低速降温花费约 100min)，在启动过程转速的平稳上升，没有大的波动，最终转速在 11 万转每分稳定运转。为了防止透平膨胀机出口带液和气体节流液化。因此，通过调节旁通阀门控制进口温度。

启动过程：进气阀门开度为 26.5％时，控制好膨胀机进口的油温；制动油压（进口压力，出口压力、压差）时，开始有转速。一般情况下，膨胀机进出口压差达不到规定值时，仍无转速，则不要再继续增加进口压力，应关闭进口阀门，拆下检查原因。待分析完毕后再调试。启动过程质量流量、进出口压力、阀门开度、进口温度等与转速等之间保持设计要求的关系。开始时进出口温度比较高（20K 以上），是由于膨胀机安装后，进出口管道、阀门、一些换热器等都处于常温状态，需要慢速冷却下来（这是一个比较漫长的过程，占整个启动时间的 2/3 以上）才可以启动。启动过程大概经历 150min，转速随进口压力稳步上升，没有大的飞车迹象。转速升到 11 万转每分左右时，转速波动非常小，在额定转速附近（额定转速 11.2 万转每分）。转速波动较小的原因可能有：其一，转子动平衡实验做得非常成功，减轻了轴承的负担；其二，膨胀机启动过程中进口压力增幅一直很小（阀门开度 0.3% 步长），对叶轮的动量矩增幅也很缓慢；其三，进口温度在 12K 以下，属于低温区，此区焓降变化不大；其四，转速达到 10 万转每分以上，转子变为“柔性转子”，转子会“自对中”其剩余动不平衡量会降低。整个稳定运行期间，阀门是保持开度不变，膨胀机进口压力受阀前压力波动的影响；膨胀机进口压力基本保持恒定，这个归功于压机站的调节，这样对透平膨胀机的扰动很小，对透平膨胀机的稳定运行是有利的。在低温区，出口温度对膨胀机流量影响很大，因为此时的流量是根据膨胀机出口压力、温度、管径等参数计算得来，在如此高压低温区，微小的温度变化，会导致大的密度变化。膨胀机在完成启动稳定运行后，其运行稳定性主要受进出口压力的波动和进口温度波动的影响。当然，外围辅助油泵系统和润滑油温度也是影响其稳定性的因素之一。相同的进口压力、温度下，透平膨胀机的转速下降会导致透平膨胀机热效率降低，表现为出口温度升高；流量是根据出口温度和出口压力计算得出，故流量也随之变化。

13.4　振动监测

膨胀机的膨胀端和压缩端振动产生轴向振动过大的异常情况时，机组除了表面上振动幅值有所上升外，膨胀机的离线和在线振动信号可以看出。故障频谱如图 13-1 所示的在线振动所测得的频谱结构：2 倍频和高次谐波的幅值大于 1 倍的幅值。同时，如图 13-2 所示的离线振动频谱出现比较高的 4 倍和 5 倍频的幅值（故障频谱），也反映出轴瓦和止推面的磨损已比较严重。解体后发现两端轴承推力面磨损比较严重。对轴向推力平衡系统修复、更换新的组合轴承后投用机组，在线的轴位移信号频谱以如图 13-3 所示的 1 倍频为主，高次谐波的幅值依次递减，4 倍和 5 倍频振动分量以及机组振动幅值也处于正常。

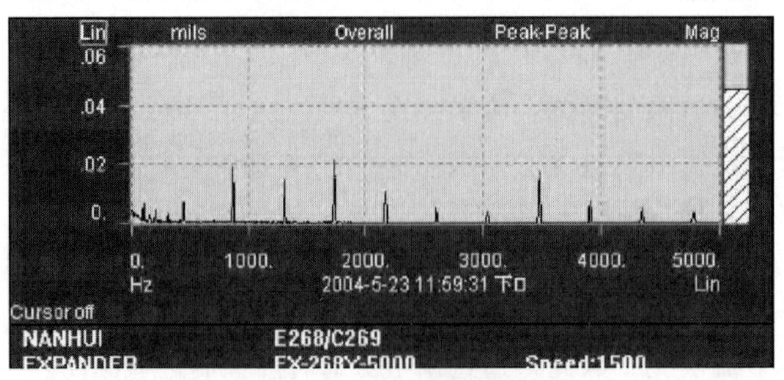

图 13-1　在线故障频谱

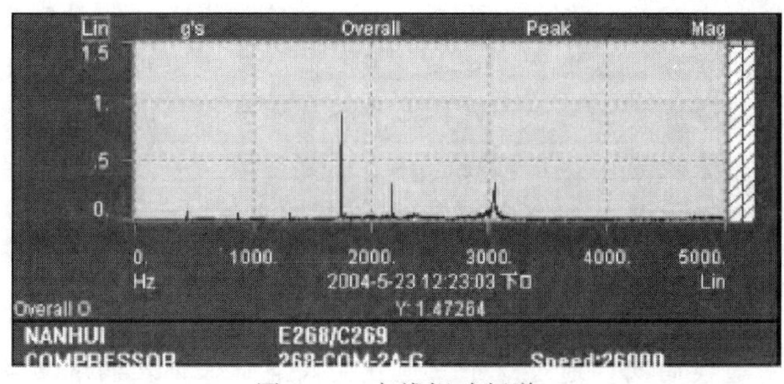

图 13-2　离线振动频谱

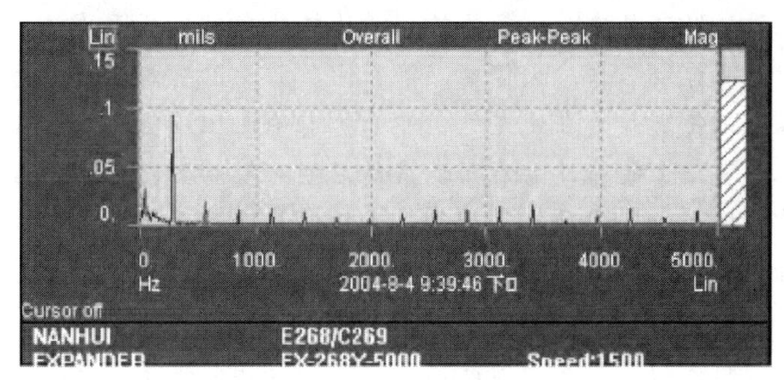

图 13-3　正常频谱

13.5 实例分析

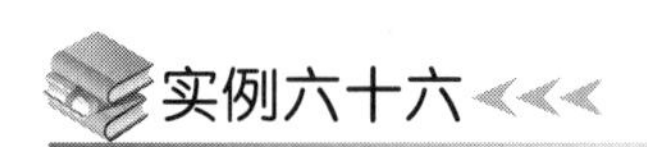

实例六十六

某煤化工公司 58000m^3/h 空分设备配套膨胀机的调试及维护过程中，在防止烧瓦事故，防喘振控制，膨胀机冷开车和启动、停车过程中的注意事项，以及防止膨胀机发生冰堵方面采取措施。

(1) 防止出现烧瓦事故的措施

为了避免膨胀机出现烧瓦事故，设置了 2 台润滑油泵，一旦运行油泵出现故障无法正常供油，根据变送器检测得到的低油压信号，备用油泵自动启动。当然前提是紧急切断阀存在一个开启的信号，即在膨胀机组运行阶段，该联锁保护动作可以正常进行，从而有效避免机组因低油压保护动作而跳车。但是该联锁保护并不能完全避免机组出现烧瓦事故，尤其是对于采用空气循环内压缩流程空分装置的“一拖二”机组而言，由于空气增压机至膨胀机增压端之间所设置的蝶阀无法有效隔离，在“一拖二”机组中的汽轮机冲转过程中，空气增压机在汽轮机未定速以前就已经建立一定压力。此时，空气增压机至膨胀机增压端之间的工艺管线内的压力可以达到 1MPa 以上。因为膨胀机增压端进口设置的蝶阀蝶板采用硬密封形式，其密封性不高，无法有效隔离，一旦气体由此泄漏将造成膨胀机冲转，而此时膨胀机组尚未启动，紧急切断阀也处于关闭状态，润滑油泵无法正常运行，未能有效向膨胀机提供润滑油，将发生烧瓦事故。为防止在汽轮机冲转过程中发生膨胀机烧瓦事故，在工艺技术操作规程及单体装置操作说明中明确：在“一拖二”机组启动前膨胀机密封气及润滑油泵提前投入运行。对于外压缩流程空分设备而言，在冷箱进气前必须将膨胀机密封气及润滑油泵投入运行；而对于内压缩流程空分设备而言，最好在汽轮机冲转前将膨胀机的密封气及润滑油系统投入运行。这是避免膨胀机发生烧瓦事故的一个重要措施。另外，对于增压透平膨胀机组本身而言，只要增压端及膨胀端两侧机体及对应的管道内存在压力，就必须采取避免冲转的措施。

为了避免膨胀机润滑油泵电气系统出现故障或系统停电，设置了油压蓄能器。油压蓄能器顶部设置了一个三通换向阀，通过这个三通换向阀能够保证在润滑油泵无法工作的条件下由电磁阀执行切断蓄能器顶部回流至油箱的润滑油，同时压缩空气通过这个三通换向阀向蓄能器内提供压力介质，保证具有一定压力的润滑油持续向供应处于惰转状态的膨胀机轴承供油。空分设备运行期间曾经历系统大停电，依靠油压蓄能器有效避免了膨胀机组烧瓦事故的发生。油压蓄能器的充气形式为在线充气，即开机前确认压缩空气阀门处于开启状态即可保证持续充气，而传统意义上的油压蓄能器还需要定期对蓄能器内球胆进行充气，一旦未有效监控蓄能器油位并根据油位变化补充压缩气体，将使蓄能器无法正常工作。

做好膨胀机内轴承温度的监控工作非常必要。只重视轴承温度增高时的分析和处理，而忽视轴承温度下降的情况。膨胀机内轴承温度出现下降趋势，则表明膨胀端密封系统存在异常。膨胀端进入密封腔室的密封气压力降低或密封环存在磨损等均会造成冷量外泄，使轴承温度下降；而且会造成润滑油在低温下不能很好地形成油膜，无法对膨胀端轴承起到润滑作用。可见，在膨胀机运行期间膨胀机内轴承温度降低也需要引起重视。

(2) 防喘振控制

当喘振控制器的设定值（在调试期间由生产厂家设定）小于过程计算变量时，出口回流阀关闭；当喘振控制器的设定值大于过程计算变量时，出口回流阀开启。防喘振控制为一个PID闭环控制。在膨胀机增压端入口设置一个流量检测元件，用增压端进、出口压差信号值衡量增压端实际流量大小。通过引入膨胀机增压端入口一个差压值和增压端进口压力及出口压力，经过防喘振控制模型运算得出的数据与给定的防喘振控制流量比较，进行PID运算后输出与最大转速限制的PID输出值、操作员给定SP值、下降斜坡输出值的高选控制增压端出口回流阀的开度。膨胀机现场PLC系统控制盘也设置了喘振保护器，其喘振保护输出与DCS系统防喘振控制输出的高选控制增压端出口回流阀的开度。其中，高选的含义是：在选择性控制系统中有两个控制器，通过高选或低选器选择哪个控制器工作。

无论何时，只要膨胀机紧急切断阀处于开启状态，增压端就被假定处于加载状态，膨胀机转速上升到最小转速以上，斜坡输出由100%变化到0，出口回流阀逐渐关闭。只要上面任何一个条件不具备，斜坡输出就保持100%，出口回流阀全开。

手操器的控制值为操作员给定出口回流阀的输入信号值，任何时候都可以开启出口回流阀，但关闭出口回流阀被转速限定控制器和防喘振控制器限制。

转速限定控制器只有在特殊运行条件下起作用。当工艺检测过程值大于转速限定控制器的设定值（在调试期间由生产厂家设定）时，出口回流阀开启；当工艺检测过程值小于设定值时，出口回流阀关闭。转速限定控制为一个PID闭环控制，通过引入该控制模块将机组的转速维持在一个相对安全的水平，并有效避免机组转速达到联锁值。该PID控制回路设定值为机组的额定转速，可以有效避免膨胀机过负荷运行。

国外某公司提供的PLC系统包括膨胀机增压端防喘振控制及机组转速限定控制两大部

分，而在DCS系统中也对这两部分控制进行了组态和设计，从而对机组的喘振控制及超速控制实现了双重保护，有效提高了机组的运行安全；而对于机组的联锁保护在DCS系统内部实现。DCS系统内部设置的手操器及斜坡控制器，可以有效避免加载速度过快导致膨胀机损坏的问题。膨胀机组需要加载时，只需在DCS系统操作界面点击加载按钮，并将增压端出口回流阀置于一个开度，回流阀会自动逐渐关闭，但会受到防喘振控制器及转速限定控制器的限制，使膨胀机组的加载过程在一个受控的条件下进行。另外，随着空分设备运行工况的变化，膨胀机的实际质量流量也发生相应的变化，运行人员可以将增压端出口回流阀置于一个较小开度，使膨胀机随着入口空气温度的变化自动调节回流阀开度，以此满足膨胀机的工艺要求。如果膨胀机入口温度升高，造成实际质量流量发生变化，为避免膨胀机超速运行，DCS系统中的转速限定控制器动作，使出口回流阀逐渐开启，避免转速过高。依据生产厂家提供的防喘振控制数学模型，如果膨胀机增压端出口压力上升，在空气增压机工况保持不变的条件下，膨胀机增压端出口与进口压力之差增大，而此时通过膨胀机增压端的入口流量势必减小，即通过增压端入口流量检测元件测量吸入喷嘴压力的显示数据也减小，机组实际运行工艺指标经过数学模型运算得到的数据作为防喘振控制PID控制回路的测量值，而其设定值需要通过调试过程中现场的喘振试验，由厂家提供的现场PLC系统捕捉相应的喘振点得到对应的吸入喷嘴压力及进、出口压差，经过运算得到。国外某公司对膨胀机增压端出口回流阀的控制与多数国产机组的最大区别，就在于通过引入这个既简单又能反映出口压力变化的综合计算公式，将出口压力控制集成于控制系统中，不再设置独立的PID控制模块，可以有效避免膨胀机增压端出口超压工况的发生，可谓一举两得。运行人员也不必为提高膨胀机运行负荷而过分担忧机组的安全特性，转速限定控制器已经避免了机组的过负荷工况的产生，即使运行人员将膨胀机喷嘴开启较大，控制系统也会因转速限定控制器的设置而自动开启膨胀机增压端出口回流阀，只是机组的能耗逐渐增高而已。空分设备膨胀机运行工况发生最大变化的一个阶段便是空分设备启动阶段。由于膨胀机入口温度逐渐下降，使膨胀机的实际质量流量不断增加，膨胀机增压端防喘振控制系统将通过斜坡控制自动关闭膨胀机增压端出口回流阀。

(3) 膨胀机冷态开车时的注意事项

膨胀机冷态开车时，必须密切注意内轴承温度的变化。一旦出现较大降温趋势，必须采取措施。主要是控制膨胀机润滑油供油温度，可以暂停供应油冷却水，检查密封系统是否正常；并开启蜗壳吹除阀，保持其处于常开状态，利用膨胀机密封气泄漏进入机体的空气使膨胀机组机体内温度处于较高水平。但在膨胀机具备条件准备启动时必须及时投用油冷却水，避免轴承温度过高现象发生。要求空分设备膨胀机内轴承温度低于30℃时禁止启动膨胀机，而且该点温度也设置了启动联锁。但膨胀机运行过程中，如果膨胀机密封气系统运行异常，由于该点未设置联锁保护，运行人员一旦发现内轴承降温，必须进入现场检查密封气供气、膨胀机间隙差压读数及密封气泄漏压力。密封气自立式精密减压阀的工作状况将决定膨胀端密封气系统是否正常工作，精密减压阀整定值一经厂家调整完毕严禁对其进行更改，一旦在冷态下通过旋钮对整定值进行改变将影响密封气进入迷宫密封的流量，甚至出现调节滞后的现象而影响机组的密封气系统安全运行。根据密封气泄漏总管的结霜情况也可以判断膨胀机密封系统是否正常工作。密封气泄漏总管出现结霜，则说明膨胀机密封气系统存在异常。除了密封气供气系统以外，充气迷宫密封机械故障也会造成跑冷现象发生。密封气系统工作状态将影响膨胀端轴承润滑效果，从而影响膨胀机组的安全运行。

空分设备临时停车后，由于高压板翅式换热器处于保冷状态，其中抽通道内积聚的处于静止状态的气体容易出现液化，故膨胀机启动前，必须检查进口吹除阀状态，检查是否存在液体汽化现象。一旦出现液化现象必须持续排液，否则严禁启动膨胀机。对于外压缩流程空分设备，膨胀机增压端出口安全阀在空分设备处于停车阶段、系统无物料通过时曾经起跳，在DCS系统监控界面发现膨胀机增压端出口压力呈缓慢增加状态，导致安全阀起跳。因此，在膨胀机冷态启动前的检查确认项目中，增加进口吹除阀及蜗壳吹除阀的检查，确认没有存在液化气体后才能启动，以此保证膨胀机组冷态启动时的绝对安全。

膨胀机再次启动前，检查膨胀机后气液分离器的液位，避免膨胀机启动后由于气液分离器液位过高引起膨胀机排气阻力增加，进而造成液击事故的发生。

(4) 膨胀机开、停车过程中的注意事项

在膨胀机启动冲转过程中，必须快速度过临界转速区。在DCS系统内部设置了膨胀机在冲转过程中在规定时间内转速未超过临界转速的一个联锁保护，避免机组转速长时间停留于危险区域。另外，为了避免膨胀机启动前负荷过大，对入口喷嘴的预开度有严格的要求(要求在30%以内)，并将这个条件作为一个启动联锁条件。国产膨胀机启动前要求喷嘴的预开度不得低于一个最低水平，而空分装置的膨胀机要求在启动过程中逐渐开启喷嘴，只要在规定时间使机组的转速超过临界转速即可。这种启动方式决定了不会出现膨胀机带负荷启动的现象，对于膨胀机增压端出口回流阀的控制有了低限要求：膨胀机运行转速低于最低运行转速前，严禁操作增压端出口回流阀，避免机组出现喘振。

在膨胀机停车过程中，应尽可能先开启增压端出口回流阀，直到全开后再逐渐关闭膨胀机吸入喷嘴，使增压端先卸载进入安全状态，否则容易造成膨胀机反转引起设备故障；而且可以有效避免因增压端出口止回阀出现故障，导致增压端压力过高造成机组反转事故发生。膨胀机加温过程中，为了避免加温气流量过大引起机组冲转，在DCS系统上也设置了联锁：一旦膨胀机转速达到500r/min，则关闭紧急切断阀，防止机组冲转使装置损坏。

(5) 避免发生冰堵的措施

空分设备原始开车阶段、膨胀机启动前，膨胀机入口系统（来自高压板翅式换热器）的气体露点及蜗壳吹除阀露点必须达到−65℃以下才允许启动膨胀机组，否则会由于气体的露点无法满足工艺要求，导致膨胀机体内（包括喷嘴及机体）发生冰堵事故。这也是保护膨胀机本体的一个重要措施。另外，膨胀机入口过滤器在检修过程中，必须与高压板翅式换热器实现有效隔离，避免由于中抽通道内无压力介质，外界潮湿空气进入板式形成冰屑，空分设备启动后，空气夹带冰屑进入膨胀机，造成膨胀机喷嘴冻堵及喷嘴流道、机体内磨损引发重大设备事故。因此，建议不能随意取消膨胀机入口的切断阀，否则保冷期间检修作业时不能有效隔离板式通道；另外，膨胀机本体加温解冻过程中，由于取消了入口切断阀，加温气体进入高压板翅式换热器，不能有效对膨胀机本体进行复热，同时使高压板翅式换热器中抽通道内无法正常保压、保冷。

实例六十七

某化肥分公司空分车间18000m^3/h型空分装置配套的TPZ24增压透平膨胀机，是为空分装置提供制冷量的中心设备。透平膨胀机运行是否平稳是尿素生产的关键。2009年7月26日凌晨两点，操作人员在巡检时发现18000m^3/h型空分装置1#增压机透平膨胀机有异常噪声、转速下降后，及时联系中控室。通过DCS系统迅速关闭膨胀机入口紧急切断阀，打开增压机回流阀，关闭喷嘴，打开吹出阀使增压机端卸载，紧急停车。在停车15min后，盘车出现卡住现象，联系检修进行处理。

膨胀机解体检查时发现，膨胀机工作轮中部有宽度为4～5mm，深度为2mm左右的环形沟痕，膨胀叶片顶部有齿形损坏面，内轴封石墨衬料烧结，蜗壳残留铝屑。膨胀机入口管过滤器拆开检查时，并未发现过滤网破损及装置内管边有铝屑或异物，排除异物通过入口过滤网进入膨胀机的可能性。拆开轴承，检测轴承的径向、止推间隙均在标准范围内，并未发现轴承间隙过大。膨胀机工作轮叶片的检查与探伤中，发现：在膨胀机工作轮的封闭处有裂纹在叶片边缘，开焊造成膨胀机转子平衡破坏，引发膨胀机转子振动过大，改变了膨胀机的工作稳定性，使膨胀机工作轮与导流器发生磨损造成工作轮中部损坏，因摩擦产生铝屑，在高速旋转的离心力作用下叶片磨损。由于膨胀机转子振动、膨胀机内轴套间隙值小，高速跳到膨胀机转子与石墨衬里产生大量热量，将密封材料烧损。膨胀机转子工作轮在钎焊处开焊可追溯到2008年7月的空分装置停车大检修后，为了增大装置的制冷量，使空分装置在短时间下塔积液，节省开车时间，2台膨胀机同时投入运行，因增压机入口流量调整不均衡，1# 膨胀机产生喘振急停，经过检查未发现异常问题，膨胀机投入运行。此次1# 膨胀机的喘振事故，为这次的膨胀机工作叶轮叶片边开焊埋下伏笔。透平膨胀机喘振带来的转子振动，在工作叶轮应力集中的部位长期作用，材料产生疲劳现象，随着膨胀机运行时间的延长，工作叶轮在高速旋转低温气体变载荷冲击下，出现了叶片开焊现象，造成1# 膨胀机工作叶轮、喷嘴、叶片、内轴封的损坏。

膨胀机叶轮需要更换的主要部件有转子、喷嘴、内外轴封。修复前，将厂方做过动平衡的新转子清理干净，检查处理轴颈、叶轮等部位毛刺、刮痕。检查原膨胀机的前后轴承，并对其间隙和研磨面的摩擦点进行刮削，用干燥气体对轴承油孔吹扫干净，然后用汽油清洗，用白布包裹好准备使用。检查准备更换的内轴封石墨衬料外观是否有刮痕及损伤，用干燥空气吹扫密封气孔，确保密封气畅通。将导流器粘连的膨胀机工作轮铝屑用砂纸处理干净。用干燥空气吹扫蜗壳、膨胀机转子、壳体、整机的密封气、油路，检查是否畅通。

修复工作：首先将膨胀机的新转子工作轮与轴之间拆装做记号，并将叶轮用专用工具扒下，将膨胀机轴回装到机壳上。通过测量，确认轴承止推、径向间隙在标准范围内，将膨胀机轴加润滑油后，把止推盘及轴承加热后装入转子上把紧待轴承冷却后测量间隙值。回装要更换的内外轴封，利用膨胀机转子上的齿型密封达到合适装配间隙，利用膨胀机自身的跑合自然修研。膨胀机工作叶轮、增压机叶轮加热回装，冷却后把锁紧备帽装到记号处。导流器回装并利用调整垫，调整与工作轮之间的间隙。将膨胀机调整机构喷嘴、叶片、喷嘴环、蜗壳按顺序回装。膨胀机所有与进入空分装置的气体接触零部件，必须进行脱脂，合格后回装。严防油脂、污垢带入空分装置发生爆燃事故。增压透平膨胀机修正安装就位后，必须进行对膨胀机内外轴封的跑合。跑合时将增压机出入口管拆除，用法兰堵板将拆除管口把紧，气体经回流阀旁通进入膨胀机，保持密封气和润滑油供应。打开紧急切断阀和喷嘴叶片，依靠进口阀控制转速。逐步开启该阀，按工作转速的20%、35%、60%、85%的分档进行升速，每挡转速运行10min，然后停车10min，以便运行时发热的石墨衬料冷却下来，最后再次启动透平膨胀机增速至工作转速运转10min，跑合结束。至此膨胀机修复工作结束，膨胀机投入正常使用。

实例六十八

某公司制氧分厂 1# 4 万制氧机组于 2010 年投产，该制氧机组的 2# 膨胀机选用的是法国 Cryostar（林德集团）制作的 TC300/70-A 膨胀机。2013 年 12 月 8 日 2 点发现膨胀机轴振动值忽然跳至最大值 100μm，膨胀机联锁跳机停车。

经拆解膨胀机发现，增压机侧叶轮被扭断成两半；叶轮预紧螺栓也被扭断；增压机导流板组件严重磨损；气封、挡油环、油封全部磨损；增压机侧只有轴承完好。膨胀机侧除了气封有轻微磨损外，喷嘴组件、叶轮、油封、挡油环、轴承等均完好无损。

（1）原因分析

检查现场测振探头及变送器并没有发现任何异常，故排除因仪表造成机组振动的原因。

机组停运以后，发现密封气泄漏量较大，密封气压力为 0.26MPa 低于润滑油泵允许启动最低压力条件：0.28MPa。检查密封气送气截止阀和密封气减压阀，发现送气总截止阀和减压阀阀门全开且均已调至最大通流量，检查减压阀底部过滤网也已经吹扫干净。其次检查膨胀机和增压机的底部气封排放口，看有无泄漏现象，经检查发现底部排放阀门泄漏量较大，由此断定两侧气封均已磨损，需要解体更换，由此推断，机组轴振动的原因很可能是因为气封的磨损造成的。因要更换膨胀机气封，对设备进行解体，当拆下增压机进口短管时，发现增压机轮已经扭断成两半，叶轮预紧螺栓也被强大的扭力切断一半留在轴里，一半在断裂的叶轮上。继续解体，拆下增压机导流板组件、气封、油封、挡油环、轴承等，发现增压机端的备件基本已损伤，膨胀机侧气封疏齿也因机组轴振动造成轻微磨损。根据叶轮破损情况推断，造成增压机叶轮断裂的原因，很有可能是增压机的进口有异物进入，打在 15032r/min 高速旋转的叶轮上，才导致叶轮的扭断。根据推测，对增压机进口管路进行排查，并未发现异物存在，继续检查增压机进口过滤器，经检查过滤器网完好无损，也就是说，即使有异物存在也不会被带到增压机中。由此可以断定，增压机叶轮破损并非异物进去打伤造成。拆解时观察增压机叶轮锁紧螺母防脱装置完好，增压机轴端与叶轮连接为心形过盈连接，由此断定，因叶轮滑脱造成叶轮破损的情况不成立。在调取膨胀机运行及机组跳停前后的运行数据及操作记录时发现，并无误操作及膨胀机运行劣化趋势，故排除作业人员误操作等人为原因造成机组叶轮破损的情形。观察增压机叶轮的断裂面，存在明显的色差，且在叶轮加工孔的顶部退刀槽处（这个部位也是应力最为集中的地方），未进行倒角或倒圆处理，且此处颜色更深，与新断面的色差非常大。在对叶轮材质进行化学分析时发现，Si、Mn、Mg、Cu、Fe、Ti 各组分中，Si、Mn、Mg 含量不合格。综合以上分析，由于叶轮材质及加工存在缺陷，经过长时间运行，缺陷放大，劣化加剧，应力瞬间释放，造成叶轮垂直断裂。

（2）故障处理

增压端叶轮为法国进口三元流一次成形闭式叶轮，经观察破损情况发现叶轮上仍有完整叶片。这样就可以精确地测绘到叶轮与扩压器的间隙值及叶轮、叶型情况，进行国产化加工制作。为了确保叶轮、叶型的加工精度，主机具有较高的效率和运转可靠性，承修单位首先应用先进的 CFD-ACE 软件和 COMSOL 软件对膨胀/增压机组的主机气体流通部件（包括蜗壳、喷嘴、叶轮流道等）进行综合性能分析，并进行优化。其次，叶轮采用三元流钎接闭式叶轮，用德国进口的五坐标数控铣床精密加工，确保叶轮叶型的加工精度。再次，对闭式叶轮单独做动平衡和严格的超速试验，确保机组具有较高的效率。安装投运后的设备完全可以满足生产工况需求，设备运行良好。

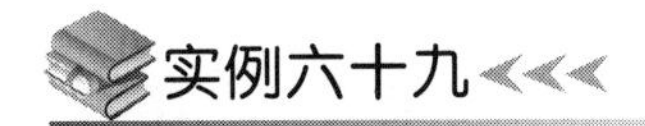

实例六十九

某气体厂 25000m^3/h 空分设备，流程均采用空气预冷系统冷冻水冷却、全低压常温分子筛吸附净化、增压透平膨胀机制冷、填料型上塔、全精馏无氢制氩和氧、氮产品外压缩，使用 DCS 控制系统。其中 1 号 25000m^3/h 空分设备于 2008 年 12 月投产后运行一直良好。2014 年 7 月 27 日 15：10，DCS 控制系统突然提示 1 号膨胀机运行油压低限报警，当班人员检查得知，报警原因是油泵跳停造成的，这时膨胀机在缺油的情况下没有联锁停机，仍在高速运转，膨胀机增压端轴承温度迅速上升，已升至 68℃。操作人员一方面在 DCS 上紧急关闭喷嘴；另一方面到现场关闭增压机进口阀以切断膨胀机气源，使 1 号膨胀机紧急停车，维修人员对 1 号膨胀机揭盖检查时，发现增压端转子被烧坏。此膨胀机在只有单台油泵进行供油润滑的模式下，如果膨胀机运行时油泵发生跳停，且紧急切断阀又不能及时关闭使膨胀机停下来，这样膨胀机就会在断油情况下运行，易发生因轴承损坏而导致的转子烧坏事故。要避免膨胀机转子烧坏，就必须还要有另一条油路来完成对膨胀机的润滑。

第14章

汽轮机组的故障处理及实例

14.1 启动前的准备

汽轮机在启动之前，特别是在组装或大修后的第一次启动前，必须对整个机组进行全面的检查。尤其是对各个主要部件应进行详细检查。因这些部件的故障，如转子弯曲叶轮及叶片安装质量缺陷、轴承研磨不好、传动设备及油泵失常等，均可使汽轮机在运行中产生振动，导致零部件产生摩擦而损坏。危急保安器发生故障，主汽阀调节汽阀及逆止阀等卡住或关闭不严，均可能使汽轮机有超速的危险。转速表及各种仪表发生故障，就不能及时准确地了解机组的运行状况，不能及时发现机内异常现象，因而可能会致使机器造成破坏。只有在进行全面检查后，确认所有的设备都处于正常状态时方可启动。

拆卸汽轮机与压缩机低压缸之间的联轴器，并在汽轮机端部联轴器载上安装专用盲板，以免漏油。

启动润滑油泵，使油系统投入运行，并将备注油点的压力调整到规定值。

对油系统的报警及联锁装置进行检验，并使其灵敏可靠。

在汽轮机启动之前，应对锅炉到汽轮机间的蒸汽管道进行分段暖管（先进行背压汽轮机蒸汽系统暖管，然后再进行凝汽汽轮机暖管），因为如果不进行暖管，当蒸汽接触到冷的管壁时就会凝结成水，冲入汽轮机中，造成水冲击现象。而且由于冷管壁遇到热蒸汽，金属快速被加热，材料内部形成很大的热应力，使管子发生永久变形，甚至破裂，影响机组安全运行。

汽轮机启动前的暖管，对小型机组来说，主要是指从隔离汽门到自动主汽门之间的这段管道的暖管工作。自动主汽门后的暖管则与低速暖机同时进行。

暖管工作分低压暖管和升压暖管两个阶段。为了在暖管时使管道内不致产生过大的热应力而引起管道损坏，一般暖管和管内升压应缓慢进行，否则将会使金属管壁内外温差过大而产生较大的额外应力。为了防止管内积水，产生水击现象，暖管时必须正确进行疏水。开始暖管时，蒸汽管线上的疏水阀应全部打开，以便及时排出大量的凝结水。随着管壁温度和管内压力的升高，冷凝水量逐渐减小，此时应逐渐关小疏水阀，以防止大量蒸汽逸出。暖管时还必须注意严密关闭自动主汽门，严防蒸汽漏入气缸内，引起转子变形，造成启动困难。

暖管时应缓慢打开蒸汽截止阀，对于设有旁路的机组，应先慢慢地打开旁通阀，打开主汽阀上的排水阀，加热管道，并使管道内压力维持在 0.2～0.3MPa（2～3kgf/cm^2）。当管道内壁温度达到 120～130℃时，便可通过逐渐开大蒸汽截止阀或旁通阀的方法，并以每分钟 0.1～0.2MPa（1～2kgf/cm^2）的速度升压暖管，使其达到规定的压力值。

暖管时应注意两个问题：一是管道各部分如法兰螺栓的温差不能过大；二是管壁温度不得小于相应压力下的饱和温度。只有在满足两点要求的前提下，方可较快地升压暖管。

在暖管的同时，应依次启动循环水泵（往冷凝器供给冷却水、然后向凝汽器灌水的泵）、凝结水泵（使凝结水在抽汽器和凝汽器间进行循环的泵）和抽气器（如循环水泵启动需要抽出空气灌泵时，可提前投入运行），使其投入运行。

汽轮机冲动前，循环水泵凝结水泵和抽气器等设备均已经投入运行，而汽轮机的启动则要求必要的启动真空。启动真空值的高低对机组的经济性和安全性都有一定的影响。启动真空度高，则转子冲动容易，且减少启动时的蒸汽消耗量，同时排汽温度低，对凝汽器的铜管也有好处；启动真空度低，转子冲动时阻力大，启动时的蒸汽消耗量大，排汽温度高，还会影响凝汽器的安全。如果真空度过低，冲动转子的主汽门的开度不足时，还会造成短时间（10～60s）内转子转动不起来，形成静止暖机。此时如不及时盘车，将可能会造成轴弯曲事故。因此，汽轮机一般不允许在低的真空度下进行冲动转子的操作。

汽轮机冲动前，当未向汽封供汽时，抽气装置所建立的凝汽器的真空值，与抽气器的性能及汽封间隙调整的数值有关。目前很多汽轮机，包括小型汽轮机（<3000kW），通常都是在 46.7～60.0kPa（350～450mmHg）的真空值下冲动转子。汽轮机在这一真空下被冲动后，应迅速向汽封供汽，也可以使冲动转子和向汽封送汽的操作同时，使真空不断提高。随着汽轮机转速的升高，使其升高到额定真空值。

如果由于汽封间隙调整不当或其他原因，抽气器建立不起 46.7～60.0kPa（350～450mmHg）的真空，或汽轮机要求在高的真空下冲动，就必须向汽封供汽。先向汽封供汽时，汽封处局部温度变化很快，并且会从汽封处向气缸内漏蒸汽，引起轴颈和转子受热不均匀而发生弯曲，致使在暖机和升速过程中可能会发生动静部分的摩擦或振动，严重时还会导致汽轮机的损坏。

对小型汽轮机组还是可以先向汽封供汽，以使真空达到要求，但必须注意汽封汽门的开度不要过大，汽封供汽时间不宜太长，一般控制在 5min 以内。从安全的角度看，提前向汽封供汽，尽可能采用经过减温的蒸汽，把汽温控制在 120～140℃为宜。所以，冷态启动时向汽封供减温蒸汽，热态或半热态启动时，则可供给新蒸汽。

将调速器调到起作用的最低转速值。

14.2　启动

必须将进汽管路和汽轮机气缸内的凝结水完全放掉。

按制造厂提供的启动曲线进行暖机运转和升速。

同时打开两个汽轮机的主汽阀，使汽轮机在 500～1000r/min 转速下运行 1h。在低速暖机期间，要仔细倾听是否有异常响声，主要检查轴承箱齿轮箱气缸支架和阀等处的撞击声、振动声、接触声、流动声等。如果听到这些声音，即降低转速，直到声音消失为止。如果声音继续存在，必须将汽轮机停车，消除故障后再重新开车。

通常在汽轮机空负荷试运后，并确认无异常现象时才与被驱动机械联机。

在升速过程中，必须不断检查轴承润滑油温度压力回油情况、振动声响和调速器的动作情况。

在正常运行中仍需做各种危急保安超速试验，此时有必要反复进行停机和启动，但必须事先征得供汽部门及有关单位的同意。

14.3　运行中的维护

保护汽轮机组的安全与经济运行是汽轮机运行人员的职责，勤于检查分析情况，防止事故发生，并尽可能提高运行的经济性，是每个运行人员必须做到的。

为保证汽轮机完成的功率，不得不提高新蒸汽初压、通过增加进汽调节阀开度来增大进汽流量，但此种方法会使汽轮机组的安全性降低，有一定的潜在危险性，不可长期使用。制造厂应提供汽轮机机组全套装置的使用说明书、旋转机器的许用振动值曲线、旋转部件的标准间隙值，包括设计值、装配值、许用值等和其他资料（如高温螺栓螺母的蠕变伸长限制值，联轴器调速器连杆机构部件，润滑油及其他易损件的更换标准等）。汽轮机异常振动时，如果是油膜振荡和气流激振，则先对轴瓦的比压进行适当增加，再调整轴瓦顶部间隙，控制轴瓦和轴颈之间的接触角（通常情况下可以减少5°～10°），再适当应用低黏度润滑油；如果是气流激振，则需要结合长期记录绘制曲线，并结合曲线基本情况，对其负荷变化率和负荷范围进行控制；可以根据平时汽轮机运行正常时是否存在不规则噪声，分析相应构件和润滑油的基本情况，酌情更换之；尤其要尽可能避免转子热弯曲的情况发生。

配备必要的操作维护人员后必须进行专门训练，务必使他们熟悉机组的结构运转特性和操作要领。

在汽轮机运行中，操作人员应对汽轮机本体凝汽系统和油系统进行全面的监视。主要监视的项目有：新汽压力和温度真空（或排汽压力）、段压力、机组振动、转子轴向位移、气缸热膨胀、机组的异声、凝汽器的蒸汽负荷、循环水的进口温度及水量真空系统的密闭程度、油压、油温、油箱油位、油质和油冷却器进出口水温等。特别是对各项的变化趋势进行检查和记录，这对防止事故发生、查明事故原因和研究处理措施都是很必要的。维护工作中必须检查的监视内容见表14-1。

表14-1　汽轮机的监视检查内容

监视维护的内容	周期	备　注
运行记录	日、月或年	借助记录仪器记录汽轮机主机、附属设备和被驱动的设备的温度、压力、速度、液位、流量、振动、阀的升程等
各种排泄物的定期排放	2～4天	打开蒸汽、空气和油等管路中的排泄阀及放气阀，以排除空气和油中的废液等
振动趋势	1～7天	在没有设计振动仪器的情况下，每天观察振动的趋势。如果比较正常，则可以将观察周期延长到7天左右
润滑油的油质	7～10天	对汽轮机轴承润滑油、附机润滑油和调节系统润滑油等取样，检查其油质和沉淀物等
泄漏情况	1个月	对于轴封、阀柱处检查漏气情况；对于轴封、填料处检查漏油情况；其他部位的漏水等泄漏的检查

续表

监视维护的内容	周期	备　注
故障变化趋势	1 个月	对于以下的故障变化趋势进行记录并加以整理以掌握其变化规律：振动、轴承温度异常、轴位移过大、润滑油和液压油的油质恶化、冷却管内外的积垢的程度加重过程
润滑油品质的鉴定	1 个月	取样分析其质量
控制调节装置的检查	1 个月	危急遮断阀有没有卡涩、调节装置是否对负荷变化不敏感，以及停机动作的操纵检查
运转开始后第 1 次开缸检查	1～3 个月	在开始运转的材料的疲劳限的周期内确认是否存在发生早期事故的隐患，及时采取应对措施
仪表状况的检查	3 个月	对于保安装置中的润滑油压力表、油滤器上的压差计、调速器和油箱上的液面计、凝汽器上的水位计进行检查
分解检查	1 年	对机器进行拆解，检查：间隙配合处的间隙状况、磨损状况、烧伤情况、腐蚀情况和侵蚀情况；基础的下沉量；由于外力而引起的轴线的中心线变化情况；齿轮啮合处的轮齿的啮合情况；油箱冷却器和水室的结垢状况
送制造厂检查	1～3 年	必须送制造厂检查的部件：调速器、调速装置、调压器、调整仪、特殊阀、需要动平衡试验的特殊转子等

新汽压力一般应维持在额定汽压±0.05MPa（±0.5kgf/cm^2）范围内。当汽压超过规定的上限压力时，应按规定进行故障停车。当汽压降低时，应按规定降低负荷。当汽压继续下降时，应根据汽压下降速度，在保证辅助设备正常工作的条件下，停止汽轮机运行。

新汽温度一般应维持在额定汽温的±5℃范围内。当汽温偏低时，汽轮机应按规定降低负荷，并加强蒸汽管道和汽缸疏水。汽温过高时将使金属的强度降低，引起金属的蠕变，因此，在高汽温下长期运行是极其危险的。一般规定在允许上限温度下连续运行不得超过 30min。

凝汽器的真空对汽轮机运行的经济性影响较大。如其他条件不变，真空度每变化 1%，汽轮机的汽耗率平均变化 1%～2%。因此，正常运行时，应尽可能保证冷凝器在经济的真空下运行。真空过高，循环水泵功耗增加，冷却水流量大，也会使运行费用增加；而真空过低，除影响汽轮机经济性外，还会影响机组的安全。因此，在汽轮机运行时，对排汽真空要严格监视。

锅炉给水中硬度偏高，导致其所产蒸汽中的钙、镁离子超标。汽轮机喷嘴和动叶片在长期运行中积累和短期蒸汽中钙、镁离子等杂质严重超标的情况下结垢。尤其是第四到第六级结垢较严重。调节级、第二、第三级由于蒸汽压力较高，蒸汽中所含盐类不易析出，结垢相对较轻，第七、第八级在湿蒸汽区间运行，故结垢的可能性也较小。通常在凝汽式汽轮机的调节级汽室或某几级非调节级汽室上装有压力表，监视其压力的变化，用以判断汽轮机通流部分的洁净状况。如负荷没有发生变化而调节级汽室压力升高，由此就可判断是压力级通流部分结垢，减小了通流面积。同理，某一级压力级汽室压力升高，则说明这一级后的压力级通流面积结垢。由于这些部位的压力具有监视通流部分工作状况的作用，所以人们常称为监视段压力。这些压力可间接表明通流部分的结垢情况。而通流部分的结垢会使机组效率下降，轴向推力增加，将会影响机组安全运行，因此，机组运行时要密切监视段压力，发现异常现象时应及时采取措施。

汽轮机在运行中由于某些原因，如汽温变化轴承润滑条件变化等，会引起机组振动。振动会促使机械材料疲劳强度降低，零件过早的损坏或造成动静部分的摩擦，使机组运行条件恶化。因此，在运行中对机组振动的振幅应进行定期检验。

转子轴向位移指标主要用来监视推力轴承工作状况。汽轮机的轴向推力由推力轴承承受，并由它来保持转子和气缸的相对轴向位置。不同负荷下的推力轴承的负荷是不同的，推力轴承产生的弹性变形也相应变化，油膜厚度也不相同。所以运行时应将位移数值和标准值作比较，以监视机组运行是否正常。

气缸膨胀指示器是用来检查气缸在受热后轴向伸长数值的变化的，借以检查气缸变热的均匀性。最好是在气缸前端两侧各装一个，这样便于监视观察。汽轮机启动期间，由于各部分压力和温度变化比较剧烈，监视气缸热膨胀尤为重要。

机组在启动过程中交接班或工况有较大变动时，运行人员必须对机组进行听音检查。听音部位主要是轴承主油泵和汽封处等。其目的是发现和防止汽轮机内部动静部分的摩擦或碰撞。声音是否正常主要凭运行人员的实际经验来判断。对于轴承，采购前将样品送至试验室，展开轴承性能检测，控制轴承质量关；对已采购的轴承也需进行检测；轴承安装过程中，需避免杂物进入轴承。如果出现轴承偏移的情况，需要对汽轮机负荷进行适当调整；定期展开轴承外观、性能等方面的检查，再对轴承中的润滑油进行补充，避免油量不足导致轴承损坏。

为保持凝汽器真空正常，应监视凝汽器的蒸汽负荷、循环水的进口温度和水量、凝汽器冷却表面的清洁程度、真空系统的密闭程度。在运行中凝汽器铜管水侧管内结污垢汽、侧管间聚集空气、循环水温过高或水量不足都会引起真空恶化，因此，在运行中要进行监视，以具体情况进行分析调整，并采取必要的预防措施。汽轮机出现真空下降故障后，如果发生水循环中断故障，需要及时开启备用循环泵，清理循环水泵进水口和出水口的杂物，且检查泵自身的状态；如果是真空泵出现故障，则判断真空泵是否需要更换或修理；如果出现凝汽器满水的情况，则主要是由于铜管泄漏，严重时需停机修理。

汽轮机运行中，如发现油压、油温、油箱油位、油质和油冷却器进出口水温有不正常的变化时，应及时查清原因并予以消除。汽轮机注油器出口逆止阀密闭效果不好时，首先需要及时对逆止阀进行更换和修理，再将堵塞严重的滤网更换掉，且对注油器内部的所有滤网进行全面清洗，保障滤网功能性；还需定期展开加油和滤油工作，达到控制注油器出口压力变化的目的。

14.4　停车

汽轮机的停车过程和启动过程相反，可看成是一个冷过程，它同样会使汽轮机零部件产生热变形和热应力。因此，启动过程中应注意的问题对停机过程也适用。

检查辅助油泵，确认没有问题时，就开始逐渐地降低汽轮机负荷。当负荷降至零空负荷试运 2～3h，检查无问题后，可通过手动或遥控危急遮断装置，使汽轮机停车。

迅速关闭主汽门，此时应注意主汽门调速汽阀的关闭情况和转速的降低情况。

关闭总截止汽阀和汽轮机的疏水阀。

汽轮机停止运转后，油系统应继续运行一段时间以保证轴颈的冷却，特别是高压侧轴颈的冷却。辅助油泵在停机以后继续运行的具体时间应根据不同的机组（如转子大小蒸汽温度等）而定。一般在轴承出口温度低于 40℃后再停止辅助油泵。

汽轮机停止转动后，循环水泵也应继续运行。

停止射流器抽气器的供汽及轴封冷却器的冷却水。

关闭凝汽轮机的排汽蝶阀，降低排汽缸中的真空度。

关闭背压汽轮机排汽阀，降低气缸内压力。

停机期间，尤其是在长期停机情况下必须防止蒸汽从排汽阀主汽阀和危急遮断阀等处漏入气缸内。一般采用盲板等措施以防机外蒸汽漏入气缸内，发生点蚀或其他腐蚀。

在汽轮机停机期间，每隔一定时间一般为 1 天手动盘车一次，将转子转动 180°，盘车时间掌握得好，就可以把转子热弯曲控制在允许的范围之内。

停车期间还应为下次启动运行做好准备。对齿轮联轴器轴承和控制设备等进行分解检查和对缺陷加以修复。

14.5　结垢原因与对策

汽轮机在运转过程中，由于蒸汽品质变化及锅炉负荷变化，会造成汽轮机叶片和流通部件结垢，导致叶片表面不光泽及做功能力下降，使汽轮机轮室压力升高，限制蒸汽的进汽量。为了保证汽轮机正常运转，采用提高进口蒸汽压力等方法，强制增加进口蒸汽流量。但这样会造成汽轮机轴向推力加大，同时腐蚀加大。最终通过蒸汽蒸煮的方法，清除垢物。

14.5.1　结垢原因

长期运行后，在同样蒸汽压力和流量下，汽轮机转速下降，而且对蒸汽压力的要求提高，一旦碰到动力车间锅炉紧急停炉，由于蒸汽压力调整不及时，蒸汽压力下降时，造成推动的空压机发生喘振。故障发生时，空压机转速突然提高，空压机气量突然下降，说明汽轮机结垢，做功能力下降。一旦汽轮机结垢，为了维持生产，不得不采用提高蒸汽压力等方法保证生产。汽轮机结垢分为水溶性结垢和不溶性结垢，水溶性物质主要有钠、氢氧化钠、磷酸钠、硅酸钠，不溶性物质主要是二氧化硅。当软水站混床再生或生产系统波动时，造成软水不足，为了维持生产，将生产过程中产生的冷凝液进行回收利用。而冷凝液的组分含量虽然满足软水的工艺要求，但在生产波动时，容易造成水中二氧化硅含量超标。由于没有冷凝液处理系统，冷凝液直接被送到动力车间除氧器中，这样软水中无机盐增加，造成蒸汽中无机盐含量超标严重，这是导致汽轮机结垢的主要原因。同时，由于蒸汽在叶轮中流动的速度快、动能高、静压高，二氧化硅在过热蒸汽中的溶解度随着压力的降低而减小，更容易在蒸汽中析出。

为从源头上提高锅炉用水水质，在除盐水站基础上增加水反渗透生产装置。同时将车间冷凝液只用于合成和净化废锅加水，不允许用于动力锅炉。加大锅炉排污量，将炉水中二氧化硅含量控制在 10μg /L。在平时生产中，要控制好蒸汽品质，防止汽轮机结盐、结垢；同时加强锅炉运行管理，保证出口蒸汽中二氧化硅含量不超标，提高蒸汽品质，从而保证汽轮机长周期运转，为工厂创造可观的经济效益。

14.5.2 结垢后的处理方法一

汽轮机叶片结垢后，可以利用锅炉在降压、降温下供汽，使汽轮机在低负荷、低转速工作的同时，用饱和蒸汽洗涤。即使进入汽轮机第一个结垢级的蒸汽有2%的湿度，利用湿蒸汽做功的同时，冲刷结垢的喷嘴和动叶片，将盐垢溶解，并随凝结水带出。

降低汽轮机的负荷，将汽轮机由抽凝式变为全凝式运行，空压机、增压机不带负荷或稍带负荷。选择汽轮机的转速避过汽轮机、空压机、增压机的临界转速，且在这两个临界转速点之间也有较宽的浮动范围，控制蒸汽进汽温度略高于该压力下的饱和蒸汽温度。根据清洗时的情况，可在清洗后期适当提高新蒸汽的温度，以减小对已清洗好的叶片冲蚀。将自动主汽门调到手动控制蒸汽流量。清洗过程中，检测凝结水的电导率，不合格的凝结水排入生产系统循环水。清洗过程中密切监控胀差数值、轴向位移、振动和温度等参数，确保在指标范围之内。

清洗时汽轮机的主要参数有：主蒸汽进汽压力、进汽温度、进汽流量、汽轮机转速。在锅炉压力、温度达要求后，开始清洗，检测凝结水电导率，继续清洗至凝结水电导率降至规定值，又清洗，连续检测凝结水电导率均维持在规定值，认为清洗已经合格，打闸停机，等待锅炉检修完后开车。开车后，汽轮机工况恢复到原来状态，各运行参数都控制在指标范围之内，确保清洗效果显著。

14.5.3 结垢后的处理方法二

结垢后，可以利用后续车间减量生产的机会，对汽轮机叶轮采用低压饱和湿蒸汽蒸煮的方法处理结垢问题。停运汽轮机，做好蒸煮前准备工作：保持汽轮机油系统运转正常，机体温度降到60℃左右，检查并关闭下列阀门：速关阀、调速气门、主蒸汽电动阀、启动主汽排空阀、抽气器蒸汽阀、汽封密封气阀、凝汽器上/回水阀；关闭疏水膨胀箱汽封疏水阀、密封气疏水阀、平衡管疏水阀、安全阀疏水阀和凝结水泵入口阀。拆下疏水膨胀箱高压缸疏水阀、轮室疏水阀和主汽管路阀，在三个断口处接新胶皮管，待蒸煮时通入饱和蒸汽。将低压缸疏水阀后法兰拆开，疏水膨胀箱侧加法兰、盲板把紧，作为蒸煮时的排水口。蒸煮前所有胶皮管需吹扫干净，蒸煮罐处理干净，蒸汽入口加过滤器，保证通入蒸汽的洁净。蒸煮罐内通入脱盐水，直至溢流口有水流出，然后通入蒸汽，制取饱和蒸汽。

蒸煮步骤：打开速关阀，调速气门；打开三路蒸汽阀，开始蒸煮，每20min盘车一次，每次盘车90°；在疏水膨胀箱低压缸疏水阀后接胶皮管，作为蒸煮时排水口；每小时监测充水和排水的电导率，认真做好记录；在进口电导率无明显变化的情况下，出口电导率呈现先增后降趋势，这说明汽轮机上的盐垢大量溶解而排出机体。随着蒸煮时间的延长，出口电导率降势趋缓，当出口电导率降至接近入口电导率后，继续蒸煮2h，电导率趋势无明显变化时，说明盐垢已清除完毕，可结束蒸煮。关闭蒸汽阀、脱盐水阀，排净蒸煮罐内的水分。

蒸煮结束后，继续手动盘车降温。凝汽器内水排净后，打开调速气门、速关阀和排空阀，拆下室外管线上丝堵，检查入口蒸汽管道，确认无水后关闭阀门（必须保证主蒸汽电动阀关严，不得有蒸汽进入汽轮机）。垢物清除后，汽轮机负荷恢复正常。

14.6 实例分析

实例七十

在某大型煤化工生产装置中，一氧化碳压缩机驱动机采用冷凝式蒸汽轮机驱动，型号为NK25/32/36。正常工况：汽轮机进汽参数为：压力3.0MPa，温度400℃，流量13.4t/h，排汽压力0.01MPa，机组转速11060r/min，汽轮机输出功率2905kW。自2014年2月份起，该汽轮机前后轴承座振动逐渐增加且伴有波动，在同样工况下前轴承处振动慢慢上升至近70μm然后又下降至44μm反复波动，甚至出现过一次轴承振动超过联锁值75μm引起停机情况。另外，机组现场噪声较大，严重威胁整个醋酸生产装置的安全、稳定、高负荷运行。

为查找一氧化碳压缩机组汽轮机异常振动的原因，多次对汽轮机进行全面检查，顺着汽轮机方向看，发现：前轴承座的4球面垫有前右侧一个松动转动现象，且右侧压板间隙较大；前轴承支座温度约88℃。经现场频谱分析，频谱仪显示主要振动频率在1倍频。分析认为：汽轮机前径向轴承随轴承座只靠3点支撑且右侧较低，破坏了轴承座中心线同转子中心线的平行状态，且前汽封漏气量较大，在前汽封及平衡活塞处产生动静摩擦。

2014年8月，把一氧化碳压缩机组汽轮机检修开缸大修。将前轴承座吊出检查，检查转子中心度，用百分表打在气缸外测量，发现前轴承座向右跑偏1mm多，前轴承座右侧偏低。前后可倾瓦和推力瓦块均正常。转子吊出后发现前后汽封及平衡活塞汽封均有大量磨损，各动静叶片均正常，返厂更换前后汽封及平衡活塞汽封，由于更换大量汽封齿，转子动平衡受到影响，又重新做转子高速动平衡，根据汽轮机与压缩机对中数据，调整前后轴承座位置，调整至规定范围内。然后，将汽轮机各部件按照产品合格证要求回装完成，并对汽轮机进行单机试车。各项数据均正常。但是汽轮机带上压缩机联动试车时，汽轮机前后轴承座振动值仍然较大，在60μm左右。经过现场频谱分析，频谱仪显示主要振动频率还在1倍频。且很可能是联动后动平衡问题，那就对整个机组联动现场做动平衡，通过联轴器的连接螺栓配重改变来实现转子动平衡调整。通过两次机组启停调整联轴器螺栓配重，汽轮机前后轴承座下降到26μm以下。通过机组现场转子联动动平衡调试，使机组振动降到良好值。

实例七十一

某厂天然气压缩机驱动汽轮机由某汽轮机股份有限公司生产。该汽轮机为反冲动单缸凝气式汽轮机，型号HNK32/45，汽轮机号WT8431。工艺人员在对汽轮机定期盘车时，发现：一台汽轮机后轴承箱油封环有漏油现象；备用汽轮机后轴承箱油封环，在盘车期间也有润滑油泄漏现象。

为彻底解决本台汽轮机组后轴承箱油封环漏油，措施如下：

① 拆下油封环，重新调整转轴与油封环梳齿间隙值，使此间隙符合设备规定（规定要求下间隙5～10丝，侧间隙15～20丝，上间隙20～25丝）。

② 处理油封环中封面，清理干净中封面上的旧密封胶，并重新在油封环中封面上均匀

连续涂抹密封胶。

③ 扩大后轴承箱内油封环侧的挡油板与回油槽的孔隙。

④ 打开轴承箱上盖，启动润滑油系统，观察后轴承箱回油情况。发现润滑油回油未受阻，轴承油封环未漏油。进行完上述措施后，重新回装轴承体，开启润滑油系统，发现后轴承箱油封环漏油情况并没有改善。以上原因排除后，结合上述措施，打开手动盘车罩盖，后轴承箱与大气直接连通，发现油封环漏油现象消失，并发现打开的罩盖处，有股气流向机体外吹出。当盖上手动盘车罩盖，油封环漏油现象又再次发生。即判断是由于此股气流造成后轴承箱内正压过大导致油封环漏油。

接下来对盘车期间轴承箱正压的来源进行分析：后轴承箱进气的地方有两处：一处是油封环的气封气（0.02MPa 氮气），关闭气封氮气后观察到后轴承箱内正压没有降低，排除气封氮气气量大造成后轴承箱正压大；另一处是离心压缩机投用的干气密封隔离气（0.005MPa 氮气）通过联轴器护罩窜到汽轮机后轴承箱，在润滑油系统运行的条件下，短时间停止压缩机隔离气（注意：盘车期间长时间停止供给隔离气会造成润滑油窜到压缩机气缸），观察到后轴承箱此股气流消失了，即可判断汽轮机后轴承箱正压是由于压缩机干气密封隔离气通过联轴器护罩进入轴承箱所致。

针对事故原因，机务人员采取以下技改措施：

① 给后轴承箱上增加一个现场防空管，并在管内安装一个油沫分离器，使后轴承箱放空的油烟能够回收，减少润滑油的浪费。

② 在润滑油站上方增设了一个适当规格的排油烟风机，使轴承箱内的负压控制在49.5～98Pa，并在排气管道上也安装了一个油沫分离器，用以回收油烟。

采取以上措施后，汽轮机后轴承箱的漏油现象得到了根本的解决。

实例七十二

某公司尿素装置从荷兰引进的日产 1620t 尿素的二氧化碳汽提法尿素装置，运行 30 多年。二氧化碳压缩机是意大利新比隆公司生产，型号是 2MCL607＋2BCL306a，汽轮机为抽汽-注汽-冷凝式，叶轮做功分为冲动级、速度级和反动级。水汽车间和电厂来的 3.8MPa、350～365℃的蒸汽，通过主蒸汽切断阀、高压速关阀和高压提板阀进入汽轮机喷嘴喷射到叶轮进行一次做功；做功后的蒸汽减压到 2.0～2.5MPa，一部分抽出给工艺使用，一部分通过中压提板阀进入到中压喷嘴做功；中压喷嘴做功后的蒸汽和工艺生产中副产的低压蒸汽一同进入到压力级叶轮做功，做功后的乏汽经过蒸汽冷凝器冷凝后由汽轮机冷凝液泵送往水汽快锅使用。

2007 年 1 月 25 日，车间利用一次停车机会检查汽轮机主蒸汽过滤网。为防止其他异物掉入到主蒸汽切断阀，在机组还有剩余转速时就立即关闭主蒸汽切断阀，使异物留在切断阀后。拆开后发现在切断阀上面有 2 块铁片，其中 1 块长 10cm、宽 5cm，拆开高压蒸汽过滤网，发现有少量焊渣在过滤网内。过滤网为波纹形筐式，孔径约 4mm，个别孔径被异物撑开变形，最大孔径约 10mm，可能会造成少量的焊渣进入到高压喷嘴内。由于此次停车时间有限，故没有打开高压喷嘴，简单清理修复过滤网后开车。运行后汽轮机消耗蒸汽有少量下降但变化不明显，说明还没有发现主要问题。

焊渣通过过滤网进入到高压喷嘴内，喷嘴有少量焊渣和铁片等；同时发现喷嘴本体经高压蒸汽长时期高速冲刷减薄严重，且由于蒸汽中机械杂质击打，喷嘴变形严重，从而改变了高压蒸汽对转子叶片的冲角，影响了高压蒸汽在喷嘴内的分布，致使有部分蒸汽偏流造成整个汽轮机工作效率下降，蒸汽消耗增加。在检查中还发现中压喷嘴内有5个喷嘴有少量焊渣，由于中压蒸汽压力偏低，大部分焊渣在高压处截流住，故中压喷嘴冲刷不严重。用工具清理后修补高压喷嘴流道，使之校正流道方向，由于喷嘴没有备件只能利用下一个大检修进行更换。经过处理后蒸汽消耗明显降低。

2007年2月25日停车后，关闭主蒸汽切断阀，利用全厂低压饱和蒸汽进行了热洗汽轮机转子，热洗8h后，排放冷凝液中的Si含量从36mg/L下降到5mg/L，与先前的数据对比，Si含量很稳定没有变化。运行一段时间后于2007年10月大故障处理中打开叶轮发现转子结垢不严重，只是在冲动级叶轮叶片上有少量白色结垢，经分析是SiO_2，但由于结垢不严重，故影响汽轮机做功不明显。

由于高压蒸汽在汽轮机做功后，最终汇同工艺生产中的低压蒸汽在蒸汽冷凝器冷凝，冷凝液由汽轮机冷凝液泵送往水汽车间快锅。蒸汽冷凝器真空降低会造成压力级处背压偏高，使低压蒸汽注入汽轮机流量降低，高压蒸汽量消耗增大。特别是在高负荷情况下将造成注入低压蒸汽流量进一步降低，而工艺生产消耗中压蒸汽量增加，只能开大高压蒸汽副线阀来满足生产需要，造成高压蒸汽直接减压到中压蒸汽系统，使总蒸汽消耗量偏大。

2007年2月25日抢修压缩机过程中，打开蒸汽冷凝器循环水测，发现在第一程有部分杂物，堵在了进水一侧，清理开车后真空情况略有好转，真空到－81kPa，注汽背压力在0.27MPa，注入低压蒸汽增加到8t/h，高压蒸汽消耗略有降低。

2008年2月1日抢修开车时，压缩机应在3000r/min时过临界，但压缩机出现喘振过不了临界，分析原因怀疑高压提板阀打不开，经检查速度控制器与现场阀门开度相对应，高压油动机行程正常没有出现阀门打不开的情况。后经过仔细检查发现高压提板阀阀杆动作异常，拆开高压提板阀发现阀杆固定螺母销子折断，造成高压提板阀阀杆和阀头处于半开状态，造成了高压蒸汽进入高压喷嘴的流量降低，做功少，影响到中压、低压蒸汽做功。由于中压做功多造成低压段冷凝量偏大，同时抽出蒸汽流量减少（大量蒸汽在中压做功），势必打开高压蒸汽副线阀维持后续工艺系统，则造成了总蒸汽耗量增大。经过紧急处理，更换固定螺母和销子后开车正常，且蒸汽消耗下降到接近设计值。

经过近半年的运行，蒸汽消耗又在逐渐升高。2008年10月大故障处理中对汽轮机解体，检查发现高压喷嘴冲刷、变形更加严重，为达到节能降耗目标，更换高压喷嘴，在大检修结束后的11月2日开车，蒸汽消耗达到设计值。

第15章 控制装置的故障处理及实例

在生产中，信号联锁是用来自动监视并实现自动操作的一个重要措施。一套安全可靠、动作及时的安全保护系统十分必要。当装置本身处于危险情况，或者无措施装置的危险性加剧时，系统对装置作出相应的反应，可以使其进入安全状态来确保装置或单元具有一定的安全性。当设备、管道中的某些工艺参数超限或运行状态发生异常时，以灯光和音响引起操作人员注意，人为或自动地改变操作条件，使生产过程处于安全状态。这也是确保产品质量及设备和人身安全所必需的。安全阀的发明及其在工业中的应用也较好地抑制了锅炉的超压爆炸。在20世纪，经典的反馈控制回路系统得到应用，进一步减少了事故发生。尽管如此，事故仍时有发生，例如：在2010年4月墨西哥湾的美国“深水地平线”钻井平台爆炸事故中，由于“最后一道防线”防喷阀的失效，导致大量原油的泄漏，并造成了严重的人员伤亡、环境破坏和经济损失。还有，对于分子筛纯化系统，自动阀门进水，分子筛纯化系统程序出现不希望的延迟。有时，进行水压试验的容器用截止阀作为隔离手段没有加盲板时，阀门关闭不严导致系统窜水。仪表气带水使装置的安全稳定运行受到影响，尤其是某些工厂所在地冬季夜晚最低气温在−25℃，管道容易结冰，进而堵塞仪表气管路，严重的不得不更换仪表配件，而且更换下来的电磁阀、密封环和增速器的价值很高。例如某公司的全自动燃气锅炉炉胆因缺水变形，差点酿成爆炸事故。事故原因是因为水位报警器（自动上水控制系统）失灵，很快就会缺水，由于锅筒受内压，炉胆是受外压失稳造成的。因此应该定期手动试验水位报警器的功能、自动上水和低水位联锁装置，当自动上水失灵后，锅炉水位下降到最低安全水位时，就应该自动联锁启动，即燃烧机停止工作。

分散控制系统（DCS）进行操作控制及联锁，但是并不适用于安全控制，对于操作频繁的装置，尤其是储存大量易燃易爆、可燃有毒介质的化工罐区，误操作的概率就更大。这时安全性更高的、容错能力强、具有故障自诊断功能、顺序事件记录功能（SOE）的安全仪表系统（SIS）就十分必要。

对于安全仪表系统，可靠性有2个定义：安全仪表系统本身的工作可靠性；安全仪表系统对工艺过程认知和联锁保护的可靠性及对工艺过程测量、判断和联锁执行的高可靠性。严禁对安全仪表系统输出信号设置旁路开关，以防止误操作导致事故发生。安全仪表系统应能通过数据通信连接以只读方式与站控系统通信，但禁止站控系统通过通信连接向安全仪表系统写信息。但是安全仪表系统在运行过程中，其自身可能发生相关系统事故风险，因此，企业应严格按照相关规范来应用安全仪表系统，以保证安全仪表系统安全运行。在使用过程中，常因仪表信号联锁系统的误动作造成生产系统误停车，影响系统正常运行，减少产品的产量；有时会因信号联锁系统的拒动作造成设备损害，降低产品的质量，严重时会危及操作人员的人身安全。该开的阀门未开启，造成设备、管道堵塞超压，超压严重致设备、管道爆裂、物料泄漏；该关闭的倒淋未关闭或丝堵未装，造成物料泄漏。一旦物料泄漏于大气中，温度高于物料自身自燃点，直接就引发火灾，有些物料泄漏与空气混合，达到爆炸下限，引发爆炸；仪表不能正确显示所有需要测量的参数，超出正常范围不得而知，造成延误处置事故，引发火灾。安全仪表系统自身存在问题，则其安全防护功能的发挥将受到严重影响。如工艺进料流量测量采用孔板为一次元件的差压式测量方式，由于工艺运行不正常，致使物料中含水量加大，导致介质密度发生变化，使测量不准，特别是冬季还会发生仪表取压管线冻堵，导致仪表联锁无法正常投用。又例如：在机组振动位移、轴承或轴瓦温度测量上，通常为安装问题。这些检测仪表大多埋在轴瓦里面，如果因为振动、摩擦等原因造成传感器引线发生磨损破皮，绝缘性遭到破坏，导致检测信号发生故障，这类联锁只能临时解除，待机组检修时处理。

开车前安全检查或审查安全阀、爆破片、导爆管、阻火器、呼吸阀、水封、火炬系统、紧急排放设施、紧急切断装置等符合工艺要求；工艺各报警联锁系统动作无误好用；消防水泵房、消防水池、泡沫灭火系统、消防炮、水喷淋、水喷雾、消火栓系统、水幕、火灾报警系统、可燃气体报警、灭火器等完好有效；消防道路畅通；防雷、防静电措施到位；安全通信系统好用；通风换气设备良好；防爆的电气设备和照明灯具均符合防爆标准；消防电源满足一级负荷要求。对照工艺流程，逐一检查设备、仪表、阀门等是否符合开车要求，阀门是否处于正确的开启状态，电动或气动阀信号是否反馈灵敏，仪表是否能正确显示所有需要测量的参数，一次仪表（现场仪表）和二次仪表（操作室仪表盘上的仪表）显示数值是否对应。检查压缩机的防喘振线、泵的最小流量线是否处于开启状态等。

15.1　控制系统的维护

控制系统出现故障，影响到过程工业生产的正常稳定运行。例如，在火焰检测装置方面，燃烧状况不断发生变化，而火焰检测器没有足够的检测能力，导致出现失火信号，炉主燃料跳闸问题发生。控制系统故障的出现，也可能是因为线路故障导致的。因为有严重绝缘老化问题发生于局部线路，导致跳闸问题发生于控制系统运行过程中。控制系统故障的出现，非常主要的原因为人员误操作、没有合理检修维护设备等。穿线管焊接过程中，没有对孔洞进行堵塞，导致油箱小室内落入焊接出现的火花，导致火灾发生。在查找 DCS 系统故障时，因为没有采取完善的安全措施，电源断路故障发生，影响到系统的正常运行。控制系统故障从其部位来看，可分为器件故障、机械故障、介质故障、人为故障、软件故障五大类。

器件故障主要是元器件、接插件和印制电路板引起的，如总线故障是由处理器模块损坏及系统总线故障、扩充总线驱动器及扩充总线故障，总线响应逻辑电路及总线等逻辑故障产生的。运行时，应避免打开机柜柜门检查设备时使用手机、对讲机等大功率无线电通信设备，防止干扰源对电子间、工程师站的 DCS 和 DEH 模件的影响。

机械故障主要是因为外部设备出错，如操作键盘按键失效，打印机电动机卡死或齿轮啮合不好，控制站主板内散热风扇轴承磨损等。某厂 PVC 装置投产初期经常出现鼠标失效情况，重新插拔安装后恢复正常。原因是鼠标使用的USB接口不稳定，与计算机主板有一定关系。更换为串口鼠标后，问题得到彻底解决。应定期对键盘进行清洁检查，必要时更换新键盘。打印不正常时及时更换打印机墨盒。

介质故障主要是由于软盘或硬盘引导信息丢失、磁道损伤、计算机被病毒侵袭等原因而造成的故障。某厂调试期间就发现同批次计算机由于内存条问题导致操作员站死机变蓝屏现象，但是更换另一品牌内存条后，没有再出现同类故障。

人为故障主要因机器不符合运行环境条件要求，或操作不当引起的。如现场环境恶劣，造成I/O卡内堆积灰尘，引起卡件内短路，影响散热引起损坏。机组检修时，对DCS和DEH的模件、机柜、滤网等进行清扫。

软件故障是由于软件程序发生紊乱或丢失，或错误指令致使计算机系统引起的故障。

计算机控制系统出现故障后，如果没有冗余或其他措施，则将引起整个生产系统瘫痪，所以必须快速准确地予以判断排除。所谓故障检修，就是利用万用表、逻辑测试笔、在线测试仪及软件诊断程序等工具，结合实践经验，通过一定的方法与主观能动性发现故障与排除故障的过程。

直接观察法用手摸、眼看、鼻嗅、耳听等方法作辅助检查，一般组件发热的外壳正常温度不超过40～50℃，手摸上去有点温度，大的组件只有点热，如手摸上去发烫，则该组件可能内部电路有短路现象，电流过大而发热，应将该组件换下来。一般机器内部芯片烧毁时会发出臭味，此时应关机检查，不能再加电使用。对电路板要用放大镜仔细观察有无断线、金属线、锡片、螺钉、杂物和虚焊等，发现后应及时处理。观察组件的表面字迹和颜色，有无焦色，龟裂、组件的字迹颜色变黄等现象，如有则更换此组件，进行及时检修。对于放大器，更换放大器后变送器仍无指示时，可以怀疑放大器的断线（虚焊），有时用螺钉紧固连接，就能消除故障。

拔插法就是用“拔出”或“插入”来寻找故障原因的方法，采用该方法能迅速找到故障发生的部位，从而查到故障的原因，一块一块地拔出插件板，即每拔出一块插件板就开机检查机器的状态，一旦拔出某块插件板后，故障消失且机器恢复正常，说明故障就在该板上。拔插法不仅适用于拔插件，也适用于大规模集成电路芯片，因为这些芯片是插在管座上。

替换法是用好的插件板或好的组件替换有故障疑点的插件或组件的方法。其方法简单容易，方便可靠，对于大规模集成电路板尤其适用，对初学者来说是一种十分有效的方法，可以方便而迅速地找到故障点。

测量法是分析与判断故障的最常用手段和方法。设法把机器暂停在某一状态，根据逻辑图用万用表等工具测量所需检测的电阻、电平、波形，从而判断出故障位置的实时方法，称之为在线测量法。若机器处于关闭状态或组件与母板分离时，用测量工具对故障部分进行检查，则称为无源测量，按照所测量的特征参量的不同，又可分为电阻测量法、电压测量法、电流测量法、波形测量法等。利用网络测试仪，定期对DCS和DEH主系统及与主系统连接的所有相关系统（包括专用装置）的通信负荷率进行在线测试，确认在机组出现异常工况、高负荷运行及过程控制器或通信总线产生冗余切换的同时出现负荷扰动时，网络负荷率控制在行业规定范围内。

现在的工业控制计算机系统，都配有生产厂家高级诊断程序，一旦出现系统故障，则可通过调出中断诊断程序或错误报警信息记录进行分析、判断故障发生的时间、具体位置等，进行及时处理即可。

在实际工作中，遇到控制系统出现比较复杂故障，只采用一种方法不可能查到故障的原因，要采用多种方法来查找故障的原因，从而获得解决问题的最佳方案。

某公司电除尘采用氧高跳车联锁系统，确保生产安全稳定运行。仪表操作者解除联锁检修氧分析仪后，在对仪表送电时曾引起电除尘系统误停车。其原因是电气安装的系统停车控制器电源使用的是氧分析仪的电源，仪表停电造成控制器失电，仪表送电后给控制器一信号造成电除尘系统误停车。在对电除尘系统停车控制器采用单独的电源后，解决了因仪表检修造成联锁系统误动作的问题。

15.2　调节阀的维护

在生产现场，调节阀直接安装在工艺路线上。工艺介质流过调节阀，尤其是高压、高温、深度冷冻、极毒、易渗透、强腐蚀、高黏度、易结晶等特殊物质。由于检修不当，反而给生产过程自动化带来困难，以致在许多场合下，导致自动调节系统的调节质量下降、失灵，甚至造成事故。所以对调节阀的检修必须给予充分的认识。

调节阀的检修，主要测试调整非线性偏差、正反行程变差等项技术指标。从调校的角度来看，诸如始终点偏差、全行程偏差与非线性偏差、正反行程变差、灵敏限等项，影响其达到规定指标的因素归纳起来大都为阀杆、阀芯可动部分在移动过程中受到妨碍，有的是填料压得过紧，增大阀杆的摩擦力；有的由于阀杆与阀芯同心度不好或使用过程中阀杆变形，造成阀杆阀芯移动时与填料及导向套摩擦。此外，压缩弹簧的特性变化及刚度不合适等均有可能影响几项指标。此外，如填料密封性不好，则可能是由填料压盖过松或填料本身老化造成的；泄漏量大，关不死，可能是由阀芯、阀座受到腐蚀所致，这时则需要更换新的；若阀芯、阀盖不严，则需要重新研磨。总之，在检修时，要在已了解调节阀本身结构原理的基础上，根据具体情况，作具体分析，找出原因，调整或更换零部件，使其达到预定的技术指标。

对于大推力阀门（含切换阀、各类角阀、带气缸执行机构的阀门），在每个大修周期必须全部进行维护保养，至少要对执行机构部分进行更换密封、加油、清洗等工作，要将该类阀门列入保养计划。

要增加对大推力阀门的点检措施，如对气缸式阀门，检查日常运行中是否有排气现象，以便尽早发现存在的故障，并合理安排临时性检修。

合理配置备用阀门执行机构。增加系统的重要工艺阀门及执行机构的备用件，当在用阀门执行机构出现故障时，可直接更换，以缩短检修时间。

对于电站锅炉集汽集箱出口主汽阀，主汽阀阀体上即使没有明显不连续结构的结构形式，也要避免启动时主汽阀内外温差过大而引起的内外温差应力，因此开启主汽阀前先缓慢打开旁通管路阀门，进行暖管操作，使主汽阀前后温度趋于一致；主汽阀开启也要缓慢，控制阀体升温速度。用渗透探伤方法来检测时，第一次打磨探伤发现两处裂纹：一条 4mm 长，另一条 2mm 长；进一步打磨阀体（铸件，材质是 Cr5Mo），硬度比较大，打磨比较困难，磨下去的厚度不到 1mm，渗透探伤发现，原有裂纹长度增加不少；在原缺陷附近又发现几处裂纹，加上原有的 2 条共 8 条。随着进一步打磨，裂纹更明显。从阀门缺陷的性质来说是裂纹，而且是分散裂纹。缺陷集中位于阀体的凸起部位，凸起部位壁厚比其他部位厚。

在锅炉启动、停炉时，因为此处内外壁温差更大而产生更大的热应力。加上此处结构不连续而形成的应力集中与之叠加，使得此处的疲劳应力更大，从而使这一部位较早地产生疲劳裂纹。Cr5Mo 材质的阀体铸件，从缺陷部位放大 500 倍金相的分析结果来看，材质属 2 级球化。对于运行时间超过 12～14 年的阀门，已经无法保证安全使用时，用户必须更换阀门。

15.3 安全阀的故障处理

在生产过程中，为有效防止压力容器或压力管道因发生突发事件（如停汽、停电等）导致的生产异常或操作故障，使得设备或管道压力瞬间超过设计压力而发生火灾或爆炸事故，需要在承压设备或管道上设置安全阀。当设备或管道压力升高到比弹簧预紧力大时，安全阀阀芯克服弹簧预紧力自动开启，排放掉超出的压力，使系统压力下降，又由于弹簧力的作用，当系统压力降至安全值时，阀芯自动关闭并且密封（俗称回座），就是通过这一原理来保证设备或管道的安全运行。注意：由于位置原因，安全阀现场拆卸需要使用吊车，才能校验。

在安全阀校验合格完毕回装后，将设备或管道安全阀的底阀全开，并打上铅封，禁止关闭；当设备或管道进行耐压试验时应将安全阀拆下或与系统堵加盲板有效隔离，以免发生安全阀频繁动作使耐压试验不能正常进行或损坏安全阀。

在使用或检维修过程中发现安全阀有下列情况之一时，应立即停止使用并更换：

① 安全阀的阀芯和阀座密封不严，且不能修复；

② 安全阀的阀芯和阀座粘死或弹簧严重腐蚀、生锈；

③ 安全阀选型错误。

安全阀的定期检查的主要内容是：

① 安全阀排放管道是否有积水，防止影响安全阀在紧急情况下的动作性能；

② 安全阀有无泄漏；

③ 安全阀外部调节机构和底阀铅封是否完好；

④ 弹簧式安全阀扳手处于适当位置。

在运行中，安全阀常见的故障有动作后不回座、阀门泄漏两种情况。造成安全阀阀瓣与阀座密封面发生允许范围外的泄漏的原因是主管道检修后存留焊渣等杂物或在检定校验回装过程中密封面处理不干净存留杂质，造成阀芯与阀座之间有间隙存在而安全阀超压起跳，且压力恢复正常后未完全回座，产生泄漏就属于此种情况。使用专用的研磨工具和研磨剂进行安全阀密封面的研磨，通过研磨使其恢复应有的密封性能。

安全阀的检查内容及检查方法见表 15-1。需要指出：有的设备上的安全阀安装于设备顶部较高位置，设备在使用中若搭架作业，存在安全风险。为安全起见，安全阀统一在设备年检时进行。

表 15-1 安全阀的检查内容及检查方法

检查内容	检查方法
铅封、铭牌完整，标示字迹清晰	现场检查
运行、检修、试验的资料齐全	现场检查
对储存易燃、有毒介质压力容器上的安全阀，应装设导管引至安全地点，妥善处理	现场检查
压力容器与安全阀之间的隔离阀应全开，并加锁或铅封，且有专人定期检查	现场检查、查管理规章制度
安全阀定压符合设计规范	现场检查

15.4　实例分析

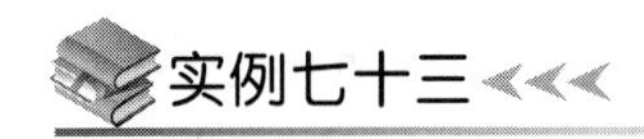

实例七十三

某公司的甲醇装置用 FCS 控制系统，由于现场使用大量的气动调节阀，要求仪表空气不能夹带粉尘、液体，因此仪表空气露点的控制在整个生产过程中显得极为重要。仪表空气干燥器属于微热再生吸附式压缩空气干燥机，采用孔径与水分子直径相近的活性氧化铝为干燥剂，通过变温变压吸附脱除水分，干燥剂经过“吸附—再生—吸附”的过程循环使用。仪表空气系统通过 1 台两段螺杆式无油水冷式空气压缩机生产工厂空气，经工厂空气储罐缓冲并排水后，送入仪表空气干燥器脱水，干燥器前、后均设置过滤器，露点达到要求的空气送入仪表空气储罐，最后进入仪表空气管网，供甲醇装置使用。仪表空气干燥器为两塔交替运行，一塔吸附运行时，另一塔用 4%～6%的成品气进行再生。两塔切换周期为 2h，切换过程通过 PLC 自动完成。仪表空气露点要求小于－40℃。实际运行中，仪表空气干燥器再生塔加热温度可达 120℃以上，仪表空气露点可达－60℃。干燥器出口仪表空气露点上升到－25℃，且还有上升趋势，该值已明显偏离正常控制指标时，必须找到仪表空气露点高的原因，并进行有针对性的检修处理。FCS 趋势图上显示的干燥器进气流量、温度过高以及进气压力低，均会导致工厂空气的含水量增加，使得干燥器处理气量过大和吸附效果下降，造成仪表空气露点上升。进气水含量是指进干燥器的压缩空气的饱和含水量。进气含水量高的可能原因有：空气压缩机一段（中冷器）内漏造成冷却水漏入气路，导致工厂空气中带有大量水分；工厂空气储罐排液不及时，积液带入下游管线中；前置过滤器积液。干燥剂变质或失效后，干燥能力下降甚至失去作用，也会导致仪表空气露点上升。而干燥剂变质或失效的原因主要是油污染、结块、粉碎严重和干燥剂质量差等。干燥器出口配有在线露点仪，为确认露点仪读数是否真实可靠，通过手动取样测得仪表空气的露点为－60～－70℃，这与露点仪的读数相差很大。结合 2 次测量结果分析，判断存在露点仪工作异常的可能。吸附塔是循环再生设备，如果再生效果差，水分脱除不彻底，随着时间的推移，仪表空气露点就会上升。

吸附塔再生效果差的原因如下：

① 温度控制器故障或设定温度值太低，经检查，控制器设定值没有变化，温度控制器工作良好；为了排除系统故障的原因，干燥器断电重新启动，其后工况并没有改观；

② 温度传感器故障；使用红外测温枪检查加热器运行时外壁温度为 70℃，手感温度也并不高，排除了温度传感器有问题的可能；

③ 加热器故障。因加热器实际加热温度仅有 70℃，加热器工作效率低的可能性最大。但该干燥器使用 PLC 微电脑控制，无法查看到内部的控制逻辑，所以到底是露点低影响到加热温度还是加热器自身出了故障，还需做进一步的确认。

仪表空气露点异常最可能的原因是露点仪工作异常或干燥器加热系统出现故障。假设干燥器的 PLC 逻辑控制中露点与再生温度有关联，那么仪表空气露点偏高，加热器应该延长加热时间或提高加热温度。而事实上，在露点达不到正常值的情况下，再生加热器的工作时间仍维持在40min，加热温度也仅70℃，远达不到正常水平，再生温度低，造成干燥剂再生不彻底。另外，将干燥器露点强制为一个模拟信号，设定在−60℃，经过24h试验，发现加热器最高工作温度也只能达到75℃。因此，排除露点影响再生温度的可能性。该加热器工作电源是380V的三相交流电源，每相各带一加热丝。在给干燥器断电后，使用万用表检查3条工作电阻丝的电阻值，显示都是15Ω，与厂商资料一致，表明电阻丝的状态是正常的。再检查工作电压，发现三相开关前的3条线路工作电压都是230V，而三相开关之后只有2路显示电压是230V，第3路只有10V。再对这条线路分段检查，发现总电源三相开关处有一相断路。更换相同型号的开关后，再生加热器温度很快达到了122℃。继续运行3d后，露点仪显示温度降到−55℃，并保持着正常工作状态。

实例七十四

某公司的分子筛纯化系统的出口阀和均压阀内漏。如果阀门本体不泄漏，则造成泄漏的原因是由于阀门执行机构驱动部件有卡阻现象，使阀门关闭不严时，应该在分子筛吸附器工作时阀门泄漏量较小的时间，将阀门执行机构和阀体连接块解开，使执行机构和阀体分开；同时用工具固定阀杆，防止发生因阀板转动而造成大量空气泄漏引起的工况紊乱。利用加热、吹冷阶段进行检修，保证检修时间充足。具体检修处理步骤是：首先，保证阀门定位器输出至全关位置，松开连接块，将准备好的管钳在两个方向固定阀杆，防止气流冲击阀板转动导致阀门开启，再断开连接块，使执行机构和阀体分开；然后，折检执行机构驱动部件，检查手轮机构在两个方向上的关闭角度是否不一致，是否有卡阻现象；拆检手轮机构，检查手、自动转换装置内部是否存在锈蚀情况，造成机构开关不到位；对手、自动转换装置及其他转动部件也进行拆检、润滑，重新装配后，执行机构转动灵活，安装、调整阀门定位器，执行机构连续可调，开关准确到位；将阀门定位器输出至全关位置，连接执行机构和阀体，撤掉固定阀体工具。最后，当分子筛纯化系统程序切换到分子筛吸附器工作时，均压阀能够关闭到零位，没有泄漏，空压机功率也恢复正常。在线消除均压阀泄漏故障，还避免了停机检修。

实例七十五

工业机械油脂与3.0MPa以上的氧气接触，便会立即发生强烈的化学反应以致自燃时，不得不对四周的道路实行戒严，严禁机动车辆通行，严禁无关人员进入现场，消防队和消防车处于待命状态。某公司的液氧泵回流阀爆裂的原因是：液氧中含有碳氢化合物（有机物）；在阀门组装过程中，阀杆与外筒之间由于施工过程中脱脂、吹扫不彻底，在阀门死角、阀杆处残留有机物，在阀杆与延长杆之间以及阀杆、四氟棒等处的高压液氧含有微量碳氢化合物等易燃杂质，升压时阀体下部液体流速增大，液体湍流剧烈，激发可燃物后燃烧起火，继而发生爆炸。因此，阀门在装配过程中要避免残留油脂；高压氧管道的施工过程中脱脂、吹扫要彻底。

实例七十六

某公司的精氩塔压力（废气排放）阀门一直不稳定，波动非常频繁，且无规律可循，时而全关，时而全开。精氩塔压力较低，不能将止回阀推开，精氩塔压力就会上升，当升至一定值时，止回阀打开，排出不凝气，精氩塔压力下降，止回阀又重新关闭。如此循环，使得精氩塔压力频繁波动。而氮气在精氩塔顶部的过多积聚，影响精氩塔冷凝器的工作，即造成氮塞。当去掉止回阀后，不凝气可以畅通无阻排放，不再产生积聚，精氩塔的工况也正常。止回阀的作用是：当精氩塔出现异常情况导致负压时，防止外界气体进入精氩塔。为了避免去掉止回阀而引发的安全问题，废气排放阀门处安装电磁阀，在设定的低压力下全关；改装压力等级相应的、质量可靠的止回阀。

实例七十七

某公司空分设备配套的空气透平压缩机的放空阀频繁发生波动，引起进入空分装置的空气压力、流量变化，影响空分装置的正常运行。故障时，放空阀开度由正常值0，突然打开，最大开度值可达到90%，开度值在10%～90%之间波动，故障发生频率从几分钟一次，到间隔15min、30min均出现过。放空阀故障打开后2～3s迅速关闭。放空阀波动故障发生期间，空气透平压缩机排气压力在0.41～0.46MPa之间波动，是不希望的空分设备运行状态。在每次放空阀波动期间，排气温度出现了大幅变化（0～23℃），导致空压机出口流量值发生非正常变化，使得FIC流量PID调节器较大幅度反馈调节，最终导致放空阀频繁动作。在线将空压机排气温度联锁解除，在线更换新的热电阻芯子，采用电阻箱在机盘柜接线端子处加以稳定的热电阻信号（17℃），通过48h观察，排气温度未发生波动，放空阀没有动作。最后，利用高炉检修的机会，空分设备同步停车。重新更换排气温度屏蔽电缆，改变热电阻到机盘柜接线端子屏蔽电缆的走向后，空压机排气温度显示正常，放空阀未再出现波动。

实例七十八

在压缩机运行中如因操作不当或设备故障，会导致压缩机发生喘振，严重的可能损坏机组。因此防喘振控制是一个重要的安全控制，目的是使压缩机工作点始终处在限定的范围内，而不进入喘振区，以确保机组的安全运行。压缩机防喘振控制的对象就是放空阀，此阀既承担送气放空又承担防喘振的功能，因此要求放空阀必须具有非常灵敏的可靠性。空压机的防喘振放空阀出现卡阻现象时，有时DCS指示全开，放空阀只能开到30%～50%，而且是缓慢开启。这样，一旦遇到紧急情况，不能及时打开，会使机组发生喘振，对机组造成很大损害。某公司的制氧机组停机过程中又出现放空阀卡阻，不得不修复此阀门。卡阻的原因是：放空阀在运行时套筒气缸内壁充满了三级出口0.6MPa的压缩空气（保持活塞两端压力平衡），由于空气里含有水分，阀门套筒气缸的材质又为碳钢材料，所以放空阀气缸内壁容易生锈，造成卡阻。拆卸后的套筒气缸内壁，锈迹斑斑，使两组活塞环磨损严重，损坏断裂。套筒气缸拆下后，缸壁锈蚀有多道凹坑凹槽，找出未锈蚀部位，经测量，确认气缸内径尺寸；清洗后送内圆磨床磨削至电镀工艺要求尺寸；经过24h的电解镀铬后再送往机修公司内圆磨床磨削至合理的尺寸。经过两天的加工，阀门装配好后，使用正常。

实例七十九

某公司制氧机分子筛系统配套的高温蝶阀的密封圈常发生泄漏，使用寿命短，给阀门的检修、安装造成很大的影响。由于密封圈压盖未固定，因此研磨好的密封圈容易在运输和安装过程中沿圆周方向发生错位，使得本已研磨好的密封圈不能与阀瓣形成良好的密封，从而造成阀门内漏。密封圈试压时与安装时所承受的力量不一样，也容易造成阀门泄漏。阀门试压时靠自制的法兰用活动扳手紧固后进行，而阀门安装时其与管道的连接是依靠大锤进行紧固的，前后两种情况密封圈受力区别很大，易变形而发生泄漏。由于密封圈压盖高出阀体法兰密封面，因此密封完全靠管道法兰的螺栓连接力量压紧，如此大的力量全加在密封圈上，密封圈易变形、寿命短。改进：将密封圈压盖与阀体配钻攻螺纹，在圆周上均布内六方紧定螺钉，这样密封靠密封圈压盖及紧定螺钉固定，可保证研磨好的密封圈在试压合格后与阀门安装整个过程中不发生错位现象，确保密封的稳定性。同时将密封圈压盖厚度减薄，使其端面高出法兰密封面的距离缩短，可保证密封的固定不受其他外界力量的影响，使密封在试压状态时与工作状态时一致，确保密封效果不发生变化，以达到提高密封圈使用寿命的目的。密封改进后的蝶阀密封圈使用寿命提高，可节约密封圈采购费用，更重要的是此阀经改进后安装、调试方便，可以使检修工人从繁重的体力劳动中解脱出来。

实例八十

某合成氨厂单台造气炉需要设置的蒸汽阀、煤气阀、吹风阀、烟囱阀、吹风气回收阀安装阀检（NPNQL-5MC-Z 型）检测；自动加焦装置在布料器安装阀检；自动下灰装置，增加南、北灰仓上灰阀各 1 只，共计 14 只阀门安装阀检。阀检的工作原理是：当 DCS 中控系统中阀检联锁总开关处于“投运”状态时，阀检所反馈信息才会被 DCS 中控系统读取；信号正常时，DCS 中控系统控制造气炉按程序运行，一旦检测到阀门异动，则 DCS 中控系统发出声光报警，提示故障位置并自动停炉；阀门开启时，十字头上升，阀门上部阀检在 5mm 范围内检测到十字头上部圆颈金属部分时，阀检触通闭合，电信号反馈至 DCS 中控系统后，显示屏显示阀位开关为绿色，即阀门处于开启状态；阀门关闭时，十字头下降，阀检触通断开，电信号消失后，显示屏显示阀位开关为橙色，即阀门处于关闭状态。阀门下部阀检则相反，阀门开启时，十字头上升，阀门下部阀检触通断开，显示屏显示阀位开关为绿色；阀门关闭时，十字头下降，阀门下部阀检触通闭合，显示屏显示阀位开关为橙色。下灰过程中，高温的灰渣和污水直接冲击阀检，导致阀检损坏严重，更换频繁；当造气炉出现憋压致使炉底憋开起火时，也经常烧毁阀检信号线导致阀检损坏。因此，依据杠杆原理，重新设计阀检支架，并将阀检固定在造气炉灰仓旁的水泥横梁上，在下灰圆门重锤上部焊接螺母，再用有弹性的尼龙绳连接阀检支架，避免灰渣和污水对阀检的损害。为保障能准确检测到阀门开、关情况，在插板阀十字头上部焊接一弯曲不锈钢管，阀门开、关时分离或接触下渣皮带架外部安装的阀检杠杆支架，避免了灰渣和污水对阀检的损害。上行煤气阀、下行煤气阀、吹风气回收阀、南上灰阀、北上灰阀均在其下部安装了阀检，当阀门的压盖填料损坏、漏气时，高温气体极易导致阀检损毁，阀检内部电路故障还会导致单炉阀检系统全部损坏，对生产危害极大。采用杠杆式阀检支架，将阀检移至阀门支架外侧，利用铝合金扁铁与十字头下部接触，另一端配重的扁铁与阀检接触，完成阀门检查任务，避免高温气体对阀检的损害，保障了阀检检测的准确性。应用工字钢、螺杆螺母、膨胀螺栓、铝合金扁铁，再次对高温阀门阀检的杠杆支架进行了技改，并将技改后的阀检成功运用至下灰阀的阀检上；蒸汽阀门虽属高温阀门，但因阀检安装于阀门上部，所以高温蒸汽的泄漏不会导致阀检的损坏。阀检与十字头上、下部的正常探测距离均为 5mm，若安装时阀检与十字头圆颈部分贴紧或因安装于十字头上部的阀门减震弹簧断裂，阀门开启时十字头上部圆颈部分越过阀检位置，油缸快速动作时极易压破阀检致其损坏；而一旦因固定于阀门支架的铝合金扁铁的螺栓松动或者铝合金扁铁变形，致使探测距离＞5mm 时，阀检将无法正常显示阀门开关状态，导致误报警而停炉。所以，安装阀检时，应保证其探测距离正常；阀门减震弹簧断裂时，应及时调整阀检安装位置或者更换减震弹簧；阀门油缸进、出油管球阀开启度要合理，或使用新式减震油缸，让其动作平稳，不损伤阀检；固定阀检的铝合金扁铁变形时，应及时更换。造气系统大部分阀门都不可避免遭遇雨水浸淋，而一旦阀检被雨水淋湿，极易导致阀检功能失效，即使阀门运行正常，显示屏上也会显示阀门处于长开或长关状态而被迫停炉，进而造成损失；一旦雨水不再淋湿阀检，阀检又会恢复正常检测功能。冬季，油压系统液压油温度太低，会导致液压油流速过慢；夏季，液压油温度过高，会导致油泵出口油压过低、阀门压盖填料压得太紧或液压油变质。以上原因均可能使电磁换向阀不正常工作，阀门油缸进、出口球阀非正常关闭，油缸窜液等，均易导致阀门动作缓慢，在预定时间内阀门未能正常开关，阀检无法在设定时间内检测到阀门开关情况而报警导致停炉。此类情况不属于阀检故障，即阀检不到位或油压过低时，DCS 中控系统在报警的同时还可自动显示故障阀门的位置或提示油压过低，以便操作工可及时检查、正确分析和判断导致阀检故障的原因，并进行处理，确保阀门运行正常。阀门是靠油缸的运动带动下部十字头及十字头下部的阀杆和闸板动作的，若阀杆与十字头分离，阀门闸板就无法正常动作，但油缸活塞杆仍然会带动十字头上、下运行，因此阀门上、下部阀检检测始终正常而不会报警、停炉，如煤气阀，烟囱阀、吹风气回收阀及下行煤气阀等发生阀杆脱落，则会造成造气炉憋压而不被发现。发生此情况必须及时停炉、检修阀门。

实例八十一

某化肥厂的变压吸附装置运行 2 年后，现场电磁阀出现不能准确开闭的问题。现场测量发现：部分电磁阀阀端控制电源电压降低到 16V 左右（24V 控制电源），因控制电源电压较低，导致阀门不能准确动作，使生产系统受到影响。该套变压吸附装置共有 170 多只电磁阀，安装时选用 1.5mm^2 电源线，而 DCS 控制柜到现场电缆距离 200m 左右。投运前 2 年，运行正常。随着使用年限延长，电压降越来越大，最终出现电磁阀拒动问题。如果要彻底解决问题，必须对控制线路进行更新改造，才能保障控制电源电压。但更换线路工作量太大，同时改造周期长会影响生产运行，投资也太大，所以重新更换控制线路的方案不可行。装置运行时工艺要求每次同时开断 35 只阀门。解决方案：将电磁阀分成 5 组，每组控制回路使用 1 根公用负极线，将原正负极线路合并成 1 根作为电磁阀正极控制线路，这样正极电源线截面可达到 3.0mm^2，而负极电源使用 5 根 10.0mm^2 铜芯软电缆，到每只电磁阀前再使用 2.5mm^2 铜芯线引出到电磁阀接线端子。为保障接线效果、降低电阻，所有 2.5mm^2 铜芯线与 10.0mm^2 铜芯软电缆接头处 T 接端子接好后再使用锡焊焊接。施工中，先将电缆全部铺设好，同时，每只电磁阀的引出线全部焊接完毕，因装置轻负荷运行时每组阀动作间隔时间在90s左右，所以电磁阀单阀电源改造工作完全可以在系统正常运行中进行。改造完成后，经过现场测量，电磁阀端电压达到23V左右，完全可以保障电磁阀的准确动作，运行正常。改造仅使用1000m左右10.0mm^{2}多股铜芯线及100m左右2.5mm^{2}铜芯线，总投资不到1万元；现场改造完全在装置正常运行过程中进行，时间总计不到7d。如果通过正常的更换2.5mm^{2}双芯阻燃电缆的方法进行改造，仅材料费用就达25万元，再加上到DCS控制柜拆线、接线等，必须停车方可进行，造成的经济损失更大。

实例八十二

某石化公司有2套大型合成氨装置和2套大型尿素装置，共有参与控制的自动调节阀1200余台。尿素装置高温、高压、易结晶等原因，导致调节阀经常出现故障，寿命缩短，检修频繁，影响装置稳定运行。

(1) 汽提塔液位控制阀阀杆断裂问题的处理

一化肥尿素装置汽提塔液位控制阀的应用环境是高温、大压差、易结晶，由于环境的恶劣导致阀杆易断裂，填料易泄漏，自装置投产以来，多次出现故障，引起装置停车。引起故障的主要原因为：阀杆悬空太长，当阀芯端受到严重的不平衡力时，阀杆易折断或弯曲；导向套配合过紧，易从填料底部的阀杆与导向套配合部位断裂；阀腔内汽蚀现象严重，未经特殊处理的阀杆、阀芯易被损坏。

为解决存在的问题，采用的技术改造：制作一个由4根均匀分布的加强筋为支撑的圆柱体，镶嵌在阀腔体内，让阀芯活动范围限定在圆柱体内；加粗阀杆，将填料底部的导向金属套内径扩大并加长；要求阀门供应厂对阀杆、阀芯进行渗氮特殊处理。

经改造后的汽提塔液位控制阀，阀门的寿命也由原来的2～3个月延长到2年多未出现任何故障，直至大检修时才更换内件。

(2) 二氧化碳压缩机防喘振阀失控问题的处理

一化肥尿素装置二氧化碳压缩机防喘振阀是二氧化碳压缩机四段打回流入一段入口的防喘振调节阀，正常生产过程中要求此阀处于完全关闭状态才能保证进入尿素合成系统的CO_2量。然而在压缩机刚冲转的过程中，由于机组系统的振动和阀体自身由开启状态至逐渐关闭的过程中所产生的振动等原因，该阀经常出现故障，调节失控、系统停车。造成该阀失控的主要原因有：原调节阀膜头弹簧作用力不足，阀门关不到位，容易引起内漏；阀杆太细，稍加预紧力就容易弯曲；电气阀门定位器固定在膜头上，由于振动容易产生漂移，致使阀门关不到位。

针对以上原因，经过对工艺情况和该阀的安装运行环境进行分析，并与二化肥尿素装置四回一防喘振阀比较，认为与二化肥尿素装置四回一防喘振阀同类型的阀门能满足要求，并选购1台阀门进行安装试验，完全克服了原调节阀存在的缺陷，保证了阀门关闭时无泄漏，又保证了压缩机跳车时阀门能瞬时打开、不引起压缩机喘振。该阀自更换以来2年多未出现过任何故障，彻底解决了此阀失控的问题。

实例八十三

某公司尿素装置高压系统的调节阀，事故多，寿命短，处理过程复杂并且时间较长，严重威胁着尿素装置的长周期运行。

(1) 高压氨泵出口氨回流阀阀体的改造

FV-09102A/B是尿素装置高压氨泵出口高压氨回流控制阀，阀前压力26MPa，阀后压力1.8MPa。由于此阀所受静压高、差压大，生产中多次出现阀体和密封件冲刷汽蚀损坏，造成液氨泄漏事故，严重威胁着现场工作人员的人身安全。后将此阀由原来的单级减压改型为多级减压阀，仍出现阀体穿孔漏氨现象。解体检修发现导流套物料出口处，阀体大面积冲刷汽蚀。

阀体冲刷汽蚀的主要原因是阀前后差压过高以及阀体材质选型不当。2002年将此阀阀体更换为316L不锈钢，此问题得到彻底解决。

(2) 汽提塔液位控制阀损坏原因及改进

自开车以来，尿素装置汽提塔液位控制阀LV-09202多次出现振动、填料泄漏及阀杆、导向套、阀座损坏事故，严重威胁尿素装置的安稳运行。在正常生产过程中，此阀长期处于小开度下工作，急剧的流速压力变化导致阀杆产生剧烈的振动。在高压差、强腐蚀性的环境下，钝化层很快遭到破坏，加快了腐蚀速度，严重影响阀的使用寿命。检修过程中发现阀杆、导向套及阀座腐蚀损坏较为严重。造成事故的主要原因有：选型时流通能力过大；导向套强度不够；阀杆悬空过长。

为了彻底解决问题，对此阀进行了技术改造：将原导向套取出，经精确测量得到尺寸数值，加长了导向套；用四根加强筋把导向套末端与阀体焊接成一体，从而增加导向套的强度，减小了导向套与阀体、阀杆的配合间隙。改造后，消除了导向套以及阀杆的振动，阀门的使用寿命由原来运行50多天延长到3年多。

(3) 尿素合成塔出口控制阀的技术改造

尿素合成塔出口控制阀是一个蝶阀，自开车以来，连续多次出现阀杆从中部断裂。故障原因主要有：阀杆太细，而且钻有两个销钉孔，强度大大降低；执行机构推杆活动范围过大，致使阀处于关闭状态，阀杆与阀盘之间扭力过大；阀盘在阀体内定位不准确，造成下部摩擦，迫使阀杆转矩增大；阀杆与阀盘处于高差压、强腐蚀性介质中，外力和腐蚀使阀杆断裂。

改造方案为：阀体填料函底孔由ϕ18.5改为ϕ21.9；阀盘内孔由ϕ18.0改为ϕ21.0，其余尺寸不变，保证填料环尺寸不变；把阀杆双导向和阀盘配合部直径加大3.0mm为21.0mm，截面积比原来增加171%，强度大大提高。为确定阀盘在阀体中准确位置，测出填料函底孔与阀杆加大处准确尺寸，采用填料底环把阀盘阀杆准确定位。改造后，该阀的运行周期由原来10天左右提高到两年以上。

实例八十四

某气体公司KDON-1000Y/1000型液体空分设备，自2004年7月投运以来，运行稳定。2006年8月19日，由于仪表空气管道严重带水，堵塞气动薄膜调节阀定位器，使阀门误动作，导致空分设备停车。

(1) 故障经过

2006年8月19日18时58分02秒，中控室值班人员听到原料空压机发出异常响声。18时58分07秒，DCS控制系统发出尖锐报警声，报警画面显示进空冷塔空气流量F21101低低值报警，膨胀机转速联锁报警。18时59分10秒，空压机卸载。值班人员按照紧急停车预案，关闭膨胀机进出口阀、空气进下塔阀、预冷水泵进出口阀及空冷塔回水阀。打开空冷塔排污阀，启动仪表压缩机，暂停分子筛纯化系统运行程序，等待查找故障原因。

(2) 故障原因分析

根据DCS控制系统运行历史趋势画面记录，由于空气进冷箱总阀HV101关闭，引起空压机卸载，空分系统紧急停车。当时DCS控制系统上位机没有阀门动作信号输出，HV101阀自行关闭。HV101阀是单动作型气动单元组合仪表，包括气动薄膜调节阀、电磁阀、阀门定位器及减压阀等。引起HV101阀动作的原因主要有：DCS控制系统输出信号；电磁阀失电；仪表气管道堵塞；阀门自身故障。现场查看HV101阀，在DCS控制系统中输入阀门动作信号后，阀门未正常响应，可以基本确定问题就出在仪表气管道或（和）阀门本身。阀门定位器由于很精密，发生故障的概率很大。于是重点检查HV101阀的阀门定位器。打开HV101阀定位器外壳，壳座内有少量积水。松开进气管道螺栓，有大量的泡沫喷出。拨动定位器主杠杆，喷嘴与挡板处有大量水雾喷出。由此断定仪表气管道严重带水，并且已经充满阀门定位器中放大器的薄膜室。由于管道中有微量固体尘埃残留物的存在，水汽附着尘埃堵塞了定位器喷嘴背压室前的固定节流口，使HV101阀关闭，引起了空分设备停车。仪表压缩机吸附干燥系统操作手册规定：空分设备停车1个月以上，运行前须对干燥剂进行活化处理。液体空分设备已连续运行2年多，其间开、停车13次，从未对干燥剂作任何活化处理，导致吸附干燥系统的净化能力降低。同时，曾发生过2次分子筛带水故障，造成主换热器冰堵，仪表气管道大量进水。

(3) 处理措施及效果

检查所有气动薄膜调节阀与阀门定位器工作情况，保持仪表气压力对管道进行分段吹扫。管道中吹出的大量水气证实了以上的判断。待吹出的仪表气干燥后，将阀门装好，通过调整调零弹簧和分磁螺钉，调整阀门定位器工作精度，保证阀门动作正常。由于当时生产任务重，不能马上检修仪表气系统。临时在仪表气管道入口处加装1个放空阀，每次空分设备临时停车后再启动时先将仪表压缩空气放空30min，杜绝仪表压缩机内残留的潮湿空气进入仪表气系统；在仪表气入口处安装1台露点仪，对仪表气干燥程度进行重点监控（如图15-1所示）。预防类似故障再次发生。在液体空分设备停车6h重新开车后，已经正常运行1年多。

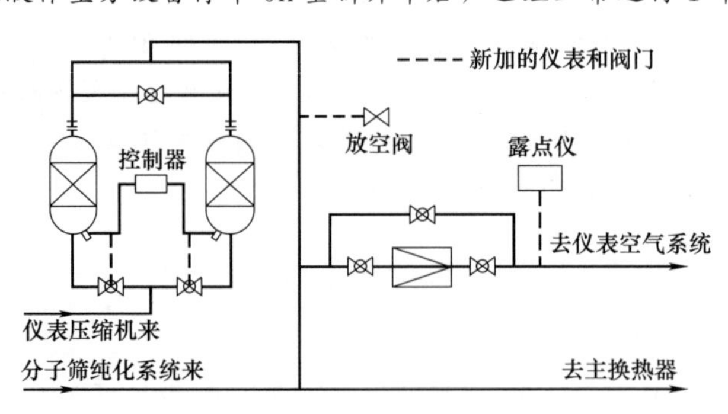

图15-1 仪表气入口流程

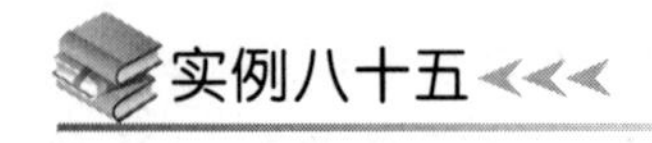

实例八十五

某钢铁制氧厂在空压机压力油箱充气过程中，因油压高于低压氮气压力，造成润滑油进入低压氮气管道，不得不紧急处理防止润滑油进入氧压机，避免事故扩大。

(1) 系统情况

该厂1#6000m^3/h制氧机配套有空气透平压缩机一台（型号：ITY-690/0.53-I）、氧气透平压缩机一台（型号：2TY-120/5.5）、氧气活塞压缩机两台（型号：2LY-120/5.5-30-I）。空气压缩机和氧气压缩机的强制润滑系统都配备有高位油箱和压力油箱，高位油箱容积：0.62m^3，压力油箱容量：0.6m^3。高位油箱和压力油箱都是为了在故障情况下为压缩机紧急提供润滑油，起到保护压缩机的作用。压力油箱上部定期充入压力气体，利用压缩气体膨胀，在紧急情况下将润滑油压送到润滑部位。对于空气压缩机，每两周左右对压力油箱充气一次，气源为低压氮气管网的氮气。来自低压氮气管网的氮气（压力约为0.7MPa）分为左右两支，右侧DN200mm的支管上主要有5个使用点。空压机压力油箱正常运行时，1#阀和2#阀处于关闭状态，3#阀处于常开状态，以排出可能泄漏的润滑油或者氮气。压力油箱充气时，先打开1#阀，对管道进行吹扫。然后关闭3#阀，观察压力表压力。最后打开2#阀对压力油箱充气，通过窥镜确定充气的多少。充气结束时先关闭2#阀，再关闭1#阀，最后打开3#阀。润滑油系统正常运行时，泵后压力约0.5MPa，油过滤器后压力约0.38MPa。当供油压力低于0.25MPa时备用油泵启动，油压低于0.2MPa时联锁停车。油泵互投时，备用泵启动13s后，原运行泵自停。

(2) 事故经过

2014年1月22日上午7:30左右，岗位人员发现空压机压力油箱油位较高，需要补充气体。按规程进行操作，在打开2#阀充气过程中，初始时窥镜中油位没有反应，再次开大2#阀，随即发现油路系统的安全阀起跳。判断可能是油过滤器阻力过大，于是倒换过滤器，准备对原过滤器进行反冲洗。此时又发现备用油泵启动，油冷却器后压力表在0.6～0.9MPa之间波动。立即停止充气操作，关闭2#阀，关闭1#阀，打开3#阀时有油排出，再次打开1#阀有油连续排出。技术人员正好赶到现场，立即使用油路回流阀调整油压，并手动停运原运行油泵，保持油压稳定。全开1#、3#阀对进油的充气管道进行排油和吹扫。根据排油量判断可能有少量润滑油已经进入DN200mm的支管内。因为该支管还供应氧压机保安氮气和密封氮气，一旦润滑油随密封氮气进入氧压机，就可能造成严重的设备事故。汇报车间和调度后立即停运氧活塞和氧压机，做进一步确认和处理。

(3) 事故原因分析

根据操作人员对操作过程和异常现象的描述，分析润滑油进入低压氮气管道的原因主要有：

在充气过程中，1#阀或者2#阀开度太大，低压氮气大量、快速进入压力油箱。压力油箱内的润滑油被压出，送入到供油管道，造成供油压力升高，安全阀起跳。安全阀起跳后油压降低，达到备用泵启动条件，备用泵启动。两台泵并行压力约0.9MPa，超过安全阀起跳压力（0.6MPa），供油压力在0.6～0.9MPa之间波动。油压稍高于低压氮气压力时，润滑油就会进入充气管道。

正常运行时，当供油压力低于0.25MPa时，备用油泵启动，备用泵启动13s后，原运行泵自停。此次事故过程中，备用泵启动后，原运行泵并未停车，而是一直保持并行状态，导致油压一直居高不下，最后手动停运原运行油泵。两台泵并行，安全阀频繁起跳，造成油压断续高于低压氮气压力，成股的润滑油进入充气管道。

充气过程油压升高、安全阀起跳，错误判断是油过滤器堵塞、阻力高造成的。出现备用油泵启动，油压频繁波动的异常情况时，才停止充气操作。

充气管道没有设计限流孔或防倒流装置。没有限流孔，充气速度无法控制，低压氮气大量、快速进入压力油箱，导致事故的发生。没有防倒流装置，事故发生后，润滑油不受阻挡直接进入充气管道和氮气支管。

(4) 处理过程及效果

通过对现场管线的勘察和事故范围的初步判断，采取了以下措施：

将空压机压力油箱充气管道（*DN*20mm）从氮气支管处割断，检查有进油痕迹；

将氧压机密封气管道拆开检查，没有发现油迹；

打开氧压机保安氮气管道检查，没有发现油迹。

因暂时无法确定氮气支管进油量的多少，为了尽快恢复氧压机运行，先将氧压机密封气管道进行改造，从氮气总阀后引出一根 *DN*20mm 的管道，直接连接到氧压机密封气管道上。改造流程示意图见图 15-2。

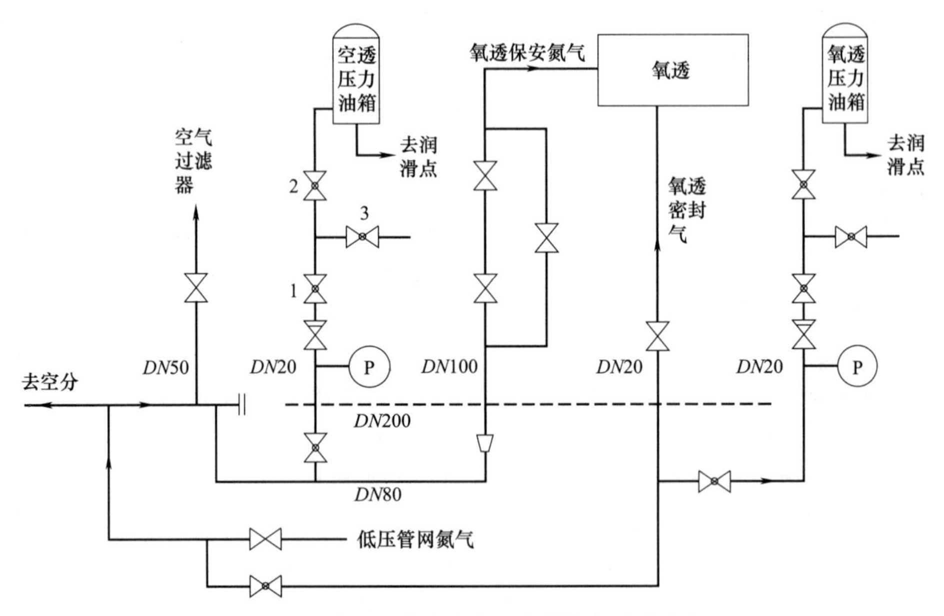

图 15-2 氧压机保安氮气、密封氮气改造流程

使用 2# 6000m³/h 制氧机的氧活塞压缩 1# 6000m³/h 制氧机的氧气，虽然量有所减少，但也能保证公司生产用氧的平衡。

为保证氧压机的安全运行，必须采取进一步措施对氮气支管进行彻底处理。

方案一：使用三氯乙烯对进油管道进行浸泡脱脂，脱脂合格后原管道投入使用。氮气支管管径为 *DN*200mm，长度约为 15m，计算容积为 0.47m³，大约需要 2.5 桶三氯乙烯。由于三氯乙烯到货时间无法确定，而且脱脂效果也无法取样确定。根据现场情况，采取了第二种方案。

方案二：检查进油情况，重新铺设一根管道（*DN*80mm），专供氧压机保安氮气。原管道废弃不用。在去空气过滤器的管道后约 500mm 的氮气管道（*DN*200mm）上，去掉长度约 500mm 的管段，检查进油情况。开口之前的管道没有发现油迹，开口之后的管道 1m 深处能看到油迹，距离空压机压力油箱充气管道口约 2.5m。以此判断，顺着氮气流动方向（往氧压机密封气方向）的油迹长度会更长。考虑氧压机安全运行和施工难度，重新铺设一根管道，专供氧压机保安氮气。改造示意图见图 15-2。

2014 年 1 月 24 日，所有改造全部完成，对管道进行彻底吹扫后投入使用。下午，相继启动氧压机和氧活塞，氧气正常外送。

实例八十六

某化工公司的空分设备于 1996 年建成投产，主要承担向 60000t 黄磷等生产装置提供氧气、氮气的任务。空分设备配备 2 台 LK-48/7.0-0.54 型增压透平膨胀机（简称：1#、2# 膨胀机）。空分设备启动时，为了迅速降温制冷，2 台膨胀机同时运行；空分设备正常运行时，一开一备，额定最高工作转速 38000r/min，运行时由调速控制阀根据需要控制工作转速。LK-48/7.0-0.54 型增压透平膨胀机投用以来，多次发生专用油站因故障而跳车时，仪表联锁动作保护，但膨胀机不能停止运转而造成转子和轴瓦烧毁的故障。故障的根本原因为紧急切断阀安装错误，将紧急切断阀转 180°安装后故障消除。

在空分设备正常运行、膨胀机一开一备的情况下，若油站因外部因素失电或自身故障，不能向膨胀机供应润滑油或油压过低时，仪表联锁会立刻做出保护动作，紧急切断阀快速关闭，切断压缩空气，迫使膨胀机迅速由高速旋转降速至停止转动，油站延时供油一定时间，保护膨胀机转子、轴瓦不因缺少润滑油而烧毁。但空分设备投用 13 年来，根据设备档案记载，在膨胀机一开一备情况下，若 2# 膨胀机运行，油站因外部因素失电或自身故障，仪表联锁立刻做出保护动作，紧急切断阀也响应，但 2# 膨胀机转子的转速由 34000r/min 只能降至 12000r/min 左右，就不再下降。油站延时供油结束后，在此转速下，转子、轴瓦只能烧毁。至 2009 年 10 月 20 日，先后烧毁转子、轴瓦 5（套）次，每次的直接经济损失达 10 万元。而 1# 膨胀机没有发生过此类故障。膨胀机转子转速不能降为零，说明紧急切断阀关不严，压缩气体还在继续推动膨胀机以较高转速旋转。曾多次拆检仪表联锁以及紧急切断阀，都未发现问题。由于 1# 膨胀机的仪表联锁和紧急切断阀设置在独立的冷箱中，油站故障排除后，启动 1# 膨胀机，空分设备很快恢复生产。因为 1# 膨胀机处于工作状态，不可能拆开 1# 膨胀机冷箱，对 2 台膨胀机的仪表联锁和紧急切断阀的安装外形进行比较。

关于紧急切断阀关不严的原因，多年来，机械人员认为是电仪调整值问题（此阀是 ZMAP 气动紧急切断阀），而电仪人员认为是机械问题（阀芯通径 ϕ125mm，阀芯密封不严所致）。虽然多次拆检仪表联锁和紧急切断阀，但都未联合查找问题的根本原因，均以更换新转子、轴瓦，启动备机运转而告终。

2009 年 10 月 20 日，2# 膨胀机运行时，油站因自身故障跳车，停止向膨胀机供油，上述故障又一次发生。此次针对仪表联锁和紧急切断阀，进行联合拆检查找问题。电仪人员对信号、反馈、电流、气控元件及执行机构气缸内的弹簧等都进行拆检，并更换大部分元件。机械人员对阀门的阀芯、阀座进行拆检，并对密封面（线）进行处理，再测试其密封性，并确认完好。组装后测试，显示一切正常，也未发现明显异常。设备恢复后，对 2# 膨胀机进行试运行测试，当转速达到 34000r/min（正常工作转速）后，模拟油站故障跳车，仪表联锁保护，快速控制阀响应（油站此时正常，供油不会中断，1# 膨胀机在生产中），但 2# 膨胀机转速还是由 34000r/min 降至 12000r/min 左右，就不再下降。仔细观察执行机构，阀门还是未关闭到位。

在原安装进气状态下，若油站因故障跳车，仪表联锁保护，紧急切断阀响应（不计阀芯自重及阀杆与填料函的摩擦力）时，阀芯仅受弹簧给活塞下行程压力和膨胀机从阀芯下进气时压缩空气对阀芯上推力的作用，其合力为上推力。这就是紧急切断阀响应后，膨胀机转速降不到零的原因：压缩空气顶开阀芯，气体不断地推动膨胀机旋转。

2# 膨胀机的紧急切断阀安装错误是空分设备建设时就存在的。人们常有一种固有的认识，即阀门安装方向是“低进高出”，因此从不怀疑阀门安装进、出口会出现错误。此次若不是通过机械人员和电仪人员联合拆检、细心分析，也难以消除该故障，紧急切断阀安装错误将继续给安全生产带来安全隐患和经济损失。

实例八十七

某天然气发电有限公司 1# ～4# 机组为 F 级燃气-蒸汽联合循环发电机组。汽轮机型号为 D10 优化型，为一次中间再热、单轴、双缸双排汽、冲动式无抽汽纯凝式机组。每台机组配用一只通径为 20in（1in＝0.0254m）的低压主蒸汽进汽控制阀（ACV）。该阀的主要功能是调节低压进汽压力，防止透平超速，并向低压系统供冷却蒸汽以带走转子旋转产生的热量。

自 2013 年 5 月以来，1# 机组 ACV 在启机过程中连续发生卡涩现象，给机组正常运行带来较大风险。2013 年 5 月 3 日，1# 机组温态开机。机组转速大于 1500r/min 后出现 ACV 阀开至 5%后未继续开启的异常现象。5 月 3 日启机过程中，转速升至 1872r/min 时，Admission press 和 AP internal setpt 百分数各为 153%、100%，ACV 阀指令为 94%，而实际 ACV 阀位维持 5%不变。检查机组 AP Limiter Ref 百分数为 128%，说明 MARKVI 控制系统给出的指令为全开。检查压力限制信号，发现非压力受限制引起 ACV 未全开。MARKVI 控制系统画面中显示 ACV 阀前压力维持在 0.39MPa。降低 ACV 阀前压力，转子转速达 2600r/min 后，指令与反馈一致时才正常开启。其后多次开机，都出现了 ACV 阀开启异常。5 月 7 日热态启机曲线，MARKVI 画面 ACV 阀前压力维持在 0.28MPa，到 1739r/min 指令与反馈一致时正常开启。比较 1# 、2# 机组启机过程中 ACV 阀开启时各参数曲线发现：热态启机相同压力情况下，2# 机组 ACV 阀指令与反馈一致，没有出现开启异常，并且 ACV 阀开启后阀前压力维持稳定。因此，1# 机组启机过程中，ACV 阀开启异常，可能与 ACV 阀本身有关。相同压力下，2# 机组 ACV 阀开启过程中未出现卡涩现象，而 1# 机组 ACV 阀开启异常，机组 ACV 阀门指令与反馈不一致，说明 ACV 阀门可能存在机械卡涩。

ACV 阀主要卡涩部位包括：碟板与阀座接触处、阀本体上下两端阀杆与阀杆套处以及阀杆与轧兰处。主要原因如下：

① 受压状态下，阀杆沿系统进气方向单侧受力发生形变，导致与阀杆套装配间隙单侧减小。

② 阀杆与阀杆套膨胀间隙设计不够。受热后，阀杆与阀杆套将沿轴向及径向膨胀。当阀杆套原始轴向间隙不够导致轴向膨胀受限时，阀杆套将向径向膨胀而致与阀杆的径向配合间隙变小。

③ 阀杆与阀杆套间或阀杆与轧兰间因高温氧化物或杂质导致径向间隙变小，发生卡涩。

④ 在关闭状态下，阀瓣与阀座受热膨胀后卡住。

处理过程：5 月 12 日换 ACV 阀伺服阀。启动到 1629r/min，MARKVI 监控画面显示 ACV 阀前压力维持在 0.28MPa，1739r/min 后指令与反馈一致时正常开启。5 月 17 日将

2#机ACV油动机与1#机互换使用。开机过程中ACV阀门开启正常。后启停约30余次后再次发生卡涩。7月7日更换整个阀体。随后多次开机，阀前压力0.3MPa时开机启动正常，新阀更换后至今一直工作正常。

解体检查更换下来的旧阀发现：

① 上、下端阀杆与阀杆套径向配合间隙约350μm，阀杆与阀杆套受热总膨胀量约200μm。

② 在阀体上架百分表，给碟板施加外力，测得阀杆顺气流方向的轴向窜量约30μm，可以排除进汽时碟板单侧受压及热态下膨胀致径向间隙变小卡涩故障。

③ 轧兰处有单侧磨痕，阀杆相对应位置处有深达2mm半周拉伤痕迹，怀疑为现场安装时轧兰位置处掉入较大硬质颗粒物致阀杆磨伤。碟板密封面有一长约50mm、深约1mm条状刮痕，相对应处金属密封环拉毛。这是阀门卡涩的主要原因。关闭严密的碟板与金属密封环受热膨胀，碟板密封面上的长条状不规则拉痕增大了碟板与密封环的摩擦阻力。碟板进汽受压后，轴向单侧受压加剧了碟板与密封环之间的摩擦阻力导致阀门卡涩和开启受阻。该摩擦力的临界点在0.28MPa左右。高于此压力值则阀门卡涩，低于此压力值则能正常开启。2#机组ACV油动机与1#机组对换后该调节阀仍正常使用30余天，是由于2#机组ACV油动机的扭力矩与1#机组不同所引起的。

维护建议：

① 进汽控制阀ACV卡涩现象和原因可以根据运行参数趋势比对分析来判断。

② 阀门安装时，注意保护轧兰等处不进入异物，检查碟板密封面及金属密封环情况应无异常。

③ 阀门卡涩后，启机过程中应尽量降低ACV阀前压力，但是不能低于ACV阀开启最小压力（各机组压力不同）。

④ 机组温态启动时，可以通过调节低压冷却蒸汽调门来控制ACV阀前压力。热态启动时，可以通过开启低压旁路调门来控制ACV阀前压力。

⑤ 更换下的旧阀及时解体检查处理，视损坏修复情况可作为备件继续使用。

第16章 仪表装置的故障处理及实例

自动化仪表分类根据不同原则可进行相应分类。自动化仪表最通用的分类，是按仪表在测量与控制系统中的作用进行划分，一般分为检测仪表、显示仪表、调节仪表、执行器4类。按仪表所使用的能源可分为气动仪表、电动仪表、液动仪表；按仪表组合方式，可分为基地式仪表、单元组合仪表和综合控制装置；按仪表安装形式，可分为现场仪表、盘装仪表、架装仪表；按是否带微处理器分为智能仪表、非智能仪表；根据仪表信号形式分为模拟仪表、数字仪表；根据测量的内容，仪表主要包括压力测量仪表、流量测量仪表和液位测量仪表三方面。绝对误差是指仪表的测量值与被测变量真实值之差；即绝对误差＝测量值－真值。相对误差是绝对误差与实际值之比的百分数。仪表精确度通常用相对百分误差来表示。我国目前规定的准确度等级有0.005、0.01、0.02、0.04、0.05、0.1、0.2、0.5、1.0、1.5、2.5、4.0、5.0等级别。

仪表装置涉及9防措施：防爆、防腐、防冻（压缩气、汽、水测量管路)、防雨（水)、防高温（隔热)、防火、防干扰、防尘、保护用设备防人为误动。过程工厂工艺参数不稳定、处理过程中物耗能耗高等，对仪表提出新的要求，这主要体现在以下几个方面：过程工厂加强对外结算和内部核算，以及环保部门的监视，对仪表的性能提出更高的要求。

在线运行仪表发生故障，会直接影响到生产过程的状态。就算是一般性质的仪表，即使其作用低微到仅做参考依据，但若仪表出现故障，工艺人员将因为失去这一参考依据而增加操作难度。而重要系统的仪表出现问题，轻者增大工艺人员的操作难度和工作量，重者被迫中断工艺过程，甚至产生损坏工艺设备的严重后果。仪表运行效果不满意时，输出值会出现波动；波动频繁，容易导致误跳车，给企业带来很大的损失，也大幅度增加相关部门的劳动强度。有的企业因流量计波动频繁而引发跳车事故一年多达几十次；某公司因为煤浆流量计波动引起误跳车，200000t甲醇生产线一次损失约为300000元；600000t甲醇生产线，误跳车一次的损失约为800000元。因此，当在线运行仪表发生故障时，应快速分析判断故障原因，及时重视仪表装置的故障处理。

16.1 使用中容易出现的故障

仪表在不断的使用当中，容易出现一些故障：无信号输出；输出晃动；测量值与实际值不符等。运行中，引起仪表故障的原因可分为：仪表本身故障，即传感器或变送器损坏引起的故障；外界原因引起的故障，如安装不妥、流态变化、沉积和结垢等。

引起压力测量仪表出现故障的主要原因包括：环境温度变化情况较为明显，从而导致其出现一定的误差。就地压力表通常都会设置一定的温度范围。一旦环境的温度超出这个范围，将会导致弹簧管出现材料力学性能方面的变化，从而无法显示出正确的数值；仪表在安装的过程中位置出现偏差，此种情况在很多厂中都发生过。如果压力感受部件和取源点的高度有出入，将会影响到低压系统出现相应的附加误差，从而出现一定的误差。

流量测量仪表在实际运用当中常见的故障主要表现为测量出的数值有所差异，无法对各项机械设备使用情况进行准确判断。

液位测量仪表在实际使用过程中，容易出现一些“假水位”的现象，影响到运行人员的实际操作。除此以外，有的设备，工作环境温度较高，而本体重要的仪表引线可能不耐高温且离设备较近。若仪表防护不到位，则可能出现引线熔断或松动的风险，从而引起停机信号误发，导致机组非计划停运。

仪表专业在维护过程中，通常需要接触现场一次元件，关键的保护未及时摘除或作业风险识别不到位也可能导致非计划停机事故。设备上热控保护测点非常多，并且停机保护测点与一般仪表测点接线位置有些较为相近。若对现场仪表测点不熟，可能误碰、误挂、误踩热工停机保护接线造成非计划停机。在设备运行过程中，出现异常信号时，对现场表计检查时拆错测点，也可能导致设备非计划停机。

16.2　日常巡检的内容

对压力表、温度计和变送器进行检查，从而保证其能够保持良好精度的工作状态。日常的检查工作主要是针对仪表的数据变化情况和信号传递情况进行的。日常生产时，仪表巡检的主要内容是：查看仪表指示、记录是否正常，现场一次仪表指示和控制室显示仪表、调节仪表指示值是否一致，调节器输出指示和调节阀阀位是否一致；检查仪表电源、气源是否在正常范围内；检查仪表保温、伴热状况；检查仪表本体、连接件损坏及腐蚀情况；检查仪表和工艺接口的泄漏情况；查看仪表完好状况。防止仪表冻坏，保证仪表测量系统正常运行，是仪表维护不可忽视的一项工作。冬天，巡回检查安装在工艺设备与管线上的仪表如椭圆齿轮流量计、电磁流量计、旋涡流量计、涡轮流量计、质量流量计、法兰式差压变送器、浮筒液位计和调节阀等的保温状况，观察保温材料是否脱落，是否被雨水打湿。对于个别需要保温伴热的仪表，要检查伴热情况，发现问题及时处理。同时，还要检查差压变送器、压力变送器的导压管线和保温箱的保温情况。由于差压变送器和压力变送器的导压管内物料处于静止状态，因此有时除保温外还需伴热。伴热有电伴热和蒸汽伴热。对于电伴热，应检查电源电压。对于蒸汽伴热，由于冬天气温变化很大，应根据气温变化调节伴热蒸汽流量。蒸汽流量大小可通过观察伴热蒸汽管疏水器排汽状况来调节，疏水器连续排汽，说明蒸汽流量过大，需调小蒸汽流量，疏水器很长时间不排汽，说明蒸汽流量太小，则需调大蒸汽流量。蒸汽伴热是为了保证导压管内物料不冻，而有些仪表工为了省事，加大伴热蒸汽量，即使天气暖和了，也不关小蒸汽流量，造成不必要的能源浪费，有时甚至造成测量误差，这是因为化工物料冰点和沸点各不相同，沸点比较低的物料因保温伴热过高出现汽化，导致导压管内出现气液两相，引起输出振荡，所以应根据冬天天气变化及时调整伴热蒸汽量。定期排污主要是针对差压变送器、压力变送器、浮筒液位计等易冷凝、易结晶、易沉积介质的仪表。定期排污应注意的事项有：排污前，必须和工艺人员联系，取得工艺人员认可才能进行。流量或压力调节系统排污前，应先将自动调节切换到手动调节，以保证调节阀的开度不变。对于差压变送器，排污前应先将三阀组正负取压阀关死。排污阀下放置容器，慢慢打开正负导压管排污阀，使物料和污物进入容器，防止物料直接排入地沟。由于阀门质量差，排污阀门开关几次以后会关不死，应急措施是加盲板，保证排污阀不泄漏，以免影响测量精确度。开启三阀组正负取压阀，拧松差压变送器本体上排污排气螺钉进行排污，排污完成后拧紧螺钉。观察现场指示仪表，直至输出正常，若有自动调节系统，将手动调节切换至自动调节。

对于电磁流量计，需检查其接地保护，不与其他电动机设备共用接地。同时将电磁流量计传感器远离强磁场源，避免磁场干扰。如果使用过程中电缆绝缘下降，一般检查电缆线的绝缘，同时确认电缆线的长度是否超出电缆最长长度要求，导致信号衰减。

有的管道未充满液体或液体中含有气泡，造成仪表输出信号出现晃动现象。因此，应尽量选择直管上升管道安装流量计，若现场条件不允许，可在横管段采用下沉“U”管道，并符合安装直管段要求。

16.3　检修的方法

对于大型机组，仪表检修是最优先进行的，且仪表检修涉及了大型检修的整个流程。大型机组检修的最后一道工序就是安装仪表。因此，仪表检修直接关系大型机组检修的整体进度与质量。

仪表出现故障后，首先要用眼睛去观察，观察仪表的外部，仔细检查仪表的外观，看看是否有多余的杂质，是否排出多余的气体，温度仪表和压力仪表的数值是否符合正常情况，一旦出现不符合实际情况的问题要积极找寻排出问题的方法，及时对仪表进行检修与校验。仪表出现故障后，还要积极比较仪表中的各个零部件，排查究竟哪个部件出现了问题，按照一般情况来说，造成仪表出现故障的问题一般发生在一次元件和二次元件中，锁定可能出现问题的元件范围，有可能的话将元件拆除，更换全新的元件观察情况有没有改善。这也是仪表检修与校验工作的一个重要方法。替代法检查，利用相同型号的仪表间的互换性，以替代法判别故障所在位置。

观察法是仪表进行检修较为常见的方法，主要是通过对设备的运行情况进行观察，从而对元件的接触、导线的损坏情况以及线头接触的情况进行全面的分析。检修人员对仪表进行敲击，从而看设备是否有接触不良的情况发生。通过敲击法能对仪表电源指示灯忽明忽暗的情况及时查找，此种方法在实际使用中能够对仪表故障进行基本的判断，但是并不能够应对仪表出现的所有问题，还需要和其他检测方法结合使用，才能够发挥良好效果。

短路的方法在很多电气设备的检修和维护工作中都经常使用，具有良好的检查效果，主要是使用导线对仪表的部分或元件进行短接，通过对电压和电流的数值变化情况判断出是否有故障存在。电压法主要是应用了仪表的电压结构，对其进行全方位的检测，针对各个部件电压强度，将电压强度和正产值进行比照，从而能够为进行故障判断提供良好的前提。在对仪表进行检修的时候，通常以电阻测量作为基础。电阻法能够判断出原件和线路的好坏，对于检修工作的顺利进行具有良好的作用。

16.4 停车

停车时，仪表人员和工艺人员密切配合。为此，首先了解停车时间和过程装备检修计划。

根据过程装备检修进度，适时拆除安装在设备上的仪表或检测元件，如热电偶、热电阻、法兰差压变送器、浮筒液位计、电容液位计、压力表等，以防止在检修过程装备时损坏仪表。在拆卸仪表前先停仪表电源或仪表气源。根据仪表检修计划，及时拆卸仪表。

拆卸储槽上法兰差压变送器时，一定要注意确认储槽内物料已空才能进行。

若物料倒空有困难，必须确保液面在安装仪表法兰口以下，待仪表拆卸后，及时装上盲板。

拆卸热电偶、热电阻、电动变送器等仪表后，电源电缆和信号电缆接头分别用绝缘胶布、粘胶带包好，妥善放置。

拆卸压力表、压力变送器时，要注意取压口可能出现堵塞现象，造成局部憋压；物料（液和气）冲出来伤害仪表人员。正确操作是先松动安装螺栓，排气，排残液，待气液排完后再卸下仪表。

对于气动仪表、电气阀门定位器等，要关闭气源，并松开过滤器减压阀接头。

拆卸环室孔板时，注意孔板方向，一是检查以前是否有装反，二是为了再安装时正确。由于直管段的要求，工艺管道的支架可能比较少，要防止工艺管道一端下沉，给安装孔板环室带来困难。

拆卸的仪表其位号要放在明显处，安装时对号入座，防止同类仪表由于量程不同安装混淆，造成仪表故障。

带有联锁的仪表，切换置手动，然后再拆卸。

16.5 开车

仪表一次开车成功或开车顺利，说明仪表检修质量高，开车准备工作做得好。反之，仪表人员就会在工艺开车过程中手忙脚乱，有的难以应付，甚至直接影响工艺生产。由于仪表原因造成工艺停车、停产，是仪表人员忌讳的事。

仪表开车也要和工艺密切配合。要根据工艺设备、管道试压试漏要求，及时安装仪表，不要因仪表影响工艺开车进度。

大修时，拆卸仪表数量很多，安装时一定要注意仪表位号，对号入座。否则仪表不对号安装，出现故障也很难发现（一般仪表人员不会从这方面去判断故障原因或来源）。

仪表总电源停的时间不会很长。仪表供电是指在线仪表和控制室内仪表安装接线完毕，经检查确认无误后，分别开启电源箱自动开关，以及每一台仪表电源开关，对仪表进行供电。用 24V DC 电源，要特别注意输出电压值，防止过高或偏低。热电阻、电动变送器等仪表需控制室内切断电源后拆卸，电源电缆和信号电缆接头必须分别用绝缘胶布、粘胶带包好，妥善放置。在拆除与容器、管道相连的部分时要经过工艺单元现场负责人进行确认，并签字认可，一定要注意确认压力容器内物料已空，压力已经泄放到常用，才能进行拆卸作业。防止造成容器内物料泄漏损失，污染作业面，还可能给其他施工作业造成安全隐患。

气源管道一般采用碳钢管，经过一段时间运行后会出现一些锈蚀，由于开停车的影响，锈蚀会剥落。仪表空气处理装置用干燥的硅胶时间长了会出现粉末，也会带入气源管内。另外一些其他杂质在仪表开车前必须清除掉。排污时，首先气源总管要进行排污，然后气源分管进行排污，直至电气阀门定位器配置的过滤器减压阀，以及其他气动仪表、气动切断球阀等配置的过滤器减压阀进行气源排污，控制室有气动仪表配置的气源总管也要排污。待排污后再供气，防止气源不干净造成节流孔堵塞等现象，使仪表出现故障。

孔板等节流装置安装要注意方向，防止装反。要查看前后直管段内壁是否光滑、干净，有脏物要及时清除，管内壁不光滑用锉、砂布打光滑。孔板垫和环室垫要注意厚薄，材料要准确，尺寸要合适。节流装置安装完毕，要及时打开取压阀，以防开车时没有取压信号。取压阀开度建议手轮全开后再返回半圈。

调节阀安装时注意：阀体箭头和流向一致。若物料比较脏，可打开前后截止阀冲洗后再安装（注意物料回收或污染环境），前后截止阀开度应全开后再返回半圈。

采用单法兰差压变送器测量密闭容器液位时，用负压连通管的办法迁移气相部分压力。此种测量方法是在负压连通管内充液，因此当重新安装后，要注意在负压连通道内加液，加液高度和液体密度的乘积等于法兰变送器的负迁移量。加液一般和被测介质即容器内物料相同。

用隔离液加以保护的差压变送器、压力变送器，重新开车时，要注意在导压管内加满隔离液。

气动仪表信号管线上的各个接头都应用肥皂水进行试漏，防止气信号泄漏，造成测量误差。

当用差压变送器测量蒸汽流量时，应先关闭三阀组正负取压阀门，打开平衡阀，检查零位。待导压管内蒸汽全部冷凝成水后再开表。蒸汽未冷凝时开表出现振荡现象，有时会损坏仪表。此时，有一种安装方式，即环室取压阀后设置一个隔离罐，在开表前通过隔离罐往导压管内充冷水，这样在测量蒸汽流量时就可以立即开表，不会引起振荡。

热电偶补偿导线接线注意正负极性，不能接反。

检修后仪表开车前应进行联动调校，即现场一次仪表（变送器、检测元件等）和控制二次仪表（盘装、架装、计算机接口等）指示一致，或者一次仪表输出值和控制室内架装仪表（配电器、安保器、DCS 输入接口）的输出值一致。检查调节器输出、DCS 输出、手操器输出和调节阀阀位指示一致（或与电气阀门定位器输入一致）。有联锁的仪表，在仪表运行正常，工艺操作正常后再切换到自动（联锁）位置。

金属管转子流量计开车时，由于检修停车时间长，工艺动火焊接法兰等因素，在工艺管道内可能有焊渣、铁锈、微小颗粒等杂物，应先打旁路阀，经过一段时间后开启金属管转子流量计进口阀，然后打开出口阀，最后关闭旁路阀，避免新安装的金属管转子流量计开表不久就出现堵塞的故障。

对于离心泵为动力输送物料的工艺路线，开关顺序要求不高。若是活塞式定量泵输送物料，阀门开关顺序颠倒（先关旁路阀，再开进口阀与出口阀，而且开关阀门时间间隙又大一些，即关闭旁路阀后没有立即开启金属管转子流量计出口阀），往往引起管道压力增加，损坏仪表，出现一些其他故障，因此开车时按照顺序开关阀门。

16.6 紧急停车

16.6.1 电源故障时

(1) UPS 供电出现故障

老鼠啃咬 UPS 供电线路造成的短路、逆变模块故障造成的停电，致使放空系统动作，放空高压气流产生“啸叫”，声音非常刺耳，可能导致现场场面混乱。此种情况只要不是全厂性停电，电工及时将“旁路”投运即可供电，然后逐个单元恢复生产即可；另外可接入备用的 UPS 电源即可短期恢复生产。

利用红外高温测试仪对电源进行检测，防止柜内出现非正常的高温现象。在检查过程中主要留意电源盘内的配线、电缆接线和回路端子排段的螺钉是否正常，有无出现松动和过热等现象，并要重点检查电源的熔丝是否和最初时的一样，防止其总电源保险越级跳闸。锅炉保护的控制器以及机电的电源出现故障时，需要立即更换电源。

交流电源进线产生的电磁辐射有可能会影响控制器的正常运行，因此所用的电源线多采取带屏蔽方式。检查所有预制电缆连接器的卡扣和螺钉是否都处于正常连接状态。对通信电缆要进行及时的检查，通信类的电缆需要在横向走线槽中自然地平铺，避免连接处由于曲率半径过小而出现应力集中现象。

(2) 外线供电造成的全厂性停电

雷雨季节造成给水泵、溶液循环泵、回流泵等电动设备装置停运，控制系统 UPS 电源转入电池供电状态，仪表人员配合工艺人员工艺手动操作，对装置停车处理，有备用应急发电装置的立即启动已经发电机组发电，逐步进行生产恢复；如果没有应急发电装置的处理厂就要等外电供电后恢复生产，期间电气人员及时检查各个 UPS 电源，确保各个电源均运行正常，工艺人员尽量减少监视器、监控计算机的数量，在保证装置安全的情况下，尽量减少使用调节阀的频率，以减少仪表风的损耗，为外电回复供电后装置的投运做好准备。

(3) UPS 电池故障情况下

UPS 配备的电池运行一定的时间后，性能下降，内阻增加出行的故障，出现部分检测模块长期运行老化故障以及 UPS 室长期处于较高温度导致的部件老化。例如电池性能下降时，内阻会增加，检测模块会报警提示，如果不是逆变模块出现故障，又恰逢外电停电情况发生，必然造成比较严重的后果。此类情况基本可以通过年检排除，每年对停产检修期间对 UPS 进行全面检查、检测，发现问题及时处理；购置一些电池、通信卡件、检测模块备件，以备紧急情况更换；要是资金充裕，则可以考虑使用双 UPS 为冗余配置的 9CS、ESD 系统提供电源。这样即使出现 UPS 失电的情况，系统也会自动无扰切换到热备的 CPU 上进行控制。

16.6.2 误操作时

在午休、夜间等休息期间，仪表值班人员如果接到电话通知就去处理，由于还不是很清醒，很可能出现过走错装置、停错仪表、导致装置联锁停车。因此，应该特别引起注意。

16.6.3　关键仪表故障时

关键的测温、测压、测液位的仪表一旦出现故障，必然引起装置联锁停车，因此在检修时要特别加以注意，要定期更换。

高效液相色谱仪可实现对样品的高灵敏度、高效和高速分离测定。其专用储液器，要定期用水、酸仔细清洗，然后使用超纯水再荡洗几遍，若储液器采用溶剂瓶，使用一段时间后应做好废弃处理，防止滋生微生物，并且通过超声波每月对流动相过滤器进行清洗，使用高效液相色谱仪专门的试液和试剂来配制流动相。使用流动相之前，通过超声波进行脱气，在高压输液系统中设置脱气装置，最大限度地控制气泡对高效液相色谱仪的影响，并且高效液相色谱仪长时间采用含盐流动相运行往往会导致柱塞杆磨损和密封圈渗漏，所以使用合适溶剂洗出高压泵缓冲液，防止盐析出后严重磨损柱塞杆。进样系统应用过程中，要有针对性地处理样品，利用高速离心机进行离心处理，然后通过滤膜进行过滤，对样品的细小颗粒有效去除，从而延长阀使用寿命。并且为了避免进样系统流动相中析出缓冲盐，每次使用完高效液相色谱仪以后，对进样系统使用不含盐流动相进行反复冲洗。对于分离系统故障，应采取有效的处理方法，其一，在色谱柱 pH 允许使用范围内合理控制流动相 pH 值；其二，使用色谱纯试剂和超纯水，样品分析之前，通过针筒对样品过滤，利用滤膜过流动相，流动相和样品中的固体颗粒网往往会将色谱柱堵塞，造成柱压升高，造成色谱峰形变宽；其三，使用在线过滤器或者保护柱，由于流动相和样品过滤以后无法将固体颗粒物质全部消除，而一旦流动相将这些固体颗粒带入色谱柱，会造成柱效下降、柱压升高；其四，对色谱柱使用强溶剂进行冲洗，每次使用完高效液相色谱仪以后，利用过渡流动相冲洗色谱柱，先使用缓冲盐流动相，然后再利用过渡流动相，最后使用乙腈或者甲醇进行清洗，有效保存色谱柱。对于检测系统的基线漂移故障，应仔细检查储液瓶、色谱柱和检测器是否受到污染，灯能量是否过低，检测器温度变化幅度是否太大，有针对性地采取有效措施。对于基线噪声，检查高压泵的稳定性，检测池是否存在气泡和受到污染，使用高效液相色谱仪的专业溶剂，检查检测器和工作站输出信号以及电压稳定性。对于高效液相色谱仪的峰拖尾故障，应采取有效的处理方法：其一，及时更换柱，尽量在低腐蚀环境下使用，采用保护柱；其二，降低连接点，合理调整所有连接点，采用细内径连接管；其三，在弱腐蚀条件下更换色谱柱；其四，设置在线过滤器，对烧结的不锈钢进行更换；其五，降低流动相 pH 值，添加碱或者三乙胺钝化柱，增加盐或者缓冲液浓度；其六，调整流动相，清洁样品；其七，增加柱直径，降低样品量，使用高容量固定相。

16.7　压力测量仪表的维护

对高效率、高温与高压追求的结果，导致大量锅炉爆炸事故的发生，在 19 世纪下半叶，英、美发达国家平均每天就有一起锅炉爆炸事故，如 1865 年 4 月 17 日美国 Sultana 轮船蒸汽锅炉爆炸导致 1800 余人丧生。为此，要有效控制锅炉超压，关键要知道锅炉内压。这要归功于法国工程师 BOURDON 在 1849 年发明的压力表，人们根据压力表的指示，可以手动调整锅炉的燃烧以控制内部压力。

弹性式压力计是基于弹性元件受压后所产生的弹性变形为测量基础工作的。压力表在使用过程中难免会出现各种故障，内部组件也会由于长期使用而变形、磨损等。为了保证压力表在测量过程中测出的量值准确，需要定期对压力表进行检定。压力表的量程、精度表盘直径应该符合 TSG21—2016《固定式压力容器安全技术监察规程》和 TSG R7001—2013《压力容器定期检验规则》的要求，铅封、外观完好，在有效期内使用。在实际生产中，压力表存在被忽视或违法使用问题，给安全带来隐患。部分安装在压力容器和压力管道上的压力表安装位置太小，不便于操作人员进行观察。压力表与压力容器或者压力管道之间，未安装三通旋塞或针型阀，直接将压力表安装在阀门上，时间长了会损坏压力表的接口。用于观察水蒸气介质的压力表，在压力表与压力容器或者压力管道之间未安装存水弯管。对于测量量值较小的量选用了量程较大的压力表，对于测量量值较大的量选用了量程较小的压力表，导致压力测量量值不准确或者损坏。没有定期对压力表进行检查、清洗，造成介质中的杂质堵塞压力表的弹簧管；日常使用时无使用情况记录；在表针不归零位或波动严重、防爆孔保护膜脱落、表盘腐蚀或玻璃破碎时仍进行使用等现象。压力表的检定周期一般为半年。但一些检定人员检定过程中，为了省时，对处于最大量程时的稳压少于 3min；一些使用单位对压力表的安全作用认识不到位，不提前申请检定，超周期检定使用的现象很严重，特别是新购压力表必须经检定合格后方可安装使用，但新表首次检定率仍很低。因此，它的检修应按标准定期检修。主要内容有：清除表内外油污；检查压力表接头处有无堵塞；检查传动部位齿轮结构；对部分转动部位加润滑油；按照校验规程进行校准。若回程差较大并与不回零同时出现，则多为弹簧管变形所致，应更换弹簧管。

电远传压力仪表是把压力信号转换成电信号，并将信号远传至其他地方指示的仪表。随着自动化技术的发展，此类仪表种类型号繁多。电远传压力变送器基本上无可动部件。电容式压力变送器的测量元件为膜盒式结构，测量时只有很小的位移形变，在压力允许范围内、无腐蚀的情况下，损坏的情况很少，放大部分为固态电气电路。电远传压力仪表维修时仪表本身做很少的工作，主要内容有：清除表内外灰尘；检查接线端子电气元件是否松动或腐蚀；检查膜盒组件；检查并拧紧各紧固件；按校验规程对其进行校验标定等。

对于直接接触尿素、氨、甲铵等强腐蚀介质的管道插入的隔离式毛细管压力变送器，如果隔离膜片采用哈氏合金、插入杯体采用 316 不锈钢，则：由于热膨胀系数不同因此容易发生膜片焊缝开裂的现象；杯体也腐蚀成蜂窝状。膜片及杯体全部采用尿素级不锈钢 316L，使用效果较好。通过对毛细管压力变送器的质量进行检验，基本可以排除那些充油不足、抽真空不彻底、密封不良的仪表，减少运行中仪表故障的发生率。具体方法是：新备件安装前，在校验台上加压至量程上限，保压一周以上，然后观察仪表是否正常；若毛细管系统出现漏油或者隔离膜片出现凹陷，该变送器就不能应用。

有的压力表与设备之间没有设置切断阀，无法离线处理压力表的故障。实际上，放空阀在正常生产时一般处于关闭状态，而放空阀前约 1m 处设置手动切断阀。如果将压力表安装在放空阀与前切断阀之间，不仅可以监控设备的压力，而且当压力表出现故障时，可以关闭切断阀，打开放空阀，泄掉管道上的压力到常压，从而将该表轻易地从工艺流程切出然后拆掉进行修复或更换，既方便生产的监控，又可以根除压力表泄漏停车的情况。

拆卸压力表、压力变送器时，先松动安装螺纹，排气，排残液，待气液排完后再卸下仪表，要注意取压口可能出现堵塞现象，造成局部憋压；物料（液和气）冲出来伤害仪表操作人员；有些管道局部堵塞，含硫气体、液体聚集，拆卸时容易造成人员中毒。有仪表一次阀的最好关闭一次阀后进行拆装操作，操作时也要尽量站在侧面进行操作；在管道、悬空位置的仪表拆装作业，必要时需要搭建操作平台，操作人员还要系安全带，佩戴防护眼镜，以最大的限度确保操作人员安全。

16.8 流量测量仪表的维护

用于测量流量的导压管线、阀门组回路中，当正压阀阀门或导压管泄漏时，仪表指示偏低；当负压阀阀门或导压管泄漏时，仪表指示偏高；当平衡阀门泄漏时，仪表指示偏低；正压侧导压管全部堵死，负压侧畅通时，仪表指示跑零下。

其中差压流量计应用最广泛，节流装置使用日久，特别是在被测介质夹杂有固体颗粒等机械物体的情况下，或者由于化学腐蚀都会造成节流装置的几何形状和尺寸的变化；在现场使用中，孔板或管道等表面可能会沾上一层污垢，或者由于在孔板前后角落处日久而沉积有沉淀物，或者由于强腐蚀作用都会使管道的流通面积发生变化，这样，会造成流量的测量误差。故应注意检查、维修，必要时更换新的孔板。应定期排污，检查导压管的走向是否变形，是否符合所测介质的要求。打开排污阀时，被测介质排出很少或没有，说明导压管有堵塞现象，要设法疏通。对于那些易结晶或凝固的介质应检查保温伴热是否完好，有无漏点等。对于蒸气流量测量在仪表检修完毕后投运时应该注意防止冷凝液的冰冻。差压计或差压变送器的检修，与压力计或压力变送器大同小异。

16.9 液位测量仪表的维护

对于浮力式液位计的检修，应该注意：浮子的清洗，保证浮子的体积与重量的校准，不然，会引起很大的测量误差；气温引起被测介质密度变化，可能引起指示变化误差大，应注意防冻、保温，保持介质温度在给定值上；注意浮子与浮筒内壁不能相碰摩擦；注意扭力杆等浮力传动机构的正确安装等；信号输出放大部分的线性与误差等。

静压式液位计的检修需注意：如果介质易结晶、冻结或汽化，应时常检查防冻保温、保冷是否良好；对于有零点迁移的液位测量系统，在检修时，必须考虑迁移问题，不然会引入很大的系统误差；对吹气法测量液位的应定期检查气源过滤器与流量表指示；采用双法兰液位计时，应注意负压侧导压管有无介质及其里是液相还是气相；压力变送器或差压变送器的检修与标定等。

电容式液位计的检修比较简单，但应注意：对于检修测量导电介质的电极时，应注意检查电极的绝缘层。如果绝缘层破坏，会带来很大的误差，甚至失灵；注意初始电容的影响；指示仪表的标定与检修等等。

16.10 温度测量仪表的维护

热电阻元件在使用中发生的常见故障有：热电阻阻丝之间短路或接地；热电阻阻丝断开；保护套管内积水；电阻元件与接线盒之间引出导线断路。

热电阻与热电偶的检修主要有：清除保护管内的锈蚀油污；查热电阻（热电偶）紧固件是否松动或损坏；检查热电阻（热电偶）与保护套管的绝缘电阻；检查保护套管是否破损、锈蚀；按校验规程进行校准，并要求符合国家（部门）计量检定规程；指示仪表的检修与标定；在检修后，接线时热电偶极性与补偿导体的极性不能混合。

16.11　在线分析仪表的维护

在线分析仪表是比较精密和娇贵的仪表，对环境和介质条件要求比较苛刻，分析仪表要求工作在一定的环境温度和湿度。一般情况下，都有独立的房间用于放置分析仪表。对它应按规定周期进行检修和维护。包括取样装置、样品预处理系统、分析仪表本身，都需要定期检修和维护。特别是采样口则经常进行采样，泄漏率最高，本身数量少，人为影响因素较大，阀门由于经常开关等原因，维修效果不明显。

样品预处理系统是在线分析器系统能否正常运行的前提和保证。为连续、准确地进行样品在线分析，预处理系统必须提供干燥、洁净的样品，同时使在线分析器不被损坏。由于生产装置的样品存在压力大、水分高、油污多等问题，因此，需要对样品预处理系统进行合理设计及精心维护。样品气中经常会带有不被仪表所检测的水、油、杂质等成分，这些物质一旦进入分析器测量室内，不但会影响其测量精度和结果，同时还会造成仪表的损坏，甚至会造成生产工艺事故。日常维护工作中，经常检查仪器气样入口前的过滤器是否被污染，供气是否正常；必要时，还应检查分析器室前的保护性过滤器是否堵塞，测量流量计是否泄漏。如果被测气体中含有较高含量的可燃性气体或强腐蚀性气体时，每月应对测量气体回路进行 1 次密封性检查；重点检查样品减压后的压力指示、流量大小、泄漏情况及排污管线是否畅通。

对热导式气体分析器，应经常检查并调准气样流量，检修时应及时更换恒温指示灯，使之能正常指示温控系统的工作情况，保持工作环境清洁干燥。为了保证仪器在全量程的准确性，还应定期检查电桥电流及用包括零气样在内的已知浓度标准气样核对仪器的“零点”和“刻度”。针形阀经长期使用后，应注意密封，防止漏气。

热磁式氧分析器的检修包括：取样探头的检修，样品预处理系统的检修，分析仪的检修、电路系统的检查、一次表机械零位的检查调整，管线泄漏检查，以及校准等。

16.12　实例分析

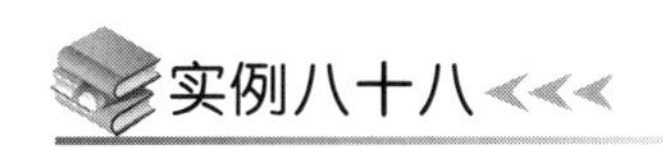

对于电磁流量计，流体流速低，其中的颗粒浓度高时，这容易导致管道中的流场处于不稳态。对于竖管上安装的电磁流量计，在竖管中，中心的流速比较快，四周的流速比较慢，这使管壁表面附着一层流动很慢的颗粒。如果这个附着层慢到几乎不动，而且比较厚，就盖住电极，转换器的流量输出就会下降，甚至下降到零。由于泵的工作方式是脉动的，管线也有振动，再加上竖管很高，所以附着在内管壁的颗粒处于不稳定的状态，管道内会时不时地发生类似雪崩的现象，而且这种雪崩现象不一定只有一处。如果这种雪崩现象发生在流量计的测量管内，就会引起转换器输出的波动。由“雪崩”导致的输出波动周期比较快，阻尼时间加大，可以起到一定的平稳作用。在生产过程中，最难处理的波动是：波动周期很慢，但幅度很大，大到足以引起跳车。流场不够理想，则测量管横截面流速分布不均，可能引起流量测量输出波动。采用了类文丘里管形状的传感器，这样不但提高流速，而且能起到一定程度的整流作用，消除大幅度长周期的异常波动。方波励磁电磁流量计在测量浆料方面本身就存在缺陷，交流励磁的转换器由于采用高阶带通滤波器，能够实现流量测量输出既稳又快。

对于电磁流量计，现场情况不允许垂直安装时，不得不水平安装。横管上安装的电磁流量计波动主要是由于淤积造成的。如果淤积面没有超过电极，则由于测量管横截面减小、流速提高，转换器输出就会变大；如果淤积面超过电极，转换器输出就会减小。由于此种淤积是不稳定的，淤积面时涨时消，所以引起流量输出周期较长的波动。一般而言，在投料初期，横管表现比较好，经过一段时间后，横管才会波动。见图 16-1，横管波动解决方案：流量计的测量管呈半月形，上半部被堵住，主要是为了防止下边截流引起管线堵塞。

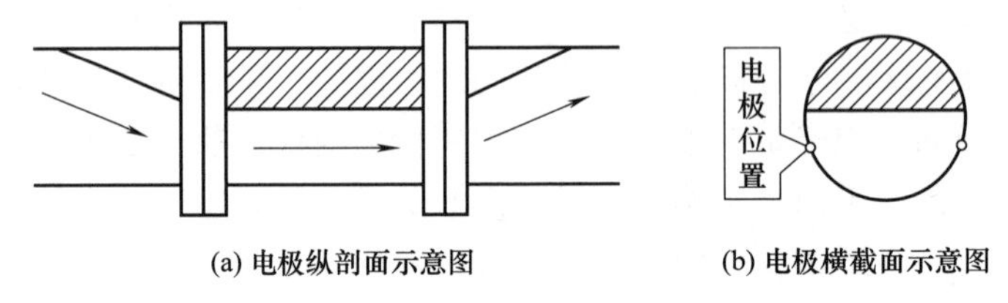

图 16-1 横管上安装的电磁流量计波动解决方案

某纸业公司用的流量介质大部分是导电的，因此绝大部分用的是电磁流量计，需要在维护中特别注意。

(1) 计量草浆的输送量时存在问题的处理

由于造纸车间要用到一定比例的草浆，需要从制浆车间通过管道输送至造纸车间，这样就需要用电磁流量计量草浆的输送量。为此，在草浆管道上安装两个流量计，制浆车间造纸车间各一个，这样在打浆时对两个流量计进行对比就可以确切知道草浆的输送量。有一次，$20m^3$ 的草浆测量，造纸车间的测量值比制浆车间的测量值少了 $4m^3$。因为它牵扯到两个生产车间的生产成本的问题，为此需要对这个流量计进行维护处理。

处理过程：把“小信号差不累加”这个选项设置到“ON”上并且用上了“空管状态下的检测”，但是效果没有改善；把流量计后面的手阀关小，可以阻流从而使流量计测量的是满管的流量，但效果还是不明显。更换了转换器，但是效果还是不行。在车间停车检修时把流量计的传感器拆下来。在拆的过程中发现传感器的法兰连接密封垫坏了，有一片一直悬在管道中，这样介质在流动的过程中，这个坏的密封垫部分经常对介质的测量造成影响。于是就更换了密封垫。再进行测试时，流量测量一致了。

(2) 短纤维电磁流量计的测量不稳定问题的处理

3800 铜版纸车间的短纤维电磁流量计即使在工况稳定的情况下，它的测量数值也忽上忽下，非常不稳定，给测量结果造成了很大的影响。

处理过程：把流量计的底线和屏蔽线都按照要求重新接了一遍，以排除干扰问题；流量计的安装是有直管段要求的：安装前直管段的距离是口径的 5 倍，安装后直管段的距离是口径的3倍，但实际安装中都要求前10后5。但此台电磁流量计的安装位置是，刚过管道的弯头就安装了流量计。为此，使安装位置符合规定。由于流量计的两个测量电极受到污染，因此更换了流量计传感器。最后，再进行测量时，流量就稳定了。

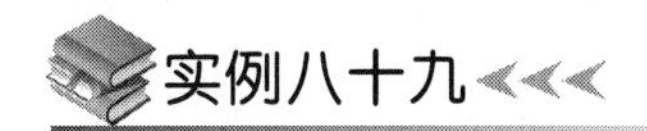

实例八十九

热电偶可用于高温、高压及有高速流体冲击的场合，但必须有足够强度的保护套管加以保护。为测量设备内部流体的温度，通常将热电偶套管伸入设备内部进行测量，以取得较为准确的数值。热电偶套管套在热电偶元件外面，用来抵御被测介质的压力和腐蚀。但由于设备内流体压强大、流速快，热电偶套管处于极恶劣的工况下，因此经常发生损坏，这不仅会导致温度信号丢失，严重时甚至会危及设备的安全运行。热电偶套管在螺纹与非螺纹端交接处容易发生断裂。高温流体流动冲击热电偶套管，使套管背面产生漩涡。任何非流线型物体尾部如果有足够的拖迹边缘都会产生漩涡脱落。当旋涡从物体的两侧周期交替脱离时，便在物体上产生周期的升力和阻力。因此套管受到交变冲击力，产生周期振动。有的热电偶套管端头无台阶的增大部分，实际热电偶套管的圆锥头外壁与设备管孔壁接触不紧，即装配的套管与设备孔壁未结合，从而使部分流体流向断裂面位置，导致该处温度升高。由于套管外表面承受应力较大，且螺纹根部存在应力集中，使断裂裂纹起源于热电偶套管螺纹根部外表面，并沿着垂直于轴线的方向发展。

某化工公司2#循环流化床锅炉，设计出口过热蒸汽的温度为540℃，压力为9.81MPa，给水温度为215℃，排烟温度为140℃。该锅炉于2005年5月锅炉点火试运行，已经运行43000余小时，出产高温高压蒸汽主要为后续化工生产单元提供动力和热力。2012年5月10日6时24分，该锅炉的集汽集箱热电偶套管断裂后，蒸汽压力快速下降，大量蒸汽冲出，现场噪声巨大，锅炉被迫紧急停炉。按设计要求，接管座和热电偶套管一般需采用和集汽集箱承压管道母材相同的材质12Cr1MoV。此热电偶套管结构集汽集箱管道材质为12Cr1MoV，尺寸为ϕ273mm×36mm，运行温度为540℃，在相邻位置安装有两只热电偶。热电偶套管焊接在集汽集箱自带接管座上，尺寸为ϕ60mm×9mm，长度为60mm。热电偶套管长度为850mm，大端头ϕ60mm×9mm，焊接在接管座上；小端头ϕ50mm×10mm，带内螺纹，与热电偶连接，中间有缩颈平滑过渡。其中主汽电动阀前第一支热电偶套管断裂。

(1) 断裂原因分析

通过肉眼观察，断裂部位并不是焊接接头，但在断口上、下方向各10mm处有两道焊接接头，断口厚度为5mm，也就是说在施工的时候人为在接管座和套管之间焊接了一截ϕ60mm×5mm，长度为20mm的短管，其壁厚只有接管座的一半，短管正好从中间断成两截，接管座和套管并没有问题。

从外观上看，断裂短管内表面存在密集的横向裂纹（裂纹平行焊接接头），深度在0.6～0.8mm范围，最深的达1.5mm，同时还有少量纵向裂纹，但较浅。管内表面和断口颜色较黑，有管材碳化物球化和石墨化的现象。由于接管座和套管都是整体加工制造的，出厂时检测是合格的。发现另一只没有断裂的热电偶套管没有焊接短管但长度长20mm，因此将分析重点放在ϕ60mm×5mm，长度为20mm的短管上。光谱化学分析结果表明，发生断裂的短管的合金元素明显低于其他段，其他段符合12Cr1MoV材质要求，而短管比较符合20G材质。由此可以看出在该只热电偶安装时存在缺陷、材料混用错用，为后面运行出现断裂事故埋下伏笔。

20G的短管长期超温运行，导致管材老化，强度降低。20G在20年寿命期使用的温度上限为450℃。该套管短管用错材质，长期在540℃的环境下超温运行，管材元素迁移扩散加快导致组织过早老化，同时管材中的碳化物向晶界聚集长大，发生碳化物球化，还有碳的析出石墨化，长期积累后导致短管的机械强度被严重削弱。

异种钢热膨胀的差异导致热疲劳裂纹短管与接管座、套管材质不同，热膨胀的差异造成该部位应力复杂，会在有缺陷的区域或应力集中的部位优先产生热疲劳裂纹。实际运行时受蒸汽用户影响，压力是不稳定的，蒸汽压力的波动，造成交变应力作用于该短管加强了裂纹的生成和扩展；同时裂纹的产生还存在另一种因素：高温氧化损伤。初期套管内壁铁元素和水蒸气发生化学反应，生成一层致氧化皮，20G本身抗氧化性能不是很好，高温时生成相FeO，会分层。工况波动时造成氧化皮裂口，在内部介质压力作用下细小氧化微裂纹向基体凸进，形成应力氧化裂纹，随着应力作用裂纹扩展，氧化物再楔入，氧化皮加厚。裂纹的生成和扩展造成管材壁厚减薄，承压能力大大降低。还有，短管壁厚只有5mm，与设计的10mm相比机械强度大打折扣。最终的结果就是套管有效截面不能承受内部介质压力而断裂。

(2) 结论

和另一只热电偶在尺寸和插入深度的比较，该型号的热电偶偏长，按照测温部件插入深度应该接近集汽集箱管道中心线的要求。当时的焊接施工人员随意将套管加长，而施工现场又没有合适的管材，未经批准就擅自将锅炉水冷壁管代用，最终导致事故的发生。

实例九十

某化工公司合成氨生产能力为120000t/a，主要产品为尿素、甲醇、碳铵等。在生产过程中，使用了各类在线分析仪器22套，其中14套QGS-08B型红外线气体分析器，分别对生产过程中变换CO、甲醇CO、CO_2、精炼微量（$CO+CO_2$）、合成CH_4、NH_3进行分析和监控。在使用中，QGS-08B型红外线气体分析器满足了生产的需要。但由于QGS-08B型红外线气体分析器安装的环境差、使用方法不合理，也出现过许多故障。

(1) 电源故障问题的处理

由变压器传送过来的2组21V的交流电，经2个桥堆整流及电容滤波后，分别传输给三端稳压器LM7815、LM7915及三端可调稳压器LM317，产生供集成电路芯片用的15V电源及光源灯丝电源（一般为7.5V）。由于仪器安装环境不好，曾经出现过LM317烧坏，其现象为：仪器电源有指示，输出无指示，用标准气校验时无变化，电气信号可调。

通过分析判断是前置极无输出，用万用表测灯丝电压为0V。换LM317后，将灯丝电压调至7.5V后仪器正常运行。

仪器也曾经出现过15V电压不正常，通过检查发现是LM7815或LM7915出现故障，更换后正常。

(2) 信号输出故障问题的处理

QGS-08B型红外线气体分析器的信号输出有2种：0～10mA和0～20mA（根据用户的要求也可以是2～20mA、4～20mA）恒流输出，输出负载≤400Ω。在需要电压输出时，必须选择适当的降压电阻接到二次仪表上。如果用户不接二次仪表，一定要将信号线短接，以使输出回路沟通。信号输出是混合输出时，既有二次记录仪表，又有二次数显仪表。由于二次仪表故障及强磁场强电场或雷击，造成QGS-08B型红外线气体分析器主板输出部分电路烧坏，只能更换主板，维修费用非常高。如果将信号输出端安装无源隔离模块，确保外界干扰信号无法进入QGS-08B型红外线气体分析器，则能够保证仪器正常运行，也降低了维修费用。

(3) 气室故障问题的处理

当环境温度变化大、测量气体含量低而干扰气体含量高的情况下，温度的干扰就成为影响气体分析器精度的主要矛盾。QGS-08B型红外线气体分析器的气室是被测气体直接通过的部件。变换CO分析器由于被测气体预处理不合理，造成被测气体含水量和硫化氢超标，严重污染气室，造成仪器零点漂移，灵敏度降低。如果把受污染的气室用温水及一些腐蚀性小的清洗液进行清洗，接着用清水反复冲洗，再用纯净的氮气吹干，则装表调试后运行正常。

有时，由于被测气体压力较低，为使仪表能正常工作，需开启仪器所配气泵，由于操作人员不注意，造成预处理中稳压水被抽入气室，致使仪器不能正常工作。为防止上述事故的发生，必须定期更换预处理药品，确保被测气体符合标准后再进入仪器，以延长仪器使用寿命。最好是将仪器安放在独立的仪器仪表控制室比较合适。设计时，为了改善分析仪器的使用条件，将取样管从设备附近引入到仪器仪表控制室，但距离不宜长。

(4) 检测器和前置放大板问题的处理

采用薄膜电容微音器作为探测器时，仪器对振动十分敏感。QGS-08B型红外线气体分析器检测器的核心部分称之为薄膜微音器。在其内部有一层薄的金属钛膜。因此，在搬运仪器时一定要轻拿轻放，防止剧烈振动。在使用仪器时，应将仪器放在振动小的地方或在仪器的下方垫上消振材料。此外，前置放大板是和检测器相连的1个放大电路，经常出现仪器指示不稳定、有规律的摆动或仪器指示值不可调整。为此，维护和检查处理方法是经常检查主板0.6V测试点的电压是否正常。如果不正常，调整前置放大板上的高频可变电容，使其电压稳定在0.6V。若不能调节，可增减前置放大板上的固定电容值。另外，清洁前置放大板，确保其不受腐蚀，使仪器能够长时间正常运行。

参考文献

[1] 毕海侠，张春梅，马雪松. 大连市某果蔬汁公司急性硫化氢中毒事故调查. 工业卫生与职业病，2015，(2)：157.

[2] 湖南众鑫纸业中毒事故致7死2伤. 中华纸业，2015，(17)：16.

[3] 高前进，赵建民. BP得克萨斯炼油厂爆炸事故. 现代职业安全，2014，(6)：102-104.

[4] 王辉. 苯蒸气爆燃事故分析. 安全，2011，(11)：24-25.

[5] 孙正文. $1000m^3/h$空分设备喷砂事故分析. 深冷技术，2011，(7)：66-68.

[6] 周文. 汲取教训亡羊补牢——省安监局通报永安市智胜化工股份有限公司"11·7"爆燃事故. 安全与健康，2009，(1)：31.

[7] 周敏，刘武忠，秦景香等. 一起冷库氨泄漏导致氨中毒事故调查分析. 职业卫生与应急救援，2006，(3)：144.

[8] 徐鑫金. 高压液氨泵出口截止阀阀芯脱落原因分析及处理. 大氮肥，2014，(6)：394-396.

[9] 张延涛，陈广庆，焦光辉等. 合成氨装置长周期运行分析. 大氮肥，2015，(3)：178-180.

[10] 丁鸿吉，程浩. 蒸汽用压力自密封闸阀泄漏的解决措施. 大氮肥，2015，(5)：344-347，356.

[11] 李健奇，张静，苏毅. 工业碱管线泄漏原因分析及预防措施. 炼油与化工，2012，(2)：34-36，59.

[12] 曹刚，李建国. 影响催化裂化装置正常运行的原因分析. 石化技术，2008，(3)：27-28，33.

[13] 高强，郎庆，袁俊等. 高压甲铵泵出口切断阀改造综述. 大氮肥，2014，(2)：113-115.

[14] 宋文明. 二氧化碳脱氢系统管道腐蚀原因分析与对策. 大氮肥，2014，(5)：293-295.

[15] 石福高. 废热锅炉水质控制的研究和应用. 化工设计，2009，(5)：34-36，1-2.

[16] 刘小婷，夏荫轩，吴小刚等. 废热锅炉水质控制的研究和应用. 油气田环境保护，2010，(1)：41-44，62.

[17] 吴菁. 某变换工序中不锈钢管线的裂纹分析及探讨. 化工设计，2013，(1)：37-39，2.

[18] 常亮. 尿素合成塔封头泄漏原因分析及处理. 大氮肥，2014，(5)：310-311，318.

[19] 张庆武，魏安安，王泾文等. 装车用液氨橡胶软管失效分析与防护. 石油化工腐蚀与防护，2006，(1)：27-30.

[20] 孟庆健，代善乐，宋和平等. 蒸汽煅烧炉振动的原因分析与解决措施. 纯碱工业，2011，(5)：15-17.

[21] 张玉良. 抽提蒸馏塔倒塌事故的原因分析及塔体修复. 石油化工设备技术，2005，(4)：21-22，5.

[22] 姜海峰，郭玉华，朴金华. 喷雾填料式除氧器运行中的问题及解决方法. 橡胶技术与装备，2000，(4)：51-52.

[23] 付常军. $6000m^3$制氧机空气/污氮气预换热器故障分析与处理. 冶金动力，2014，(12)：39-41.

[24] 曲云芹. 纤维喷涂技术在石脑油加氢装置上的应用. 炼油与化工，2015，(1)：35-37.

[25] 时培玉. 聚丙烯轴流泵机械密封的国产化改造. 炼油与化工，2015，(3)：39-41.

[26] 李佳涛. 分子筛纯化系统蒸汽加热器内漏故障排查与处理. 冶金动力，2015，(9)：29-32.

[27] 李智. 制氧机板式换热器冰堵故障的分析及处理. 铜业工程，2015，(5)：76-78.

[28] 李才付，于强，张顶福等. 一段反应器内循环泵机械密封泄漏原因分析及改进. 乙烯工业，2006，(1)：33-36，9-10.

[29] 杜建银. LW720ⅡA卧螺离心机的操作与维护. 聚氯乙烯，2007，(1)：34-36.

[30] 郑涛，赵燕. 盐水冷凝器管束泄漏原因分析及改造措施. 石油化工设备技术，2007，(2)：30-33，22.

[31] 王政东，何昆. HG8902C双通道数据采集故障诊断系统在转动设备中的应用. 石油化工设备技术，2007，(2)：54-57，23.

[32] 吕行，王奎勇. 高速泵的维护和故障诊断处理. 科技信息（科学教研），2007，(27)：366，398.

[33] 王达荣. WG-1800离心机主轴部件的修复. 化学工业与工程技术，2007，(51)：185-186.

[34] 符君. 燃气预热器内漏原因分析及预防措施. 大氮肥，2012，(3)：159-160，164.

[35] 沈光辉. 全衬里油浆泵的使用与维护. 石油和化工设备，2010，(9)：42-44.

[36] 曾祥文，覃泰岭，李涛等. 液氧泵损坏事故分析及处理. 中氮肥，2010，(6)：57-58.

[37] 周立国. 汽轮机叶片的盐垢处理及预防. 煤化工，2010，(6)：38-40.

[38] 张亮，张晓，李洪宜等. 裂解气压缩机的维护与长周期运行管理探究. 当代化工，2013，(1)：119-121，124.

[39] 邵海军. 卧式螺旋卸料沉降式离心机的使用和维护管理. 聚氯乙烯，2013，(4)：40-41.

[40] 杨天明. 预冷循环粗氩泵时突发故障的分析. 深冷技术，2011，(4)：85-87.

[41] 钟连山. 引进增压透平膨胀机的运行维护. 深冷技术，2011，(6)：34-37.

[42] 洪玉杰，王忠实. 轴颈振动与瓦壳振动相结合判断设备运行状态. 石油化工设备技术，2005，(4)：62-64，7.

[43] 王建军. 催化裂化装置烟机机组2003年停机故障分析与改进措施. 石油化工设备技术，2004，(2)：24-26，5.
[44] 董亚婷. 应用在线监测系统诊断二氧化碳压缩机组故障实例. 大氮肥，2004，(2)：138-140.
[45] 胡安定. 石油化工厂设备检查指南. 北京：中国石化出版社，2009.
[46] 《化工厂机械手册》编辑委员会. 化工厂机械手册：化工设备的维护检修. 北京：化学工业出版社，1989.
[47] 《石油化工设备维护检修技术》编委会. 石油化工设备维护检修技术. 2015版. 北京：中国石化出版社，2015.
[48] 刘相臣，张秉淑. 石油和化工装备事故分析与预防. 第3版. 北京：化学工业出版社，2011.
[49] 中国石油化工集团公司，中国石油化工股份有限公司. 石油化工设备维护检修规程：第7册 仪表. 北京：中国石化出版社，2010.
[50] 中国石油化工集团公司，中国石油化工股份有限公司. 石油化工设备维护检修规程：第3册 化工设备. 北京：中国石化出版社，2004.
[51] 吴文瑞. 在线分析器样品预处理系统的设计及应用. 小氮肥，2014，(8)：20-22.
[52] 尹永斌. QGS-08B型红外线气体分析器使用中的故障及维修. 小氮肥，2003，(5)：17-21.
[53] 张军，王晓东，谭伟. 锅炉集汽集箱热电偶套管断裂原因分析. 山东化工，2012，(9)：104-105.
[54] 李传菊，段元贵，徐风芹等. 卧式振动离心机故障分析及优化改进. 煤炭工程，2014，(10)：214-216.
[55] 肖吉新. 电磁流量计的故障处理及其维护. 中华纸业，2014，(6)：54-56.
[56] 陈志群，何庆东. 五个重大事故为零的背后. 中国石油石化，2008，(3)：68-69.
[57] 伏铁刚. 立足实际做优做强——访中国石化沧州分公司经理卢立勇. 中国石油石化，2008，(19)：24-25.
[58] 吴鹏. 浅谈机械设备的维护与保养. 化工管理，2015，(32)：35.
[59] 郭娟.《石油化工企业卫生防护距离》标准应用分析. 大氮肥，2015，(2)：97-102，109.
[60] 贾晓刚. 聚酯装置预聚物输送泵检修及处理. 化工管理，2014，(20)：171.
[61] 李婋，贾俊国. 浅谈常压金属储罐的长周期运行管理. 甘肃科技，2014，(10)：78-79，53.
[62] 魏新发."两重一特保"设备管理模式. 设备管理与维修，2013，(11)：15-16.
[63] 杜林川. PTA装置搅拌器常见故障分析及改进措施. 石油化工建设，2013，(1)：91-92，95.
[64] 王家祥. 贫胺液升压泵电动机振动原因分析及故障排除. 石油化工技术与经济，2012，(4)：55-58.
[65] 秦春秋. 石油化工企业大型机组特护与检修的实践. 设备管理与维修，2014，(1)：17-19.
[66] 程光旭，胡海军，王玉乔等. 基于成本约束的石油化工系统风险分析方法研究. 石油化工设备，2012，(1)：4-10.
[67] 林筱华. RBI技术在石化企业中的应用. 中国特种设备安全，2009，(6)：35-39.
[68] 朱瑞松. 石化装置工程风险分析技术的应用. 压力容器，2008，(11)：57-61，33.
[69] 于俊涛. 一起双氧水氧化液储槽爆炸着火事故的调查分析. 中氮肥，2012，(4)：52-53.
[70] 顾波涛. 液体空分设备仪表气管道带水故障处理. 深冷技术，2007，(1)：48-49.
[71] 徐永齐，何琳. 氧压机密封、保安氮气管道进油事故分析与处理. 冶金动力，2015，(10)：22-24.
[72] 王怀亮. 4M22C压缩机中体断裂事故及修复. 中氮肥，2013，(3)：44-46.
[73] 王玉兴，刘继云. 罗茨风机出口压力异常控制方法的探讨. 冶金动力，2012，(6)：22-23.
[74] 王章俊. 膨胀机转子和轴瓦多次烧毁原因分析及处理. 深冷技术，2010，(4)：59-61.
[75] 任平超. 尿素毛细管高压表易损原因分析及对策. 大氮肥，2003，(3)：195-196.
[76] 刘超，刘尚果. DCS和DEH系统常见故障分析及处理措施. 小氮肥，2009，(4)：7-10.
[77] 李长江. 离心式热油泵检修后灌泵要点. 安徽化工，2016，42 (1)：81，85.
[78] 叶英奎. 往复式压缩机故障解析. 石油和化工设备，2015，18 (2)：56-59.
[79] 魏新利，尹华杰. 过程装备维修管理工程. 北京：化学工业出版社，2005.
[80] 邹光球. 一起送风机严重损坏事故的分析. 电力安全技术，2002，(12)：26.
[81] 韩荣学. 阿姆河天然气项目系统性检修管理模式实践. 中国设备工程，2016，(7)：33-34.
[82] 李福收. 螺杆式空压机阴阳转子咬死故障成因探究. 中国设备工程，2016，(7)：50-51.
[83] 韩金龙，赵苏平，刘永强. 汽轮机后轴承油封环漏油事故分析及处理措施. 中国设备工程，2016，(7)：25，27.
[84] 谢建峰. 电站锅炉二级过热器及水冷壁爆管原因分析. 中国设备工程，2016，(7)：53-55.
[85] 汪剑波. 燃气机组低压主蒸汽进汽控制阀卡涩故障分析及处理. 中国设备工程，2014，(3)：61-63.
[86] 许颖恒，关凯书，张建晓. 制氢装置三通管开裂失效分析. 压力容器，2015，(10)：61-66.
[87] 孟庆武，余俊志，张永峰等. 一起不锈钢爆破片异常失效后的检测分析. 压力容器，2015，(7)：59-62.

[88] 陈炜，庄力健，朱建新等. 基于（石化装置）系统 RBI-SIL 分析的承压设备完整性评估技术. 压力容器，2012，29（9）：43-49.

[89] 陈学东，崔军，章小浒等. 我国压力容器设计、制造和维护十年回顾与展望. 压力容器，2012，29（12）：1-23.

[90] 王燕飞，杨沐华，王皓. 关于化工装置年度停车大检修管理. 设备管理与维修，2014，（12）：16-17.

[91] 关卫和，艾志斌，阎长周. 承压设备基于风险检验的无损检测技术. 压力容器，2010，27（4）：47-50.

[92] 林筱华. 风险检验与定期检验. 压力容器，2008，25（8）：53-59.

[93] 陈学东，王冰，杨铁成等. 基于风险的检测（RBI）在中国石化企业的实践及若干问题讨论. 压力容器，2004，21（8）：39-45.

[94] 戴树和. 风险分析技术（一）——风险分析的原理和方法. 压力容器，2002，19（2）：1-9.

[95] 王冬阳. 石油化工企业检维修动火作业安全管控. 化工管理，2016，（31）：114-115.

[96] 叶鹏. 论油罐清罐检维修作业监护人监护内容. 中国石油和化工标准与质量，2016，（20）：39-40，42.

[97] 张振杰，李志平，张苗苗. 红外成像技术在石化装置易挥发性气体泄漏检测中的应用. 山东化工，2015，（12）：159-162.

[98] 岑奇顺. 欧洲炼油企业故障处理策略. 中国石化，2013，（12）：36-37.

[99] 刘赛菲，吴鹏. 严格执行维护检修规程是离心泵正常运行的关键. 江西化工，2006（2）：90-91.

[100] 孙万春，马新力. 裂解炉废热锅炉失效的原因分析［A］. 中国机械工程学会压力容器分会. 压力容器先进技术——第八届全国压力容器学术会议论文集［C］. 中国机械工程学会压力容器分会，2013：2.

[101] 刘辉，孙万春，蒋贵洲. 浅析浴缸式废热锅炉管板泄漏原因及修复措施. 石油化工设备技术，2013，30（4）：63-66，8.

[102] 陈炜，吕运容，程四祥等. 基于风险的石化装置长周期运行检验优化技术. 压力容器，2015，32（2）：69-74，53.

[103] 冯晓东，张圣柱，王如君等. 加拿大油气管道安全管理体系及其启示. 中国安全生产科学技术，2016，12（6）：180-186.

[104] 王旭，张圣柱，江世超. 我国成品油管道相关技术进展及展望. 当代化工，2016，45（1）：118-121.

[105] 冯庆善. 管道完整性管理实践与思考. 油气储运，2014，33（3）：229-232.

[106] 董绍华，韩忠晨，刘刚. 管道系统完整性评估技术进展及应用对策. 油气储运，2014，33（2）：121-128.

[107] 韩小明，苗绘，王哲. 基于大数据和神经网络的管道完整性预测方法. 油气储运，2015，34（10）：1042-1046.

[108] 侯盾. 增压透平膨胀机工作叶轮等部件损坏事故分析及修复. 黑龙江科技信息，2012，（15）：39.

[109] 惠朝鹏. 浅谈石油化工装置长周期运行. 中国石油和化工标准与质量，2012，（3）：262.

[110] 任华玉，徐兴科，孙莉婷等. 节能减排科学发展. 中国设备工程，2008，（7）：20-22.

[111] 顾振宇. 基于风险的检验维修技术在压力容器中的应用方法探析. 山东工业技术，2016，（8）：199.

[112] 赵臣刚，王洪利，彭泉波. 二氧化碳压缩机汽轮机蒸汽消耗增大原因分析. 大氮肥，2009，32（1）：16-17，27.

[113] 王强，默会龙，白晓玲等. 汽轮机非计划停机事故分析. 热电技术，2014，（2）：45-46.

[114] 兰洋，王涛，李元庆. 汽轮机组异常振动诊断与处理. 设备管理与维修，2013，（11）：54-56.

[115] 付豹，张启勇，朱平等. EAST 低温系统俄制氦透平膨胀机维修改进与测试. 低温工程，2011，（4）：41-45.

[116] 李琳. 石油化工装置开车过程火灾防控探讨. 消防技术与产品信息，2015，（6）：9-12.

[117] 于万夫，王琛，解瑞铭. 2015，吉化大检修（下篇）. 化工管理，2015，（19）：38-46.

[118] 李琛，卢丹. 石化企业现场仪表的日常维护. 电工技术，2009，（11）：64-65.

[119] 何文博，崔永森，尹本宽. 透平膨胀机开车前需注意的问题. 河南科技，2016，（5）：80-81.

[120] 朱艳才，毛新玲. 一起透平膨胀机叶轮断裂故障分析及处理. 冶金动力，2014，（7）：30-31.

[121] 涂善东. 安全 4.0：过程工业装置安全技术展望. 化工进展，2016，（6）：1646-1651.

[122] 袁猛. 年产 80 万吨硫黄制酸装置 120t/h 废热锅炉锅筒体缺陷修复. 中国科技纵横，2013，（1）：178.

[123] 刘宇，滕春东. 废热锅炉换热管开裂原因及设计改进. 中国特种设备安全，2013，（2）：52-53.

[124] 张建民. 煤气废热锅炉失效原因及预防措施. 设备管理与维修，2013，（4）：68.

[125] 郭振. 废热锅炉法兰防泄漏改进措施. 设备管理与维修，2013，（5）：60-61.

[126] 梁华，王爽，业成. 我国化工园区特种设备风险隐患管理优化研究. 工业安全与环保，2015，（2）：89-93.

[127] 刘三江，黄岩，蓝麒. 美国特种设备风险管理及对我国的启示——以哈特福德蒸汽锅炉检验和保险集团（HSB）

为例. 中国特种设备安全，2016，(4)：51-56，67.
[128] 高满红. 火力发电厂的热工仪表检修及维护. 科技展望，2016，(29)：55.
[129] 周阁. 浅析热工仪表检修与校验. 黑龙江科技信息，2016，28：24.
[130] 尹志慧，陈九安. 炼化装置停产检修的施工安全管理. 安全，2016，(10)：52-53.
[131] 张晓燕. 在役化工装置质量安全评价模式的研究. 中国石油和化工标准与质量，2016，(15)：74-75.
[132] 姚桂莹，冯斌，张雪. HAZOP分析技术在催化重整装置的应用. 石油化工安全环保技术，2014，(1)：17-22，6.
[133] 李敬珂. 化肥生产装置年度设备大修安全管理. 石油化工安全环保技术，2015，(4)：11-13，5.
[134] 柯林兵. 尿素装置生产安全状况分析及对策. 大氮肥，2014，(6)：404-407，412.
[135] 胡爱华. 安全动火分析在化工生产中的应用. 山东化工，2013，42 (8)：130-131.
[136] 杨光福，王晓文，费文博. HAZOP分析方法在石油化工装置生命周期中的定位. 安全，2013，(7)：4-6.
[137] 李贵军，单广斌，刘小辉. 加氢裂化装置的腐蚀风险分析及防范措施. 安全、健康和环境，2016，(10)：10-12.
[138] 王敦庆. 石油化工装置事故区域拆除施工时安全风险的管理与控制. 炼油技术与工程，2016，(10)：60-64.
[139] 胡定永. 论安全阀在丙烯酸生产上的应用. 化工设备与管道，2016，(5)：96-98.
[140] AQ/T 3049—2013：危险与可操作性分析（HAZOP分析）应用导则 [S]. 2013-10.1.
[141] 集体编写. 基于风险的检验（RBI）实施手册. 北京：中国石化出版社，2008.
[142] 蔡启浩，谢谦，文明通. 不停车化学清洗在纯碱循环冷却水系统中的应用. 广东化工，2016，(8)：72-73.
[143] 刘翼，周明，王磊磊. 基于可视域分析的管道巡检标准点的设置方法及验证. 油气储运，2016，(7)：773-778.
[144] 贾润中，高少华，丁德武等. 泄漏检测与修复技术在重整装置的应用. 安全、健康和环境，2016，(11)：35-38.
[145] 陈芬，李敏，张淑丽. 高效液相色谱仪故障处理分析. 山东工业技术，2017，(1)：212.
[146] 阿力甫. 高速泵故障处理. 聚酯工业，2017，(1)：51-52.
[147] 张光瑞，袁振涛，吕德鹏. 煤浆流量计在德士古气化炉中的应用问题探讨. 自动化仪表，2011，(12)：75-78.
[148] 方群，朱建立，李云. 适用于流程工业的改进风险优先数方法及应用. 工业技术创新，2014，(2)：168-173.
[149] 王海清. γ射线用于分馏塔故障的在线检测与诊断效果良好. 石油化工设备技术，2005，(5)：65.
[150] 魏伟胜，徐建，鲍晓军. 基于γ射线扫描的过程设备故障诊断. 化工进展，2011，(11)：2563-2568.
[151] 沈庆根，郑水英. 设备故障诊断. 北京：化学工业出版社，2006.
[152] 科玛里森·基德姆，马库·霍尔姆，王梦蓉. 典型化工设备事故类型及分析. 现代职业安全，2016，(7)：96-99.
[153] 覃亮，邓德茹，马丽欣等. 虚拟装配技术在化工仿真培训系统中的应用研究. 计算机与应用化学，2016，(5)：543-547.
[154] 吕运容，陈学东，高金吉等. 我国大型工艺压缩机故障情况调研及失效预防对策. 流体机械，2013，(1)：14-20.
[155] 刘超锋，胡兴杰，高利霞等. 白泥回收转窑性能的影响因素及其改进技术. 中国造纸，2011，(3)：37-45.
[156] 党文义，于安峰，白永忠. 工艺安全信息要素的探讨. 安全、健康和环境，2009，(7)：2-3.